中国科协国家级科技思想库建设丛书

苏州科技史话

苏州市科学技术史学会　编

中国科学技术出版社
·北　京·

图书在版编目（CIP）数据

苏州科技史话／苏州市科学技术史学会编．—北京：中国科学技术出版社，2013.3

（中国科协国家级科技思想库建设丛书）

ISBN 978-7-5046-6305-4

Ⅰ.①苏… Ⅱ.①苏… Ⅲ.①科学技术-技术史-苏州市-古代 Ⅳ.①N092

中国版本图书馆CIP数据核字（2013）第027783号

出版人 苏 青
责任编辑 许 慧 周晓慧 冯 翔
封面设计 李 丽
责任校对 刘洪岩
责任印制 张建农

出 版 中国科学技术出版社
发 行 科学普及出版社发行部
地 址 北京市海淀区中关村南大街16号
邮 编 100081
发行电话 010-62173865
传 真 010-62179148
投稿电话 010-62176522
网 址 http://www.cspbooks.com.cn

开 本 787mm×1192mm 1/16
字 数 390千字
印 张 16.5
版 次 2013年3月第1版
印 次 2014年12月第2次印刷
印 刷 北京长宁印刷有限公司

书 号 ISBN 978-7-5046-6305-4/N·176
定 价 48.00元

中国科协国家级科技思想库建设丛书

编委会

苏州科技史话

主　编：王　晨

副主编：沈建东

统　稿：徐苏君

编委会（以姓氏笔画为序）

马一平　王伟群　王　晨　王禄华　边习虞　曲小敏　朱汉林
华以丹　孙中旺　汪　放　沈建东　沈映宇　沈　洁　张铁军
张橙华　陈士刚　陈兆弘　陈其弟　陈凯歌　林锡旦　周文晓
俞志高　俞　前　闻惠芬　钱小萍　钱玉成　梅　苞　屠雪华
董粉和　强亦忠　蒯元林　缪自强　濮国安

参加编写人员（以姓氏笔画为序）

马一平　王伟群　王丽丽　王　晨　华以丹　孙中旺　孙　叶
沈建东　张国华　张铁军　陈其弟　林锡旦　郑丽虹　俞　前
闻惠芬　钱玉成　徐苏君　濮国安

总　序

科学决策是科学发展的前提。组织广大科技工作者紧紧围绕国家经济社会发展中的重大问题，开展深入调查研究，把科技工作者的个体智慧凝聚上升为有组织的集体智慧，服务科学决策，引领社会思潮，科协组织有传统、有成绩，也有特色、有优势。习近平同志在中国科协八大开幕式上代表党中央所致的祝词，明确要求科协组织“充分发挥党和人民事业发展的思想库作用，积极推动科学家之间的交流，推动科学家同决策者和社会公众之间的交流，启迪创新思维，增进创新氛围”。胡锦涛同志在纪念中国科协成立50周年大会上发表重要讲话，殷切希望我国广大科技工作者加强调查研究，积极建言献策，提出有针对性、可操作的对策建议，为社会发展提供启迪，为治国理政提供良策。中央书记处也突出强调科协组织“要注重把科技工作者个体智慧升华为有组织的集体智慧，在推进国家级科技思想库建设中更好地为党和政府科学决策服务”。党和人民的殷切期待，就是我们义不容辞的努力方向。

为坚决贯彻落实中央指示精神，2010年7月，中国科协印发《关于加强决策咨询工作 推进国家级科技思想库建设的若干意见》，对科协系统有序推进国家级科技思想库建设作出顶层设计。几年来，我们紧紧围绕“科技”做文章、围绕科技工作者做文章，发挥优势、展现特色，扎实推进国家级科技思想库建设。通过实施“学会决策咨询资助计划”，开展重要学术会议成果提炼，科协所属学会的决策咨询地位更加突出。通过开展地方科协科技思想库建设试点工作，初步形成多层级、跨区域的科协决策咨询工作体系，决策咨询成为新时期科协工作的重要亮点，科协系统决策咨询能力稳步提升，社会影响日益扩大。

为集中展示近年来中国科协国家级科技思想库建设成果，更好地发挥服务科学决策、引领社会思潮的作用，中国科协调研宣传部决定在整合原有“中国科协科技工作者状况调查丛书”和“中国科协政策研究丛书”基础上，推出“中国科协国家级科技思想库建设丛书”。本丛书的成果，既包括中国科协立项资助的调研课题完成的成果，也包括全国学会和地方科协组织完成的调研成果；既包括我国科技工作者队伍发展状况的调研成果，也包括科技工作者利用专业优势针对国家经济社会发展重大问题的调研成果。正是由于成果来源和内容的多元化特点，我们坚持文责自负原则，尊重各书著者的知识产权，尊重各书的体例结构和表述习惯，只在装帧设计上求得风格统一。

国家级科技思想库建设是一项长期任务，思想库建设丛书的编印出版也是一项全新的工作，囿于经验不足，不可避免地会存在这样那样的问题，欢迎读者批评指正，以使我们能进步得更快。本丛书的编印出版，若能对相关工作有所裨益，更是我们倍感欣慰的事情，也是我们进一步推进国家级科技思想库建设的动力源泉。

丛书编委会

2013 年 3 月

序

苏州自古以来人文荟萃，文化昌盛。"上有天堂、下有苏杭"这一古老谚语，让苏州充满神奇的色彩。文化积淀深厚的苏州还以其独树一帜的物质文明在华夏科技史上占有着重要的位置。正是先辈们从古到今一脉相承的延传和发展，从未间断，才使得苏州每一学科门类都取得了较大成就，留下了丰厚的文化遗产。

据考古发掘证实，自旧石器时代起，吴地先民就在太湖流域繁衍生息，懂得如何排除水涝，栽培水稻，这从草鞋山和马家浜文化层出土的稻谷遗存就验证了这是世界上迄今发现最早的古水稻田遗迹。不仅如此，在草鞋山遗址中还发现了迄今世界上最早的纺织残片及陶纺轮、骨针等纺织工具。五千年前的苏州先民就能制造石器、骨蚌器等生产工具和生活用具，建筑木结构房屋，种稻，制陶，酿酒和纺织葛布。春秋时期，冶炼技术已有较高水平，干将、莫邪铸剑为后人所传颂。唐代的水利建设精于筑海堤、闸坝、桥梁；园林建筑开始孕育。宋元时期更成为江南工商业重镇，全国丝绸中心之一。明清时期，建筑、冶金、航海、光学、数学、天文、机械制造、医学各个领域都有杰出成就，出现了一批科学家、发明家、能工巧匠。鸦片战争后，西学东渐，苏州的工业革命蓬勃兴起，各类科技生产和交流活动日益活跃，文化事业也极为繁荣，不仅有园林胜迹、古城名镇闻名遐迩，丝绸、刺绣、工艺珍品等丰富多彩的物化形态，还有昆曲、苏剧、评弹、吴门画派等门类齐全的艺术形态，文化氛围十分浓重。

千百年来苏州人才辈出，如满天繁星，闪烁生辉。文化底蕴的厚重深邃和文化内涵的丰富博大，是苏州成为中华文苑艺林渊薮之区的重要原因，从而使城市的综合实力全方位提升。面对如此丰富多彩的文化科技遗产，我们有理由为此感到自豪，更有责任将几千年来的科技成果挖掘展示，服务于现代社会。

无论是古代苏州的发展，还是今日苏州的崛起，无不与科学技术的进步密切相关，也无不得益于科技文化的支撑。科技文化是先进文化的基石与先导。随着科学与技术的发展与融合，其社会功能日益增强和显著，科学技术需要社会化，社会需要科学技术化，科技文化逐步由社会边缘进入社会中心，成为先进文化的活跃前沿，推动人类文化向前发展。

从2009年起，苏州科技史学会组织了十几位专家学者在广泛收集资料，展开梳理和深入研究的基础上，花了两年多时间，多次讨论、修改，确定以较为直接、通俗的方式表现出来，成为科普化的读物，故在众多苏州古代科技成就中挑选出具有代表性的十一个门类行业作为最终调研的成果，并提炼出典型的内容来解读苏州古代丰厚的科技史成就。通过苏州市科学技术协会设立的软课题项目平台，《苏州科技史话》综以成稿，充分展示了农耕、冶铸、桑蚕丝绸、城市建筑、交通运输、园林技艺、军事兵器、中医药、化学、工艺美术、民俗饮食等领域的古代科技文化，而今该成果又得到了中国科学技术协会的重视和出版资助，感到由衷欣慰，这的确是我们苏州市科学技术协会一件值得关注的大协作、大联合、科普惠及社会的实事。借此机会祝贺苏州科技史学会的专家同仁们，这种自加压力为苏州文化科技史普及传承倾心尽力的精神，值得市科协各学会借鉴。

由此而来，苏州古代科技成果的壮丽画卷正在徐徐打开。我希望通过《苏州科技史话》的付梓发行，使繁盛的科技文化特别是古代科技文化逐步由社会边缘进入社会中心，成为先进文化的活跃前沿，为苏州地区的科技创新和科技创造提供更多文化资源，为更多的社会公众，特别是广大青少年提升自身科学素质服务，促进科教兴市和文化强市，这也是我们科协工作的意义所在。

苏州市科学技术协会党组书记、主席
苏州大学教授、博士生导师 纪顺俊

2013 年 3 月

目 录

导言 …………………………………………………………………… (1)
第一篇　农耕篇 ……………………………………………………… (4)
一、鱼米之乡的由来 ………………………………………………… (4)
二、园艺农学的渊源 ………………………………………………… (8)
三、跨越千年的农具 ………………………………………………… (10)
四、渔具发明多巧智 ………………………………………………… (13)
五、吴地农书论述多 ………………………………………………… (16)
第二篇　冶铸篇 ……………………………………………………… (23)
一、卓越冶铸铸霸业 ………………………………………………… (23)
二、卓越冶铸耀曙光 ………………………………………………… (25)
三、卓越冶铸话繁荣 ………………………………………………… (26)
四、卓越冶铸创辉煌 ………………………………………………… (31)
第三篇　桑蚕丝绸篇 ………………………………………………… (39)
一、神奇桑蚕丝之源 ………………………………………………… (39)
二、纤维皇后显魅力 ………………………………………………… (45)
三、多彩的丝绸织染业 ……………………………………………… (51)
四、智慧的丝织机械科技 …………………………………………… (56)
五、尽显霓裳的绸缎 ………………………………………………… (62)
第四篇　建筑篇 ……………………………………………………… (79)
一、阖闾大城筑辉煌 ………………………………………………… (79)
二、平江府城今犹在 ………………………………………………… (83)
三、吴门水韵绵延长 ………………………………………………… (88)
四、小巷风情今胜昔 ………………………………………………… (92)
五、民居建筑觅芳踪 ………………………………………………… (99)
六、姑苏桥景尽收眼 ………………………………………………… (107)
七、古村古镇何处寻 ………………………………………………… (111)
第五篇　交通篇 ……………………………………………………… (119)
一、沉舟侧畔千帆过 ………………………………………………… (121)
二、轻舟已过万重山 ………………………………………………… (123)

三、点引江南昌国运 …………………………………………………………………… (126)
四、四海翻腾云水路 …………………………………………………………………… (128)
第六篇 园林篇 ………………………………………………………………………… (131)
一、春秋吴王姑苏台 …………………………………………………………………… (131)
二、灵岩山上馆娃宫 …………………………………………………………………… (132)
三、千古之谜吴王墓 …………………………………………………………………… (133)
四、东汉园林笮家园 …………………………………………………………………… (134)
五、王氏昆仲舍宅人 …………………………………………………………………… (134)
六、辟疆园声名鹊起 …………………………………………………………………… (135)
七、姑苏城外寒山寺 …………………………………………………………………… (136)
八、白居易筑山塘街 …………………………………………………………………… (136)
九、钱元璙盛构南园 …………………………………………………………………… (137)
十、苏舜钦建沧浪亭 …………………………………………………………………… (138)
十一、范成大石湖别墅 ………………………………………………………………… (139)
十二、佛教园林狮子林 ………………………………………………………………… (140)
十三、王献臣隐拙政园 ………………………………………………………………… (142)
十四、湖石名峰数留园 ………………………………………………………………… (142)
十五、精巧假山环秀庄 ………………………………………………………………… (144)
十六、夫唱妇随说耦园 ………………………………………………………………… (145)
第七篇 兵器篇 ………………………………………………………………………… (147)
一、鱼肠剑刺吴王僚 …………………………………………………………………… (147)
二、干将莫邪夫妻剑 …………………………………………………………………… (149)
三、项羽一戟战天下 …………………………………………………………………… (150)
四、《梦溪笔谈》谈兵器 ………………………………………………………………… (151)
五、海战首次用火器 …………………………………………………………………… (152)
六、平江之役用火铳 …………………………………………………………………… (153)
七、抗倭敌楼树屏障 …………………………………………………………………… (154)
八、郑和的特混舰队 …………………………………………………………………… (156)
九、大炮装上望远镜 …………………………………………………………………… (158)
十、火器战法新创造 …………………………………………………………………… (159)
十一、枪法大成《手臂录》 ……………………………………………………………… (159)
十二、铁模铸炮第一人 ………………………………………………………………… (161)
十三、炮局创新兵器业 ………………………………………………………………… (163)
第八篇 中医药篇 ……………………………………………………………………… (166)
一、吴中医学甲天下 …………………………………………………………………… (166)
二、姑苏名儒医 ………………………………………………………………………… (172)
三、吴门名太医 ………………………………………………………………………… (178)

四、吴地名世医 …………………………………………………………………（181）
五、吴郡名药店 …………………………………………………………………（186）
六、苏州对外医学交流 …………………………………………………………（190）
第九篇　化学篇 ……………………………………………………………（193）
一、油漆大王陈调甫 ……………………………………………………………（193）
二、七里山塘依法护 ……………………………………………………………（195）
三、《梦溪笔谈》有化学…………………………………………………………（196）
四、千锤百炼砖成金 ……………………………………………………………（197）
五、千峰翠色秘色瓷 ……………………………………………………………（199）
六、风雨飘摇荷兰水 ……………………………………………………………（200）
七、化学雏形自炼丹 ……………………………………………………………（201）
八、火柴先驱刘鸿生 ……………………………………………………………（203）
九、自力更生创新药 ……………………………………………………………（205）
第十篇　工艺美术篇 ………………………………………………………（208）
一、精美卓越的漆艺 ……………………………………………………………（208）
二、技艺绝伦的苏式家具 ………………………………………………………（210）
三、闻名遐迩的砖雕 ……………………………………………………………（213）
四、出神入化的“苏裱” ………………………………………………………（215）
五、桃花坞里的木刻 ……………………………………………………………（218）
六、他山之石能攻玉 ……………………………………………………………（223）
七、千丝缠绕金石声 ……………………………………………………………（226）
八、姜思序堂丹青谱 ……………………………………………………………（228）
九、千针万线蕴技艺 ……………………………………………………………（231）
第十一篇　饮食篇 …………………………………………………………（237）
一、稻谷传种苏湖熟 ……………………………………………………………（238）
二、“鲞鱼”鲜与莼鲈思…………………………………………………………（240）
三、糕团养生四季佳 ……………………………………………………………（241）
四、喝茶还是雨前好 ……………………………………………………………（245）
五、四季美食一肩挑 ……………………………………………………………（247）
六、吴地水产丰庖厨 ……………………………………………………………（248）
七、农家酱与十月白 ……………………………………………………………（250）

导　言

苏州古老的文明，始于1万年前。1985年太湖三山岛考古，发现旧石器时代人类活动的遗迹。1972年和1973年，吴县唯亭草鞋山遗址考古发现了包括马家浜、崧泽、良渚合春秋等在内的10个文化堆积层，并出土了长江下游地区发现最早的6000多年前的稻谷和纺织品残片。苏州古城就是在这片丰腴滋润的厚土里，开始了它悠久而又灿烂的农耕文明。从古至今，先辈们在这里留下了丰厚的文化遗产，古城名镇、园林胜迹、街坊民居，以及丝绸、刺绣、工艺珍品等丰富多彩的物化形态，体现在昆曲、苏剧、评弹、吴门画派等门类齐全的艺术形态，还体现在文化心理的成熟、文化氛围的浓重，等等。

农耕文明是社会长期存在的必然形态，直到出现了工业文明，可以说农业是中华民族的依托。从石器时代发展到春秋时期，苏州的古文明经历了漫长的岁月洗礼，先秦的《考工记》中有："吴越之金锡，此才之美者也"，可见当时吴地冶金工艺的先进。冶炼技术也有较高水平，如干将、莫邪铸剑的故事至今被传颂着，我国各地出土的诸多名剑中就有不少出自吴地。而吴地的稻作文化趋于成熟，吴王阖闾当政以后，积极推行伍子胥提出的"实仓廪"的主张，鼓励开垦荒地，重视兴修水利，使吴地的农业生产有了较大的发展。三国孙吴时期，屯田大兴，农耕技艺不断革新，稻谷亩产已达三斛，在当时确实是独步世界的水平，并且出现了双季稻。此时的造船技术水平更高，航海技术也较发达。吴国大船可载数百人、货万斛，并出海远航到台湾、辽东、高丽、日本等地。制镜技术尤为精巧。陆绩通天文、历算，作"浑天图"，对天文学做出贡献。随着历史上经济文化中心逐渐南迁，苏州逐步发展成为中国古代重要的科技文化中心地区之一。

魏晋时代北方移民大量南迁，南迁移民与当地百姓一起，兴修水利，开垦荒地，改"火耕水耨"的原始耕垦方式为精耕细作，江南的农业科技有了新的进步，曲辕犁、耙、耖、耥、龙骨车等农具的出现和普及，稻麦两熟制的推广，使吴地的农业生产实现了由粗放型向精耕型的转变，因此吴地经济的发展与江南运河的开通有密切关系。同时魏晋南北朝时期，私家园林大为兴盛，寺观园林也开始出现，形成皇家、私家、寺观三大园林类型的并行发展。所以说，这个时期乃是中国古典园林发展史上的一个承先启后的转折期。私家园林继汉袁广汉园之后，在魏晋南北朝时期遍地开花，出现了两类倾向明显的私家园林：一类是以贵族官僚为代表的争逐豪奢、崇尚华丽的贵族园林；一类是以文人、名士为代表的怡悦情性、傲啸泉石的文人园林。苏州的网师园最早便可追溯到魏晋时代，网师园属于小园林，清新又具韵味，建筑不多，山石有限，其特点以静观为主，动观为辅。

唐代时，苏州丝织技术得到长足发展，天然染料已有制作生产，蚕桑养植覆盖吴地，晚唐诗人陆蒙龟赋诗道："……高下兼良田。……桑柘含疏烟。处处倚蚕箔，家家下渔筌”，真实地反映了当时太湖边家家户户养蚕的繁荣景象。水利建设方面精于筑海堤、闸坝、桥梁，并且园林建筑开始孕育。隋炀帝开通江南运河，凭借着这条黄金水道，江南经济迅速发展，苏州成为东南沿海水陆交通要冲，南来北往的货物在此吉塞，甚至还远涉重洋。唐大历十三年（778 年），苏州成为江南唯一的“雄州”。

宋元时期，吴地广泛使用的曲辕犁是当时最先进的耕田工具，水轮的发明与运用进一步增强了抗御旱灾的能力。对农地实行精耕细作，并已形成一套比较完整的技术与经验，因此，吴地农田的产量既高又稳。宋时，苏州七县以全国1%的田亩，承担了全国11%的赋税和1/4以上的军粮、俸禄。“苏杭百字繁度，地上天宫”、“苏常（州）熟，天下足”等广为人知，后转化为盛传于世的“上有天堂，下有苏杭”的名句。苏州发展成为江南工商业重镇，全国丝绸中心之一。而水利的成就要数北宋水利专家郏亶，是他领导兴修了大量的水利工程，所著《吴门水利书》成为中国重要的水利科学著作。在天文方面，南宋遗物《天文图》碑，是世界现存最古老的天文图。宋代，太湖地区肥硕的“湖桑”，促进了养蚕业。此时苏州已初步形成全国丝织生产中心，有所谓“茧簿山立，缲车之声，连甍相闻”之称。所缫制的丝也以质优而驰名中外，品牌桑丝，“八蚕丝”、“香山丝”、“辑里丝”等更是闻名于天下，远销海外。

明清时期，建筑、冶金、航海、光学、数学、天文、机械制造、医学各个领域都有杰出成就，涌现了一批科学家、发明家、能工巧匠。其中，明代杰出的工匠蒯祥便是北京宫殿设计和施工的主要组织者。明永乐十五年（1417 年），香山匠师蒯祥和大批工匠，奉明成祖征召，去北京营建新都，于是香山匠师将前人对《营造法式》所作的改进，如见存于三清殿的木构，在北方首先施之于北京故宫等木构建筑。在园林营造实践中，晚明吴江寒士计成，撰著中国最早的造园著作《园冶》，是造园科学技术的重要著作。吴门文震亨也著有造园之书《长物志》。于是，江南园林自成流派，闻名于国内外，且成为世界上造园的三大源流之一。元末明初的太仓浏家港为江南漕粮海运京师的转输基地，海外各国商人在此进行市易，时称“六国码头”，也是全国八大古港之一。苏城内外，码头林立，素有“六门三关六码头”之称。郑和七次下西洋都从浏家港出海，浏河和南京都是建造巨大海船的基地。天文学家王锡阐在世界天文学史上，首先提出水星凌日的计算方法，融和古今中西之长，创造了比较准确的新历法。李锐的《开方说》，对中国方程理论作出重大贡献，当时被誉为“深于天文历算（长）江以南第一人”。机械制造家薄珏制造了水铳、水车、地雷、地弩和铜炮等多种兵器，在世界史上首次将“千里镜”配备于铜炮上观察目标。兵器专家龚振麟早于西方发明“铁模铸炮法”。机械钟表制造在全国也发端较早，与广州齐名。光学家孙云球，在西方传入“单照”的基础上，研制出“老少花”、“望远镜”、“放大镜”等72种光学器具，其中有几种属于世界首创，所著《镜史》一书，为苏州光学手工业奠定基础。当时苏州被后人誉为“光学之城”，郊区新廓以磨制镜片出名，被誉为“光学之乡”，其深厚基础一直影响到现代。温病学派在明末清初形成，学派著名人物吴有性、叶桂、薛雪都是苏州人，他们的学说是中医划时代的发展。此时的丝绸织染技术更是领先全国，清代的苏州织造局在全国四处官局中规模最大，织造练染及绛绣工艺精湛，故所织产品闻名于世。康熙时孙佩所著的《苏州织造局志》，为我国历代官府织造存世史志的孤本，尤为国内外丝绸史学界所珍视。而早在明代以前的苏州织造（染）局就设置了“染房”、“染堂”和“染作”，专为上贡丝织品整理染色。民间染业以作坊形式经营，盛于清代。

鸦片战争后，西学东渐，苏州地近上海，一些爱国知识分子较早地接触和接受西方科学技术，冯桂芬主张“采西学”、“制洋器”。王韬多次出国游学，并主持上海“格致书院”。王季烈翻译《普物电光》，是国内最早介绍 X 光的著作；其弟王季同，是国内最早介绍西方数学的学者之一。苏州也是较早使用近代技术城市之一。同治三年（1864 年），李鸿章在苏州开设洋炮局，在全国首家引进以蒸汽锅炉为动力的机械设备。光绪二十一年（1895 年），苏州创办苏纶纱厂、苏经丝厂，已使用动力机械。光绪三十二年（1906 年）苏州创办生生电气工司。从第一次世界大战后到抗日战争前，苏州近代科学技术发展较快，民国 8 年（1919 年）创办了华盛、红叶造纸厂。民国 18 年，设立在苏州的江苏省农具研究所试制出火油引擎、柴油引擎、抽水机、碾米机、脱粒机、面粉机等机械，并批量生产。民国 22 年设在浒关的江苏女子蚕业学校，在费达生等先辈的指导下试制研发出多条式小篾缫丝车。此外、史量才、郑辟疆在选育良种、推广新的耕作技术和研究蚕桑技术方面取得了可喜成就。苏州工业专科学校钱宝琮，将古代数学、天文学，用现代数学符号、语言加以阐述，为研究中国古代天文学、数学开辟了道路。东吴大学淡水生物研究所，对中国淡水生物进行多项调查。继教会首办博习医院以后，一大批医院、诊所兴起。名中医顾福如带头学习西医，为中西医结合作出了贡献。日军入侵，发展停滞。抗战胜利后国民党又发动内战，经济萧条，科学技术亦无多少进展。到新中国成立时，仍是近代机器工厂、手工工场、个体手工业并存的局面，农业仍以传统耕作方法为主。

新中国成立后，科学技术日渐发展，各类科技生产活动和交流蒸蒸日上，并先后成立了一批协会和学会，通过行业指导和沟通，极大地推动了苏州各学科行业的科学技术发展。

总之，无论是古代苏州的发展，还是今日苏州的崛起，无不与科学技术的进步密切相关，因而也无不得益于科技文化的支撑。科技文化是先进文化的基石与先导，特别是随着科学与技术的发展与融合，其社会功能日益增强和显著，科学技术社会化，社会则科学技术化，科技文化逐步由社会边缘进入社会中心，成为先进文化的活跃前沿，推动人类文化的发展。

苏州科技与文化自古以来都是不可分割的整体，二者犹如苏州的命脉，紧紧关系着苏州历史文化名城的科技进步与文化繁荣。本书便是从苏州古代科技文化史着手，选择具有代表性的学科门类，分十一个篇章来展现苏州科技文化的独特魅力，让我们更加了解生养我们的故乡，也激发青少年爱国家、爱家乡的责任感和使命感。

第一篇　农耕篇

吴地（今苏州为中心）是著名的鱼米之乡，不论从水稻栽培的历史，还是捕鱼养殖的记载，乃至农具、渔具品种的繁多，都堪称中国之最。江东犁的发明、使用和推广，“枫斛”被公认作计量标准，无不彰显着吴地作为先进生产力代表的历史地位。

宋时，苏州七县以全国1%的田亩，承担了全国11%的赋税和25%以上的军粮、俸禄。明代，苏州府以不到全国八十八分之一的耕田数，完成全国的10%左右的税粮之征。在“民以食为天”的年代，苏州对国家的贡献可谓大矣！

在农业理论方面，更有专门记载农具的专著《耒耜经》、专门记载稻米品种的《稻品》、栽种花卉技艺的《艺菊书》、介绍养鱼方法的《鱼经》、栽桑养蚕的《蚕经》等农学专著，无不显示着吴地先人在农耕社会的智慧和才华。

综上所述，称颂苏州“鱼米之乡”、“苏常（州）熟，天下足”等，并非浪得虚名。

一、鱼米之乡的由来

今苏州市吴中区三山岛，是距今1万年前的旧石器时代人类遗址，出土的5000余件石制品中，有刮削器、尖状器、锥、钻、砍砸器和雕刻器等，还有远古哺乳类动物化石标本6目20种。显示了当时先民是依靠狩猎野生动物、捕捞水中动物和采集植物果实生活的。

距今约8000年的张家港东山村遗址，在依山傍水处有平地起筑的房址6座，墓葬3座及灰坑1座，以及相当数量的夹砂红陶、泥质红衣陶器，器形以釜、罐、豆、钵、盆为主，其中腰沿釜占很大比例。表明原始先民已由狩猎采集为主的游民生活向农业为主、渔猎采集为辅的定居生活发展（图1－1）。

在唯亭草鞋山、吴江梅堰、苏州郊外的石湖畔、昆山绰墩山等地，有距今五六千年的原始村落的遗迹。在草鞋山遗址中出土的碳化稻谷，是我国迄今发现的最早的人工栽培稻谷，比印度要早2000年。同时还有我国迄今所知最早的纺织实物和纺织工具、良渚黑陶和数量较多的家畜骨骸。吴江梅堰原始村落遗址，出土了大量的植物种子，经鉴定确认有粳稻、籼稻、红糯、甜瓜、芝麻、菱角、葫芦、酸枣8种。此外，还出土了骨哨和鱼形骨匕，发现了保存完好的农田水利系统，等等。

到了距今四五千年的良渚文化阶段，三角形石犁形器大量出土，表明当时出现了较为普遍的犁耕农业。在澄湖、昆山太史淀等遗址中发现数量众多的水井，说明先民已掌握了人工灌溉技术。除了传统的稻谷生产，在苏州周边的遗址中，还发现了花生、毛核桃、酸枣核、葫芦等植物的种子，说明菜蔬的种植、栽培已经成为农业生产的重要内容。

图1－1　东山村出土的各种陶制器皿

商朝晚期，周太王的长子泰伯、次子仲雍让国避奔江南，一方面学习与尊重当地的生产、生活、民风、民俗，“断发文身，为夷狄之服”，与民同好；另一方面，他们把黄河流域先进的科学文化和先进经验传授给江南百姓，有力地促进了吴地的开化。泰伯也因之受到民众的爱戴与尊敬，被拥立为“句吴”国王。泰伯死后，仲雍继立，传至曾孙周章时，武王克殷，建立周朝，封周章为吴君，正式成为诸侯国。“吴”既成国名，后世子孙便以国为姓，世代繁衍。

“吴”字从字形上来看，就是“鱼”的象形。在今天的苏州方言中，“吴”、“鱼”还是同音字。苏州方言的第一人称，尽管各地略有区别，但有个共同点就是与“吴”音相近。说明在古代，“鱼”在人们的心目中是何等重要。要在这水乡生活就得学会捕鱼、养鱼、吃鱼。著名的“专诸刺王僚”事件中，专诸就是先在太湖边学得一手做鱼手艺后，以“御厨”身份端菜接近王僚，然后从鱼中抽出匕首，刺死王僚的。

公元前514年，第二十四世吴王阖闾为改变吴国地处僻远、“险阻润湿，又有江海之害，君无守御，民无所依，仓库不设，田畴不垦”的现状，接受伍子胥的建议，修建了规模宏大、气势宏伟的阖闾大城。苏州逐渐成为太湖流域的政治、经济和文化中心。

吴地堪称世界稻作文化的发源地，春秋时期，吴地的稻作文化趋于成熟。吴王阖闾当政以后，积极推行伍子胥提出的“实仓廪”的主张，鼓励开垦荒地，重视兴修水利，使吴地的农业生产有了较大的发展。史书中就有“民饱军勇”、“仓廪以具”的记载。据《吴越春秋》记载，吴王夫差曾一次借给越国稻谷“万石”，可见当时吴地的水稻生产已经达到相当的水平。

三国孙吴时期，屯田大兴，农耕技艺不断革新，稻谷亩产已达三斛，在当时确实是独步世界的水平。并且出现了双季稻，左思《吴都赋》盛赞道：“国税再熟之稻，乡贡八蚕之绵。”据《三国志·吴书》记载，孙权曾颁布诏书，鼓励农桑。通过大肆掠夺或吸引曹魏人口以及用暴力强迫山越人出山的途径增加劳动力。孙吴还通过奉邑制、屯田制、世袭领兵制等，让南北世家大族出身的将领驱使士卒耕种。与此同时，世家大族也役使自家的宗族、佃客与奴婢从事农业生产。随着大面积的土地开发，吴地的农业生产水平与黄河流域的差距大为缩小，出现了“谷帛如山，稻田沃野，民无饥岁”和“其野丰，其民练，其财丰，其器利”的富庶景象。但是，与“沃野千里”、“颇有蚕桑之业”的黄河中下游地区相比，苏州的农业主要还是采用火耕水耨的耕作方式，生产力水平较低，正如司马迁在《史记·货殖列传》中描述的那样，苏州虽然“不待贾而足”、“无饥馑之患”，“无冻饿之人”，但“地广人稀”、“无积聚而多贫”、“无千金之家”。

从东汉末年开始，北方陷入长期内乱。北方士族、人民为躲避战乱，纷纷逃离故乡，向南迁徙，形成历史上前所未有的长达160余年、规模巨大、影响深远的移民浪潮。

北方移民的大量南迁，增加了吴地的劳动力，带来了中原的财货、先进的文化与技术及农具，也大大加快了苏州地区经济与社会的发展。

南迁移民与当地百姓一起，兴修水利，开垦荒地，改“火耕水耨”的原始耕垦方式为精耕细作。东晋、南朝期间，江南的农业科技有了新的进步，曲辕犁、耙、耖、耥、龙骨车等农具的出现和普及，稻麦两熟制的推广，使吴地的农业生产实现了由粗放型向精耕型的转变。《陈书·宣帝纪》用“良畴美柘，畦畎相望，连宇高甍，阡陌如绣”来描写吴地的农田景象，反映了当时农田耕种水平的精细水平已经达到了相当高的程度。与此相联系，农田的产量也有了较大的增加，以致动辄以千斛做买卖。吴地的农业生产已经赶上甚至超过了北方。齐人沈约描述当时吴地的情况时说：“江南之为国盛矣……地广野丰，民勤本业，一岁或稔，则数郡忘饥。”（见《宋书》54卷）

至隋唐五代时期，吴地的土地开发与经济社会发展水平与屡遭天灾人祸、土地衰退老化的黄河流域相比，已经占有绝对优势，全国的经济重心南移到长江流域。

吴地经济的发展与江南运河的开通有着密切关系。江南运河奠基于春秋晚期，至隋炀帝时正式修通南北大运河。它沟通了黄河、淮河、长江、钱塘江四大水系，极大地方便了南北交流，也使苏州成为东南沿海沟通内外的水陆交通要冲。在全国经济重心由黄河流域向长江流域南移的过程中，苏州日渐成为全国财货集散、转运和信息交流的一个中心。海船也通过沪渎、松江可以直达苏州城下。

唐代还对太湖流域的农田水利工程进行了全面整修，沿湖堤坝、御潮海塘得以增高加厚，并联成一体，蔚为壮观。迨至钱氏吴越国时期，又进一步治理内河水利与筑捍海塘，并大力修建圩田，再一次扩大水稻耕作面积。圩田者“堤河两涯，田其中，谓之圩”。据范仲淹说，“每一圩，方数十里，如大城”，小的也有数千亩。吴地因地制宜发展圩田塘浦水利建设，“浚三江，治低田”、“蓄雨泽，治高田”。低地则高筑圩堤，高地则深浚塘浦，终于形成水利发达、排灌系统完善的农田水利设施网络，并基本做到小灾小害保丰收。因此岁岁丰收，一派繁荣景象，“米一石不过数十文”。

至唐代中叶，苏州“人稠过扬府，坊闹半长安”，已超过由“富庶甲天下”之称的扬州，成为仅次于国都长安的全国第二大城市。据《元和郡县志》载，苏州的户数迅速由唐初的1.1万多户发展到“开元（713~741）户六万八千（零）九十三。元和（806~820）户十万零八百（零）八”。白居易在《苏州刺史谢上表》中称：“况当今国用，多出江南；江南诸州，苏为最大。并数不少，税额至多。”所辖7县岁贡105万贯，占两浙13州岁贡的六分之一，超出两浙各州平均数的一倍，成为中央政府赋税的主要来源之地。大历十三年（778年），苏州由“望”升“雄”，是唐代江南唯一升为“雄”州的州郡。

宋代苏州境内的农业发展明显加快，具体表现在：第一，水利建设成效明显。宋代范仲淹开始大规模治理太湖水患，他主持开浚了吴淞江，以及常熟、昆山之间的茜泾、下张、七丫、白茆和浒浦五河，并在沿江诸浦设置闸门，用以拒沙挡潮，排泄积潦，为数州之利。仁宗至和二年（1055年），邱与权主持修筑昆山塘，使苏州和昆山一带的积水得以排除，苏州一带因此“四郊无旷土，高下悉为田”。北宋水利专家郏亶赞曰：“天下之利，莫大于水田；水田之美，无大于苏州。”第二，土地开发向纵深推进。经过三国至隋唐五代数百年的开发，至宋代，苏州境内的平原大多已经成为良田沃野。在这种背景下，宋代苏州人民对土地开发的目光开始转向弥漫广阔的水域和丘陵山地，进行了与水争田、向山要田的伟大斗争。一是圩田。圩田水利的开发，是吴地农田水利建设的重要成就。据宋代郏亶的调查，苏州一地即有圩田塘浦水利260多处。二是葑田，在江湖水面上，“菱蒲所积，岁久根为草水冲荡，不复与土相著，遂浮水面，动辄数十丈，厚亦数尺。”在其上“施种耕凿，人居其上，如木筏然，可撑以往来”。三是山地，即在丘陵山地缓坡开辟的梯田。第三，改进生产工具，实行集约经营。宋代在吴地广泛使用的曲辕犁是当时最先进的耕田工具，水轮的发明与运用进一步增强了抗御旱灾的能力。对农地实行精耕细作，并已形成一套比较完整的技术与经验，因此，吴地农田的产量既高又稳，“其一亩所出视他州辄数倍”成为“国之仓庾”。范仲淹在《政府奏议》中称，东南每岁上供600万石米，苏州“一州之田，中稔之岁，出米700余万石”。

宋代时，苏州7县以全国1%的田亩，承担了全国11%的赋税和25%以上的军粮、俸禄。宋袁褧《枫窗小牍》上卷：“汴中呼余杭百事繁度，地上天宫”、“苏常（州）熟，天下足”等广为人知，后转化为盛传于世的“上有天堂，下有苏杭”的名句。

元代时，北方地区的经济进一步衰退，而苏州凭借其雄厚的基础，经济得到了迅速的恢复和发展。在这一时期，吴地水利建设使用的工具也有进步。任仁发《水利问答》说：“浙西治水，砑堰、坝水、函石、仓石屯、蘧蒢、土帚、刺子、水管、铜轮、铁笆、木枕、木井、木锨、木匝、水车、风车、手戽、桔槔等器，陇西未必有也。”其中，风车虽在汉代已经发明，但在水利活动中的使用，在中国历史上尚属首次。因为吴地农田改良的关键是排水，而主要依靠的排水工具是龙骨车。使用风力带动龙骨车大大提高了排水效率，因此风车的使用对“干田化”具有重要的意义，也表现了吴地在农田改良方面的进步。

从明代到清代鸦片战争前，苏州地区经济空前发展，到达古代经济的巅峰，并开始孕育资本主义萌芽，苏州成为全国著名的经济和文化中心。由于兴修水利、改进农具和耕作制度，粮食亩产较宋代有较大提高。作为全国财富之区，苏州赋税很重。苏州府垦田数不到全国的八十八分之一，而税粮之征却占全国的十分之一左右。

苏州还是全国最大的米市，边远地区于此采购粮米，每年都以百万石计，枫桥米市的斗斛，被公认作计量标准而称“枫斛”。

曾经两次任江苏巡抚的林则徐就曾说过："天下漕赋四百万，吴居其半，京师官糈军饷皆取给焉。"1840年的鸦片战争，是中国社会的一个历史转折点，也是苏州农业发展史上的重大转折点。这一时期江南地区大面积推广双季稻的种植，使产量大幅度提高，一般来说，单季稻在丰收之年每亩最多收谷3~4石，双季稻两次收获，每亩总产可达6~7石。

20世纪50年代以来，古老的吴地稻作农业区更焕发出青春的活力。经过几十年的治理，太湖平原老河网得到改造，圩区加强配套，机电排灌能力保证引灌、排涝的正常进行，为农业的高产稳产创造条件。80年代，随着乡镇工业的兴起，结合农田水利建设形成的鱼池，在工业发展带来外河污染之际，以内塘养殖的发展，为"鱼米之乡"注入了新活力。

二、园艺农学的渊源

早在南朝时期，江南地区就已有了芍药和菊花栽培。隋炀帝大兴土木、营造园苑时，吴地已成为园苑的花卉供应基地，唐代这里栽培的花卉已达数十种之多。宋代政和年间，更在平江（今苏州）设应奉局，由朱勔、朱冲父子主管，专事搜罗采办奇花异草和太湖石，名曰"花石纲"。而随着宋廷南迁，吴地的花卉业更趋繁荣。就在此时，吴地的花谱著作相继出现。

图1-2　范成大肖像

吴地所栽培的花卉和所写作的花谱中，以菊花和菊谱最多。有人统计，吴地在宋代出现的花谱中，菊有4部，即史正志的《菊谱》，范成大（图1-2）的《范村菊谱》，沈竞的《菊名篇》，史铸的《百菊集谱》。梅有2部，即张功甫的《梅品》和范成大的《范村梅谱》。竹1部，即僧人赞宁的《笋谱》。菊谱不仅数量多，而且篇幅大，记载的花卉品种多，仅史铸的《百菊集谱》就有6卷之多，记载菊品163种。由此可见，吴地人民对于菊花的重视。《菊谱》作为一种花卉专著，本被排除在中国传统农学以外，《齐民要术》说："花草之流，可以悦目，徒有春花，而无秋实，匹诸浮伪，盖不足存。"但是到唐宋以后，随着经济的发展，特别是城市的繁荣，花卉种植业得到了迅速的发展，各种有关花卉的专门著作也就应运而生。在花卉栽培和写作花谱著作方面，吴地也走在全国的前列。

明清时代，吴地的花卉业继续得到发展，据周履靖《菊谱》所载，仅菊花的名目就有222种。花卉著作还在不断地增加，其特点是除了专谱以外，还出现了一些具有综合性花卉通论内容的著作，如王世懋的《学圃杂疏》，高濂的《遵生八笺》，王路的

《花史左编》和陈淏子的《花镜》等。

在介绍菊花栽培方法的菊谱中，黄省曾的《艺菊书》就是其中最早的一部。全书分贮土、留种、分秧、登盆、理缉、护养6目。与以记载花品为主的宋代菊谱不同的是，该书讲究栽培方法，具有一定的实用性。

图1－3　黄省曾肖像

黄省曾（图1－3）的《艺菊书》虽然是在吴地花卉业繁荣背景下的产物，但却起到了开风气之先的作用。稍后，嘉禾梅墟周履靖所写的《菊谱》，也非常注重栽培方法，其上卷，以“艺菊法”为题，分述了培根、分苗、择本、摘头、掐眼、剔蕊、扦头、惜花、护叶、灌溉、去蠹、抑扬、拾遗、品第、名目等15目。虽然保留了品名等内容，但已不占主要地位。下卷则收录了黄氏的《艺菊书》。

除了《艺菊书》，黄省曾还编了一本关于种芋的专著《芋经》。全书包括“名”、“食忌”、“艺法”和“事”4章，广泛汇辑了古代文献中有关芋的记载。“名”一章引用了《说文》、《广雅》、《广志》、《唐本草》等书中有关芋名及其种类的记载。“食忌”一章，则是有关食芋的注意事项，以及防止野芋中毒。“事”一章，引述了一些食芋充饥的一些历史掌故。对于农学而言，最有意义的是“艺法”一章，这章除汇录了《汜胜之书》、《齐民要术》、《家政法》、《务本新书》和《物类相感志》等书的种芋之法以外，还叙述了当时种芋的方法，主要包括选种、整地育苗、栽种塘土等。这些方法多有发明，如为了防止芋种冻害，提出了窖藏越冬法；又如塘土，即在芋棵行间挖土壅在芋根上，使根上土壤保持疏松，以结出大而圆的芋头。

在黄省曾的著作中，似乎只有《芋经》是一本空前绝后的著作。芋在今天主要是当作蔬菜作物来栽培的。但是在中国古代却是一种重要的粮食作物，许多农书和古代文献都有关于芋的文字，如，《汜胜之书》、《齐民要术》、《四民月令》、《家政法》、《务本新书》和《物类相感志》等书，都有关于芋的记载，但是在黄省曾以前，还没有有关芋的专著的出现。而在黄省曾之后，随着甘薯的传入，芋作为粮食作物的地位被取代，而成为“蔬茹中上品”（徐光启语），人们对于芋的重视远不如从前，因此，黄省曾的《芋经》也就成了历史上唯一的一本关于种芋的专著。

虽说《芋经》是一本空前绝后的著作，但它的出现也与吴地的农学传统分不开。吴地的农学传统中有个非常值得注意的特点，这就是以农桑为主，积极发展多种经营。特别是到了明清时期，随着商品经济的发展，多种经营的项目更趋多样。从张履祥的《补农书》及“附录”就可以看出，明清时期，吴地的农民所从事的项目非常之多，除了种稻、种桑、养蚕以外，还要种豆、麦、芋、麻、苎麻、芊、竹、果（如梅、李、枣、橘之类)、瓜、蔬，养鱼、养羊，等等。

多种经营的特点在吴地农学著作中也得到了反映。除了上面所提到的有关渔业和花卉等方面的著作以外，反映吴地种木棉的有徐光启的《吉贝疏》和褚华的《木棉谱》，种苎麻的有清黄厚裕的《种苎麻法》，蔬菜的有宋僧赞宁的《笋谱》、明潘之恒的《广菌谱》和清吴林的《吴蕈谱》，水果的有清褚华的《水蜜桃谱》和王逢辰的《槜李谱》，等等，这样一些农书在吴地以外的地区是不多见的。而《芋经》也是这类绝无仅有的农书之一。

实际上，黄省曾的《农圃四书》即是吴地农业多种经营的体现，而“四书”之外的《芋经》更反映了这一特点。吴地很早即已种芋，尽管到了明后期，它开始受到甘薯的冲击，但吴地的农学家还是给它以相当的重视，如《补农书》中不仅有一段专述种芋的方法，而且在“附录”中加上了“种芋”一节，并认为这段附录“可补农书之不及”。而在黄省曾写作《芋经》的时代，甘薯尚未传入吴地，其在吴地多种经营的地位就可想而知了。因此，也可证明《芋经》的出现与吴地的农学传统是分不开的。

三、跨越千年的农具

农业工具是伴随农业生产始终的生产力要素。在以农为本的古代社会，农业生产工具往往受到各级政府的重视，因为只有农业的直接生产者——农民有了必要的生产工具，农业生产才能得以正常进行或发展，从而保证政府赋税徭役的获得，为国家机器的正常运转和社会的安定提供经济保障。

水乡苏州有着数千年的稻作文化历史，尽管由于没有早期的文献记载了解苏州当时的农具，但我们从贾思勰所著《齐民要术》以及其他文献中得知，魏晋时期，中国农业工具已有犁、耙、耧、锄、铲、枷、耒耜、碾、磨、辘轳、桔槔、锨、臼锋等，说明至迟在魏晋时期，我国已经在农业生产上有了一套精耕细作的方法，而这是以农业工具的改善为前提的。这一时期最基本的耕具犁已经有根据不同需要而出现的单辕犁的双辕犁，双辕犁中又逐渐演变为长辕犁和蔚犁，犁具的功能进一步完善，为唐代曲辕犁的出现创造了条件。

1. 江东犁

犁是一种耕地的农具。由在一根横梁端部的厚重的刃构成，通常系在一组牵引它的牲畜或机动车上，也有用人力来驱动的，用来破碎土地并耕出槽沟从而为播种做好准备。早期的犁是用“丫”形的木段制作的，下面的枝段雕刻成一个尖头，上面的两个分枝则做成两个把子，将犁系上绳子由一头牛拉动，尖头就往泥土里扒出一道狭小的线沟，农民可以用把手来驾驶犁。到公元前3000年，犁进行了改进，把尖头制成一个能更有力地辟开泥土的“犁铧”，增加了一个能把泥土推向旁边的倾斜的底板。

中国的犁是由耒耜发展演变而成。耒耜本是两种原始的翻土农具。传说农业始祖神农氏“包牺氏没，神农氏作。断木为耜，揉木为耒，耒耜之利，以教天下，盖取诸益。”(《易·系辞下》)实际上最初的耜是一尖头木棒，后来又在尖头木棒的下端安排了一个短棒，用于踏脚，这便是耜。使用耒耜的方式，有一人的“力田”、二人“耦耕”、三人或多人的“协田”。后来，随着金属工具和兽力的使用，耒耜便进化为犁。

西汉出现了直辕犁，只有犁头和扶手。而缺少耕牛的地区，则普遍使用“踏犁”。今天在四川、贵州等省的少数民族地区均有踏犁的实物。踏犁也称“铧”、“脚犁”。使用是以足踏之，达到翻土的效果。宋周去非《岭外代答·风土》：“踏犁形如匙，长六尺许。末施横木一尺余，此两手所捉处也。犁柄之中，于其左边施短柄焉，此左脚所踏处也。……踏犁五日，可当牛犁一日。又不若犁之深于土。”但直辕犁回转不灵便，尤其不适合南方水田使用。唐代时长辕型改进为曲辕犁，并在江东一带广泛使用。

根据陆龟蒙《耒耜经》中所记载唐后期的江东曲辕犁，系由11个部件组成，可以控制与调节犁耕的深度。中国历史博物馆有唐代犁的复制模型（图1－4）。其原理被今天的机引铧式犁所采用。唐代的曲辕犁与直辕犁相比，增加了犁评——可适应深耕和浅耕的不同需要；改进了犁壁——呈圆形，可将翻土的土地推至一旁，减少前进的阻力，而且能翻覆土地，断绝杂草的生长，同时也有破碎土垡的作用；犁箭——犁柱贯穿在压铧、犁底的孔中，把它们固结在一起，上端贯穿犁辕，并把犁辕的位置固定起来；犁铧——可切开土地和切断草根，并把切下的土地送到犁壁上；犁底——用以稳定犁铧的位置并稳定犁体；压铧——协助犁底稳定犁铧，兼有固定犁壁位置的功能；策额——固定犁壁位置并防止犁壁的摆动；犁辕——是承受牵引作用的主要部分；犁建——功用在限制犁辕、犁评，不至于从犁箭的上端滑脱；犁梢——耕地时，耕者手扶犁梢、犁评，以掌握犁身行进时的方向和平衡；犁槃——是便于犁身的摆动和行进时掉转方向，整个犁结构合理，使用轻便，起土省力，效力高，改变了二牛抬杆的牵引方法（图1－5）。用江东犁耕地欲深欲浅均可运用自如，它的出现是我国耕地用的铁具已经成熟定型的重要标志。由于耕地工具的改进，唐代水田地区农民除能熟练地掌握深浅耕外，还进一步要求犁地的宽度、深度保持一致，耕地的土垡整齐均匀，即要达到所谓的“行必端，履必深”的要求。

图1－4　唐代江东犁

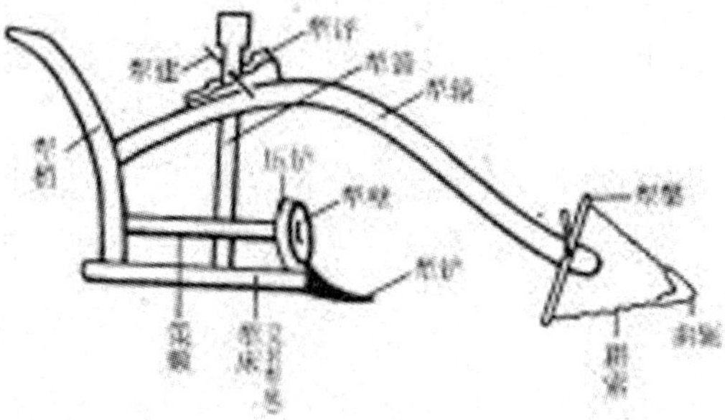

图1－5　曲辕犁构造示意图

唐代曲辕犁，使中国耕犁定型化，是中国农具史上的一个里程碑，此外，爬砺碌碡是用于碎土、整地和清理杂草的农具，它们的出现和推广，是唐代农具发展的重要标志。到了隋唐，由于京杭大运河的开凿，苏州成了南粮北运的发源地，其根本原因是苏州农业机械的改进，从而提高了农业生产的产量。陆龟蒙《耒耜经》详细记载了江东犁（曲辕犁）的构造：“经曰耒耜，农书之言也。曰压鑱，曰策额，曰犁箭，曰犁辕，曰犁梢，曰犁评，曰犁建，曰犁槃。木与金，凡十有一事。”可见，已经是相当复杂的农具，这类犁，即使在今日比较偏僻的山区还能看到。其中犁鑱即铧和犁壁两部分由铁铸造成，其他 9 个部分则为木质部件。江东犁较直辕犁甚至以前的曲辕犁的功能有所增强，如增加了铧的宽度，使破土打垡的面积相应加大。改直辕、长辕为曲辕、短辕，缩短了犁身长度，克服了长辕型犁“回转相妨”的缺陷。犁槃由木钉安装在犁辕的前端，利于转动方向；犁槃两端系上绳索后连在轭的相应两端，改进了畜力牵扯力引结构，不仅使犁体便于摆动，转换方向，而且适宜于南方地区土质黏重的水田耕作。江东犁提高了劳动效率，变二牛三人或一牛二人为一人一牛即可操作，这种犁还增加了犁评，通过犁评调节犁箭来调整翻土的深度，犁梢不仅可以控制前进的方向及倾斜度，而且还可以调节耕幅的宽窄。犁头、犁壁形成不连续的曲面，这不仅使耕地深度受犁宽的影响减少，而且可以使耕深超过耕宽成为可能，同时还能在低速的牛力牵引状态下达到碎土的要求，以保证耕地质量（陶鼎来《珍视我国农业遗产》，载《中国农业科学》1961 年第三期）。江东犁轻便灵活，便于操作，因其相当省力，就连十四五岁的少年亦能独立使用。江东犁具有省力和提高耕地质量的优点，其对农业生产的经济效益是不言而喻的。

2. 龙骨水车

曹魏时期马钧发明的用于农业灌溉的翻车——龙骨水车（图 1 – 6），结构巧妙，操作起来省时省力，其巧百倍于常，即使是儿童都可以操作，适宜于个体小生产家庭独立使用，具有广泛推广的价值，有很强的生命力（据《三国志》卷 29《魏书 · 方技 · 杜夔传》）。据专家论证，当时这种水车，利用齿轮和链唧筒原理，用木板作槽，槽中用木条和木板做成链子，连成一圈，套在木槽内；而在板槽的一端连着一个轮轴，将板槽的另一头置于水中。人在与轮轴相连的滚轴上连续踩动，便能从板槽间连续把水引上来。因此，只要将板槽的另一头置于水中，人在上面不断踏动曲板，水便被周而复始地推盛出来。其戽水功率的提高显而易见，因此，受到人们的普遍欢迎，立即被广泛流传，应用时间长达 1000 余年，在近代水泵发明之前，龙骨水车仍然是世界上最先进的汲水机械之一，在农业生产中发挥着重大作用。清焦循《忆书》载“常州水车，用九人轴，咫尺之地，至用三道。农人踏车者，不著裤，足不著屦。苏州水车坐而踏之，或上无蓬屋，自地树杙作枢，置辋于上，以黄牛运之，目之真曰鬼车。”明代吴中发明家徐朝俊，承家学，“娴浑天理数”，又发明了一种轰动一时的水车，“谓一车运以

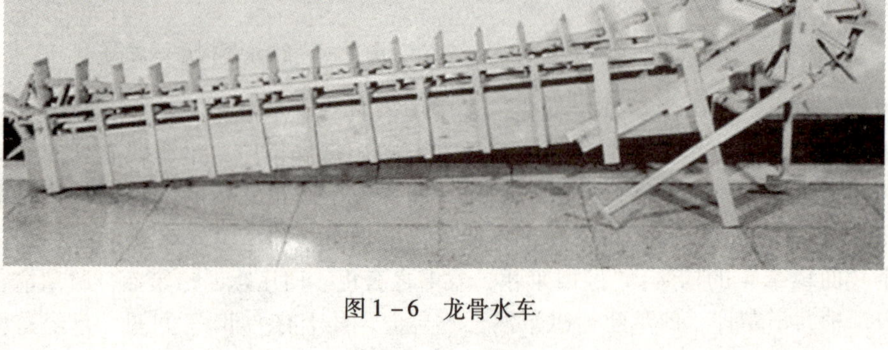

图 1 – 6　龙骨水车

一童，进水退水，无立踏坐踏之劳”。

笔者自小在江南水乡吴江长大，70 年代尚见到过被称作“牛车盘”的该水车的局部结构，据父辈们说是土改时分到的，在使用电力作为动力前，尚有过以牛作为动力的时期，其行为有点像北方人让驴子推着碾子绕圈转的情景，农家称之为“牛车”。“牛车”以前则是依靠人力的“踏水车”。笔者小时候尚有幸见到以电力作为动力的水车，每当打水（灌溉），我总要与一些儿时的伙伴嬉戏灌溉渠边，追逐那些漂浮在水中的毁损的槽板。

四、渔具发明多巧智

在 5000 年前的新石器时代晚期，太湖东部的良渚文化遗址中，就有出土渔网上的木浮标。唐代陆龟蒙曾作《渔具诗》，其序云“大凡结绳持网者总谓之网，罟之流曰罛、曰罾、曰罺，圆而纵舍曰罩，挟而升降曰罱，缗而竿者总谓之筌，筌之流曰筒、曰车横川、曰梁承虚、曰笱，编而沉之曰箄，矛而卓之曰矛昔，棘而中之曰之叉，镞而纶之曰射，扣而骇之曰根，置而守之曰神，列竹于海澨曰沪，错薪于水中曰罧。”（见范成大《吴郡志》卷二风俗）所作诗赠酬客居于吴的好友皮日休，皮氏又作诗和之，一时酬唱不绝，传为佳话。最早记载太湖渔具、渔法的，是宋代吴江知县张达明在陆龟蒙基础上进一步而成的“渔具图”，并各系以诗，详细描述了太湖地区的 17 种渔具渔法，据乾隆《吴江县志》卷三十八风俗一记载，所涉渔具有：网、钩、罾、簖、罩、钓车、鸣榔、叉鱼、罾潭、裹丛、团罛、帆罛、旋网、篙枨、摸鱼、虾笼、撩浮等（图 1－7）。正如该县志所载“盖至宋而取鱼之具与法，视唐尤备。后之渔家，大都本于唐宋而巧密益甚。”明代顾炎武在《肇域志》中对太湖渔具新的发展作了专门记载“渔于江浦者，有挂网、塘网、编网、杠网、丝网，编竹断港曰簖，不出水者曰横帘，以数百钩系饵一绳牵之曰张钓，无遗巧矣”。太湖的拖虾网，相传起源于明代，原来有小船在湖边河口生产，逐渐发展到大中型渔船在大水面作业，至今已有四五百年的历史了。清乾隆《震泽县志》卷二十五风俗一，对太湖渔具渔法记载最为详细，具体记载了各类渔具的构造及使用方法，称“网有三等，最下为铁脚，鱼之善沉者遇之，中为大丝网，上为浮网，以截鱼无遗。网皆有疏有数，其施之法亦不一，曰逐驱而入之也，曰张丝结而浮于水也，曰跳截流而使之跃也，曰注迎急流而囊以取之也。其施网于湖，去水面一二尺，经绳

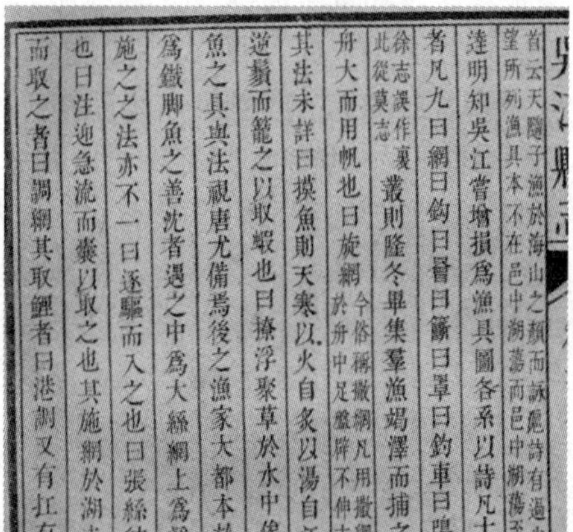
首云天隨子漁於海山之顏而詠應詩有過半隨湖落吾將移海若句用魯望所列漁具本不在邑中湖蕩而邑中湖蕩至今用之故仍從舊志載於首宋張逵明知吳江嘗增損爲漁具圖各系以詩凡十七莫志作八此從徐志題其已見於陸序者凡九曰網曰鉤曰罾曰籪曰罩曰釣車曰鳴榔曰叉魚曰罾潭按罾潭即罾也其曰裹徐志誤作裹此從莫志叢則隆冬畢集羣漁竭澤而捕之也曰團罛掉舟而合取也曰帆罛舟大而用帆也曰旋網今俗稱撒網凡用撒網者男女老於舟中足盤辟不伸市中自拼則擲而散之也曰篙棖其法未詳曰摸魚則天寒以火自炙以湯自沃投石穴以取魚也曰蝦籠織茷爲逆鬚而籠之以取蝦也曰撩浮聚草於水中俟魚之來依而取之也蓋至宋而取魚之具與法視唐尤備焉後之漁家大都本於唐宋而巧密益甚網有三等最下爲鐵脚魚之善沈者遇之中爲大絲網上爲浮網以截魚無遺網皆有疏有數其施之之法亦不一曰逐驅而入之也曰張絲結而浮於水也曰跳截流而使之躍也曰注迎急流而囊以取之也其施網於湖去水面一二尺經繩水中俟其躍入而取之者曰蠲網其取鱷者曰港罶又有扛有掣有盪有兜有踏施之法既不同

图 1－7　乾隆《吴江县志》卷三十八风俗　书影

水中，俟其跃入而取之者曰调网，其取鲤者曰港调。又有扛、有掣、有荡、有兜、有踏，施之法既不同，网亦各异。罩之名有四，曰移罩、曰撤罩、曰罩签、曰砌青；钓之名有三，曰豁曰经，其系穗于丝而饵之者曰谷钓，又钓鳅鳝与鳗，均谓之钓，而钩各不同，当秋风大发，以舟载钓，系饵沉之巨浪中取白鱼，谓之钓白。又有畜鸬鹚令食而吐之者。其他诸法皆遵古而行之，要必穷极巧妙以与鱼遇。”小兜网是太湖特有的古老捕捞网具，其他省没有这种网具，江苏省也仅在与太湖相通的隔湖有。据说小兜网已有近千年的历史，在太平天国时期称“步兜网”，网身浅，没有倒袋。在200年前，由竹篾制成的蓬，进行拖拽捕捞，以后逐渐改成现在的形状。

新中国成立初期，太湖渔民主要使用生物渔具有40类，60个品种；1962年中央水产部调查时，全湖渔具有14类，33种；1981年太湖水产增殖基地调查时，仅剩3部10类20种。网具材料上，从1964年起使用聚乙烯原料，逐步淘汰麻、棉网布，原来染料用的猪血，每年要供应20多万斤，从1967年起每年供应10万斤左右，到1972年停止用猪血染网，渔网原料全部由聚乙烯代替。

太湖渔具的变化，主要受鱼类资源和渔获物组成变动以及渔具材料合成纤维化、渔船动力化，工具改革等多种原因。先后新增、淘汰、发展、引进了部分渔具。

新增的渔具主要是背网。新中国成立前，全太湖仅一部背网，网高4米，现在网高已增高到5~5.5米，成了太湖中型渔船的主要渔具。

先后淘汰的渔具有墙缆网、虾网、跳箔、大游、小游、猛狩、虾篮等，主要是伤亲害幼，破坏水产资源（除墙缆网）。有些渔具则在专业渔民中不占重要地位，而散见于副业船之中，如箭网、大钩、鱼罩等。

新发展的有三重刺网、小丝网、网筛等，这些渔具历史不长，一般只有10余年时间，如网筛是60年代因毛竹供应紧张，才逐步由网筛代替竹筛。三重刺网是1970年江苏省太湖渔管会在常州市太隔渔业公社改革推广的。

引进的主要是牵丝网，又称快丝网，1965年冬，由南通渔业社一对长江牵丝网船进入太湖捕捞时传入的。后由无锡市郊区太湖渔业公社仿造试捕，捕捞鱼产量高，效果好，以后全湖推广使用，成了冬季捕大鱼的主要渔具，取代了墙缆网。

太湖乡使用的渔具，大中渔船主要是小兜网、银鱼网、拖虾网、牵丝网、罟网，小渔船是小丝网、拖虾网、网筛等。

杨晓东著《灿烂的吴地鱼稻文化》上编《吴地鱼文化》介绍了吴中种类齐全的鱼具，并列表分析了太湖鱼具在新中国成立初期、1962年、1981年3个不同时期的调查情况以及数量变化，新中国成立初期全太湖有渔具渔法网、钓、簖、什帮4大类60多种，60年代为14小类33种，80年代仅剩10小类20种。该书在附表五“吴县渔具、渔法基本情况表”详细列出了88种渔具的名称、作业方式、生产季节，其中网渔具（含拖网类、围网类、刺网类、敷网类、张网类、掩网类、抄网类）43种，钓渔具（含空钓类、饵钓类、卡钓类）17种，箔筌渔具（含簖类、笼篮类、棚箔类）13种，杂渔具15种，并注明一些渔具因种种原因而被淘汰，很有存史价值，下面摘要如下：

1. 小兜网　是太湖特有的捕捞小型鱼类的网具，全国仅太湖有。捕捞对象主要是梅鲚鱼，约占总捕获量的80%，其余为白虾、银鱼和其他个体较小的鱼类。小兜网作业时上至水面，下达湖底，拖扫面积大，结构巧妙，操作简单，生产安全可靠，有

“太平网”、“全家福”、“孝子网”之称。该网在大中渔船中普遍使用，并与银鱼网、虾拖网、牵丝网轮作，日产量可达2000斤以上，生产季节主要在8月至翌年1月。

2. 虾拖网 也是太湖捕捞小型鱼虾主要工具之一，梅鲚和白虾的产量约占渔获物的95%，该网历史悠久，原来由小船在湖边生产，称为“拖虾网”，1958年后逐渐发展到大中型渔船在太湖作业，现已广泛使用。该网网型较低，拖速不快，捕捞底层小型鱼虾效果好，但操作复杂，取鱼排网劳动强度大，主要作业期是8~10月，与小兜网、银鱼网轮作，一般是“日牵虾拖，夜拖小兜”。该网日产数百斤至千斤以上。

3. 银鱼网 是太湖生产银鱼的特有捕捞工具，双船拖拽，双翼双囊。其特点是不用网线编结，而是用网布按需要的规格裁剪缝制而成，又称“裤带网”。这种网具上至水面，下着湖底，网眼密集，网型又大，因而拖速较慢。但捕捞银鱼效果好，日产200斤左右，最高可达500斤以上，一汛期产量根据船只及动力大小不同，汛产2000~8000市斤不等。生产期从小满开始至夏至前结束，全年生产期20多天，渔获物以银鱼为主，占90%左右，其次为梅鲚、白虾约占10%。

4. 快丝网 又称牵丝网，是每年10月中旬后太湖专捕大型鱼类的工具。原来牵大鱼用墙缆网，是主宰太湖大型鱼类的网具，50年代还起着重要作用。60年代后期，随着快丝网的引进，墙缆网才逐渐淘汰，由快丝网取而代之。

快丝网从1965年冬引进，到70年代初大中渔船普遍使用，捕捞对象以鲢、鳙、白鱼为主；其次为青、草、鳊、鲫、花䱗等各种大中型鱼类。这种工具一般在冬季大风时作业，日产200~400斤不等，四船作业有时也达千斤以上。该网与小兜网、虾拖网在冬季捕捞时轮作。随着太湖大型鱼类资源的变化，除少数渔业单位外，快丝网也逐渐由“主角”降为“配角”地位，仅在严冬或大风时生产，网目也在逐年减小。

5. 罟网 是严冬专捕大中型鱼类的工具，主要在中型渔船上使用，是网具中的“老祖宗”。这种网具其他湖泊也有，称为“百袋网”、“猪奶子网”，百年前主要在小湖荡中生产，后来才在太湖发展起来。每对渔船拖拽8~10条网，每条网使用80~120个小网袋，下缚铁沉子，着底拽行，拖速很慢，捕捞对象过去以青、鲤、鲫、鳊为主，由于鱼类组成变化，现在以花䱗、鲫鱼、鲤鱼为主要捕捞对象，产量不高，汛期仅3000斤左右。捕捞时间从11月起到翌年春节，一般与快丝网、虾拖网、小兜网、银鱼网轮作，规模已逐渐缩小。

6. 丝网 属刺网类，分三重刺网和小丝网两种，尼龙胶丝编结。每船30~35条网，连成一长带形，浮于水面，随风漂移，拦截鱼道，使鱼触网被刺或被缠而遭捕获。是70年代新发展的网具，分布面广。特别是小丝网，捕捞对象广泛，常年作业，以大中型鱼类鲢、鳙为主，产值高。由于小丝网和三重刺网的出现，原有的大鱼网、线网、板肖网等相继消失。

7. 网簖 是太湖的定制捕捞工具，又称“迷魂阵”，由墙网、身网、囊网3部分组成。设置在湖边水道和港湾进出口等鱼类洄游通道上，拦截迫诱鱼类入内而捕获。20世纪70年代后期代替竹簖、芦柴簖。

网簖是良好的捕鱼工具，虽然一次性投资大，但使用周期长，损耗修补少。劳力省、产量高、管理方便。除严冬封冻外，可常年作业，年产量一般可达1万斤左右。捕捞对象广泛，从上中底层鱼类以至鳗鲡、河蟹无所不捕，且均新鲜成活，素有“活鱼库”之称。但由于鱼簖常年作业，网目小，伤亲害幼，破坏鱼类资源也十分严重，交叉杀伤鱼类资源。

五、吴地农书论述多

发达的农业孕育着发达的农学。众所周知，春秋时期范蠡曾活跃在吴地一带，据史料记载，他就是《陶朱公养鱼法》的作者。不论“养鱼法”总结的是吴地的养鱼经验，还是范蠡离开吴地来到北方之后，自己总结出来的养鱼经验，只要《养鱼法》是范蠡所作，就肯定与吴地有某种联系。唐宋以后，随着经济重心的南移，吴地更成为重中之重，伴随着农业的迅速发展，吴地的农学传统也开始形成，出现了陆龟蒙、陆羽、僧人赞宁、陈旉、楼璹等众多的农学家。明清时期，吴地的农学更趋发达，出现了为数众多的农学家，除黄省曾以外，著名的农学家还有马一龙、沈氏、俞宗本、邝潘、徐光启、王世懋、张履祥、陆世仪、潘曾沂等。

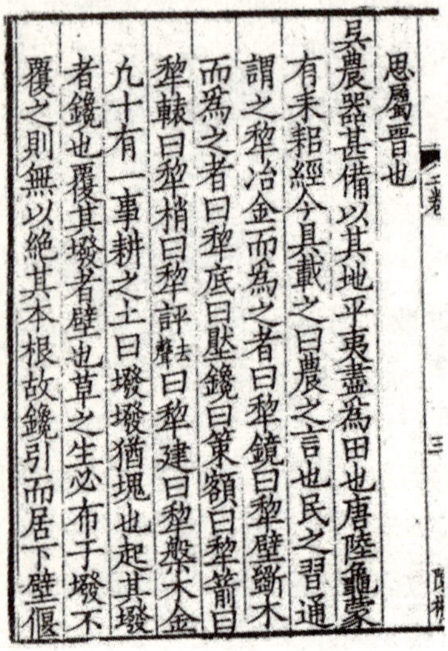
恩屬晉也
吳農器甚備以其地平衷盡爲田也唐陸龜蒙有耒耜經今具載之曰農之言也民之習通謂之犂冶金而爲之者曰犂鑱曰犂壁斲木而爲之者曰犂底曰壓鑱曰策額曰犂箭曰犂轅曰犂梢曰犂評曰犂建曰犂槃木金九十有一事耕之土曰墢墢猶塊也起其墢者鑱也覆其墢者壁也草之生必布于墢不覆之則無以絶其本根故鑱引而居下壁偃

图 1－8　范成大《吴郡志》卷二书影

据对《中国农学书录》的不完全统计，从春秋时期到清末，吴地产生了农书大约 180 部，占“书录”中全部农书的三分之一。也就是说，每 3 本中国古农书中，就有 1 本出自吴地。而这些农书中，又主要以水稻、蚕桑、花卉等为主要的对象。

1. 陆龟蒙与《耒耜经》

《耒耜经》是中国有史以来独一无二的古农具（图 1－8、图 1－9）专志，是唐代著名诗人陆龟蒙撰写的专门论述农业的古农书经典著作。陆龟蒙，字鲁望，别号天随子，江湖散人，甫里先生，今江苏吴江人，曾任湖州和苏州刺史的幕僚，隐居松江甫里（今吴中区角直）。作为一位文学家，其成就主要是诗歌和小品方面，作为农学家，其影响则主要在农具方面，而农具方面的成就又突出地体现在对江东犁的总结。由于犁在农业中的地位，犁的进化史，就是古代农业史，这就决定了陆龟蒙及其《耒耜经》在农业史上的地位，以至于研究中国犁的学者言必称颂《耒耜经》。

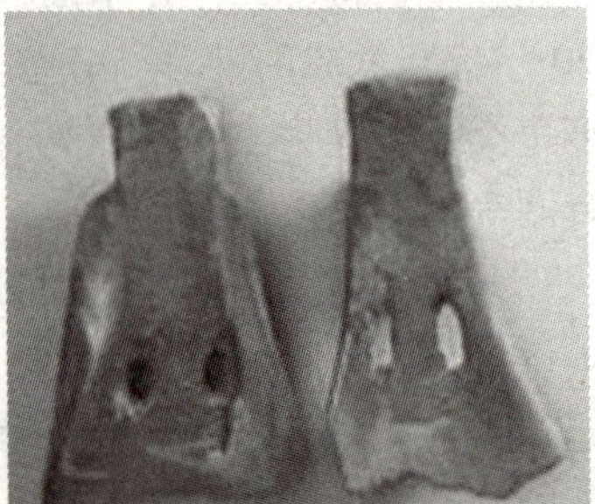
图 1－9　耒耜

陆龟蒙生于官僚世家，却终身以农为业，虽以隐士自诩，却怀儒家之志，修身持家、治国平天下的理想每见于笔端，正如鲁迅先生在《小品文的危机》中所说，陆龟蒙，自以为隐士，别人也称之为隐士，而看他的小品文，“并没有忘记天下，正是一榻糊涂的泥塘里的光彩和锋芒”。更为可贵的是，他虽胸怀天下，饮誉文坛，却能将历来不为文人和士大夫所重视的农具，进行细致的研究总结，甘做小人之事，为中国古代农具发展史留下宝贵的文字记载。这与他的性格是分不开，他的自传《甫里先生传》和《江湖散人传》，对其生平和个性作了总结。他在《江湖散人传》中写道：“散人者，散诞之人也：心散、意散、形散、神散。既无羁限，为时之怪，民束于礼乐者外之，曰此散人也。”也许正是因为摆脱了儒家传统礼教的束缚，才使他成为中国农业史上著名的农学家。

《耒耜经》是江南人所著的最早的一部农书，也是最早一部专论农具的书。全书并序文在内共430字。《耒耜经》共记述农具4种，是研究古代耕犁最基本最可靠的文献，历来受到国内外有关人士的重视，它有别于古代其他侧重讲农艺的古籍文献，是一本专门介绍农具的著作。

2. 黄省曾撰写的农书

黄省曾，字勉之，号五岳山人。江苏吴县（今苏州）人。生于1490年，卒于1540年。黄省曾幼年时喜读古代散文和辞赋，对辞书《尔雅》颇有研究。明嘉庆辛卯年（1531年）参加乡试，名列榜首，中举人。后因进士不第，便放弃了科举之路，转攻古代诗词和绘画。当时南都参赞乔白岩坐镇金陵（今南京），他聘请黄省曾前往纂写《游诸山记》一书。黄省曾一日游览，一日撰著。后来黄省曾又转学于会稽王文成（阳明）的门下，著有《会稽问道录》。最后关门谢客，过起了隐居生活。

黄省曾是个诗人，但却“好谭经济”，一生写了多种农学著作，主要有：《稻品》（又称《理生玉镜稻品》）1卷、《蚕经》（又称《养蚕经》）1卷、《种鱼经》（又称《养鱼经》、《鱼经》）1卷、《艺菊书》（又称《艺菊谱》）1卷，此四书被合称为《农圃四书》，此外还有《芋经》（又称《种芋法》）1卷、《兽经》1卷。黄省曾的农学贡献主要就体现在这些农书之中。

黄省曾的农学成就与吴地的农学传统是分不开的。吴地的传统农业主要是由稻作、蚕桑（元代以后加上了棉花）和渔业3部分组成，这从吴地的农学家兼诗人陆龟蒙的诗歌中就可以看出，“山横路欲绝，转楫逢平川。川中水木幽，高下兼良田。沟塍堕微溜，桑柘含疏烟。处处倚蚕箔，家家下渔筌。”在另诗中又说：“水影沉鱼器，邻声动纬车。”稻米、蚕丝和鱼是吴地人民生活的基础（图1－10）。

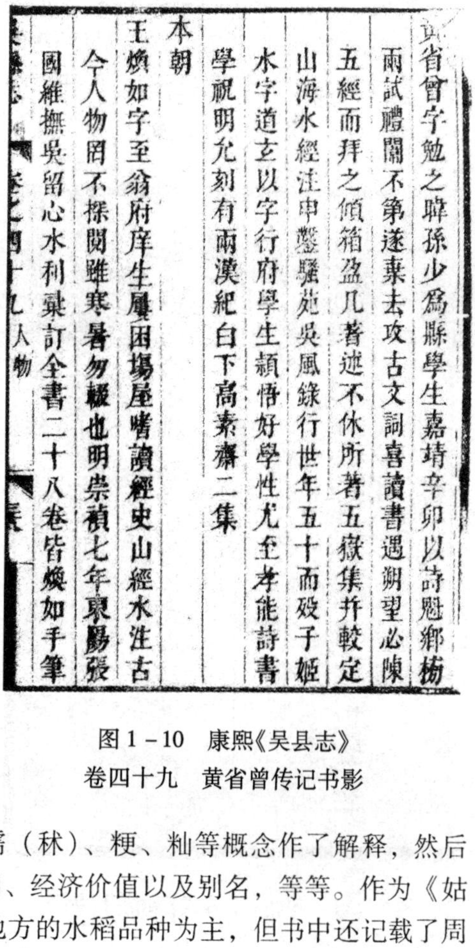
省曾字勉之睟孫少爲縣學生嘉靖辛卯以詩魁鄉榜
兩試禮闈不第遂棄去攻古文詞喜讀書遇朔望必陳
五經而拜之傾箱盈几著述不休所著五嶽集幷較定
山海水經注申鑒騷苑吳風錄行世年五十而歿子姬
水字道玄以字行府學生穎悟好學性尤至孝能詩書
學祝明允刻有兩漢紀白下高素齋二集
本朝
王煥如字至翁府庠生屢困場屋嗜讀經史山經水注古
今人物罔不採閱雖寒暑勿輟也明崇禎七年東暘張
國維撫吳留心水利彙訂全書二十八卷皆煥如手筆
人物

图1－10　康熙《吴县志》
卷四十九　黄省曾传记书影

3. 《稻品》

《稻品》是一部水稻品种志。书先对稻、糯（秫）、粳、籼等概念作了解释，然后列举了34个水稻品种的性状、播种期、成熟期、经济价值以及别名，等等。作为《姑苏志》的补充，《稻品》中所载自然是以苏州地方的水稻品种为主，但书中还记载了周围其他地方一些品种，其中毗陵（今江苏常州）3 个、太平（今安徽当涂）6 个、闽 2 个、松江（今上海松江）8 个、四明（今浙江宁波）3 个、湖州 5 个。这些品种中多数在苏州一带也有种植，只不过在不同的地区有不同的名称而已，《稻品》也一一加以记录。如师姑，四明谓之“矮白”；早白稻松江谓之“小白”，四明谓之“红白”；晚白又谓“芦花白”，松江谓之“大白”；胭脂糯，太平谓之“朱砂糯”；赶陈糯松江谓之“雀不觉”，亦谓之“籼糯”；芦黄糯，太平谓之“泥里变”、“瞒官糯”，松江谓之“冷粒糯”。《稻品》记载水稻品种性状时注意到籽粒、质地、外形、稃芒、株秆、抗逆性、产量、品质等因子，还记载了每个品种的播种和成熟月份。

《稻品》的出现是吴地的稻作及稻作学传统的产物。吴地是中国稻作最早的起源地之一，也是稻种资源最为发达的地区。吴地所在的太湖地区是水稻籼粳分化的中心地区。先秦时代，吴地的人民就已开始了对于水稻品种选择的重视，据《吴越春秋》卷九的记载，勾践十三年（公元前484 年），越国谎称受灾，吴借粟（稻谷）万石，第二年“越王粟稔，拣择精粟而蒸还于吴”。吴王见越国的谷粟很长，称“越地肥沃，其种甚嘉，可留使吴民植之。于是吴种越粟，粟种杀而无生者，吴民大饥”。历史上，这里还有许多野生稻的记载，《三国志·吴书·孙权传》提到：“由拳（今嘉兴）野稻自生”。《新唐书·玄宗本纪》载开元十九年“是岁扬州穞稻生”。《南史·梁本纪》载：“（大同三年）是秋吴兴生野稻”。但是在唐宋以前，由于中国的经济文化中心尚在北方，因此有关吴地一带水稻品种的记载非常有限，《齐民要术》所记载的 24 个水稻品种，反映的是 6 世纪黄淮流域水稻栽培中一些流行品种的名称，吴地因不在北魏的统治范围以内，所以没有提及。只是到了唐宋以后，随着中国经济重心的南移，吴地的水稻品种才开始引人瞩目。先是出现在诗人的笔下，诗人范成大在他的《劳畲耕并序》一诗中就提到“吴中米品”8 个，有长腰、齐头白、红莲、香子、舜王稻、占城、稏稏、早籼等。后又出现在地方志之中，现存宋代地方志，如《宝祐琴川志》（常熟）、《淳祐玉峰志》（昆山）、《绍熙吴郡志》（苏州）、《嘉泰吴兴志》（湖州）、《绍定澉水志》（海盐）、《咸淳临安志》（杭州）、《淳熙新安志》（歙县）等都有关于水稻品种的记载，其中淳祐《玉峰志》（图 1－11）34 种，绍熙《吴郡志》2 种，嘉泰《吴兴志》9 种，绍定《澉水志》9 种，咸淳《临安志》10 种，淳熙《新安志》32 种。上述地方志共记有水稻品种 131 个，扣除重复的有 33 个，实有品种 98 个，但这并不是宋代吴地水稻品种的全部，因为《嘉泰吴兴（湖州）志》在记载了 9 个当地的水稻品种之后，就如是说：“询之农人，粳名不止此数种，往往其名鄙俚，不足

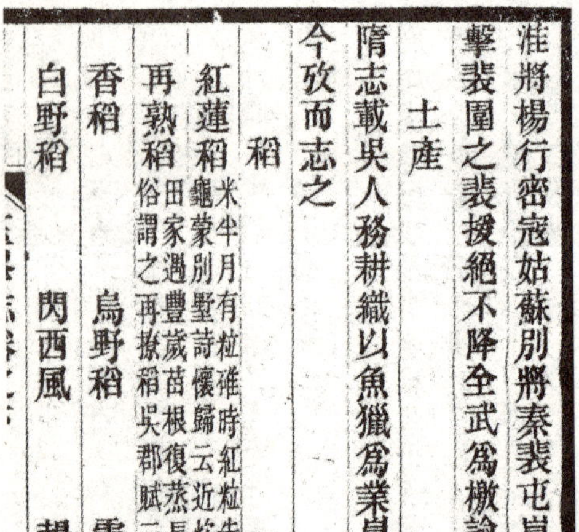
淮將楊行密寇姑蘇別將秦裴屯崑山吳越將顧全武
擊裴圍之裴援絕不降全武爲檄諭之乃納款
土產
隋志載吳人務耕織以魚獵爲業崑山爲吳劇邑土產
今攷而志之
稻
紅蓮稻 米半月有粒稚時紅粒先白其味甚香陸龜蒙別墅詩懷歸云近炊香稻識紅蓮
再熟稻 田家遇豐歲苗根復蒸長旋復成實可掠取俗謂之再撩稻吳郡賦云國稅再熟之稻
香稻 烏野稻 雪裏揀
白野稻 閃西風 趕麥長

图 1－11　淳祐《玉峰志》卷之下书影

载。”又如绍熙《吴郡志》所记的当地水稻品种只有2个，而上引范成大的诗中就记载了品种8个。

然而黄省曾以前的农学家似乎并没有太多地注意水稻品种的问题。唐代仅存的韩鄂著《四时纂要》所述有关水稻种植甚为简略，且多因袭《齐民要术》，更不提水稻品种。南宋著名的陈旉《农书》虽然是一部系统论述吴地稻作农业生产的农书，但却只提到了一个水稻品种“黄绿稻”。元代的《王祯农书》也只提到了黄绿稻、占城稻和小香稻等几个品种名称，并且认为：“稻之名不一，随人所呼，不必缕述。”这就使得在很长的一段时间里没有一部专门的水稻品种专志。

但是到了明清时期，随着水稻品种的更加丰富，对于水稻品种的系统总结也就成为一些有识之士的创举。有学者统计明代太湖地区水稻品种近196个（扣除重复），比宋代多65个。地方志的记载中也大致反映出同样的情况，如明嘉靖《吴江县志》记及的水稻品种有100多个，其中籼粳稻67个，糯稻37个。而黄省曾的《稻品》正是在地方志的基础之上发展而来的。先是弘治年间（1488—1505年）吴宽、张习、都穆等人发起纂修《姑苏志》，未告完成，仅存遗稿。后来王鏊、杜启、祝允明、蔡羽、文征明等人在此基础上，重新修订，完成了这部方志的写作。黄省曾的《稻品》就是在《姑苏志》“土产”部分的基础上加以增补而成。它是一部脱胎于方志，而又独立于方志的水稻品种专志。

《稻品》是现存最早的一部完整的水稻品种专志。中国历史上最早记载水稻品种的是晋代郭义恭的《广志》，该书一共记载了12个水稻品种，但是书早已失传，其所载品种还保留在北魏贾思勰的《齐民要术》之中。《齐民要术》是最早记载水稻品种的农书，书中一共记载了24个品种，加上《广志》中的12个，共36个，然而《齐民要术》仅记载水稻品种的名称，而不及性状和生育期等。到了宋代才出现了第一部水稻志，这便是曾安止的《禾谱》，所记为西昌（今江西泰和县）的水稻品种，尽管其中有些品种也见于江浙一带，但这本书后来也失传了，只有部分内容还保留在曾氏家谱之中。宋代苏湖一带本是中国稻作最发达的地区，却没有留下一部水稻品种的专著，只是在一些地方志中有水稻品种的记载。此外，范成大在《劳畬耕并序》中也记载了“吴中米品”8个，但这些记载都未为赅备。宋代陈旉所著的《农书》虽然是最早记载南方水稻栽培技术的农书，却仅是在“地势之宜篇”提到了“黄绿稻”这样的一个水稻品种。元代《王祯农书》中虽然对于水稻品种做过一些的分类，却很少提到了一些具体的水稻品种。因此，《稻品》仍是现存最早的完整的水稻品种专志。其后300年，李彦章才写出了一部可与之相媲美的《江南催耕课稻编》，而且“课稻编”本身也是吴地稻作和稻作学传统的产物。

4.《蚕经》

《蚕经》是第一本关于江南地区栽桑养蚕的专书。黄省曾在书中对苏杭一带种桑养蚕的经验做了总结。书中分为艺桑、宫宇、器具、种连、育饲、登蔟、择茧、缫拍、戒宜等9个部分。除“艺桑”外，其余8部分多是关于养蚕的内容，故此书名为《蚕经》。“艺桑”部分主要介绍了地桑、条桑品种，嫁桑、接桑方法，桑园管理，桑牛防治、桑下种蔬、桑叶市场价格预测等等内容。“宫宇”即蚕室，蚕室的设置要求安静保暖，防止潮湿。“器具”即有关种桑养蚕的工具，有桑刀、方筐、圆箔、火箱等项。

“种连”即蚕种的繁育，包括选种、浸种和浴种。“育饲”必须使用干叶，雨中所采桑叶必须擦干吹干方可喂饲。“登蔟”即上蔟。“择茧”要求茧细长而莹白，否则淘汰。“缫拍”即缫丝。“戒宜”即养蚕的注意事项。

在黄省曾写作《蚕经》以前，吴地的蚕业已经走过漫长的历史，吴兴钱山漾新石器时代遗址出土的绢片、丝带和丝线，便是已知最早的丝织物。在此之后，吴地的蚕桑业还在持续不断地得到发展，特别是唐宋以后，随着中国经济重心的南移，以太湖地区的蚕桑业更是长时间处于领先地位。南宋《嘉泰吴兴志》中便有“湖丝遍天下”之说。宋元以后，特别是明朝初年，随着棉花生产的普及，全国各地的蚕桑生产都受到了极大的冲击而日趋衰落，而唯独湖州、嘉兴一带的蚕桑业在明代中后期以后，不仅没有萎缩，反而得到更大的发展，并成为对国内外贸易的大宗商品，一直到今天。

发达的蚕桑业也造就了发达的蚕桑学。早在北宋时期，高邮人秦观就著有《蚕书》1卷，南宋以后，随着吴地蚕桑业的日益发展，记载蚕桑技术的农书也日益渐增多，如陈旉《农书》、楼璹《耕织图》等。元代以后则更有《农桑辑要》、《王祯农书》、《农桑撮要》等。

虽然这些农书都记载了丰富的种桑养蚕技术，且《蚕经》的部分内容即来自这些农书，但这些农书似乎并不能满足吴地蚕业发展的需要。首先，元代的3大农书都是以指导全国的的蚕桑生产为出发点，且多以北方的蚕业技术为主。其次，南宋的《农书》和《耕织图》虽然是以南方太湖流域的蚕桑生产技术为主，但二书并不是蚕桑专书。第三，秦观的《蚕书》虽然是一本蚕学专著，且作者也是吴地人士，但书中所记乃是兖（今属山东）人的养蚕技术，与吴中养蚕有所不同。因此，明代以后，随着吴地的蚕业的进一步发展，由吴地人写作一本关于吴地的蚕业技术的专著也就水到渠成，黄省曾的《蚕经》便是在这种背景下出现的。《蚕经》之后，有关蚕桑的著作很多，其中又以江南为盛。虽然《蚕经》所载养蚕技术与其前后有关农书相比较，并没有特别的贡献，但江南写作蚕桑专书，则始于《蚕经》。

5.《鱼经》

吴地素有“水乡泽国”之称，渔业资源非常丰富，自先秦已降，这里就盛产鲥、鲥、银、白，尤以松江鲈鱼最为有名。鱼，是水稻之外吴地人民最主要的食物，历史上一直有着“饭稻羹鱼”的说法。一种说法，“吴”的本字即“鱼”，可见吴与鱼有着密切的联系。和稻作一样，吴地的渔业也有着悠久的历史。早在五六千年以前，当地的居民就已从徒手捕鱼，进入到利用较大木船，航行到较深广的水域中进行网捕，并将捕获物以鱼篓盛养，保持鱼的鲜活这样的捕捞阶段。春秋吴越时期，当地已开始了人工养鱼，唐《吴地记》称：苏州胥门15里有“鱼城”，系“越王养鱼处”；另明代《石湖志略·古迹》中也载，胥门外西南5里越来溪，“溪有南北，南溪之西田间，基厚而土细，高可二丈，广倍之，吴王游姑苏筑以养鱼，今谓之鱼城基。”不过在明清以前，吴地的渔业仍然是以捕鱼为主，因此，在明以前吴地的渔史中，渔具和渔法一直占有很重要的地位。晋以前，即已出现了一种重要的渔具扈。唐以后，吴地的渔具和渔法更有了显著的进步。明清时期，渔船、渔具和渔法进一步发展，捕鱼的种类迅速增加，但最大的进步还在于养鱼技术方面，青、草、鲢、鳙4大家鱼得到广泛的饲养，成为池养鱼中主要的鱼种。同时鱼种的繁殖和成鱼的饲养管理技术也有了长足的进步。

发达的渔业哺育着吴地的渔学。相传第一部养鱼专著《养鱼经》就诞生在这里。《养鱼经》的作者范蠡在帮助越王勾践灭吴以后，就在太湖上过起了隐居漂泊的生活，他认为“治生之法有五，水畜第一”。至今在太湖各处，仍然流传着许多范蠡养鱼钓鱼的遗迹或传说。《养鱼经》也许就是根据他的养鱼经验所写出来的一部养鱼专著。书中对于养殖对象、建造鱼池、密养轮捕、良种选留及产子孵化等方面均有论述。

如果说历史上对范蠡及其《养鱼经》还存在许多疑点的话，那么唐代陆龟蒙则是吴地土生土长的渔学专家。陆龟蒙，年少时曾热衷于功名，后隐居甫里（今角直镇），耕读之余，喜好垂钓。“自比涪翁、渔父、江上丈人”，又称“天随子”，经常“升舟，设篷席，赍束书，茶灶、笔床、钓具往来于江湖之上。”对渔具和渔法都有一定的研究。其成果从他与当时另一位著名诗人皮日休的有关渔事的唱和诗中就可以看出。陆龟蒙在其《鱼具诗并序》中说：“天随子渔于山海之颜有年矣，矢鱼之具，莫不穷其趣”。“序”中对所写的渔具、渔法做了介绍。这些渔具渔法“皆出于诗、书、杂传，乃今之闻见可考而验之不诬也。”是我国渔具分类的最早文献。皮日休读后认为“凡有渔以来，术之与器，莫不尽于是也”，并《奉和陆鲁望渔具诗十五咏》，接着又补充写了《添渔具诗》5 首，以回赠陆龟蒙。陆龟蒙也同样写了《奉和袭美“添渔具诗五首”》。后来宋代的张明达任吴江县知事时，又在此基础上，经过调查研究加以损益，编绘成渔具图，并各系之以诗计 17 首，与皮陆的渔具诗稍有出入。

然而，《陶朱公养鱼经》只提到了鲤鱼的养殖方法，陆龟蒙仅叙述了唐及其以前的渔具和渔法，对于明清时期，四大家鱼繁殖和饲养技术，以及由于渔船、渔具和渔法的发展，所引起的捕鱼种类的增加，没有，也不可能涉及，故有黄省曾《鱼经》的出现。

黄省曾写的《鱼经》是一部关于养鱼和渔业资源的专书。全书共分三个部分，“一之种”介绍了几种鱼类的繁殖方法，包括鲤鱼、鳟鱼、草鱼（鲩鱼）、白鲢、鲻鱼等。繁殖方法可以归结为两种：产卵孵化和取苗（秧）池养。使用的饲料有鸡、鸭蛋黄，或大麦之麸，或炒大豆之末。值得注意的是对鲻鱼的养殖，鲻鱼本是一种海洋鱼类，生活在海水和河水交界处。长江口的松江人在潮泥地上开挖池子，待春季涨潮的时候，捕捉 1 寸来长的鲻鱼鱼秧，放入池中进行人工养殖，至秋季鲻鱼就有 1 尺来长。这是海鱼淡水养殖的最早记载，标志着中国海产养殖的发达。“二之法”介绍了养鱼的方法，着重于在凿池和喂食两个方面。黄省曾认为鱼池必须凿两个，这样做的好处有 3 点：一可以畜水；二卖鱼的时候，可以去大而存小；三还可以解泛，一个鱼池泛时，这个鱼池里的鱼可以投放到另一个鱼池中去。鱼池凿好以后，不可以沤麻，不可以投放碱水、石灰，还要避免鸽粪；水不宜太深，深则水寒而鱼难长，但池之正北，应挖得特别深，以便于鱼儿集中；三面有阳光，则鱼易长。池中应设洲岛，让鱼不绕运转，使鱼生长迅速。池旁种芭蕉，芭蕉上的露水滴入水中以解泛；种楝树，楝子落入池中可以喂鱼；搭上葡萄架，可以免除鸟粪；四周种上芙蓉，可以避免水獭。鱼的食物有蟋蟀、嫩芽、秆子、鸡鸭蛋黄，不可以用水草。喂鱼要一日两次，定时定量，小鱼喂草必须幼嫩，冬季可以不喂。“三之江海诸品”介绍了江河湖海中 19 种主要的鱼类，这些鱼类多属鱼中珍品，有鲟、鳜、鲈（松江四鳃）、鳓、鲳、石首、白鱼、鳊（鲂鱼）、银鱼、鲥鱼、鲫、虾虎、土附之鱼，针口之鱼、河豚（斑鱼）。黄省曾的《鱼经》是一部较为难得的鱼书，因为较早的鱼书，如《陶朱公养鱼法》和《昭明子钓种生鱼鳖》等书都已失传，或仅存辑本，后世所谓的鱼书又多记海错或鱼品间，或有捕鱼之法，但对于养鱼之法却很少记载，只有《鱼经》是一本集养鱼和鱼品为一体的鱼书，在鱼史上有着重要的地位。

参考资料

1. 吴越春秋．南京：江苏古籍出版社，1986.
2. 史记·货殖列传．北京：中华书局标点本．
3. 三国志·吴书．北京：中华书局标点本．
4. 宋书．北京：中华书局标点本．
5. 唐．吴地记．南京：江苏古籍出版社，1986.
6. 新唐书·玄宗本纪．北京：中华书局标点本．
7. 范成大．吴郡志．南京：江苏古籍出版社，1986.
8. 正德．姑苏志．南京：苏州地方志典藏本（电子版），2009. 10.
9. 嘉靖．吴江县志．吴江图书馆藏明刻本．
10. 明．石湖志略·古迹．苏州史志资料选辑，2003 年刊，总第二十八辑．
11. 乾隆．吴江县志．中国地方志集成本．南京：江苏古籍出版社，1991.
12. 乾隆．震泽县志．中国地方志集成本．南京：江苏古籍出版社，1991.
13. 杨晓东．灿烂的吴地鱼稻文化．北京：当代中国出版社，1993.

（陈其弟）

第二篇　冶铸篇

当今世界公认的文明标准有四：一是要有一定人口规模的城市；二是要有文字，借以积累和传承人类的思想文化；三是要有较为复杂的公共建筑；四是冶金术的发明和使用。而中国被公认为是世界上发明金属冶炼的四大古国之一。那么，冶铸这一文明之火在中华大地又是从何处点燃的呢？著名的历史考古学家郭沫若先生曾提出："吴越大概是发明冶金术最早的地方"，这绝非空穴来风。领先于世界的复合金冶铸术铸就了吴王的春秋霸业；"吴邓钱，布天下"（按：吴为汉代吴王刘濞，邓为邓通，四川乐山人）之美称，极言了吴地铸钱之盛况，遍布海内域外的吴地钱币，打造了吴地经济繁荣的坚实基础；铁犁等农耕工具在冶炼制造上的优化改进，将"苏湖熟，天下足"之美誉铸进了历史的长卷；从民间仿古铜器的"苏州造"到铁模铸炮的首创，反映了吴地人民在资本主义萌芽时期，直面不平等竞争的拼搏努力；从真珠舍利宝幢到"中华世纪明珠"的辉煌登场，无不展示着苏州卓越的冶铸永远追求文明的最高境界！

一、卓越冶铸铸霸业

美丽的传说，动人而精彩，动人的是它凝聚着夫妻的挚爱，朋友的信义，精彩的是干将莫邪这对雌雄宝剑是当时吴国崛起、国力强盛的重要象征。

干将剑为春秋时期吴国铸剑名师干将所铸。干将作剑，采五山之铁精，六合之精英，但冶炼3月，金铁之精仍不销沦流，于是干将妻莫邪断发剪爪投于炉中，增加磷以降低金属的熔点，干将又使童女童男300人鼓橐装炭，用炭作燃料烟少温度高，而加强鼓风又使炉中氧气充分，得以加速燃烧进一步提高炉温，炉温升高后熔点降低，"金铁乃濡，遂以成剑。"阳曰干将，阴曰莫邪。阳作龟纹，阴作漫理（纹），实际上，这是高超的冶金复合技术所为。

我们现在通称为暗格纹的龟纹和漫理纹，它和剑首同心圆与复合剑堪称吴越宝剑制作之三绝。剑表面之所以呈现这种暗格纹是由于剑的表面有规则地分布一层不同基体组织，用锡基合金粉末覆于青铜剑表面，经加热使合金成分扩散到青铜基体之中，上涂料部分呈白色，未上涂料部分仍然呈黄色，形成黄白相间，闪闪发光的龟纹或漫理纹，它显示了吴越地区早在2500年前，已掌握了金属膏剂涂层扩散这种特殊而精湛的青铜器表面合金化技术。剑脊含铜较多，韧性好，不易折断，刃部含锡高，硬度大，刃口锋利，剑芒、剑格与剑身上的黑色龟纹或漫理纹，含硫高，可以防锈，这种复合金属冶铸已大大领先于世界，其他国家直到近代才开始掌握这一技术。诚然，冶铸这一文明之火点燃于吴越大地，是个不争的事实，但著名的历史考古学家郭沫若先生在数十年前就曾感慨"吴越大概是发明冶金术最早的地方”，却不能不令人为先生的卓识惊讶不已，因为一则对于吴越宝剑的先进技术是近十几年来的科学研究才得以揭秘；二则干将莫邪剑的重见天日也是近些年才得以缜密考证。

1964 年，因为要建造南京长江大桥，六合程桥中学操场破土基建，春秋吴墓中埋藏了近 2500 年的干将剑再次面世。更为有趣的是，当时干将把雌剑莫邪剑交给了吴王阖闾，但春秋之后的历朝历代都无人再见识过这把宝剑。1964 年 9 月，山西省原平县峙峪村春秋晋国大墓中，莫邪剑竟也不甘黄泉寂寞，紧随 3 个月前江苏六合程桥吴国大墓中的干将剑一起重返人间，再续前缘。雌雄宝剑相继出土，不同凡响，尽管经历了 2500 年的地底掩埋，依然寒光四射，刀锋锐利如故。

春秋时期，吴、晋之间关系极其密切，吴晋结盟，被称为春秋时期，远交近攻的战略经典，吴晋盟会、聘使频繁，正是在这样的历史背景下，莫邪剑便作为君王与君王之间笼络关系的信物被传到了晋国。人们只知道汉代的昭君出塞、唐代的文成出蕃，殊不知，春秋时期的战火硝烟中，莫邪剑就已经为吴国的强盛铿锵异乡！

所谓宝剑，其不同于一般剑的地方，就在于它具备五色之特点，花纹黑色、灰色，剑口青铜色，剑格上一边是蓝琉璃，一边是绿松石。吴王夫差剑曾在多处出土，吴王夫差是春秋五霸之一吴王阖闾的儿子，公元前 495 年到公元前 473 年在位。春秋时期，诸侯争霸是一种竞争，而冶炼技术的发达，铸就了吴国的霸业。吴国所作的剑，轻、薄、锋利，与别国，特别是北方的剑又厚又重相比较，其在格斗时的优势自不言而喻。

出土于河南辉县的吴王夫差剑，剑格上有 3 块蓝色琉璃，出土于安徽寿县的吴王夫差剑，剑格上镶有绿松石，出土于湖南的吴王夫差剑，通体无锈斑，光彩照人，锋利依旧。这些出土的吴王夫差剑，剑身上都阴刻篆字铭文：“攻吾王夫差自作其之用”。这些铭文，既是品牌的标志，也使宝剑拥有者或收藏者豪情油然而生。当时，佩剑更是一种礼仪和身份的象征。吴国宝剑饮誉列国，为众人所崇，幸得一柄或许成为终生夙愿。公元前 544 年，吴国公子季札出使中原，路经徐国，徐国君王见到了季札所佩的宝剑，心生羡慕，但考虑到出使尚未结束，季札暂时就没有赠送，等到季札出使完毕返回时，又经徐国，可是徐国君王已死，于是季札就把剑挂在墓旁的树上。季札挂剑的故事曾使多少人感彻肺腑，但又有多少人明白，树上挂剑挂的又岂止是剑？此举实乃吴人知信通义之剑道在中原的高榜明示。剑在战场上是杀人的武器，吴人却能化戾气而平添雅气，使精神具于形而超乎形，比起血肉之搏，剑光闪耀的已经是仁义礼智信的睿华！

在当时，宝剑是国宝，又是国威的代表，越国因战败只得把湛卢剑送给吴国，吴王阖闾又因为湛卢剑而进攻楚国，吴国建立了中国最早的海军，孙武率领的海军陆战队可谓天下无敌，而装备这支特种兵的主要是短剑，从柏举之战到占领楚国国都郢城，吴军只用了 10 天的时间。

大家都熟知越王勾践与吴王夫差的故事，每当我们注目于出土的吴王夫差剑和越王勾践剑，就仿佛走进了春秋那纵横捭阖的伟大时代，吴楚相争、吴越相争，直至吴王称霸，一段段惊心动魄的历史犹如重新演绎在眼前，让我们感慨万千。

人们或许要好奇的询问，宝剑价值几何？在当时就有人愿意以“有市之乡三十，骏马千匹，万户之都二”来换得一把，而能识宝剑的薛烛则说虽“倾城量金，珠玉盈河，犹不能得此宝，而况有市之乡，骏马千匹，万户之都，何足言也”，极言其乃无价之宝。

据说湛卢剑几经辗转流传，唐时为薛仁贵获得，后传到南宋抗金名将岳飞手中，绍兴十二年（1142 年），岳飞父子遇害后，湛卢剑不知下落……

二、卓越冶铸耀曙光

金属的冶炼离不开长期对矿物的开采认识的历史积淀，吴地在这方面可谓源远流长。

1 万多年前，残留在太湖三山岛上的上万件石制品，演示着当时吴地先民已经懂得选择石料，加工石块，做成石器；六千多年前，遗存在吴县草鞋山的大件高节玉琮，崭露着古代先人对玉石矿物的认识和了解。而铜井山和穹窿山的古老铜矿，则向世人昭示着四千多年前，聪慧的吴人在积累了几千年玉石实践的基础之上，又进而开始用金属陶冶文明的火花！

当其他民族用植物或锅臭做颜料的时候，披发文身的吴人，首先使用矿物质颜料丹青，不仅染纹色彩更为鲜明，而且丹青具有药理功能，用之填涂刻纹流血的伤口，可以防止染疾，促使愈合。诚然，这与苏州地区矿产资源丰富和人们对各种矿物性能有着一定的认识不无关系。而常熟罗墩、太仓维新等地马桥文化夏商遗址中发现的结晶状金属粒块，黑色发亮，两头圆润，中间略束，断面呈空渣结构，这些金属炼液外溢冷却粒和上海马桥遗址（古属吴地）发现的金属炼渣，及铜斤、铜刀、铜镞等 7 件铜器，仿佛让我们看到了远古的文明之光，正逐渐熔融着远古的洪荒！

吴地的氏族首领蚩尤，首先利用先进的铜兵器主动进攻中原的黄帝。蚩尤作兵使以石作兵、以玉作兵的历史成为漫长的过去。正是凭借这种先进的铜兵器，蚩尤得以九战九胜，成为千古咏叹。马桥文化夏商时代的炼渣和铜兵器，以及太仓小西门所出商代铜戈，默默地描摹着古战场的血腥和沧桑，文明潜质深厚的吴人，创制了铜器并以其内蕴的先进性被中原统治者合理利用。严格的鼎级制度，夯筑了礼仪之邦的基础，钟鸣鼎食，迎来了东方文明之光的第一道曙光，然而，经济优势并不等于政治优势，在吴地冶铸技术比中原发达的夏商时代，吴地的金三品——铅、锡、铜一直成为晋献中央的贡品。

流传国外的著名饕餮纹食人卣，人身上满刻的几何形纹样，就是当时的文身形象。商代因滥饮而亡国，饕餮为有名的贪食者，流传它暴食不咽，以致成为大头细身的怪物。在商代兽面纹的基础上，周代用饕餮纹作为铜器的主题纹饰，以示警戒，而兽面纹则首见于苏州吴县张陵山良渚文化的玉琮。历史的延续性，早已注定了无论是长江边王家山吴墓中刻纹青铜器所展现的酬酢谢侯的礼仪场面，还是规模宏大的奏乐舞蹈，抑或巍峨壮观的高台榭阁，均无不蕴藉着先人对今天“人间天堂”的预期和厚望！（图 2－1）

图 2－1　铜钟纹饰

三、卓越冶铸话繁荣

秦统一中国后，法定以秦原铸行的方孔圆钱“半两”为全国统一流通的钱币，吴地铸钱相当发达，铸钱技术相当先进，寄居吴地的项梁，曾暗中铸钱，购买兵器，以做反秦之准备。

吴王刘濞沿古海堤开挖盐铁塘，从松江、太仓、常熟一直到张家港入长江，即山铸钱，煮海为盐，富盖汉帝，当时便有“吴邓钱，布天下”之美称。吴王刘濞利用封地内的铜山，“招天下亡命者盗铸钱”。他利用境内的铜锡铸钱，竟使无锡锡山无锡。中央税如牛毛，吴王却富可免除境内百姓赋税以收买人心，志在高远。晁错是汉景帝的亲信，主张削弱诸侯王的势力，特别向汉景帝提出吴王“公（开）即山铸钱、煮海为盐，诱天下亡人谋作乱逆。”由此激化了同王室的矛盾，公元前 154 年，爆发了“吴楚七国之乱”。吴王在叛乱中，曾悬赏激励手下将士，凡斩杀汉军大将者，赏金五千斤；斩杀列将，赏金三千斤；斩杀裨将，赏金两千斤；斩杀两千石官员，赏金一千斤。吴王之富足以可见。虽然吴王的叛乱最终被平定，但是吴王因铸钱、煮盐而获得的资财客观上带动了吴地经济贸易的极大发展，盐铁塘两岸更是从此成为富庶之乡。（图 2－2）

苏州、常熟、张家港、太仓等地出土过很多汉“半两”，这些在地底下被埋藏了近 2000 年左右的古钱币，历史的尘埃，永远也抹不去它们曾经拥有的青睐。当我们在瞩目孔方之际，是否想过，这也许正是在与多少古人做着超越时空的对视与晤谈。铜绿掩不住那个时代古人掌心的温馨，那个时代的市井风貌也犹在方孔间煜煜闪现。如果

图2－2　苏州高新区鸡笼山石室出土王莽时期的“大布黄千”钱范

说滴水可以藏海，那么，这一枚枚古钱币又到底蕴藏着多少古代社会的人文现象！

苏州在汉代以后，铜镜冶铸业也相当发达。根据出土的文物记载，苏州地区发现的铜镜数量相当可观，其中以汉代铜镜和唐代铜镜最为突出。这些铜镜都是铜锡合金，硬度较强，适量增加一些铅，不仅可以提高稳定性，还能强化硬度，增加填充性，避免合金熔解时生发气泡，防止沙眼，以确保镜面光洁匀整。铜镜制成后，需用白毡在镜面上反复打磨，并不断加以铅粉或水银与锡的混合物等反光材料，故而赋予了铜镜以全新的内涵。它们不仅仅是妇孺男士无一不备的生活用品，而且也是陪葬品种中必不可少的辟邪品。铜镜照耀着前世后身，也折射出人们的生活追求和人生目标，汉代的子孙永保镜，唐代的宝相莲花镜……一切期盼尽在镜中映照。

人们只知道张衡（78～139年）造了地动仪，却不知吴地才子陆绩（182～252年）也制造了一个浑天仪，可以运转，用水来推动，上面的齿轮都是铜铸，然后人工整形，非常精美。

在唐代，苏州对农耕工具铁犁改进了冶炼制造的方法，改进后的铁犁又称江东犁（曲辕犁），轻巧灵便，可以调节入土深度，操纵方便自如，使农田深翻而松土，促进根深叶茂，提高农业产量。凭借着卓越的冶铸技术，吴地人民将“苏湖熟，天下足”之美誉，嵌进了历史的经卷！

1978年4月，在瑞光塔第三层塔心中发现了制作于宋代大中祥符六年（1013年）的真珠舍利宝幢，所缀神态各异的银狮，玲珑剔透的鎏金佛龛，金银丝编制九头龙、变形如意……可谓冶铸珍宝。（图2－3）

图2－3　真珠舍利宝幢（复制品）

元代苏州是金银器制作中心。1959 年 1 月，江苏省文管会在苏州市虎丘北元代吕师孟墓中发现了大量金银器物，其中鎏金盒上刻有凤凰牡丹花纹，制作精细。先人们用心用情去描摹美丽的花神，随着历史的积淀，数百年之后，百戏之祖昆曲诞生在吴地，一曲《牡丹亭》沁人心脾，令人陶醉。(图 2 -4)

一代名匠朱碧山号称“一时绝技”，曾在吴县木渎镇开银作，所制蟹杯、灵芝杯等整体完美不见焊接。其著名的银槎杯，尽管人头、云履等部分是焊接的，但焊处浑然无迹，几不能辨，堪称中国冶铸史上的精品。(图 2 -5)

图 2 -4　元代鎏金盒

图 2 -5　槎杯（朱碧山银槎）

1964 年 6 月下旬，苏州市盘溪小学基建工地元张士诚之母曹氏墓出土一批金银器。华丽精致的金丝冠，缀桃形镶金边玉饰，嵌菱形翠石金耳环，让我们不禁感慨“有眼不识金镶玉”一词之经典！而二龙戏珠金手镯、连续螺旋的金戒指、银扣带等随葬用具，令我们感慨权力与珍宝竟能如此相得益彰的同时，更为世上的母子深情所倾倒。张士诚之母曹氏，为怕自己拖累在一线决战的儿子，竟用自尽来表达至高无上的母爱。曹氏墓中最精美的大概要算是银镜架了，镜架呈折合式，有前后两个支架构成，制作中融合了锤打、镂孔、凸花、鎏金等多种工艺技巧，既实用又雅观。从此世所罕见之珍品中我们仿佛看到了曹氏生前知书达理之母仪风韵。(图 2 -6、图 2 -7)

图 2 -6　元曹太妃墓银奁

图 2 -7　元曹太妃墓银镜架

1954年，吴县藏书乡五峰山出土的明代文物精品“金蝉玉叶”，曾参加过北京全国文物精品展，得到海内外的观众好评。金蝉长2.4厘米，玉叶长5.1厘米，一只金蝉悠然自得地栖息在一片近乎透明的玉叶上，金光玉耀，雍容华贵，妙趣横生（图2－8）。

图2－8　金蝉玉叶

吴地卓越的冶铸创造了卓越的经济价值，并引领着世人的审美观和价值观不断向着更高的文明境界拓展！

明万历年间天启时，城区蔡文甫铸铜香炉款式仿宣德炉，所仿古铜器自成一派，号称“苏铸”。

宣德后，苏州的仿宣德炉十分精美，几可乱真。胡四是苏州万历年间的仿古铜器名匠，其制铜炉被称为绝技，所铸鼎彝等与旧铸无法分辨，还有徐守素等也是仿古好手。

据说宣德年间，逻国进贡风磨铜（即红铜）数万斤，宣德帝就命人用其铸造香炉，其原料除了风磨铜之外，还有金、银、锡等数十种贵重矿料，因此宣炉的质料优良。此外，冶炼方法不同于一般铜器，普通铜器只经4炼，著名干将莫邪宝剑也不过6炼，但宣德炉经过多达12次冶炼，才能达到要求。宣德炉的名贵还在于其颜色的丰富多彩，变化无穷。据史料记载，宣炉的色泽多达数十种。须先用水银和药剂熏染铜骨，再用赤金粉洒在器身上，置高温中炙逼，使之慢慢地沁入器体内，经多次熏染后金光灼目。

苏州仿造三代铜器较早，乾隆中叶时出土的“散氏盘”，曾在苏州用翻沙法复造，极其成功，复制的“散氏盘”同真的完全一样。光绪末年，古董商听传说“散氏盘”已流出国外，到民国13年，溥仪出宫，查点文物时发现“散氏盘”存在养心殿收藏，可见苏州仿造的铜器已到乱真的程度。

清代乾隆后，苏州的仿古铜器花色品种越来越多，但大多不依原物仅似古器而已。从形制、铭文、纹饰、到厚薄、重量等，都有实物或资料作依据，可仿制到难辨真伪的水平，当时，苏州已是我国仿古铜器的主要产区之一，俗称苏州古铜器为“苏州造”。

在20世纪20～30年代，周梅谷的仿古铜器，曾一度兴盛，为近代苏州冶铸业添写了光彩的一笔。

周梅谷（1882～1951年），苏州人。1921年，他在苏州护龙街（今人民路）开设“寿石斋”，由仿铸宣德炉和修补古铜器入手，进而仿制了鼎、彝、壶、卣、觥5种古铜器，取得成功。他在仿古中，力求有根据，举凡材料、成分、造型、现有纹饰、铭文、色泽等各个方面都符合古代风格，决不杜撰。他聘用了一批能工巧匠，最多时达到20余人，其中黄桂宝、吴麟昆刻木范，陈善甫、朱金海掌握翻砂火候，陶善甫浇铸，唐友玉、刘有富剥蜡，蒋根宝、金润生、金满生着色，分工精细，技术高超。除此以后，还能包金、鎏金、镶嵌金银，如曾经仿制过春秋时期的嵌金银铜鼎、战国时期的鎏金铜兽等，名噪一时，远销欧美。有些仿古产品，文物鉴定家一时也难以鉴别。如一件周梅谷仿的“车马猎纹方口壶”，被美国芝加哥美术博物馆收藏，并收进容庚等著的《殷周青铜器通论》（1958年出版），作为该书的图版。后被发现是赝品。1956年上海博物馆曾处理一批购自苏州的周梅谷仿造的青铜器，其中有一件仿商代的“虎食人卣”，调拨给某博物馆，10余年后竟引起一些在京专家兴趣，认为是新发现了一件珍贵文物。

民国19年（1930年），周梅谷一度去上海设立作坊，制作仿古铜器。1932年一二八事变后，迁回苏州。抗日战争爆发后，周梅谷作坊停业，苏州制仿古铜器遂告中断。

竞争、并购、仿造，无一不与卓越的冶铸息息相关。我们从这些价值不菲的古物中，分明看到了先人们奋力拼搏的身影。

康熙元年（1667年），设立苏州铸钱局，所铸“康熙通宝”，背面满汉各一“苏”字。雍正即位后，铸“雍正通宝”，背面改为满文“宝苏”二字，从此成为定式，直到清亡。

清代苏州铸钱品种、数量逐年增加，到清后期上升为全国铸钱的重心。清末机铸铜元，苏州被列为各省中铸钱最多的大厂局。

和各大铸钱局一样，经历了从传统的手工铸钱到机器铸钱的变革。传统铸钱采用雕模范铸的方法，用手工生产，一般要经过红炉、翻砂、刷灰、锉边、滚边、磨洗等多道工序。光绪九年（1883年），户部奏称机器局铸钱，宝苏局所铸光绪钱，也是光绪通宝平钱、当五、当十3种。

机铸制钱再向前一步，就是铜元铜板。由方孔圆钱变为无孔铜元，不但在铸造工艺上是一次重大变革，而且在铸币形制上也进入了一个新的历史阶段。新式铜元作为银元的辅币，铸造精良，以“枚”为计算单位，民间流通使用方便，逐渐取代以“文”为计算的制钱，成为清末民初的主要货币。

苏州在光绪二十七年七月（1901年）七月，设厂铸造铜元，铜元局地址在苏州城西盘门大街梅家桥。该厂由江苏巡抚聂缉概设立。当年全国共制造铜元机303台，其中70台由苏州铜元厂采购，占将近四分之一，可见其铸造量之大。苏州日铸铜元一百万枚，成为全国首要的铸钱局之一。后因铜元充斥，钱价日贱，物价高涨，到光绪三十四年（1908年）二月，户部下令各省铜元厂暂停铸钱，苏州造币厂于光绪三十二年（1906年）归并入江宁厂，苏州钱币铸造1912年终止。

从1667~1908年，清代苏州铸钱，经历了将近两个半世纪。大量标有“宝苏”字样的钱币留存于世，其中不乏精品、珍品，体现了东南财富之区的雄厚实力。宝苏局铸钱从手工到机器，标志着近代中国从传统工业逐步迈向现代工业。

康熙元年（1667年），设立苏州铸钱局，所铸“康熙通宝”，背面满汉各一“苏”字。雍正即位后，铸“雍正通宝”，背面改为满文“宝苏”二字，从此成为定式，直到清亡。

江南冶匠发明了冶炼工具钢的“苏钢法”，其法将加热后开始熔化的生铁板钳出让下滴的生铁液淋入疏松的熟铁空隙中，接着煅打熟铁块除去熔渣，成为钢条，再炼锤打，经焠火后就是含渣少成分均匀的工具钢材料。其中最重要的是创造出淋铁氧化的方法，它不但能起均匀的渗碳的作用，而且使书铁中存留的渣滓发生强烈的氧化作用，使渣铁分离，整个操作过程符合科学原理。

吴地还流行一种生铁淋口技术，即将生铁液淋在刀具器物容易磨损或要求坚硬锋利的部位。用这种方法制作的铁工具或铁兵器，表面坚硬内部柔韧，耐磨耐用，钢刃锋利。

四、卓越冶铸创辉煌

龚振麟，苏州人，长洲县监生，早年对西方算学、火器有一定研究。1839 年（道光十九年）任浙江嘉兴县丞。1840 年监制的枪械灵巧、坚固，质量很好。

英军入侵舟山时，龚振麟奉命去甬东，看到英军用蒸汽机驱动火轮，便进行仿制。他先用人力驱动叶轮，在湖中试航，成功以后又制成军舰，到海中行驶。1841 年春，林则徐因为坚决抗击英国侵略者，被朝廷革职，让他"戴罪立功"。林则徐来到浙江，委派龚振麟把只能直击的旧式炮架改成能上下左右可调节方位和射击角度的新式炮车。

铸造火炮历来采用泥型，泥型很长时间才能干透，从开工到出炮，需要一个月左右。那年冬天天气不好，雨雪连绵，泥型干不了，炮制不出来。龚振麟就倡议改用铸铁模铸造。在他的主持下，铁模铸炮很快试制成功，不但加快了制炮的速度，而且性能优良，引起许多人的重视。龚振麟写出《铁模铸炮图说》一书，于 1842 年刊印，分发到沿海各地，以求推广。(图 2－9)

图 2－9　太平天国苏福省大炮

龚振麟在《铁模铸炮图说》中，详细地叙述了铁模铸炮的工艺过程和技术措施：

1. 首先按铁炮大小，分 4～7 节，做出泥炮。

2. 按泥炮节数分制铁模泥型。每节泥型分成两瓣，用车板旋制内面，使之形状规整，表面光洁。烘干后在泥型内放入预制的把手，浇注时和铁模铸成一体。

3. 用泥型翻铸铁模时，先将炮口的一节倒置在泥制平板上，用泥充填其中一瓣，烘干，盖上平板，将泥型箍紧，浇注出第一节铁模的一瓣。然后除去填泥，又如法铸另一瓣铁模。这样逐节浇铸，便可铸成层层榫合的整套铁模。

4. 用铁模铸造铁炮时，先在模内表面，刷上用细稻壳灰、细沙泥和水合成的涂料，再刷第二层细煤灰，然后箍紧铁模，烘热，装配泥芯，浇入铁水。待凝固后，脱去铁模，乘炮身还红热时，清除毛刺，除去泥芯，铁炮就铸成了。

在《铁模铸炮图说》中，龚振麟还总结了铁模铸炮的各种优点。例如，它是一模多铸，成本低，工效高；同时减少了表面清理、镟洗内膛的工作量；铸型不含水气，不生气孔，使用后收藏、维护方便；如果战时紧迫，能很快投产以应急需，等等。

铁模铸炮由龚振麟首创。我国是世界上最早使用金属型铸造的国家，龚振麟在继承传统技术的基础上，加以发展、创造，在反侵略战争中，采用土办法来铸造火炮，对加强海防、抗击侵略者，起到了一定作用。他的《铁模铸炮图说》，是世界上最早论述金属型铸造的科学著作。原书已佚，由清代进步思想家魏源收进他所编的《海国图志》中，才得以保存。龚振麟以他在反侵略战争中所起的历史作用铸就了他在中国冶铸史上的历史地位。

1975 年，苏州娄门内城河出土了一门太平天国铜炮。全长 178.5 厘米，炮口内径 12 厘米，外径 16.6 厘米，后身外围 105.5 厘米。炮体完整无损，光亮如新。炮身铸有双钩阴刻正书："太平天国壬戌拾贰年苏福省造"、"重壹千觔"、"红粉肆拾捌两"铭文 3 行，其中"壬戌拾贰年"即清同治元年（1862 年）；"觔"同"斤"字；"红粉"就是火药。与此类似的太平天国铜炮，光绪年间在无锡河道中也曾出土过，炮镌"铸于癸亥十三年"，即同治癸亥（1863 年），又刻"慕殿"字样，即慕王谭绍光。可知那门铜炮也系苏福省所造。

苏州阊门内中街路马大箓巷 12 号慎修堂邸宅，为太平天国军械所旧址（图 2－10）。清咸丰十年（1860 年）太平军进入苏州前，宅主携眷离城避乱。战后返回，见厅堂庭院内到处是煤、铁、炮、炮弹等余物，显然做过军械修造工场。20 世纪 60 年代初期，在该处庭院地下，发现并出土石炮弹、铁地雷、断铁炮、太平军军刀等兵器，推测为同治年间修建时就地掩埋之物。

图 2－10　太平天国军械所遗址

从娄门内城河所出土铜炮的型制、重量、铭文看，当时造炮已具有较大的规模和相当高超的技术。但是，它仍然是用传统工艺铸造的土炮，与戈登率领的"常胜军"所拥有的先进的榴霰炮相比，在射程、杀伤力等方面，明显处于劣势。据罗尔纲考证，后期太平天国也曾仿制欧洲新式兵器，在昆山设有炮弹厂，在苏州延请欧洲人制造武器和军火，但未见实物。

现今陈列在苏州博物馆内的这门千斤铜炮，估计是在苏州失守时沉埋在城河内的。据说发现时不止一门铜炮，它是太平天国苏城保卫战的历史见证。

太平天国苏福省失败后，洋务派首领李鸿章在苏州胥门外，创办了一所近代军火工业结构“苏州洋炮局”，制造火器，进攻天京（南京），时间是1864年，总投资白银69311两。

苏州洋炮局有化铁炉、铁水包等熔炼浇铸设备，机器有车床、铣床、磨床等，工作时，以蒸汽机为动力，带动铁轮、轮绾皮带、天轴，驱动机床运转操作。这套设备是李鸿章买下的英国阿思本舰队的修造机械，在当时堪称先进。

造炮方法：先铸一个塔形实心大铁块，将外表锉削光滑，然后定位，确定炮耳、浮线位置，上车床对准中线，车空炮腹。炮口径一寸，炮弹九分六厘，间隙不超过一张皮纸厚。

炮弹有实心的，也有空腹的。制造空腹炮弹时，先制内模，内模先做砂芯，烘干；后制外模，用泥加稻草和好，捶成一个实心外模，将其中掏空，内径与内模之间留二三寸空隙。内外模配合后，浇注铁水，冷却后清砂，弹壳就制成了。

弹口车螺旋，盖上锡冒，盖好，以防潮湿。弹口用药引，有黄铜和黄洋木两种。木引长2～4寸不等，形如锥柄，首尾皆平圆。引首径一寸，尾径七分。引首中间放缓药和药线，引旁穿细眼，根据射程远近有9眼、17眼、21个眼不等。口朝外，火药引爆时，先烧药线，再烧缓药，燃到炸药，炮弹爆炸。

当时仿造过多种炸弹，有椭圆形、橄榄形、双层弹、菩提子（霰子）弹、燃烧弹等。苏州洋炮局每周能制造1500～2000颗子弹和手榴弹，为李鸿章的淮军提供了大量的新式武器。

1867年11月，苏州洋炮局迁到南京，并入金陵机器制造局。

苏州洋炮局，是苏州第一个官办的机械化兵工厂，也是全国第一个以机器为动力的近代化工厂。这绝非偶然，而是历史的必然，正因为吴地有着卓越的冶铸基础，才使它得以成为国家的第一个军事基地，让吴地人民首先历练在血与火的震颤中如何去寻找人类文明的符音！

地质调查表明，苏州矿藏主要分布于市郊西山、阳山、潭山一带。主要岩体有：与铁及稀有元素有关的苏州钾长花冈岩体；与铜、铅、锌、银等多种金属矿有关的城隍山石英斑岩体；此外还有断续分布的花冈闪长岩体。这些岩体都生成于燕山运动早期的岩浆活动。已探明的矿藏有：小茅山铜矿、吴宅乡金属矿、光福—迂里银铅锌矿等。

苏州冶铸业在20世纪上半叶，并没有全部完成从传统工艺到机械生产的转移。据国民政府实业部1933年2月调查，吴县（即苏州）机制工业铁工厂仅有“顺兴”一家，资本3000元，每年生产戽米、碾米等机器，营业额10000元；全县有11家铁匠铺，每年手工生产剪刀20多万把，营业额20000多元。民国期间，冶坊、匠工、资本几经回落，营业萧条，到新中国成立前夕，仅剩下2家冶坊。

中华人民共和国成立以后，1955年在铁山（即西迹山）开采过露天铁矿。1958年“大跃进”，寻找矿源，先后在财山、谭山、山窝里、铁山一线发现铁帽，验证为褐铁矿石。后经江苏省第四地质队采用先进技术探查，探明地质储量为：谭山西矿段193.9万吨，谭山东矿段68.78万吨，铜井山矿段29万吨，西迹山矿区144万吨，总储量434.9万吨。经20余年开采，至1985年，矿石总量尚有113.8万吨，其中硫矿石量108.3万吨，金属量铅1.1万吨，锌4.3万吨，银80吨，镉580吨，铜170吨。

新中国成立以来，苏州冶铸业得到了较大的发展。1958年“大跃进”中冶炼钢铁，由国家投资250万元建造了地方国营苏州钢铁厂，第一座84立方米炼铁高炉投产。1964年成立江苏省首家铜加工企业——苏州长风铜材厂。1971年，苏州钢铁厂实现“三炉”（高炉、转炉、焦炉）齐开的局面，生铁首超10万吨，钢闯万吨，焦炭9万吨。冶金行业出现了新的面貌。

党的十一届三中全会以后，苏州冶金工业走改造、挖潜、配套新路，形成中小企业结合、黑色金属和有色金属并举的冶金工业格局，苏州的冶铸业呈现蓬勃发展的局面。

黑色金属冶炼及加工业——苏州黑色金属冶炼、加工业，几经发展，已有一定规模。到1985年，拥有炼铁、烧钢、炼焦、轧钢等各种专用设备，固定资产原值8714万元，职工9267人；年生产值1.52亿元，占冶金工业总产值的56.8%；利税2794万元。主要企业有：苏州钢铁总厂、苏州阀门厂、常熟市东方冶矿设备有限公司、张家港市钢铁厂、吴江申江钢铁有限公司等。

1978年后，苏州已逐步形成以市属苏州铜材厂为骨干，区、乡办企业相配套的有色金属冶炼、加工业。1985年，有职工2754人，固定资产原值1940万元；总产值1.29亿元，占冶金工业产值的43.2%；利税1408万元。主要企业有：苏州铜材厂、苏州市有色金属冶炼厂、常熟市有色金属粉末厂等。

新时期苏州冶铸业突飞猛进，表现为下列几方面：一是金属冶炼、加工、经销的企业遍布苏州城乡；二是外资和民营企业投资冶金行业；三是新材料、新品种、新技术获得普遍推广；四是高新技术含量逐年增加；五是传统金属工艺品的生产和销售保持良好势头。

苏州沙钢集团1975年靠45万元自筹资金起家，仅有一个轧钢车间。30年后，总资产350亿元，厂区面积10平方公里。从一个小轧钢厂变成了一个年产钢超1000万吨，销售收入超400亿元的大型钢铁联合企业，位列世界著名钢铁企业第13位。沙钢的贡献，代表着新时代干将的再现。

在党的十一届三中全会以后，苏州手工艺有了很大的发展，传统技艺得到进一步开发提高，产品花色品种更加丰富多彩，据统计，冠以“苏”字号的和全国独一的产品，占全国工艺美术产品门类一半左右，苏州成为当今全国工艺美术生产和出口的一大基地。金属类的工艺品，突出的有三种，即：苏锣、铜金粉和仿古铜器。

1. 苏锣

苏州民族乐器的制造，清代已很兴盛，有30多个品种。咸丰年间，宫廷专门来苏州采办“苏锣”，当时最有名的响铜乐器店是王东文和西义丰两家。新中国成立后，成立了苏州民族乐器一、二、三厂，产品达到300多种，包括管弦乐器、鼓乐器和响铜乐器。响铜乐器主要有苏锣、双光锣、云锣、十面锣、水镲等，其中水镲（即钹）1982年分别荣获江苏省和轻工业部优质产品称号。苏锣因具有介于虎音锣和武锣之间的独特音响，音质饱满、响亮、浑厚，音色优美悦耳，享誉全国。目前外地也有仿制，也称“苏锣”。1985 年，苏州民乐厂年产响铜乐器 60 吨。从 1980 年开始，苏锣等响铜乐器作为出口商品，行销新加坡等地。

2. 铜金粉

铜金粉以铜为原料，经过特殊加工而成，呈鲜艳的金黄色泽，故又称“金粉”。苏州历来有金银箔、金银线加工的传统工艺。1965 年庆华金线社试制金粉成功，年产 756 公斤。“文化大革命”中，由于印刷《毛泽东选集》封面，需要大量金粉烫金，在上海硅酸盐研究所，冶金研究所，苏州机械研究所，化工研究所，江苏师院物理系、化学系等单位的帮助下，进一步研究、试验，形成了一套制造金粉的完整工艺。1970 年成立苏州金粉厂，产品畅销全国各省市。20 世纪 80 年代获轻工业部优质名牌产品称号。1985 年产量为 336 吨，总产值 1013 万元，销售量占全国的 80% 以上。

3. 仿古铜器

苏州仿古铜器素享盛誉。20 世纪初，江苏巡抚陈夔龙于重修寒山寺时，新铸一口大钟，悬于钟楼。现在，每年元旦听钟声，成为中外游客必备节目，并通过网络传遍世界。但在日本侵华战争时期，苏州仿古铜器受到严重破坏，从而一蹶不振。

1980 年，苏州民丰锅厂恢复传统的鼎、钟、磬、铃制造，曾为苏州灵岩山寺、玄妙观、扬州大明寺，厦门南普陀寺等名刹制造铁铸巨鼎。

新中国成立后，国家收购了周梅谷作坊遗留下来的木模板，又寻访到曾在周梅谷作坊工作过的 5 位老艺人，恢复仿古铜器生产。1962 年，所制“鸟兽纹四足觥”、“凤纹簋”、“鸟兽纹提梁卣”等 11 件仿古铜器赴京参展。“文化大革命”开始后，被视为“四旧”停产，技术人员解散。“文革”后恢复，1979 年苏州工艺美术厂有仿古铜器人员 50 人，年产值 20 万元，将传统的制模方法由木板模改为石膏模，并制作出嵌金鎏金铜器。1960 年复制虎丘塔所出银质鎏金楠木经箱，1979 年又复制瑞光塔所出“真珠舍利宝幢”，皆可乱真。其铸造工艺一般采用剥蜡法，制作比合模法较为繁复，但产品酷似原器，主要工序为：刻样板，控坯形，贴蜡，敷泥型，浇铸，修整，接色。

仿古铜器铸造工艺流程如下：

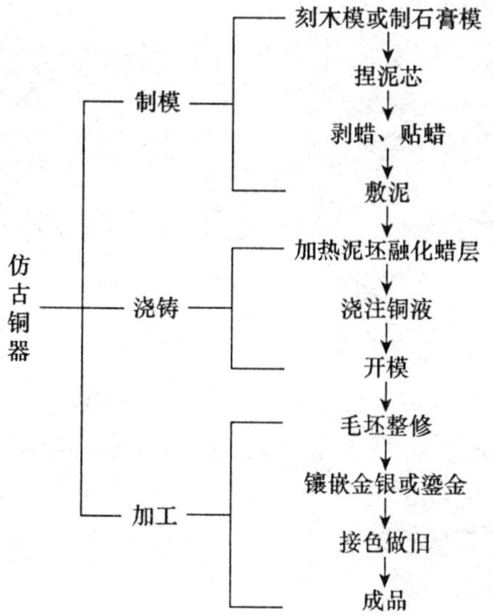

20世纪80年代以来，苏州工艺美术厂生产各种小件如铜印、书镇、虎符、铜俑等，形成一定批量；大中件如洗、簋、觥、壶、卣、觚、匜、鼎、彝等，一般都是单件生产。该厂仿造上海博物馆藏的“古方尊”，出土青铜器“鸮卣”、“父丁方彝”、“嵌金人面壶”等，其中有的曾在全国工艺美术展览会上展出，并送到在日本举办的国际博览会展览。

1983年，苏州民族乐器三厂制成失传已久的春秋时期打击乐器编钟。仿古编钟有15枚和24枚两种，每枚钟都能发双音，按音高排列悬挂，用于音乐独奏、合奏。它的造型和纹饰，仿湖北省出土的曾侯乙墓编钟，是集使用、欣赏、收藏价值于一身的珍贵仿古铜器，受到世人瞩目。

1997年，吴县市有色精密铸造厂铸造大型青铜艺术珍品——“中华世纪明珠”，获得成功。为迎接21世纪的来临，上海、江苏9家单位联合创制“中华世纪明珠”。以北京天坛祈年殿为主体，通体雕刻56个民族和2000条历代龙的图像，象征中华民族大团结，预示中华民族的腾飞。直径2000毫米，通高2000毫米，寓意新千年。由雕刻家阚三喜设计，吴县市有色精密铸造厂铸造加工。该厂具有20年有色金属铸造的历史，生产工艺齐全，技术力量雄厚，为铸造“中华世纪明珠”，在工艺上克服了一道又一道难关，作出了重要贡献。“中华世纪明珠”现在陈列于首都人民大会堂，被誉为“艺术瑰宝”、“炎黄文采”、“民族文化之星”。它向全世界庄严明示——苏州卓越的冶铸永远追求文明的最高境界！（图2－11）

图2－11　中华世纪明珠

更令人鼓舞的是值此博览盛会，苏州馆要举办一个隆重的亮剑仪式。苏州工艺美术大师金海鸥历经8年上百次试验后，首次采用“再现古代青铜制剑工艺流程”还原铸造的“干将剑”、“莫邪剑”、“吴王夫差剑”、“越王勾践剑”4把宝剑，将在2010年5月4日登台亮相！我们欣慰地感到，此时此刻亮出的又岂止是宝剑？我们分明地看到的是中华民族科技兴邦的东方文明之光！几十年来，无数仿剑高手竞相仿制宝剑，但皆因不得其奥妙无功而返。

美国、加拿大、中科院、湖北省、上海市等研究单位历经数十年研究出了它们的成分，但是却依然不解合金的配比，这一千古之谜，最终被金海鸥大师得以破译，金大师凭借着不凡的智慧和超乎常人的科学悟性，再现了春秋时期吴越地区世界一流的铸造工艺，再现了中国古代的高科技水平。现代的原子弹古代的剑，形式不同意义相同，无一不是国力的代表，盛世的象征！（图2－12、图2－13、图2－14、图2－15、图2－16）

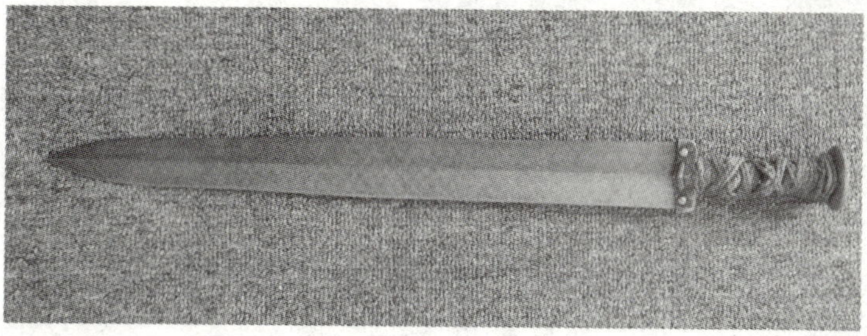

图2－12　吴王剑

图2－13　勾践剑

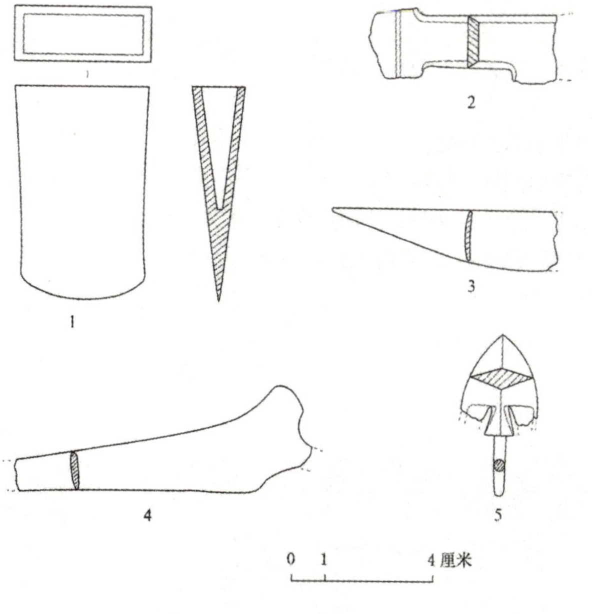

图2－14　马桥文化铜器

图2－15　太仓出土商代铜戈

图2－16　长江边北山顶余眛墓出土青铜器　　余眛(寿梦三子)

1. 青铜勺　2. 三号镈钟　3. 甚六镈钟　4. 甚六钮钟　5. 石编磬　6. 一号青铜錞于

7. 青铜丁宁　8. 石桴头　9. 青铜斧　10. 青铜斤　11. 带环棺钉

参考文献

1. 郭沫若．青铜时代．郭沫若全集·历史篇（第1卷第602页）．北京：人民出版社，1982.
2. 《史记》卷129《货殖列传》.
3. 《山海经·大荒北经》.
4. 《尚书·禹贡》.
5. 苏州博物馆编．苏州文物考古新发现．苏州：古吴轩出版社，2007.
6. 《史记·吴太伯世家》.
7. 顾颉刚．吴越兵器、史林杂识．北京：中华书局，1963.
8. 北京钢铁学院．中国古代冶金．北京：文物出版社，1978.
9. 李约瑟．东亚和东南亚地区钢铁技术的演进．李约瑟文集，沈阳：辽宁出版社，1986.
10. 江苏省丹徒考古队．江苏丹徒北山顶春秋墓发掘报告．东南文化，1988，3－4.
11. 《汉书·吴王刘濞》.

（张铁军　闻惠芬）

第三篇　桑蚕丝绸篇

苏州丝绸历史悠久，在市郊唯亭发现的新石器时期草鞋山遗址中，就出土有迄今世界上最早的纺织品残片，还有陶纺轮、骨针等纺织工具，以此成为苏州在纺织原始生产方面的重要依据。不仅如此，在太湖之滨的南岸，苏浙两省交界处距今已达4700多年的吴兴钱山漾文化遗址中，出土了世界上最早的真丝实物：平纹绢片、丝线、丝带和工具索绪帚等。春秋吴国时，蚕织业已成为当地支柱产业之一。历史上发生过著名的“吴楚争桑”之战，便可以证实吴地桑田茂盛，蚕业兴旺。东汉时期，全国出现了黄河中下游和长江中下游两个蚕织中心，并逐渐向四周扩展。隋唐更是得到了长足的发展，晚唐诗人陆蒙龟赋诗道：“高下兼良田……桑柘含疏烟，处处倚蚕箔，家家下渔筌”，便是当时太湖边家家户户种桑养蚕繁荣景象的真实写照。太湖地区肥硕的“湖桑”，使宋代时的苏州逐步形成全国丝织生产的重心，有所谓“茧簿山立，缲车之声，连甍相闻”之称。苏州出土的宋元丝绸实物较多，都在新中国成立以后陆续发现，如1956年3月虎丘云岩寺塔进行修建时，在塔第二层发现十字形地下空弄内石函，所放楠木广漆经箱内有唐宋钱币，经帙、经袱、经卷、丝织品、牙牌、竹帘等文物，丝织品种有锦、绫、绸、绢、纱、绵、纺等，还有五代吴越时的印花绸及绣花经袱，薄如蝉翼。1964年6月又在盘门外吴门桥盘溪小学内，发掘的元末吴王张士诚母曹氏大墓（亦称娘娘墓）中有随葬的锦、缎、绸、绫、绢等大批丝绸实物，还有织锦被、提花龙凤衣带、绣花鞋、丝织袍、袄、裙等丝绸服饰。可见，苏州蚕桑业在历代重视农桑的特定条件下，加之太湖地区优越的自然条件，逐渐成为全国重要的蚕桑丝织生产基地，“八蚕丝”、“香山丝”、“辑里丝”等品牌桑丝更是盛名于天下，远销海外。明代中后期，吴江一带的震泽、盛泽、黄家溪、新杭等丝绸专业市镇相继崛起。苏州城“东北半城，万户机声”、“日出万绸，衣被天下”的美誉更是名不虚传。清代时的苏州织造局在属全国设立的四处官局中规模最大，尤其康乾时期和同光时期是纱缎行业的全盛期，织造炼染及缂绣工艺精湛，灵秀的吴绫、儒雅的宋锦，富贵的漳缎、天鹅绒、雅洁的花（素）累缎、高贵的塔夫绸、飘逸的“三绡一缎”，还有海内外闻名的苏州缂丝等都是全国闻名的产品……，这些都离不开吴地繁荣的蚕桑丝绸织染业基础和蕴含的科学技术。

一、神奇桑蚕丝之源

1. 蚕的一生

家蚕是以桑叶为食料的泌丝昆虫，又称桑蚕，简称蚕，其一生十分短暂，只有60天左右的时间，却经历了卵、幼虫（蚕儿）、蛹、成虫（蚕蛾）4个形态和机能完全不同的发育阶段（图3－1）。各个发育阶段所经历的时间长短不一，其中只有幼虫期摄食桑叶，为蛹期和成虫期的生命活动积贮营养。

（1）蚕卵：蚕卵是蚕最初的生命形态，细小如芝麻，大约1700～2000粒蚕卵才有1克重。蚕卵刚吐出时是淡黄色或黄色的，略呈扁平的椭圆形，长度只有1.2毫米左右，厚约0.5毫米。经过1～2天后，蚕卵变为淡赤豆色，再经过三四天，又变成灰绿色或紫黑色，这时蚕卵的颜色就不再发生变化了，因此也称为固定色。蚕卵外层是坚硬的卵壳，里面是卵黄与浆膜。（图3－2）

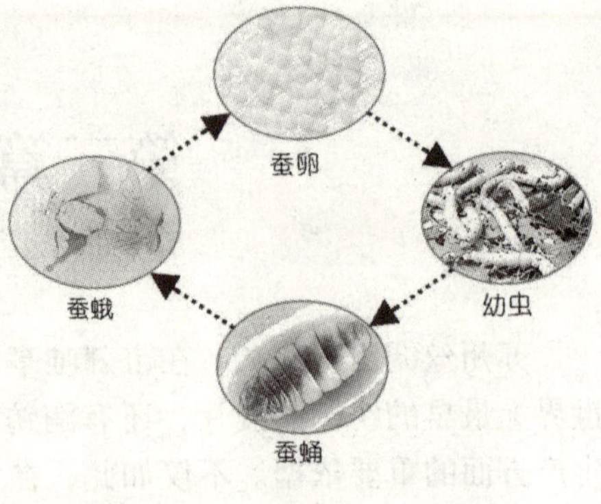

图3－1　蚕的一生

到了第二年春天，受精卵中的胚胎开始在生长发育，其在卵壳的保护下不断摄取营养，逐渐发育成幼虫。小幼虫咬破卵壳钻出来，样子小小黑黑的，身体的分节，长满了细毛，看上去就像一只小蚂蚁，因此被形象地称为“蚁蚕”（图3－3）。这一孵化过程也称为催青，催青时间通常春季需要10～11天，夏秋季需要8～9天。

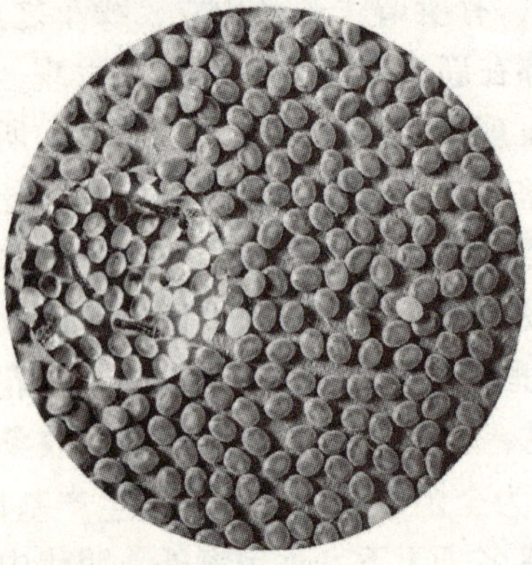
图3－2　蚕卵

图3－3　蚁蚕

（2）幼虫：蚁蚕出壳后就能用桑叶喂养它了，先准备好切碎的嫩桑叶，用鹅毛将蚁蚕轻拂至嫩桑叶上。蚕的食量很大，从蚁蚕开始就一天到晚吃个不停，吃得多长得也快，大约3～4天后，蚕宝宝就会吐出一些丝来，头和胸部高高地昂起，不吃也不动，好像睡着了一样，我们把这种现象称之为“眠”。你别看它一动也不动，其实它的体内正在为蜕皮进行着准备工作。由于蚕的表皮主要是由蜡质层和几丁质层构成，不能随着蚕的生长而变大，因此蚕每经过一眠就会蜕去旧皮，换上新衣。眠是蜕皮的过程，也是划分蚕龄的界限。

蚕头部的颜色开始变深，表示即将蜕皮。蜕去旧皮后的蚕，就进入了又一个新的龄期，皮肤看起来比较嫩，身体也较蜕皮前大。一般说来，蚁蚕要经过4次蜕皮，成为5龄蚕后才能吐丝结茧。这时，我们可以很清楚地看到蚕体的构造：整个蚕体分为头、胸、腹3部分，头部长有口和6对单眼，胸部长着3对尾端尖突的胸足，腹部有4对圆形肉质的腹足和一对尾足，另外在两侧还有9对黑色气门，这是蚕的呼吸系统（图3－4）。自孵化至吐丝结茧，一般需经过22～26天。这期间蚕大约食下桑叶20～

25g，生长至极度时，体重增长约1万倍，体表增大约500倍，熟蚕时绢丝腺增重约16万倍，吐丝0.35g左右。

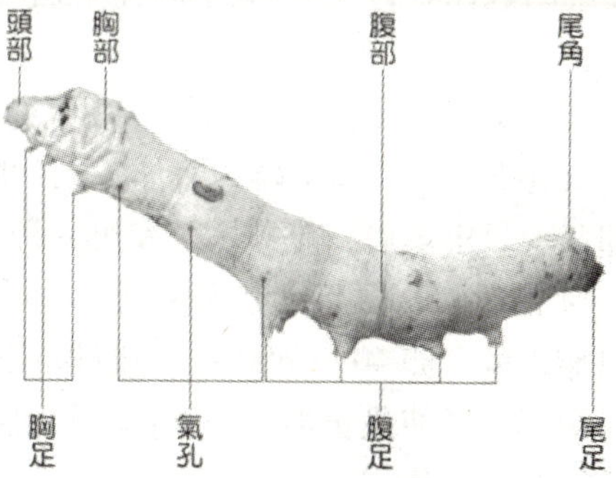

图3－4　蚕的各部位名称

蚕长至5龄末期，开始表现出一些老熟的特征：先是排出的粪便由硬变软，颜色也由墨绿色变为叶绿色；慢慢地它又开始不吃桑叶了，体色发黄，胸腹部也开始呈透明色，嘴部还会吐出一些丝缕，头部高昂起，左右上下摆动，这就是在告诉我们它要结茧了（图3－5）。

（3）蛹：蚕结茧的过程是非常意思的，当把蚕放在特制的纸板蚕格、塑料蚕网或稻草簇上，只见蚕先是在蚕格或草簇周围吐丝，这是因为蚕丝中含有丝胶成分，能固定其所结茧的位置，然后蚕就以“S”形方式吐丝，形成茧的轮廓，这个过程叫作结茧衣。茧衣结好后，蚕就开始把自己的身体向后弯成“C”形，在茧衣内以“8”字形方式继续吐丝，随着体内的丝越来越少，蚕头胸部摆动速度也开始减慢，最后，吐出的丝变得凌乱起来，形成松散柔软的茧丝层，称为蛹衬。一个美丽的蚕茧就结成了（图3－6）。

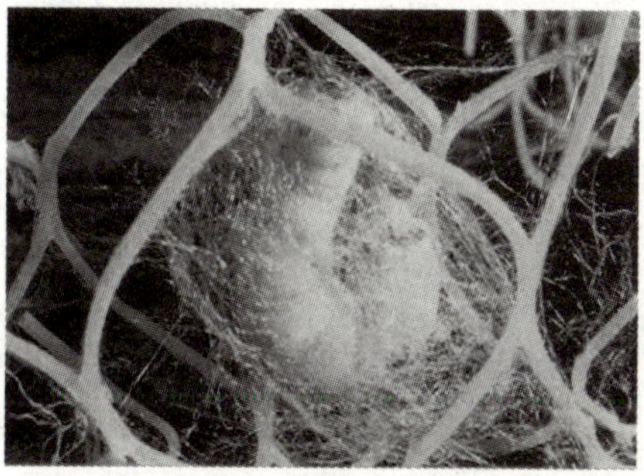
图3－5　将要结茧的蚕

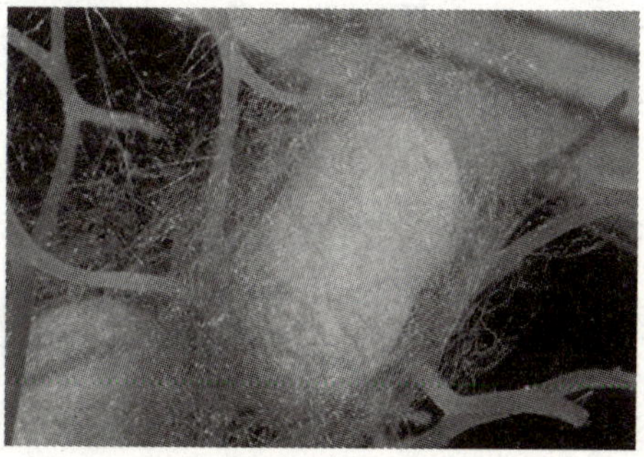
图3－6　结茧

熟蚕上蔟结茧后，随着营茧过程的进行，蚕的体躯不断变小，直至吐丝终了，腹足和臀角便逐渐萎缩以至消失，体色变乳白，体躯向腹面弯曲，并进行蚕的最后一次蜕皮，经2～3天后便蜕皮成蛹（图3－7）。在蛹期内，原有的内部各器官组织便逐渐发生不同程度的解离，同时，又逐渐形成新的成虫期的器官组织，这种现象称谓内部变态。

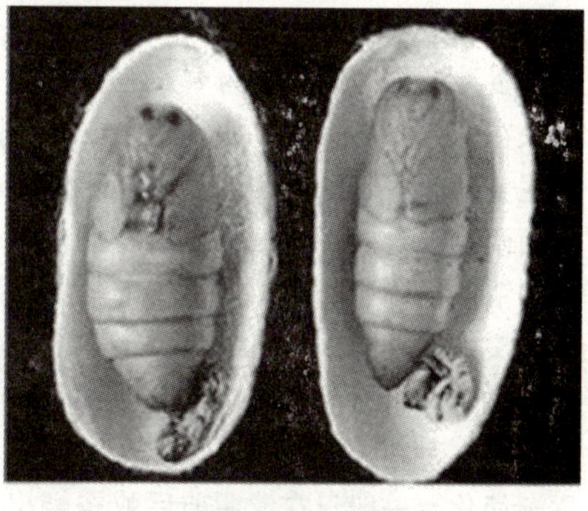
图3－7　藏在茧壳中的蚕蛹

（4）成虫（蚕蛾）：13天左右便开始羽化。羽化时，蛹体的中胸（即第2胸节）背板中央处先纵向裂开，数分钟后前胸与中胸交界处又横向裂开，接着露出头部，随后慢慢地渐次伸出胸、腹部，当蛾体全部爬出后，便在附近休息，经1～2小时体干翅展后才开始飞动，蚕体的整个羽化过程约需30～40分钟。

蚕蛾的身体分为头、胸、腹3部分，头上有一对触角，胸部长有3对足、两对翅膀（图3－8）。通常雌蛾身体较大，腹部肥大，翅膀短小；雄蛾身体较小，腹部狭长，翅膀大。出茧后，雌蛾尾部发出一种气味引诱雄蛾来交尾（交配），交配时间一般需要3～4小时，交尾后雄蛾很快就死亡了，雌蛾则开始产卵，产卵时间可延续2～3天。一只雌蛾可产卵400～500粒。雌蛾留下后代后，不久也会死去（图3－9）。蚕蛾的寿命较短促，即使最长寿的一般也不超过半个月至20天，它生存的唯一使命，就是完成生殖以繁殖后代。

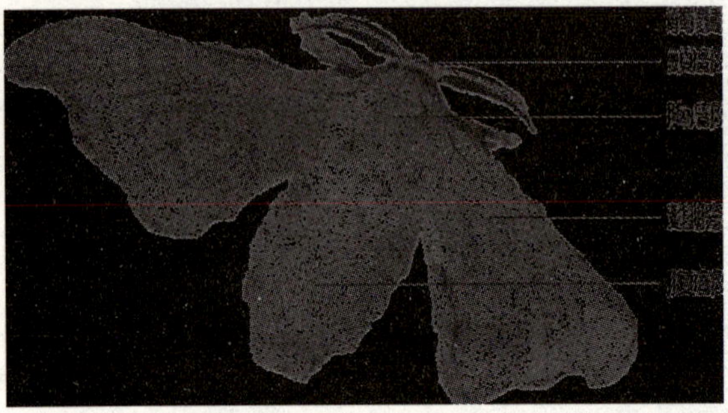

图3－8　蚕蛾

图3－9　蚕蛾交配与产卵

“春蚕到死丝方尽，蜡炬成灰泪始干。”蚕的一生，可以说是牺牲自己造福人类的一生。因此人们常用“春蚕”来比喻为理想和事业而奋斗终生，歌咏这种牺牲自己造福人类的高尚人格和情操。

2. 苏州养蚕风俗

苏州周边的农村自古注重蚕桑生产，因此对蚕神的膜拜祈求也成为吴地农民的普遍心理，如盛泽镇建有先蚕祠，震泽镇建有蚕王殿，专事供奉蚕神。一般乡镇的寺庙也大都在偏殿或旁座塑有蚕神像，甚至在村头巷尾的小土地堂也兼而有之，有些富有蚕户还在家中的墙壁上砌神龛，自供神像。此外，村中的各处烟杂店、香烛店、南货店各有“神码”（一张印在红纸上的木刻蚕神像）出售，供蚕农“请”（买）回去贴在蚕室里供奉（图3－10）。

蚕神，蚕民们称之为“蚕王菩萨”、“蚕花菩萨”或“蚕花娘娘”，其具体名称和形象在各地并不一致，如盛泽先蚕祠（图3－11）塑有轩辕、神农、西陵氏（嫘祖）3尊泥金神像，震泽蚕王殿为五花蚕神，盘膝端坐，三眼六臂，一只竖眼位于额中央，前面两只手合捧一盘茧子。而震泽丝业公会门楼上的神龛里则是嫘祖像。靠近浙江边界的铜罗及桃源一带，蚕神骑于马上，手捧一盘茧子，称为马鸣王菩萨（又作马明王）或马头娘。

每年蚕事之前，蚕农们备了香烛纷纷前往蚕神祠庙，顶礼默祷，通神保佑，祈求丰收。古时在孵蚁、蚕眠、出火、上簇的每一阶段都要在家祭祀一番。近代祭祠习俗逐渐简化，一般只在清明前后蚁蚕孵出的那一天将供品和蚁蚕上桌供奉，称为“祭蚕神”。待采茧或做丝完毕以后将供品及茧子（或生丝）列于神像前，称为“谢蚕神”

(图3－12)。如果中途遇蚕病，蚕民就会临时去叩拜蚕神，甚至求签问卜的，根据占卜的方向，前往“送更饭”[更饭是用枯荷叶包上咸鸭蛋一枚（对剖为二）、小鱼一尾，米饭少许]。

图3－10　木刻蚕神像

图3－11　盛泽先蚕祠

图3－12　谢蚕神（元《耕织图》）

每年春末夏初时，正是养蚕人忙于窝种、育蚕的好时节。养蚕伊始，蚕乡的一切交谊活动都停止了，家家闭户，不相往来，村里行人寥落，悄然肃穆，称之为“蚕关门”。蚕妇们将蚕卵用棉絮包裹后（俗称“布子”）贴在胸前，坐着动也不敢动，即使晚上也抱着睡觉，依靠人体温度，使蚕卵孵出来。在“窝种”的期间，哪怕是乡邻近亲，也互不往来，害怕生人冲撞了蚕种。蚕卵孵出后，将火炙过的桃叶覆在其上，等初生的蚁蚕爬到桃叶上后，用鹅羽轻轻地拂到预先消毒处理过的蚕匾上，这就叫“拂乌蚝”。然后将嫩桑叶剉细喂食小蚕，如蚕室温度过低的话，可在蚕室四周及蚕匾下生炭火，以防蚕儿冻坏，为控制蚕室温度，养蚕人就要昼夜巡视，及时添加桑叶，蚁蚕经过三四天的精心喂养，就入眠了，如此往复，蚕儿一龄一龄地长大了，经过三眠后，此时气温转暖，蚕体长大，蚕室内撤去火盆，谓之“出火”。这时收成已大致定局，家家做茧圆，用糯米粉捏成的长圆形实心无馅，形似蚕茧的圆子，蒸熟食用，以寓意收成到手。有些蚕农还将茧圆供奉蚕神。三眠过后的蚕食量在大增，好像怎么也喂不饱，刚铺满一匾桑叶，一会儿就无影无踪了，这时蚕农就要经常巡视，及时添叶，晚上还要起来加几次叶。大约10天，蚕儿就可吐丝结茧了，蚕农会将这些不吃也不动的蚕放到稻簇上，俗称“上簇”（图3－13）。

图3－13　上簇（元《耕织图》）

上簇初时，邻里亲戚间恢复了串门走访，互相评看结茧情况，并馈赠贺礼，其中咸鲞及水糕（方形米粉糕，中央置糖或肉馅）为必备之物。从鲞的谐音引申出来，意为“有想头”，期望来年再丰收；水糕的谐音丝高，意为生丝高产。

在养蚕过程中有许多忌讳。忌说死字，见到死蚕只能悄悄拣出，不能言传，忌说生姜，避僵（蚕）之讳，忌说豌豆，避完结之嫌，忌直呼酱油，改称“赤辣子”，以免遭“酱油病”（蚕受细菌感染腐败，体液呈赤褐色，称之）危害，忌直呼豆腐，改称白玉；忌生人闯入蚕室，防野鬼带入；忌在居屋四周锄草，防惊动土神，忌拍蚕箔，防财气拍光。

与忌讳相对的是讨口彩，如在堂屋、蚕室到处悬挂长条红纸，纸上用毛笔书写“蚕花念四分”（或“蚕花念八分”）。按乾渔《震泽县志》记载，“每出火蚕一斤，收茧十斤，为十分，过则得利，不及则失利”。念四分及八分寓意多收茧多出丝。甚至连出恭方便也雅称为“睁一睁”，吴语中睁与长（zhang）同音，寓意蚕体长一长。

采茧以后，养蚕全过程结束，蚕家门户洞开，称为“蚕开门”。此时新丝即将缫制上市，“活来铀进帐”指日可待，喜悦心情溢于言表。村坊间又喧闹如常，蚕户多办酒宴以庆贺，康熙《吴江县志》载：“采茧为落山矣，乃具牲醴飨神，速亲宾以宴之，名落山酒。”

与谢蚕神并存的是“怯蚕祟”。古代蚕农科学知识有限，认为蚕事失利是鬼怪作祟所致，故而想尽一切办法驱赶危害蚕宝宝的邪神恶煞，使之逢凶化吉，遇难呈祥。如在门前地面上用石灰水画出了弓和箭驱鬼，或在门框上方悬镜反照，或张贴门神守护蚕室。

吴江与浙江桐乡吴兴两县交界地区在清明日有吃螺蛳的习惯，相传蚕病称为“青娘”，躲藏在螺壳内，吃掉螺蛳肉，把空壳抛上屋面，使之无处藏匿，也就无从作祟了。与往日相异的是，这一天吃螺蛳肉不用嘴吸出，而用针挑出，故称为“挑青”。

在桑蚕食叶盛期，本地桑叶不敷，常从桑叶行里购买来自东山和乌镇运来的桑叶，蚕农在外来桑叶进屋前先用桃枝拍打几下，赶掉野鬼，寓于桃木可以驱邪的传说。有些蚕户将桃树嫩枝弯成小圆圈放在蚕匾内压邪。

养蚕期间还有一些俗谚流传至今，是千百年来农民养蚕经验的总结，如：“清明一粒谷，看蚕娘娘哭，清明雀口，看蚕娘娘拍手”、“一斤熟蚕半斤茧”是乡民对桑叶产量和茧产量的预测。

二、纤维皇后显魅力

太湖流域是我国重要的栽桑产区，人工育蚕缫丝始于新石器时代晚期。从浙江吴兴钱山漾良渚文化遗址出土了一批残绢片、丝带、丝线的鉴定结果表明，当时已掌握了高超的缫丝技术。

1. 名扬中外的品牌桑丝

自宋代以来，全国丝绸重心南移，苏州的丝织业发展迅猛。太湖一带蚕农比户缫丝，手工缫制土丝技术也日趋成熟，所缫制的丝也以质优而驰名中外，“八蚕丝”、“香山丝”、“辑里丝”便是盛名于天下的上等蚕丝，远销海外（图3－14）。

（1）八蚕丝：指饲育八辈蚕所缫的丝。在《永嘉记》中有记载：“永嘉有八辈蚕：一曰蚖珍蚕，三月绩；二曰柘蚕，四月初绩；三曰蚖蚕，四月绩；四曰爱珍，五月绩；五曰爱蚕，六月末绩；六曰寒珍，七月绩；七曰四出蚕，九月初绩；八曰寒蚕，十月绩。”唐代李贺有“将倭吴王八茧蚕”的诗句；两晋南齐左思《吴都赋》中亦有“乡贡八蚕之绵”的句子，这都说明古代苏州地区的确有八蚕丝，但后来的史籍中就找不到这样的记载了。

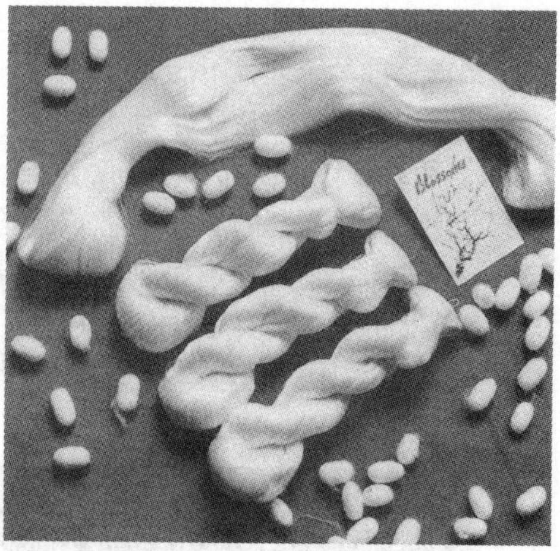

图3－14　桑丝

（2）香山丝：指吴县濒太湖的光福、香山、木渎、洞庭东山、洞庭西山等处所产茧丝。由于风土、气候、水质等优越的自然条件因素，湖桑腴美，丝身光泽可爱，质地坚牢。“香山丝”是当地人的俗称，从地域来看，可称“吴丝”。而乾隆《吴江县志》则称：吴丝与湖丝一样负有盛名。这就将环太湖地区的茧丝都以“湖丝”来总称了。1899年，驻苏州的日本领事在报告中称：“香山丝质量居于首位。临安、桐乡丝外观略差；无锡丝色泽纯白，质地牢度略差。”

（3）辑里丝：是指湖州南浔至苏州震泽一带所产蚕丝，由于自然条件优越，加之农民精于蚕丝业，因此所产丝以颜色纯白，质地坚韧，富有弹性，丝身匀整而称著于世界丝业，蜚声海外，成为湖丝的别称。辑里丝有南北乡丝之分，以震泽、七都、八都、庙港一带所产的北乡丝为上品，朱国祉在《湖蚕述》中写道：“旧以七里丝为佳，今则处处皆佳，而以北乡为上。”同治以后，震泽丝经替代辑里湖丝而崛起，震泽辑里干经成为国内外丝织业争用的丝经，并畅销海内外，成为海外贸易的主要牟利商品。19世纪下半叶至20世纪20年代中期，震泽辑里干经的外销进入全盛时期，光绪六年（1880年），这一年震泽一地出口生丝5500包（每包约60.48公斤），占当年全国生丝出口总量的十五分之一弱。最多的年份是光绪三十三年（1907年），达13100包，其后至民国8年（1919年）均在万包以上。当时全国白丝经出口仅南浔和震泽两地，震泽的白丝经出口约占总数的一半，出口地大半为欧洲市场。

2. 丝的形成——缫丝工序

（1）剥茧与选茧：古代的蚕个体较小，上簇时，在竹箔上堆放树枝作簇，或以千篇一竹帚、稻草做簇，将熟蚕移至簇上，任其自由结茧，因此往往难免有2头或3头蚕共结一茧。因此在缫丝前，必须先进行选茧。在室外或明亮处，将双宫茧、多宫茧、下脚茧等次品茧剔除，以排除次品茧造成的缫丝操作故障，从而提高所缫蚕丝的质量。在选茧的同时，要将选出的好蚕茧剥去茧衣，以利缫丝。剔除出的双宫茧、下脚茧等及剥下的茧衣也可以加工成丝绵，作成冬天御寒的棉衣、棉被，轻盈而保暖；也可加工成细丝，制成高档的细丝织物。

（2）煮茧：我国古人很早就掌握了利用沸水煮茧缫丝的技术。西周《礼记·祭义》记载：“夫人缫，三盆手。”所谓三盆手，就是多次将茧子按入沸水中，并且在淹茧的同时不停地用手搅动，以便离解茧子绪头。《韩诗外传》曰：“茧之性为丝，弗得女工燔以沸汤，抽其统理，不能成丝。”

宋代以后缫丝方法区分为“热釜”（又称火丝）缫丝法和“冷盆”（又称水丝）缫丝法（图3-15）两种。“热釜”法缫丝，就是煮茧与缫丝共用一锅，边煮边缫，同时进行，用“热釜”法缫丝虽然煮茧缫丝效率较高，但由于煮茧量大，缫丝速度快，故不易控制粗细，所缫丝不如冷盆丝。“冷盆”法缫丝，就是在缫丝前先将茧煮熟煮匀，理出绪头，并将茧子外层条分不匀的粗头摘断，用漏瓢将茧移至温水盆中，进行缫丝。用“冷盆”法缫出的丝，丝色洁净光莹而坚韧匀整，是丝中的上品，常用于织制高档绸缎。

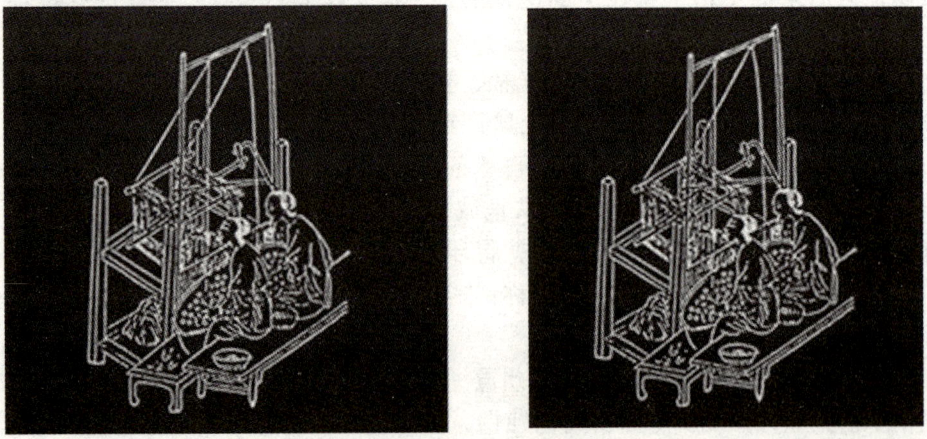

图3-15　王祯《农书》中的热釜和冷盆

（3）缫丝：煮熟的茧子先索出丝头并去除外层不能缫丝的粗头部分，理清丝头后，根据所需丝线的粗细，将适量的单丝并成一股，引入丝车的竹丝眼，先绕星丁头（竹制香筒状），然后由送丝杆勾挂，连接到大轴框卷取丝条。待茧子丝将尽时，要及时补充新的茧子。这里的竹丝眼相当于现代缫丝机上的集绪器（磁眼）；星丁头则是在竹眼上方起到鼓轮作用的小竹筒；送丝杆则相当于现代的移丝杆，其横向往复移动时使勾挂其上的丝条卷取到大丝框（即篗子）时能“排匀不堆积”。丝条经过较长的丝路才卷取到丝框上，有利于丝条干燥。不同的缫丝车，丝条卷取到丝篗之前经过的丝道也不一样。《天工开物》载明代有南缫车（图3－16）和北缫车（图3－17）两种形式。苏州地区缫丝生产采用煮缫联合操作法，丝车以北缫车为主。

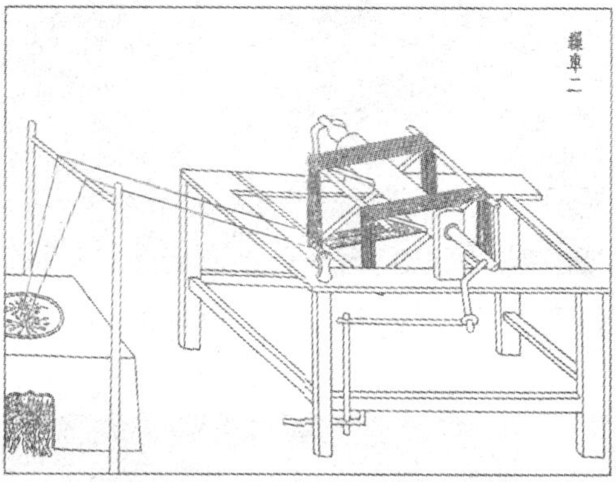

图3－16　南缫车

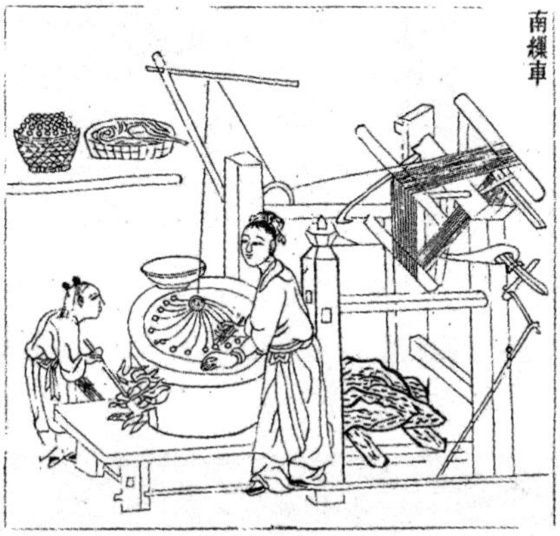

图3－17　北缫车

3. 缫丝工具的变革

我国缫丝的历史悠久，“嫘祖教民养蚕取丝”的神话千古流传。1958年在苏浙两省交界处的吴兴钱山漾遗址中，出土了蚕丝、丝带、丝线、索丝绪等实物，这些4700多年前的文物证实了太湖流域的先民，早在商周以前就掌握了养蚕缫丝的技术。

据史料记载，周代已有了简单的制丝工具，辘轳式缫丝车代替了工字形手持丝篗，战国末期到秦汉之际，已使用手摇式缫车。汉代手摇式缫车进一步普及推广，并于汉唐之际出现了脚踏式缫丝车，使一人就可完成左右手原来两个人的操作，因此，唐宋之间普遍推广脚踏式缫丝车。从明代宋应星《天工开物》所载的“冶丝图”（图3－18）中我们可以看到，原先使用手摇缫车时，须两人操作，一人踏车、理绪、添头，另一人则专任准备蚕茧、添茧入锅及司炉加水等辅助工作。两人一车缫两绞丝。后来改制一人操作的脚踏式缫车，即在缫车的丝杆的曲柄处接上连杆与脚踏杆相连，用脚踏动踏杆做上下往复运动，通过连杆使丝軠曲柄作回转运动。利用丝軖回转时惯性，使其连续回转，带动整台缫车运动。从而一人手足并用即可完成索绪、添绪和回转丝軖的操作，缫丝的劳动生产率大为提高。

明清以来脚踏缫丝车屡有改进，与近代立缫机相比，仅加温和运转部分略有不同外已颇相似。清末至民国年间吴江地区的木制缫车已由一车一绪改进为一车三绪（图3－19）。清朝末期，随着国外机械缫丝技术的日趋成熟，苏州蚕民手缫土丝技术已落后于人，质量与国外机缫厂丝比较，相形见绌，难以在竞争中取胜。1895年，苏州第一家使用动力机械的缫丝厂——苏经丝厂（图3-20）创设于盘门外吴门桥运河南面，于1896年夏建成正式开工生产，开办时有丝车208台，后增至336台，全部是意大利式的大篗直缫丝车。后苏州葑门外又相继开出了恒利丝厂、延昌永丝厂两家机械缫丝厂，苏州的丝业生产开始机械化生产，同时农村的土丝生产仍然并存。

图3-18 冶丝图（宋应星《天工开物》）

图3-19 一车三绪缫车

图3-20 苏经丝厂缫丝车间

图3-21 立缫机

到了近代，中国传统的缫丝技术融入了各国缫丝工艺机械改革方面的智慧，改善缫丝机的机构及其性能，大大提高了缫丝效率和生丝质量，形成了近代的缫丝机械和技术，其中具有代表性的缫丝机如发明于20世纪初的立缫机（图3-21），其机械动力不再依靠人工，而是由电动机取代了脚踏手摇方式，一个缫丝工管理一台缫丝车，在对煮熟茧索绪、理绪的同时，可照看20绪头以上的缫丝，并进行添绪及故障处理等操作。20世纪50年代开始出现自动缫丝机，索理绪、添绪、缫丝、落茧等全部自动机械化操作，一个缫丝工可看管40~160绪。

新中国成立后，苏州缫丝工业从整顿恢复到逐步发展，从此得到了新生。缫丝车由落后的坐缫车改装成立缫车，不仅增加了产量，质量也有所得高，新中国成立前苏州生产的厂丝很少达到A级丝，建国后通过产前定额指导操作，生丝品级普遍提高了3~4个等级，1958年用B级原料缫出了三A级丝；用秋茧原料缫出了六A级丝；还缫出了七A级无切断的高档丝，至80年代，苏州产厂丝产品已赶超国际先进水平，多次被评为国家银质奖，省、部优产品等，远销世界各地。

4. 丝线的加工技术

蚕丝经由蚕茧缫制成绞丝后，必须根据织物的不同设计要求，在织造前需经过翻丝、并丝、捻丝、浆丝、牵经、摇纡等多道丝线加工工序。

（1）翻丝：古代称调丝（图3－22），是绞装丝卷绕在篗子上的丝线的生产过程。其目的是给丝线一定的卷绕形式，供下道工序如并丝、捻丝、牵经及卷纬等使用；通过调丝还可去除丝线表面的部分疵点，如糙结、丝屑和粗节，提高丝线的品质。

（2）并丝：是将两根及两根以上的单丝合并成一根股线，或将两根及两根以上的股线再合并成一根复合股线的加工过程。根据需要，或获得一定粗细的丝线，同时通过并丝，可提高丝线的匀整度，除去丝线表面的粗结。视股线要求不同，并丝可分为无捻并丝和有捻并丝两种。

（3）捻丝：是对各种丝线进行加捻，使之获得所需捻回的加工过程。捻丝可提高丝线的强力和耐磨性，减少丝线的起毛和断头；增加织物弹性，使织物表面具有抗皱应及抗皱能力，并使织物表面光泽柔和。

图3－22　翻丝

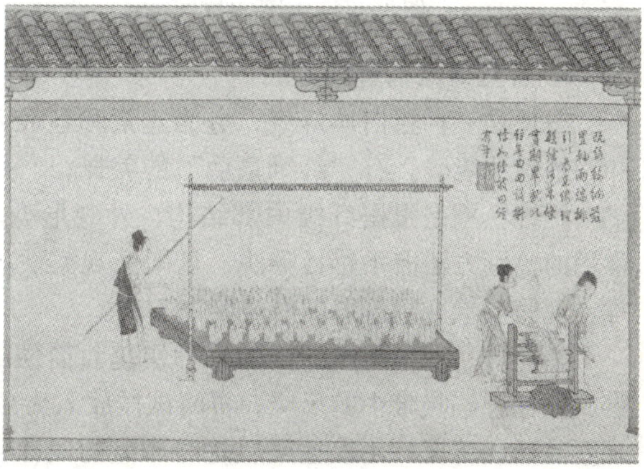

图3－23　牵经图

（4）牵经（图3－23），是将卷绕在筒、篗、饼装的丝线，按织物规格所要求的总经数、门幅、长度，平行地卷绕到经轴或织轴上的加工过程。因手工牵的经丝成束地卷绕到通经架上，必须通过通经处理（将经丝一根根依次通过一组平纹软绞和一组平纹硬绞，然后穿过定幅竹筘，并施以一定的张力，卷绕成适合织造的织轴），使经丝按门幅的要求，均匀分布于经轴上才能织造，在通经过程中，可解决经丝的滚绞、并搭、毛丝及长短线等现象，以保证经丝质量。

（5）浆丝：称“过糊”（图3－24），一般织制轻薄的丝罗和色强化练丝织物时，因丝条细或纤维间的抱合力差等原因，在织造时容易出现乱散、擦毛或引起断头，影响织造质量，故需对经丝进行上浆。古代经丝上浆有两种方法：轴经浆丝和绞丝上浆。轴经浆丝是先展开2～3米经丝，使之呈片状，然后将浆液涂于筘上，推移竹筘（或直接用刷子沾上浆液后，在经丝上来回刷），使浆液均匀涂于经丝上，待糊干燥后，转动经轴，再展开2～3米经丝，依次反复，直至经轴上浆完毕。绞丝上浆是将需浆丝的丝线摇成绞，浸于浆液中，一般约 14 小时后取出，去除多余浆液，使其蓬松、分开，于竹竿上晾干。

(6) 卷纬：俗称摇纡（图 3－25），是把筒装、饼装丝，卷绕到纡管上的工序。卷纬质量直接影响织物的外观和生产效率。

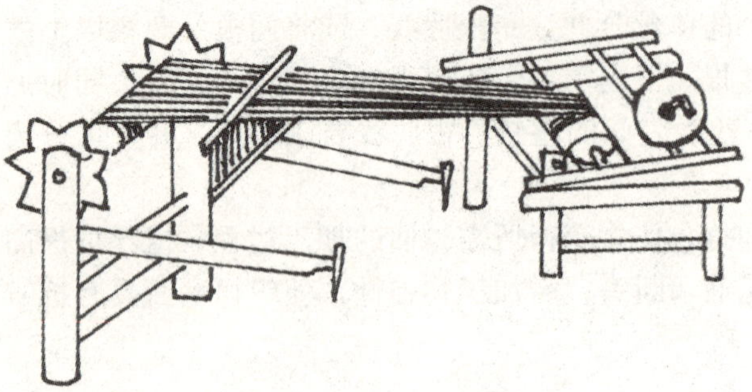

图 3－24　印架过糊图

图 3－25　卷纬

5. 蚕丝纤维的鉴别方法

蚕丝是一种蛋白质纤维，分为丝素和丝胶两部分。手感柔软，富有弹性，光泽柔和，透气性能佳，有“纤维皇后”的美誉。

纤维鉴别是根据纤维内部结构、外观形态、化学与物理性能上的差异来进行的。常用的鉴别方法有手感目测法、显微镜观察法、燃烧法、化学溶解法、药品着色法等等。现简要地介绍纤维的燃烧鉴别方法。

燃烧法是鉴别纺织纤维的一种快速而简便的方法。先将试样慢慢地接近火焰，观察试样在火焰热带中的反应；再将试样放入火中，观察其燃烧情况；然后从火中取出，观察其延烧情况；用嗅觉闻燃烧时产生的气味，并观察试样燃烧后灰烬的特征等，现介绍几种常见纤维的燃烧特征，见表 3－1。

表 3－1　常见纤维的燃烧法鉴别对照表

纤维名称	燃烧性能	气味	灰烬
棉、麻、粘胶纤维、富纤	靠近火焰不缩不熔；接触火焰即迅速燃烧；离开火焰，继续燃烧	烧纸的气味	少量的灰白色灰烬
毛、蚕丝	靠近火焰，收缩不熔；接触火焰即燃烧；离开火焰，继续缓慢燃烧，有时自行熄灭	烧毛发、指甲的气味	松而脆的黑色灰烬
涤纶	靠近火焰，收缩熔化；接触火焰，熔融燃烧；离开火焰，继续燃烧	特殊芳香味	硬的黑色圆珠
锦纶	靠近火焰，收缩熔化；接触火焰，熔融燃烧；离开火焰，继续燃烧	特殊的、带有氨的臭味	坚硬的褐色圆珠

续表

纤维名称	燃烧性能	气味	灰烬
丙纶	靠近火焰，收缩熔化；接触火焰，熔融燃烧；离开火焰，继续燃烧	轻微的沥青气味	硬而透明圆珠
腈纶	靠近火焰收缩；接触火焰，迅速燃烧；离开火焰继续燃烧，燃烧时有黑烟冒出	特殊的辛辣刺激味	硬而脆的黑色灰烬
维纶	靠近火焰收缩软化；接触火焰燃烧；离开火焰继续燃烧，有黑烟冒出	特殊的甜味	硬而脆的黑褐色灰烬
氯纶	靠近火焰收缩熔化；接触火焰燃烧；离开火焰自行熄灭	带有氯化氢臭味	硬而脆的黑色灰烬

注意：燃烧法只适用于单一成分的纤维、纱绒和织物，不适用于混合成分的纤维、纱线和织物。此外，纤维或织物经过防火、防燃或其他整理后，其燃烧特征也随之发生变化。

三、多彩的丝绸织染业

1. 苏州织造局

苏州织造局以清代最为兴盛，设于顺治三年至光绪三十二年（1646～1906年），历时260年，是清代时全国所设立的3处官局中规模最大、生产品种最多的一处。康熙时孙佩所著的《苏州织造局志》记载详尽，为我国历代官府织造存世史志中的孤本，尤为珍贵，被国内外丝绸史学界所珍视。

清代时的苏州织局机构分为南北两局。南局称作总织局，由工部侍郎陈有明来总理各项事务，在葑门城内带城桥东下塘，现位于苏州市第十中学内，其南至河沿，北至孔府司巷，为市级文物保护单位。局址原为明嘉定伯周奎入宅改建，面积共60亩，初建时有大门前后5间，验缎厅3间，机房196间，铺机400张，绣缎房5间，局神祠7间，染作房5间及其他用房20余间，还有4面围墙等。北局亦称织染局，设在城中察院场以南200步，玄妙观东，西临天心桥，在今人民商场一带，是在原明代织染局的旧址上改建的，计有机房76间、染房5间及其他旧房，派满官司尚志督理。两局共有铺机800张，额设匠役2602名。

顺治十年（1653年），改派工部右侍郎周天成并管两局，又重修扩建大堂3间，头门、仪门、库房各3间，机房增为214间，并改称为苏州织造公署。康熙十三年（1674年）时改称为苏州织造衙门，并在二十年至二十二年（1681～1683年）又两度重修，并增建机房。雍正三年（1725年）时织机数减为710台，乾隆年间又减为663台，匠役2175人。在康乾两朝皇帝执政期间，曾先后12次南巡，来苏州时均驻在苏州织造府行宫，现尚存的遗址中还保留有大门、仪门、暖阁、堂舍，及花园、鱼池、瑞云峰太湖奇石、碑刻等（图3－26、图3－27）。

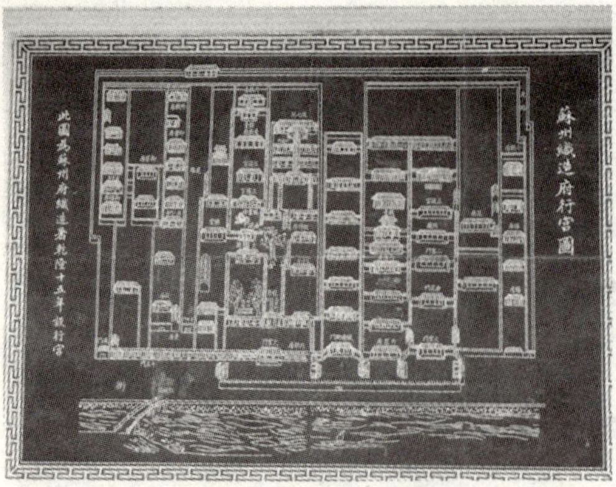

图 3-26　苏州织造府行宫图

图 3-27　苏州织造府行宫遗址内的瑞云峰立碑

然而，咸丰十年（1860 年）在太平军战争中，两局全毁，至同治二年（1863 年）才恢复织局，但局址移至南石子街十号（今大儒小学），当时局内有妆蟒花缎正匠 253 名，每名随付役 2 名；素机正匠 4 名，随付役 1 名；共匠 767 名及局役 242 名，铺机 257 台。由于局房较少，还要雇用一些民机民匠来完成奉供的织办。同治十一年（1872 年）重新派三品街督理苏州织造兼管浒墅关税务德寿，并重修总织局，扩大机房计 400 余间，另对司库、笔帖式等官署用房也一律修缮。修复后的织造衙门设有织造部堂、织造府堂（付）和 4 个织造笔帖式官吏（民间称之为四蟹一蟾），此外尚有书吏及书办各 10 余人，职管 6 人。其下分为：东库堂有官差机户 320 名，主办织造缎匠，兼办绸罗绫绉；西库堂主办刺绣、绊丝。南局用房分为头门、二门、大堂、暖阁、宅门、二堂、七房（五开间）、东花厅、东签押房、库房、西花厅，最后为局神祠（大仙殿）及其他用房。

官织局是专为皇家和朝廷官员服务的，所织各类缎匹都要定式定款，段匹长度也有规定，其生产织造完成的时间和用工量也有设定，可见管理制度相当严谨有序。织局制织任务繁多时，还要向局外的民间织造行业发料订货，因此也极大地促进了苏州地区丝绸织染业和绊绣业的繁荣和工艺技术进步，精品之作不断涌现而名扬全国，且生产力很强。正因如此，当时的江宁织局在赶织忙差时期，也会经常来苏临时设立绊绣局和采办局，租赁民房办事。

苏州织造局属“江南三织造”管理体系之一，同治时江宁织造也称江南织造，苏州织造也称江苏织造，等级上相同于省级，督理官员都是二、三品大员。江宁、苏州、杭州三局的管理体制是统一的，织造官员都兼管榷关（榷关，又称钞关，晚清改称常关，是明清时期我国政府设置的对过往关卡的船只、商品征税的一个专门机构。）税务，但钱粮都由各省地方藩库支给，工料及经费结算的黄册都向内务府和户部分别核销；所织绸缎物品是上用的交广储司缎库，官用的交户部缎库验收。苏州织局的经费在清初时，额定缎纱工料价银等每年为 6.45 万两，康熙时增为 10.5 万两，在藩库支领。

苏州织造局的主要任务是织造“大运”（亦称正运）绸缎，据《大清会典》载：顺治时额定岁造为千匹；康熙后逐渐增加，内库年需上用缎纱绸绫增为 1760 匹，衣线 200 斤，弦线 6 斤，手帕 1200 个；户部年需官用缎纱 1200 匹及绢、线等。而两处临时需用则随时增补。康熙十六年时，工部四司动支岁造缎匹银为142822.8两；户部绢银12835两。同治戊辰年大运银为92000两。光绪忆酉年大运工料结算总数，上用为76903两；官用为46273两。由此可见，所谓每年额支藩库银6.45两，实际是大为超出的。至于上传特用是大运以外的进贡，名目繁多，常例有年节贡，端阳贡和万寿贡等，均要按时贡进。万寿贡还含中秋贡，因慈禧太后生辰是十月十日，故并称万寿贡。除大运和三节贡之外，还有很多临时性差派（又称赶加或添派），可称名目繁多。据同光期间不完全统计，苏织造奉旨派办的就有：同治、光绪帝大婚、乐部和声署鼓衣袍袖、皇太后万寿、内府绮华馆用物、泰陵昌绫（雍正、嘉庆陵墓均在热河承德）等陵寝用料、大小荷包、工部驾衣等差事，每次所费最少数千两，多达14万余两，耗费惊人。据故宫档案资料中查到的苏州织造报销的黄册项目共19宗统计，耗银总数共达1061671.48两（尚有大运4笔另计，其中临时差办约占60%）。清代早期档案资料残缺，损毁散失较多，据分析认为晚期织造耗用更大，如光绪皇帝亲政前的大婚典礼中，江南三织造制办皇后妆奁及赏赐所用绸缎2800余匹及绢线等数千斤，其中苏织造制办的1130匹，用银即达17.9万余两。

对织造的龙袍类织物，苏州自明清以来均以技术高超著称，当时缂绣锦缎类工艺产品，三织造大都在苏州设局采办或招募高手技工，作为上用和官用的面料在织造工艺及图案方面都有特殊要求，据史书记载：织造缎匹分为上传特用、上用（宫廷）、官用（官府）3类。上传特用类内分袍服、领袖、披肩、袖口等共23种。龙袍分为平时服，春、夏、秋、冬服、元旦、灯景、端阳、中秋、重阳、冬至等服。上用类内有袍、褂、披肩、领袖、手、帕、驾衣、九龙伞、屏风、飘带、佛幔、经盖、锦被、靠垫等共162种。官用类内有袍服、战甲、补子等共59种，可见其品种繁多。而图案花样中有龙、蟒、鹤、福、寿、花卉、云纹、水浪、太极图等，其中文武官员象征品级区分用的“补子”一项，就有飞禽走兽等22种纹饰。至于工料中有丝、绒、金、银、简、染料、衬、纸等，仅基本染色就有26种，其中上用22色，官用14色。织造品种主要有：缎、纱、缂、绣、丝绒、抹绒（漳绒）、闪缎、闪锦缎、蟒缎、杨缎、彭缎、花宫绸、江绸、宁绸、素缎、花缎、云缎、妆花缎、片金缎、暗花缎、织金缎、彩纱、寿字纱、教子纱、严花纱、漏地纱、水纱、御览纱、银条纱、系绢纱等等，琳琅满目。清中期后，又有漳绒、天鹅绒、漳缎、陀罗尼经被等特殊类产品大量生产，特别是漳缎产品在苏州延续至今，已被列为江苏省非物质文化遗产，而漳绒、天鹅绒则被镇江列为省级非物质文化遗产。

2. 练染整作坊

（1）染坊：明代以前的苏州织造（染）局就设置了“染房”、“染堂”和“染作”，专门为上贡丝织品染色和成品整理。而民间染业是以作坊形式经营的，盛于清代。乾隆《长洲县志》载：“染作在娄门，亦各处俱有。”苏州染业分丝经染坊和绸绫染坊两大类。

丝经染坊是指专门染丝线的作坊。清末丝经染坊还按色谱进行大致分类，有青坊、红坊、黑坊和白坊4种。青坊置靛缸，以染蓝色为主，是丝经染坊行业中的大户，从业人员均为唯亭人；红坊专染大红，是由句容人操持的；黑坊，又名皂坊，染玄色为主，由镇江人经营；白坊以染浅色为主，由苏州本地人开设。此外，由于盛泽丝线业十分发达，故也有专门的丝线染坊。

绸绫染坊是指将织成的丝绸生坯进行练染的作坊。绸绫染坊通常是前店后坊，除接纳整匹加工外，还接纳零料及衣衫染色。苏州最早一家绸绫染坊为乾泰和，相传创设于清乾隆年间，后又开设沈广茂、老正昌、其昶和同振泰等数家。同时，盛泽的绸绫染坊也发端于清代，皆绍兴人垄断经营，以设于清道光二十三年之王三太染坊最早，另有公正、公华、恒盛及姚公茂等多家。绸绫染坊也按色的大致分三类：洋红坊专染红黄等暖色，湖白坊专染湖缘等冷色，元浅坊专染黑色及灰色。清末，染坊的染灶很有讲究，不仅有染锅，还砌造两只可放染釜的灶眼，俗称双眼灶。染釜用于浸泡或盛放染液，置于染锅旁可使之升温并保持液温，在染色过程中能够随时进行添加染液或组合染色。染料在明清以来，均用矿物或植物染料染绸，如靛青、苏木、藕泥、姜粉、绿矾等，至清末时有德国和瑞士等国的化学染料和助剂输入，苏州地区染业才开始试用。

（2）炼坊：绸类生丝织物下机后，需染成色绸或是练白以后才能上市，因此练染业特别发达，吴江盛泽的练染业要盛于苏州城。

练绸过程为：淘锅盛水，加入桑柴灰（大淘锅每锅放入3竹篓灰，可练80匹），搅拌沉淀后，滤出灰脚，待加热煮开，即放入绸匹煮练。这是操作者要用木棒不停地反复搅匀，约1~2小时就能练熟了。另备猪胰（有时猪胰不足，可用旁鳊鱼代替），事先捣碎或用力在竹畚箕内搓碎，兑水成乳液，滤入清水缸内，大约每缸放3~4只胰子的液汁，搅匀，把泡沫及浮油撇去，以免起腻，然后将练煮完的绸匹挽成绞状，倾入缸内，摊平后上面放一块盖布，将压石放上并加水漫过布面即可。约静置半夜。即要携出，在河中漂洗，有些特别厚重的绸还要在河桥石上反复掼打，直至脱涂胰脂臭味为止。漂清后便绷于架上晾干，某些品种还要用一种弧形插刀在绸面上轻轻地刮，以增加练白绸表面的肥亮度。这种用桑柴灰（或草木灰）及猪胰相结合的练绸工艺，被称为灰练法，从业的作坊称为灰练坊。

（3）踹坊：踹坊又名轴坊，是专门从事踹绸和轴绸的手工作坊，为绸缎下机以后进行的一道后整理工序，是绸面既柔软又富有蚕丝特有的光泽。这种作坊一般均是家庭式的，规模较小，在苏州城内及盛泽镇遍布很多，最多时约有300余家。

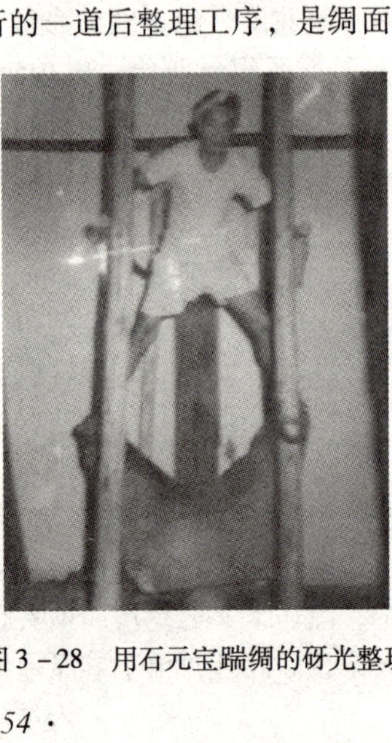
图3－28　用石元宝踹绸的砑光整理

踹绸过程：将绸卷于轴上，放置于光滑的承石之上，将踹石（俗称石元宝）置于轴上，踹匠站立在石元宝两头上翘的顶端，双手扶住两边竹竿，双脚左右交替踩下一端的踹石，使之不断地在绸轴上均匀地往复滚动碾压，借助踹石（六七百斤）及人体重量使织物表面砑光发亮（图3－28）。

轴绸过程：轴匠坐于木制轴床后部，用右肘及右膝抵住羊角（转绸轴柄）并徐徐转动，使绸匹卷上卷绸辊，在绸面前移时双手紧紧拉挺，不时从放置在轴床架上的水壶吸水，均匀喷吹到绸面上，绸面润水后又在一定绷紧的张力下，消除了练染晾晒后留下的皱褶，从而变得平整挺括（图 3－29）。

图 3－29　轴绸工艺使绸变得平整挺括

（4）印花作坊：印花作坊是专门在绸缎上从事印花加工的作坊，当年苏州城乡各地的染工已熟练掌握了手工印染工艺，其主要工序是刻花和印染，花板系用棉筋纸数层，有柿漆裱在一起，刻完花后，再上桐油，然后将花板固定于坯绸上，再用黄豆粉七成、石灰三成调制成糊料，刷于花板纹样镂空处，待干后，将绵绸染成蓝或红色，去豆灰之后，蓝白或红白相间。图纹毕现，风格独特。这种局部印染法称为“豆灰印花”法。

3. 苏州的纱缎庄

清代苏州从事机业的民间商户，统称为“机户”，机户雇人织挽，称为机工或机匠。机户有两类：一类是资本较充裕的大中机户，自己不直接做工而雇工织造；另一类则是只有生产设备工具，缺乏资本，或自织自买的小机户。康熙时苏州官府称经营缎业的机户为“缎业铺户”或“缎行经纪”。雍正时官府申明“纱缎经纪”须经批准，领给“印帖”为凭；作为沟通客商与机户的中间媒介人，本身不务织造，从中收佣为业。领帖者称为“官牙”，无帖者为“私牙”，例应取缔。这属于封建行会制度产生的牙行经纪，一引客商到大中机户处收买缎匹；二从分散的小机户机囤集缎匹后，再集中批量售与客帮商人。客商为了经营便利是愿意通过中介来加快商品流转的。而中介也会阻碍客商与小机户生产者的联系，以便从中操纵渔利。那些不利于商品经济发展的消极面，是日久导致官牙走向消失的因素；少数私牙则转化为“掮客”，仍从中收佣为生。到同治年间苏州就正式出现了“纱缎庄账房”。

纱缎庄的经营方式既不同于一般商业，它自置经纬原料并进行一定加工工序后，发给机工按规定织造，然后收回缎匹成品，结算工料，再予出售。他又不同于一般手工业，本身不具备生产场所及织机和附属设备，只从事购办原料和成品的收发结算，这是一种特殊的经营方式。到民国时期，纱缎庄业正式组成同业公会，这是一个历史发展过程。

清代康乾时期和同光时期是纱缎行业的全盛时期，据市工商档案资料记载：最早的纱缎庄开设于康熙四十一年（1702 年）的石恒茂英记；乾隆年间已有杭恒富禄记、李宏兴祥记、禄记、朱仪和、沈常春、李启泰等相继开设。丝帐房多设在闾邱坊、古市巷一带。据 1931 年《中国实业志》中载称：苏州纱缎业全盛时营业总额年达 600 余万两，全城赖以生活者约十余万人，占全城人口三分之一。机房以娄门、齐门一带为多，胥门外之光福、木渎、香山、阊门外之虎丘、唯亭一带亦不少。苏产各种缎匹称为“苏缎”，一供官府；二销国内市场及北方蒙藏地区；三销国外南洋、港台各地及朝鲜、安南（今越南）、英、美、缅甸、印度等国。光绪三十四年（1908 年）纱缎庄同业登记名册共有 95 户（另有现卖机户、绒、锦行业不在内）。纱缎庄行业的内部管理上，有合资、合股分红，人事管理，基本技术，跑客帮，立筒台，进原料，验货，生产安排，经纬管理，绸缎发染，账册财务，客账销货，银钱往来，工资待遇，小账回扣，雇佣短工，工料结算，学徒拜师等诸多方面，都有一定的行规制度。

民国以后，纱缎庄业迅速衰落，首先遇到剪发易服的变革浪潮，传统的绸缎袍服受到冲击，至 1929 年起我国政府宣布实行关税自主实施以后，这种局面才得到彻底改变。但在新中国成立以前，国内因军阀割据，物价暴涨，洋绸人丝倾销，丝绸捐税重迭等原因，苏州丝绸生产处境 艰难，纱缎行业每况愈下，行业内部分业主仍习惯于小生产经营方式，而部分有识之士，则从“爱国图存”、“振兴实业”出发，转入了近代工业的改革之路。到 1949 年 4 月苏州解放时，纱缎业尚存 36 户，开动木机 323 台。新中国成立后在对私改造中，通过生产自救、合作联营及公私合营等方式，逐步走上了丝织行业新生之路。

四、智慧的丝织机械科技

随着织造技术的进步，织机也随之推进，除最原始的腰机之后，斜织机、多综多蹑织机、束综提花机等古代典型的织机应运而生，不仅使生产效率大为提高，而且可织制出简单的几何形花纹，特别是由片综提花到束综提花更是提花工艺技术史上的一次重大飞跃，它们不仅极大地提升了汉唐时的丝绸工艺技术，也为宋元更加成熟的提花织造技术奠定了基础。苏州作为明代时全国丝织业最发达的地区之一，丝织工艺设备在世界上也是处于领先地位的，这时市场上作为商品贩卖的织机就有绫机、绢机、罗机、纱机、绸机、布机六种，且每种构造都不尽相同。直至鸦片战争后，西方先进的纺织技术传入，对丝织业产生了极大的影响，先后引进的日本铁木手拉织机和铁木电力织机，成为我国新一轮的设备更新大革命，于是古老的木织机退出历史，但它们对于古代中国的纺织丝绸发展和科学技术进步作出了巨大贡献，现在从它们工作原理的科技视角来解读一下。

1. 原始腰机

“手经指挂”是我们祖先最早期发明的简单编织技术，他们用木架或木桩排丝制作经面，以手指或骨针挑经织纬，这从吴县草鞋山及余姚河姆渡遗址出土的织物残片及织造工具，都可以证实在 6000 多年前的苏州及附近地区已有简单的纺织机具，如木制纺缚、引纬用的管状骨针、打纬刀、绕线棒等，这些工具表明此时原始腰机已出现（图 3 – 30）。

图 3－30　腰机织造示意图

其织造原理是从手式编结和编织技术发展演变而来的：编织物的经向线演变为机织上的经线，骨针和尾部所穿入的纬线，就成为机织上的骨梭或梭杼，骨匕就成为机织上使用的打纬刀。从现在少数民族地区所保存的同类型腰机看，其主要构件有：置于脚部和腰部的两根木横棍，相当于现代织机上的经轴和卷绸轴，另有一根较粗的分经棍和一根较细的提综杆，分经棍和提综杆作用是使经丝不断形成梭口，便于梭杼引纬，交替织作，不断循环。这表明，当时所用腰机已具备手动开口、引纬、打纬、送经和卷取五大功能，是我国最早的平轴式腰机。制织时织工席地而坐，故又称为踞织机。目前所知最早最完整的织作机具，是 1987 年江西贵溪仙水岩战国崖墓群所出土的，有滕子（经轴）、卷布具（卷轴）、挑花刀、打纬刀（杼）分经棍、提综杆及梭杼（引纬）等工具。随着织造技术的不断完善和发展，腰机不仅能织制平纹和斜纹的素织物，也能织制一些山形纹、菱形纹、云雷纹等小提花织物。腰机提花技术的出现，显示了提花织造的基本原理，一直流传至今，在我国民间和少数民族地区现在仍然采用。

2. 斜织机

斜织机是我国古代出现最早、应用最广、流传年代最久的传统织机，其始于何时，尚无可靠史料，但至少不晚于春秋战国时期。它是由原始织机组合演变而成，具有牵伸、开口、打纬等功能，适用于织制平纹织物。江苏铜山县洪楼地区和江苏泗洪县曹庄出土的汉代画像石刻（图 3－31），是我们所见到的斜织机结构的实物形象史料。从图中可见这具斜织机已经有了一个机架，经面和水平的机座成五六十度的倾角。这样改进后，使操作的人既可坐着织造，又可一目了然地看到开口后经面上的经线张力是

图 3－31　江苏曹庄出土汉代画像石刻

（南京博物馆提供）

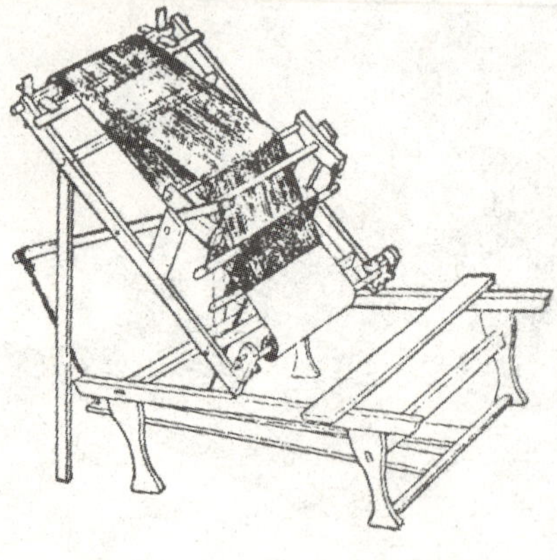

图 3－32　汉代斜织机复原图

否均匀，经线有无断头。更重要的是斜织机已经采用脚踏提综的开口装置，用双脚代替了手提综的繁重动作，实行手脚并用，使左右手更迅速有效地用在引纬和打纬的工作上。此外从图中还可以看到一把将要落地的两头尖的梭子。利用这小巧玲珑的梭子，来往穿引纬纱，进一步提高了织造的速度，是织布工具的重大革新之一，一直为后世所沿用。这种脚踏提综开口式斜织机（图 3－32），在织造技术上采用半综开口装置和自然梭口方式，工艺合理，机构简单，操作方便，机型小巧轻盈，是我国古代留传下来的典型传统纺织机械，其生产率比原始织机一般可以提高 10 倍以上，可以大幅度地提高布帛产量。斜织机的出现，无疑对提高劳动生产率、产品质量、统一织物规格提供了保证，同时使纺织生产趋向职业化，为织造工艺技术的日益精湛创造了条件。

3. 多综多蹑织机

春秋战国时，为了促进生产力的发展，织工们改进了踞织机，开始逐步普及了斜织机，同时发明了多综多蹑织机。汉宣帝时（公元前 73～公元前 49 年）陈宝光之妻根据提花规律，将提花机革新为 120 综 120 蹑，缩减了提花装置，提高了生产效率，以后又改革为 60 综 60 蹑的丝织机。三国时，马钧（220～280 年），又把 50～60 蹑的织机改为 12 蹑，使提花机的生产效提高了数倍，所织花纹图案对称均匀，花形变化无穷。多综多蹑织机（图 3－33、图 3－34）的主要机构就是多片的综和蹑，据史料记载，“蹑”就是脚踏杆，早期称为“牵挺”。把蹑和综连接起来就能控制综片升降，使经面形成开口。其提花的关键技术在于穿综工艺和起综工艺，必须将两者密切配合，方能织出所需花纹。由于多综多蹑机结构简单，造价低，一般只需一名织手操作，且操作技术也较易掌握，因此一直为后世所沿用，并与束综提花机并存。

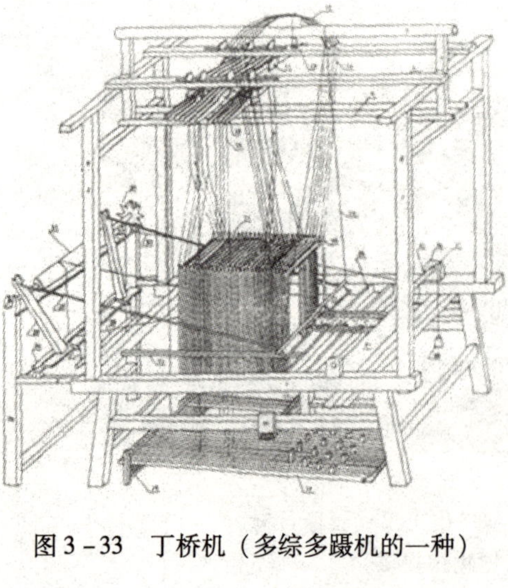

图 3－33　丁桥机（多综多蹑机的一种）

图 3－34　多综多蹑织机
（苏州丝绸博物馆复原制）

4. 束综提花机

在多综多蹑织机发展的同时，人们在织制提花织物的过程中，由于多综多蹑机受综片数的制约，所织花纹的纬向循环不易过大。在战国秦汉时期，随着生产的发展和工艺技术的逐步提高，出现了束综提花机（又称线综提花机），后来也称花楼织机。束综花楼机有小花楼（图3－35）和大花楼（图3－36）之分，根据所织花纹的幅度和经丝密度而定，如花幅小或所用的牵线少，可用小花楼织机，反之则采用大花楼织机。无论是小花楼还是大花楼，其工作原理是相同的：都采用垂直花本的束综装置，并有素综装置，织工脚踏综杆以控制素综，坐花楼上的挽花工依次拉动花本的耳子线起花，两人同步进行，相互配合，就可织出所设计好的图案。这种通过束综提花配以综片的织造技术在东汉时已较为成熟，至唐代已广为应用，技术上也更进一步，涌现了大量纬显花织锦，使束综提花达到了新的阶段。

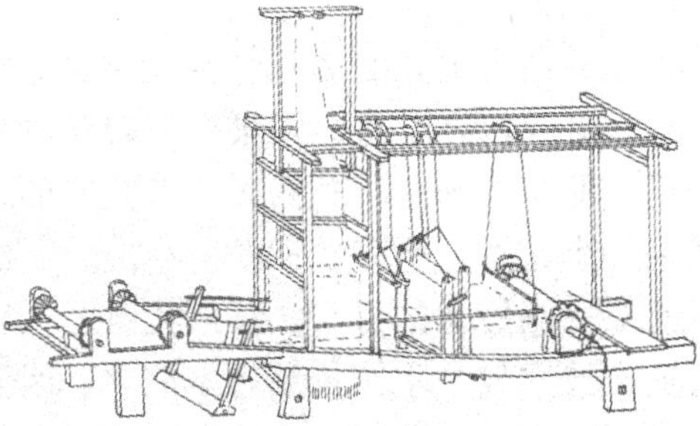

图3－35　小花楼织机（选自宋人《耕织图》）

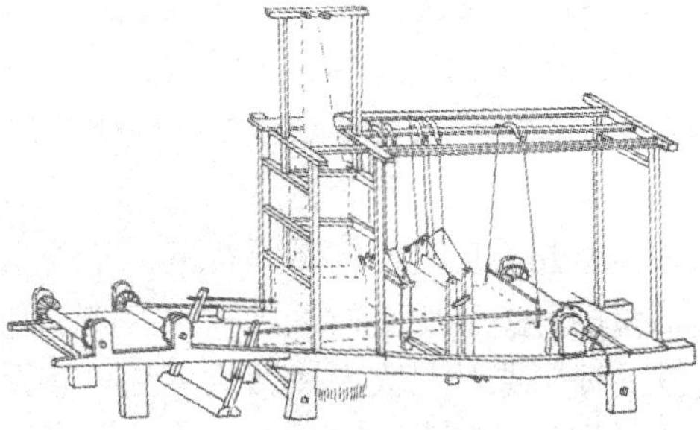

图3－36　苏州丝绸博物馆所藏的大花楼织机

束综提花机最为奇特的就是花本了，它是提花的重要构成。一个花本的制作一般分为挑花、倒花、拼花3个工艺。其中挑花为基本的纹制工艺，倒花和拼花工艺要视织物图案的构成情况来确定。传统挑花结本的程序比较复杂，需先将织物纹样绘制成具有经纬比例构成的意匠图，然后根据意匠图进行挑花。挑花前需要把脚子线按一定的要求装上挑花绷子（一木制长方形框），并准备好若干耳子线挂于绷子的右侧，再备上竹制的挑花钩若干。此时的脚子线就相当于织物上的经线，耳子线相当于织物上的纬线。挑花时用右手执钩，按顺序依次自右向左看意匠图上同一色彩的纬线起止位置，对照相应的脚子线起止位置，将其范围内的脚子线分段全部挑起；再取左侧备用耳子线一根，钩在挑花钩子上，抽出钩子，把耳子线引入，就完成了一梭的挑制。以宋锦为例，比如是由5种纬线起花，那么意匠图上一横格内就有5种颜色，则要挑引五次才算完成一格的挑制。当挑制完成后，将环状的脚子线剪断，并及时分股打结以免挑好的耳子线滑脱，这样花本就下绷了。古代匠人将这种按照意匠图稿挑制出来的第一本花本（原始花本），叫作“祖本”（母本）。祖本也可以上机使用，但一般不轻易使用，将它作为存档的花本，以供作为复制无数同样的花本之用。将祖本复制成可以用于织机上的花本这道工序在行业中称为“倒花”。倒花工艺的基本原理，简而言之，就是用祖本脚子线同白本脚子线一一兜连，拴系成X形。倒制时，祖本一根耳子线被拽提后，一根浮在耳子线上的脚子线也被提起，形成一个开口。白本上的脚子线因为和祖本上的脚子线已经被一一连接着，因此也同时形成了一个同样的开口，这时引入一根耳子线。以此往复，祖本的花就被传输到白本上了，成为供上机织造使用的“行本”

或拼本。此外还有“拼花”工艺，拼花就是把挑花或倒花制成的不完整的花本合并成一个完整花本，使之具备上机织造的要求。拼花可一人操作，也可数人同时操作，先将两本要拼的花本拴挂起来，分为上下两本。操作时上层花本不动，在下层花本上作业。通俗地说，就是将上、下层花本的耳子线一一对应起来，把上层花本的耳子线引入到下层上来，然后撤掉下层的耳子线。拼花的基本原理则是“同梭同色才能相拼”。拼好后还要对花本进行整理梳洗，以备上机织造。一般来说，任何一个纹样，只用挑花工艺就能编制出供上机织造的花本。但在有些情况下，比如大型的单独纹样，经线数达到1800根甚至2400根时，一架棚子容纳不下，则需分开挑花，而后运用拼花工艺，拼成一个完整的花本。有些对称型和连续型的纹样，为了节省工时，可以只挑一个基本单元，再用倒花工艺，克隆出其他单元，然后用拼花工艺拼制出完整纹样的花本。倒花工艺还用于复制花本，以供数台织机同时生产或替换已损坏严重的旧花本。

5. 手拉丝织机

手拉织机的机架仍为木结构，但提花的核心部分已由提花龙头代替了束综提花机的花本。提花龙头主要由纹版、纹针、滚筒几部分组成。纹版是一张张记录着花纹信息的穿孔卡纸，它是根据所织纹样中经丝提升运动的状况来进行轧孔，凡有孔眼的地方表示所相对应的经线需要提起。一张纹样就是一个花本，所织纹样的大小决定了纹版数量的多少。织造时人脚踩踏杆来操纵提花龙头控制经丝的提升，从而代替了人工挽花，使原来的二人操作改为一人。由于纹版轧花技术较之手工挑制花本简单，因而利于丝绸品种的翻新（图3－37）。

图3－37　手拉丝织机(素)

手拉织机最早是人工投梭，19世纪末，我国引进了飞梭机构，在织机上加装滑车、梭箱、拉绳，使双手投梭接梭改为一手拉绳投梭，即加快了速度，又减少织造中人为的错经错纬病疵，同时织造的门幅也大为加阔，产量和质量都有了极大的提高。此后，又利用齿轮传动来完成送经和卷绸动作。

苏州的手拉织机最早是由谢守祥于民国元年（1912年）从上海日商小村洋行购进的两台日本武田式铁木手拉丝织机，并配有200针提花木龙头装置，并专人前往上海学习制织技术，一年后学成方将铁木手拉织机运至苏州，开始按式仿制使用，并不断加以改进：提花龙头由木制改由杭州、上海生产的铸铁龙头，纹针数也由200针扩大为400针、800针。由于这种铁木手拉机较之旧式木机大有改进，在提花机上配备木龙头，代替原来花楼木机上提花工人的操作，生产效益显著，因此这种手拉脚踏的丝织机很快就在苏州被普遍推广。

6. 电力铁木丝织机

随着国外先进丝织技术不断传入我国。1922年，苏经纺织厂从上海日本阪上洋行购买1台铁木电力丝织机并自行仿制40台。随后延龄、振业、东吴等绸厂相继使用，当时苏城普遍采用的铁木电力丝织机主要有利泰式和武林式两种。一开始，织机以柴油发电机为动力，在使用上未能完全过关，直至民国15年才取得完全成功。

铁木电力丝织机以电力传动机械进行丝绸织造。同时改进了机械龙头提花装置，单梭箱改为多梭箱，便于织造花色更为丰富的提花绸，同时，铁木电力机大大减轻了劳动强度，便于管理，产量比木机提高4~5倍，因此，手拉织机不断被铁木电力机所取代，民国15年，苏州发电厂开始供应工业用电，一时间各丝织厂掀起了电力铁木机的添置浪潮。

7. 电力全铁丝织机

苏州自产的全铁丝织机是东吴丝织厂于1959年开始研制的，先是在铁木织机上改装了自动换梭机构，后以铁代木，用铁墙板改造了铁木电力机，取得成功后定名为K611型简易自动换梭丝织机，于1962年由苏州纺织机械厂等共同生产推广。1963年，苏州丝绸科学研究所、苏州纺织机械厂和东吴丝织厂组成专业组，以K611型丝织机为基础，参照当时国内外的纺织机械，1964年研制成功我国第一台全铁自动丝织机，命名为K641型1×1自动换梭丝织机，1965年5月通过省纺工厅的正式鉴定，由苏州纺织机械厂投入批量生产。K641型丝织机具有换梭、分经、上幅仗操作机械化、自动化，落绸不停机，经丝张力自动调整等优点，大大减轻了工人的劳动强度，使看台数从3台扩大到6台，生产效率提高了85%以上。

20世纪70年代，在苏州市纺工局的支持下，苏州第二纺织机械厂成立了科研设计组，吸取了当时各丝织机的优点，经过7个月的艰辛研制，终于试制成功第一台样机，命名为K274型自动换梭丝织机（图3-38、图3-39）。K274型丝织机博采众长，将K641丝织机的下投梭改为中投梭；撞击式换梭改为偏心盘换梭，使投梭力增加，以适应宽幅织造，该机被当年即投入批量生产。1979年，K274丝织机荣获苏州市科研成果奖。

图3-38　K274全铁丝织素机

图3-39　K274全铁丝织提花机

表 3－2 古代丝织机发展简表

织机名称	形成时代	主要特点
原始腰机	新石器时代	手工提综、杼子引纬、砍刀打纬，具有开口、引纬、打纬3种主要动作，产量低下。能用挑花杆织制简单的几何花纹
斜织机	两汉时期	具有较完备的织机形态，脚踏连杆带动综框进行开口，梭子引纬、竹筘打纬。生产力大幅提高。能用挑花杆织制简单的几何花纹
多综多蹑提花机	大约形成于战国至秦汉时期	增加了踏杆和综片数，能织制更为复杂的花纹。但由于一蹑控制一综，提花操作不便，效率低。织机由120综120蹑改进为60综60蹑，后又出现了更为先进的丁桥织机，但只能织小型花纹
竹编花本提花机（竹笼机）	约出现于汉代	提花原理与多综多蹑织机相同，以细竹编制花本起花，能织制色彩更为丰富的重纬织物，但劳动强度大，产量低，仍无法织制大型复杂花纹
花楼束综提花机	约产生于战国至秦汉之际	带有花楼装置，采用线制花本，用线综控制经丝提升，可织制大型复杂的花纹。但需织工和挽花工两人密切配合，效率较低
手拉铁木丝织机	约20世纪初引进并仿制	以机械提花龙头起花，拉梭引纬度，无需挽花工一人即可操作，生产效益显著提高
电力全铁丝织机	20世纪60年代	以电力传动机械进行织造，换梭、分经、上幅仗操作机械化、自动化，落绸不停机，大大减轻了工人的劳动强度，生产效率提高了85%以上

五、尽显霓裳的绸缎

1. 灵秀的吴绫

绫是中国传统的丝织品种之一。《释名·释采帛》中解释道：“绫，凌也。其纹望之如冰凌之理也。”通常称之为“斜纹凌”。它是在绮的基础上发展起来的，始产于汉早期，而盛于唐、宋。

据史料可知，汉代已有绫织物出产，一般以散花绫和几何纹绫为主。著名的《西京杂记》就有相关的记载：“绫出巨鹿（今河北琢县）陈宝光家。宝光妻传其法，霍显（光妻），召入其弟，便作之。蒲桃锦三十四匹，散花绫二十五匹，机用一百二十蹑（踏杆），六十日成一匹，匹值万钱。”从文中可知西汉时期的绫织物是十分珍贵的，价比黄金，据说一匹绫可换5个奴婢。这种贵重的丝织品只有官至五侯才享受得起。如湖南长沙马王堆一号汉墓（西汉初期长沙国丞相、轪侯利仓妻辛追之墓）出土丝织品众多，除15件相当完整的单、夹绵袍及裙、袜、手套、香囊和巾、袱外，还有46卷单幅的绢、纱、绮、罗、锦和绣品等，引起了极大的轰动。由于在早期绫绮不分，常混为一谈，后来有关专家根据绮的织物结构分析认为就是绫。

（1）吴绫的历史：吴绫，顾名思义，是吴地所产之绫。所谓“吴地”指的就是以苏州为主太湖流域。

苏州的绫业生产历史悠久，由史料可知，早在三国吴时，绫绮织物已成为吴国社会各阶层共同追求的时尚品。据《古今图书集成》载：……吴地丝织品的穿着服饰，习俗竞尚奢靡“内无儋（担）石之储，而出有绫绮之服”。可知，当时苏州城里，吴绫已是人们高档的服饰用料。由于陕西扶风籍纺织革新家马钧对绫机进行的大胆改进，使绫的提花技艺得到突破性发展，即将六十蹑（踏杆）的旧绫机，革新为十二蹑。据《晋书·卢志传》载：“众敬临还，献仙人纹绫一百匹。”可见当时的花绫已比较复杂了，甚至出现人物纹样。而此时的吴绫已与楚绢、蜀锦、齐纨、鲁缟齐名。

唐代时，吴绫生产盛极一时，达到了新的高峰。不仅数量极多，而且织工的技艺造诣也日趋成熟，纹样造型完美，花色繁多，成为苏州地方重要的朝贡之物，用作唐代官员朝服的主要面料。在当时严格的官员等级礼教制度中，对官员服饰用绫的花纹、色彩进行了详细的规定，《旧唐书·舆服志》记载：“三品以上，大科（大团花）紬绫及罗，其色紫。五品以上，小科（小团花）紬绫及罗，其色朱。六品以上，服丝布，杂小绫，其色黄。七品以上，服龟甲双距十花绫，其色绿。九品以上服丝布及杂小绫，其色青。”甚至唐代官府还向民间颁布了“禁大花绫等敕”的禁令。苏州上贡的丝织物据《吴郡志》引大唐国要图载，有乌眼绫、方纹绫、绯绫、缭绫等多种名目，其中以方纹绫、乌眼绫质地最佳，闻名全国，而且所贡数量极多，往往动辄就是千匹万匹。《旧唐书》所记：唐代穆宗李恒时（公元 821 年）和敬宗时（公元 825 年），曾两次令观察使李德裕（驻苏州官员）织造盘绦缭绫各 1000 匹及罗纱袍缎一千匹。

北宋沿袭唐制，规定绫为官服之用。宋绫盛极一时，据称全国有 21 个州生产绫织物。《宋诗》载：全国绫得上供为四万四千九百匹。宋绫除了用于服饰外，还用作书画经卷的装潢封面。据《钧轩清闭路》记载：绫有碧鸾、白鸾、皂鸾、皂大花、碧花、姜牙、樗蒲、杂花盘雕、涛头水波纹、仙纹、重连、双雁、仿棋、白鹭等花纹图案。苏州上贡的吴绫、绫绢等绫织物数量也十分庞大，吴王曾多次将吴绫作为朝贡之物，在北宋著名的史书《册府元龟》卷一百六十九《帝王部·纳贡献》中就有记载：“九月两浙钱鏐（注：钱鏐，五代吴越国创始者，封吴王）遣使钱询贡……越绫吴绫越绢……”、“丙戌两浙钱元（注：钱元，钱鏐十九子，即吴越文穆王）进谢恩……吴越异纹绫八千疋金条纱三千疋绢二万疋绵九万两……”、“是月吴越王钱元……吴越异纹绫一千疋罗二百疋。”“十月己丑吴越王钱元进……绫三千疋……”、“十一月丙辰吴越王钱俶进……绫一万疋……又御服金带锦绮绫罗等。”……这也从侧面反映了当时吴绫生产盛况了。1956 年在虎丘云岩寺塔中出土五代吴越时的小方块绫绢数十块，花纹各不相同。此外，江苏金坛周禹墓也出土了缠枝花绫、牡丹、山茶花绫、天竺花绫；江苏武进村前宋墓出土了梅竹异向绫等宋绫实物。

元代苏州有了官府织造，织造各种绫、罗、缎、锦、绛丝等品种。1964 年 6 月，在苏州吴门桥盘溪小学内出土的张士诚母曹氏墓（又称娘娘坟）。内有大批随葬锦、缎、绸、绫、绢等衣服，其中包含有菱格万字八宝纹绫袍、鹊梅竹菊纹绫袄、方格万字纹绫裙等多种款式，工艺图案均极精美，为元代吴绫的代表。

明清时期，由于锦、缎等盛行，绫虽有服用，但远不如唐宋时期。明代湖州地区绫业生产达到鼎盛，吴绫此时也称湖绫。万历以后绫的变化百出，名目繁多，有花有素，轻重兼备，尤以东庄倪绫为佳。崇祯年间双林镇生产的绫的类别更细，有包头绫、帽顶绫；有装帧书画用的裱绫；有用于朝廷奏本封面的倪绫；有用于老人寿衣、海被的安乐绫；有用于锦旗的板绫，等等。但明末清初，随着苏州吴江盛泽等地丝织业的逐渐趋起，清初盛泽所产之绫成为江苏名产。据乾隆《吴江县志》卷五中记载："吴绫见称往昔，要唐充贡。今郡属惟吴江有之，邑西南境多业此（二十都及二十一、二、三都皆是），名品不一，往往以其所产地为称（如溪绫、荡北、南滨之类）。其纹之擅名于古，而至今相沿者，方纹及龙凤纹，至所称天马辟邪之纹，今未见之。其创于后代者，奇巧日增，不可殚记。"但清代的吴绫大多为装饰用绫，其中以裱绫为大宗，当然吴绫、堆花绫也有生产。

（2）吴绫的种类：绫织物一般光滑柔软，质地轻薄，表面有清晰的斜向纹路，具有特殊光泽效应。绫织物的基本组织为斜纹，有素绫和纹绫两种结构。素绫是运用单一的斜纹或变化斜纹组织形成的单层织物。花绫的结构就比较复杂，在平纹地上起斜纹花，或是斜纹地上起平纹花，以及在斜纹地上起不同结构斜纹组织的花纹，均可称为花绫。因此，它具有多种不同的斜纹风格，或粗细组合，或锯齿形，甚至是流畅的波浪形，如果经纬线选用不同的色彩，所产生的斜纹效果也就更加清新亮丽了（图3－40、图3－41）。根据花、地所现的斜纹方向，花绫又有异向绫和同向绫之分。若绫织物花、地组织循环数相同而斜纹方向相反，称为异向绫；反之，织物的花、地组织斜向相同而组织循环数不同，则称为同向绫。此外根据织造工艺的特点，还有暗花绫（单色绫）、双色绫、妆花绫等之分。

图3－40　经山斜纹效果图

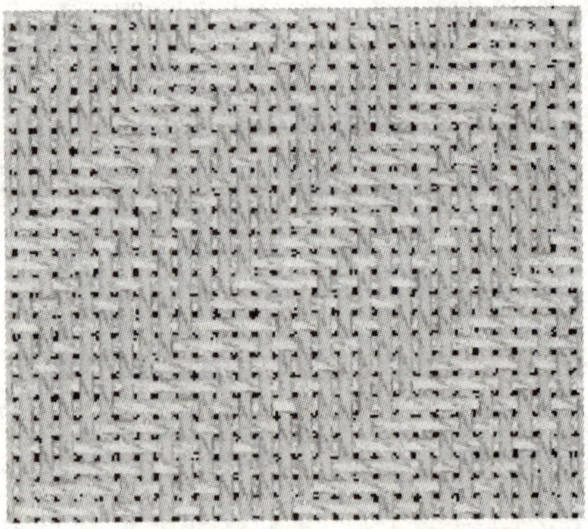

图3－41　复合斜纹效果图

古代的绫织物大多是纹绫，纹绫也称之为花绫。唐之前的吴绫为平纹地起斜纹花，自唐起，吴绫变为斜纹地起斜纹花，结构上既有同向绫，也有异向绫。如苏州市博物馆藏所珍藏的苏州南郊曹氏（张士诚母）墓出土的缠枝芙蓉花绫就是异单位同向绫。织物地部为二上一下左斜纹（经斜），花部为一下五下左斜纹（纬斜）。经纬纱线虽然采用了相同的香色（棕褐色），但依靠花地组织呈现的经纬长点对光线反射的差异，仍然形成了轮廓清晰的暗花。另同墓中出土的满地万字绫袄，也是异单位同向绫，由于花地斜纹组织的循环差异较大，使满地的万字纹呈现较强的立体感。而镇江博物馆所藏的镇江南宋周瑀墓同土的花卉绫丝绵裙（图 3－42、图 3－43）则为异向绫，由于异向绫织物花部与地部紧度相同，织物非常平整，这种组织至今仍在绫织物经常使用。

图 3－42　裙面纹样照片

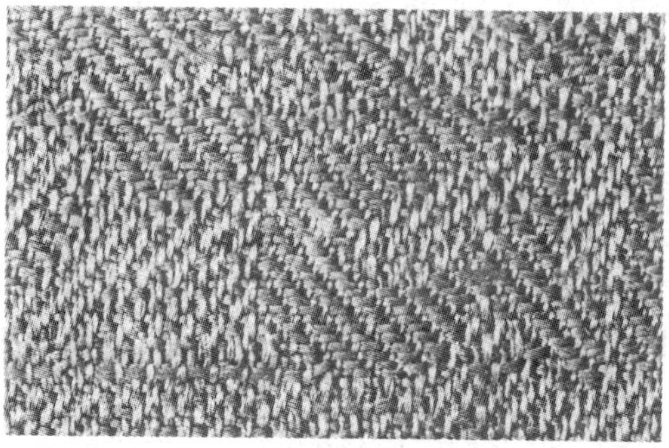

图 3－43　裙面织物组织放大图

（3）吴绫的纹样风格：早期的吴绫以几何纹为多，如方纹绫、乌眼绫等，唐以后，吴绫纹样日趋精巧，名目繁多，但以几何纹、花鸟纹居多，并常常将几何与花鸟纹饰加以巧妙的组合，形成一种古朴清雅的风格。我们从 1956 年虎丘云岩寺塔出土的绫织物可以看出（图 3－44、图 3－45、图 3－46），这也可能是苏州目前现存最早的吴绫实物了。

图 3－44　宋・几何纹绫纹样（虎丘云岩寺塔出土・苏州丝绸博物馆绘制）

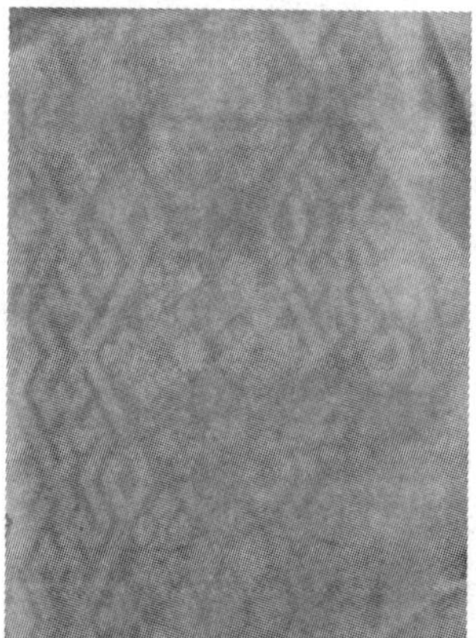

图 3－45　清末・万字花卉纹绫（苏州丝绸博物馆藏）

图 3－46　北宋・鸟衔花团花纹绫纹样（虎丘云岩寺塔出土・苏州博物馆绘）

2. 儒雅的宋锦

锦是丝绸产品中工艺复杂且织纹最为华丽的品种，因此人们往往用“锦上添花”赞誉那些好上加好的事物。

织锦历史悠久，商周《禹贡》中始载有“织贝”，以示彩色锦帛。春秋时期，吴国就生产织锦，据《太平御览》记载：“晋年公元年（前557年），使叔向聘吴时，吴人锦舟以送之，左百人，右百人，有锈衣而豹裘者，有锦衣而狐裘者。”三国时期，据《三国志·吴志·陆凯传》记载“吴国后宫织络宫女乃有千数”。吴王赵夫人擅长织锈，能织作虬龙云凤之锦。东晋安帝元兴致熙年间（402～418年）南朝宋武帝刘裕在丹阳（今南京）设立“斗场锦署”。这便是江南地区最早的官办“织锦工场”。唐代时，中央少府监督下辖的织染署，分工极为精细，在《旧唐书》中载：玄宗宠杨贵妃，宫中供织锦绣之工匠七百人。五代时，吴、楚、吴越、南唐等国都有织造锦工，各地还由少府监督下辖的“绫锦院”，专门从事锦绫产品的织造生产，可见织锦在丝织业中占有相当的地位。宋代时，江南地区官营的苏州、杭州、成都3大织锦院规模宏大，每个织锦院佣用的锦工有数千人。明清时期，织锦更是苏州地区丝织生产的主要产品，尤其织造局生产的锦缎由宫廷定制的数量相当大，甚至要雇用民间的机户才能完成。由苏州织造的宋锦就是全国闻名的产品，而近现代出现的织锦缎也是苏州地区大量生产且十分优秀的织锦产品，故现以该两种代表性的织锦介绍其技术工艺。

宋锦，是在唐代织锦基础上发展演变的，突出表现在织物结构上既有源自唐代纬锦结构特征，又有唐代经向起花的经锦工艺，将其两者集于一体，而形成独自风格的织锦。因该锦发展于宋代而得名，又因主要产地在苏州，故又被称为“苏州宋锦”，是继蜀锦之后中国出现的又一大锦类丝织品。2006年列为首批国家级非物质文化遗产，2009年列为世界教科文组织非物质文化遗产，苏州丝绸博物馆为“宋锦织造技艺”保护传承基地。

宋锦的产品有大锦、合锦和小锦3大类，是根据织物的结构和原料组合及织造工艺的不同而分类的。

（1）大锦：又称“重锦”，是宋锦最具代表性的品种，体现了宋锦高超的技艺（图3－47）。它由两组经线和3组以上的多彩纬线交织而成，其双经轴的应用和各组纬线显花的工艺，主要源自唐代纬锦，而双轴中的一组经线既起经斜纹组织，又在花纹图案中起局部经显花的工艺，则主要源自汉锦和唐锦中的经锦。因此，它既继承了蜀锦经向起花的织造技艺，又继承了蜀锦纬向起花的工艺。在图案风格上不仅传承了汉唐时期蜀锦的艺术特色，又有创新发展，由此而形成了其独特的经纬线并用显花技艺，且质地较汉唐织锦细腻、平挺，纹样风格典雅古朴，又不失富丽，在制作过程中，各道工序的工艺也同样传承于蜀锦。大锦织物纹样以几何型骨架填花，满地布局为主要特点，造型丰富，构图精细秀美，配色古朴雅致，球路纹、定胜四分纹、金钱如意纹、八达晕纹、六达晕纹、四达晕纹、龟背纹等均为具有代表性的纹饰，其分圆相间的骨架变化多端，内填的适合纹更是精彩纷呈有花卉，动物、八吉、八宝、八仙、云纹、人物等均以象征吉祥如意的题材呈现，由此而形成了宋锦不同于其他锦绣的独特风采（图3－48）。

图 3－47　黄地八达晕锦

图 3－48　龙凤团花四达晕锦

除代表性图案的宋锦外，故宫藏品乾隆时期的重锦《极乐世界》图轴，以人物为主，多达 278 人，另设有宫殿、宝池树石、奇花异鸟及祥云佛光，用色 20 多种，幅宽 207cm，在当时手工织造的情况下需由 4～5 位工匠同时制织方能完成操作，表现了极高的技艺，堪称稀世珍宝，由苏州织造署生产（图 3－49）。

（2）合锦：属宋锦中的中档的产品，用真丝和少量棉纱交织，图案以对称连续的横条排列为多，色彩艳丽、对比强烈，大多用于墨盒的装潢（图 3－50）。

（3）小锦：属宋锦中最为低档产品，从织物结构的意义上讲不能称为“锦”，它为小提花单层织物，以彩条经为经线，生丝为纬线，质地轻薄硬挺，织后的成品需用“石元宝”作研光整理（图 3－51），该产品常用于绢扇沿边、彩蛋盒等小件品的装裱。

合锦和小锦因在用途上也为装裱之用，又与宋锦中的大锦（重锦）在同一工厂生产，故将它们归在广义的宋锦大类中。而人们所说的“宋锦”一般是指大锦。20 世纪 50 年代后，宋锦生产量逐渐上升，还成为外销中的传统产品之一，既有全真丝宋锦，也有真丝与人造丝交织的交织宋锦，新花色随着市场的需求而不断创新。

图 3－49　重锦《极乐世界》图轴

3. 绚丽的织锦缎

织锦缎，是在清代晚期由宋锦发展而来，最初选用的经纬线原料为全真丝。当国外人造丝进入中国后，该产品于 1927 年在苏州首先采用经向真丝线，纬向人造丝进行交织而出现的熟织提花织物新品种。当时注册的商标为“钟山牌传统缎”，出口时名称为“苏州缎”，可见它是近代苏州地区具有代表性的绸缎。20 世纪 60～90 年代，产品远销蒙古、东欧、苏联等国家和中国香港地区，国内市场更是经久不衰。

织锦缎属八枚缎纹地重纬纹织物，通过一组经线与 3 组纬线交织，应用不同色彩的纬线起花。一般的织锦缎为3色彩纬花，但也有多色彩纬花，即当其中2种纬线为“常抛”梭时，另一纬为“彩抛”梭，它按花形位置的需要做分段换色，以此增加织物表面的色彩变化（图3-52）。其织物经线原料采用双根合股的桑蚕丝熟经线，纬线原料选用真丝线、有光粘胶人造丝和金银铝皮（图3-53），因此，根据原料的组合不同，有真丝织锦缎、人丝织锦缎、交织织锦缎和金银织锦缎等品种，其织物特点是质地细腻平挺，缎面光亮，花纹绚丽多彩。该面料适宜用于男女高档外衣用料、高级靠垫、民族服饰、被面等，是清末延续至今的优秀传统品种。

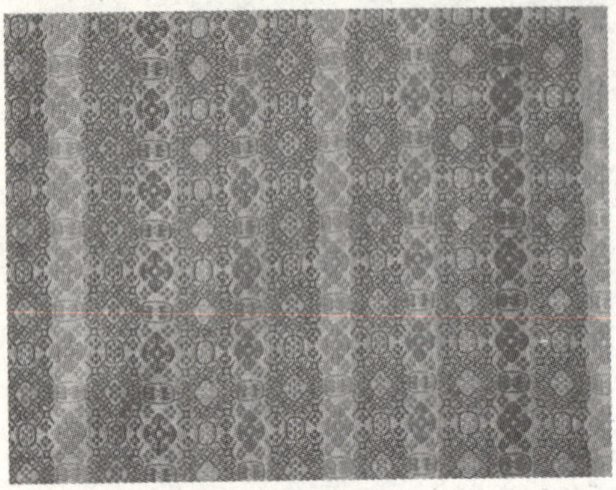

图3-50 合锦

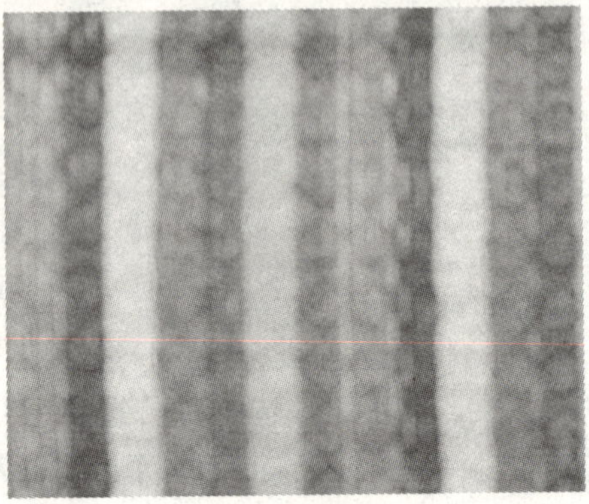

图3-51 小锦

图3-52 常抛织锦缎织物（三色花）

图3-53 彩抛织锦缎织物（多色花）

织锦缎在工艺上吸取了明清绸缎的优点，并充分应用电力提花机的功能，在装造工艺和纹制工艺上均有较高的技术性。一方面通过原料的加捻工艺使经线变细，利于生产，同时增加经密的方法，满足缎面光亮，质地细腻，挺括的效果，另一方面在装造上，应用双把吊、棒刀装置，起缎纹地组织，充分利用提花龙头的1200针纹针起纬绒花，另设置边针和换道针，单经轴，3厘米×3厘米梭箱或2厘米×2厘米梭箱，织物正面向下织造。随着机械化程度提高和用途的变化，其织物门幅由最初的72厘米变为91厘米和114厘米，经密基本保持在130根/厘米左右，纬密96根/厘米左右。

为了体现桑蚕丝细洁、柔和的缎面光彩和人造丝醒目亮丽的纬花特征，纹样变化自由度很大，点、线、面均可得到充分表达。在结构布局及题材上受产品生产时的文化趋向，艺术流派等因素影响很大，如早期的织锦缎纹样题材以中国民族风格居多，梅、兰、竹、菊、八仙、福、禄、寿或禽鸟动物等，以四方联续散点排列的清地和半清地为主布局。之后受到外来文化影响，出现了佩兹利纹样（图3－54）、变型纹（图3－55）、抽象纹（图3－56）等，在结构布局上打破了原有风格，以清满地或满地为主，在继承中得到发展，总之，从这一品种中也体现了每个时期文化艺术对人们生活需求的影响。

图3－54　佩兹利图纹织锦缎

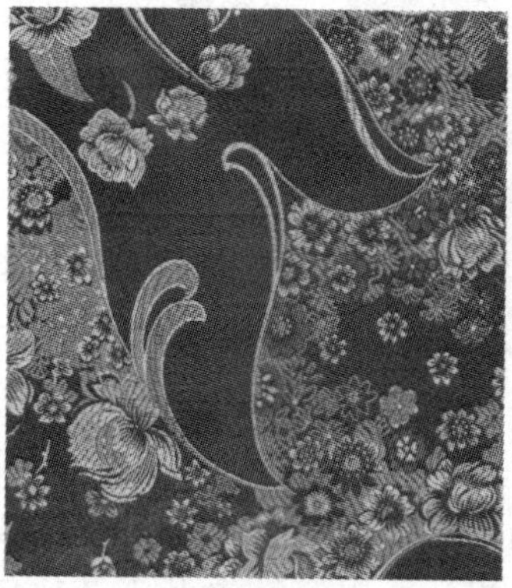

图3－55　几何变化纹织锦

图3－56　花卉纹织锦缎

4. 富贵的漳缎、天鹅绒

漳缎创始于清康熙年间（1662年），由苏州的丝织巧匠以当时福建漳州生产的漳绒为基础，改进织机装造，又采纳吸收云锦的提花技术，设计出一种质地类似云锦缎纹地、花部类似漳绒结构的“缎地绒花”新产品，并将其命名为“漳缎”。由此，开创了我国提花绒织物的首例，也成为世界上最早问世的提花绒织物。

该织物在苏州织造局诞生后，立即赢得了康熙皇帝的赞赏，便令苏州织造局督造，大量订货，并规定凡督造的漳缎不得私自出售，违者治罪。于是，织造漳缎的机户逐年增加，使漳缎产品在当时苏州织造业具有相当地位，生产处于最盛时期。清朝康乾年间至道光年间，朝廷皇亲贵族及文武百官的长袍马褂大都穿用漳缎，以示富贵。据《大清全典》记载，乾隆十六年由苏州织造局上贡的衣料中，就是由苏州赵庆记绸缎庄织造的。电影《甲午风云》、《林则徐》中的清朝百官服饰就依据历史的记载选用了漳缎做面料。

然而，1840年鸦片战争后，由机器织造生产的英国呢绒、法国丝绒被引入中国，尽管为素绒，但售价相对便宜，因而使全手工生产的漳缎受到影响。直至1949年新中国成立后，政府大力扶持手工业品，才使多年不生产的漳缎又得以恢复，由老匠人带徒，传授织造技艺，甚至还有国外客人来苏州参观并体验织造过程，产品在国内外享有盛誉。1959年国庆10周年，人民大会堂所有沙发、椅子上焕然一新的座套均采用苏州生产的漳缎，这在当时成为苏州丝绸业的一件大事。

漳缎织物能如此获得人们的赞赏和应用的魅力何在呢？关键在于面料风格很具特色，不仅是采用了桑蚕丝作为材料使织物的质地、缎纹肥亮平挺而光泽雅致，还在于其提花部分的致密绒毛高耸立体且不会倒伏，使之显出与一般丝绸织物外观所无可比翼的高贵，且在服装、服饰、靠垫、鞋包等日用家纺上应用广泛，故可称之丝绸绒类织物之冠。

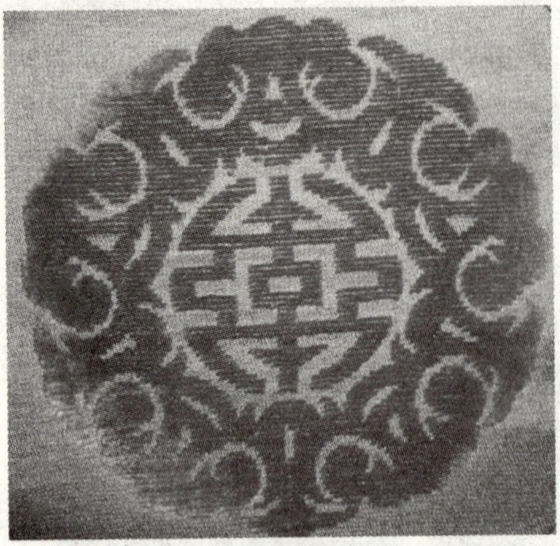

图3-57　漳缎

如此高贵的织物质地及外观，必与生产织造的技术紧密相连。它有哪些高超的技艺蕴藏其间呢？让我们来了解一下。

（1）织物特点：漳缎由两组经线和4组纬线交织成，其中一组经线（地经）与3组纬线构成经面缎纹，为织物的地部组织，另一组经线（绒经）与一组“假纬”（起绒杆）交织形成提花及“W”形固结组织。地经和绒经的颜色可以为同色（图3-57），会使织物显得朴实高雅，也可以为异色，使织物的花纹与地部产生不同的色彩效果，会增加织物的富贵之气；当绒经为彩条排列时，绒花便为多色，被称之“七彩漳缎”。

（2）织机装造技术：织造漳缎的织机不同于一般束综提花机。因提花起绒的特点，使该织物的织机必须是提花绒机，所以其装置及工艺比较特殊复杂，可称为古代纺织技中的高科技（图3-58）。

织机的基本构架与普通束综提花机相近，有脚踏起综装置和束综提花装置，不同之处在于送经装置和穿综装置，这两者都与绒织物的结构特性有关系，主要是起花部分所用的绒经量与地经不同，属于两个送经系统，而且还需根据花纹图案的疏密程度而确定，由此，地经和绒经需分别卷绕。地经属被动式送经，与一般织物相同卷绕于普通绕轴即可，而绒经还必须能使每根丝线单独送经才能符合织造要求。如何解决这个难题？苏州古代工匠十分聪慧，创造了一种呈阶梯状的架子（图3-59）被称为“挂经机构”，俗称“塔形经架”。在这个绒经架的两边分别设置了五排横档，上面分成两排交叉钉着细铁杆用于摆放绕满丝线的“绒经管”，绒经管上的丝线是双根合并卷绕的，共864只，1728根经线，绒经在一定重力控制下，向上引出，通过“分格窗”穿入花综再引向机前。由此，在织造过程中，当花综将需要起花的绒经提起时，就能达到绒经单独运动的目的。

图3-58　漳缎织机

图3-59　漳缎织机后半部分的塔形绒经架

织造时要求每织入 4 根纬线投入 1 根起绒杆，投纬顺序是粗纬、细纬、中纬、中纬、起绒杆……依次循环，共用 9 根脚竹，其中 8 根分别与 8 片地综相连，1 根脚竹与伏综和筘框相连。织造操作中每织 20cm 左右，就必须割绒，用一种特制的刀片，将刀口与起绒杆垂直紧贴绒经，用力均匀地从左边割至右边，一气呵成，以保证绒毛质量，这时绒经被割断，起绒杆就自然脱离织物，而在织物表面出现了高耸的绒毛，与肥亮光洁的 8 枚经缎地，形成鲜明对照，立体感装饰性十分强烈。

缎纹样是根据起绒的特点来确定的，要求以大小块面和较粗犷的线条来表现，且花纹轮廓清晰，花形简洁，满地排列，传统纹样题材以团花、团龙、团凤，及几何纹、龟背纹、八仙、八宝、八吉纹等为主，也有散花纹，是以东方民族特色为主要风格。近年来也有创新，在色彩上有纯色、双色和多色之分，常以酱红、藏青、品蓝、墨绿、棕、黄为居多。漳缎主要用作装饰面料，如靠垫、手包、钱包、手机袋、化妆包、名片夹等（图 3－60）。

图 3－60　时尚漳缎女手包和各式小包（袋）

天鹅绒由漳绒演变和发展而成，在织物结构上略有不同，即 6 枚变化斜纹为基本组织，利用起绒杆在织物表面形成绒圈状。其所用丝线材料、起绒方法和织造方法与漳绒相同，但在后整理工艺上却有很大区别，即在绒圈地上描绘所需的花纹，然后根据花纹轮廓用割绒刀将花纹部分的绒毛割断，使之形成绒毛，再将织入的起绒杆（钢丝）从织物中拨出，这样没有花纹的部分形成致密而整齐的绒圈，而有花纹的部分则使用耸立的绒毛，由此构成绒毛和绒圈相间形成的花绒织物。风格独特高雅、庄重，整套工艺全部需手工完成。由于该织物所绘制的图案随意性较大，题材可以是花卉、动物、书法、印章等，构图可以是连续的清地纹样，也可以是具有艺术效果的独立纹样，花纹不受限制，变化自如。因此，它是一种极为高档的丝织工艺品，可以制作成匹料、件料、服装、服饰及工艺靠垫、壁挂等，作为很有特色的丝织品流传至今(图 3－61)。

图 3－61　天鹅绒织物

5. 雅洁的花（素）累缎

图 3－62　花累缎织物

花累缎的历史可追溯至明代。苏州虎丘发现的王锡爵墓葬内（明万历四十一年）出土的黄色云纹缎官服镶边及一件便服所用面料，即为花累缎（图 3－62），可见该种织物至少在明代已生产于苏州。据《苏州织造局志》记载，清代乾隆、嘉庆年间在苏州织造署生产的诸多产品中，花累缎就是其中之一。而据《苏州市丝绸工业志》记载，1912～1949 年，该产品一直为苏州丝绸生产的主干产品，1921 年由文锦公所李莹伯生产的素累缎获江苏省第二次地方物品展览会三等奖。尽管随着手工业向机械工业的革新，生产工艺和手段发生变化，但该品种一直延续至今，与之相仿的品种还有花库缎，均是苏州地区很有特色的缎类传统丝织产品。

（1）织物特点：花累缎为全真丝色织缎类丝织物，古时称“暗花缎”花地组织结构分别为 8 枚经面和纬面缎纹，经线为染色熟丝，纬线为半练染色蚕丝。因经密较大，加之半练色丝作纬，故该织物的特点是质地紧密、挺括，光泽明亮，不易沾染灰尘。还由于织物为经缎地、纬缎花，故织物外观效应为亮地暗花，且经纬线同色又使织物增添了高贵的气质，其纹样在乾嘉年间还有严格的规则，有二则、三则、四则之分，以大团花、寿字为主要特征，也有散花、小花、八吉如意及几何纹等题材，色彩以金色为多，也有枣红、元色、咖啡、玉色、西红等，产品主要在蒙古地区受欢迎，适宜用作蒙袍面料，高档及冬服面料，产品畅销蒙古及港澳地区、内蒙古、新疆、西藏等地。

（2）工艺技术：花累缎的原料组合以熟色丝做经，生色丝做纬为特征，其经线规格为（$1/20/22^{D}$ 桑蚕丝 8T/S×2）6T/Z，加工工艺流程：原料挑剔→喷油→络丝→捻丝（S 向）→并丝→捻丝（Z 向）→定型→成绞→精练→染色→络筒→整经，纬线规格为 $6/20/22^{D}$ 桑蚕丝，加工工艺流程：原料挑剔→络丝→并丝（3 根）→成绞→生丝染色→捶丝（起柔软作用）→络筒→并丝（2 根 3 股丝合并）→卷纬，可见丝线的加工工艺有所不同。熟丝柔软且光泽好，可使经面缎纹更加肥亮光泽，而生丝的丝质硬，在工艺上特别地将并丝工序分为两步，增加其抱合力和韧性，用它作纬线，一方面使织物质地硬挺，厚实，另一方面使织物花地更为分明，有立体感。在装造工艺上采用单造双把吊跨穿，纹针起花，捧刀起地，织物反织。织造完成后，织品还需进行刮绸，处理后的织物，更加平整、挺括而富有光泽。

6. 高贵的塔夫绸

塔夫绸也称为塔夫绢，这是一种以平纹为基本组织的绢类丝织物。该产品最早从法国引进（法文：TofeTes），苏州从 1919 年开始生产，1921 年在江苏省第二次地方物品展览会上由李宏兴福号生产的塔夫绸获一等奖。1922 年在美国纽约举办的全球丝绸展览会上，苏州沈常泰纱缎庄、夏福号纱缎庄展示了手工制织的样品。之后，于 1932

年由苏州东吴丝织厂在电力机上试织成功，并投入了正常生产，注册商标为“织女牌”，新中国成立初改为“采桑牌”，70年代后期又为“水榭牌”，一直行销国际市场。1980年被英国查尔斯王子选为婚礼服的面料，订购了14匹420码（图3－63），由此，塔夫绸享有了“塔王”的美誉，1982年水榭牌塔夫绸获国家金质奖证书（图3－64）。

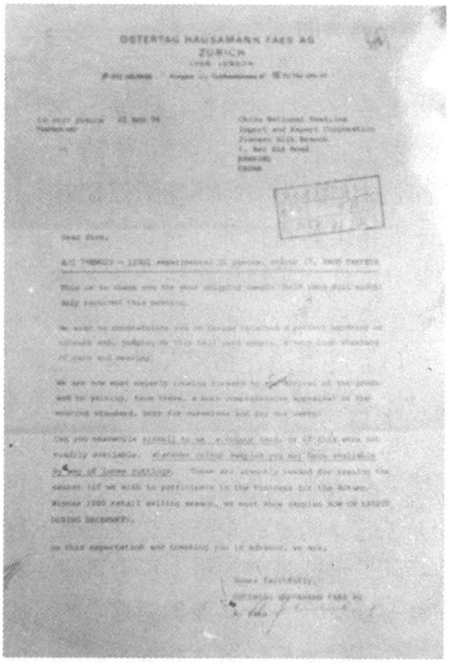
OSTERTAG HAUSAMANN FAES AG
ZURICH

图3－63　1980年英国皇家为筹备王子婚礼特向中国购买14匹塔夫绸

图3－64　东吴丝织厂的水榭牌塔夫绸1981年获国家金质奖证书

塔夫绸是典型的纯桑蚕丝高档熟织绢织物，它具有质地细腻，绸身平挺光滑，不易沾尘污，手感滑爽，光泽柔和，丝鸣悦耳，穿着舒适、高贵等特点。塔夫绸的种类很多，根据织物组织结构不同，有素塔夫绸和花塔夫绸之分，素塔夫绸为平纹组织，花塔夫绸为平纹地起8枚经缎花组织，两者的外观效果和风格有极大不同，前者素雅，后者富贵。在此两大类别中，由于经纬原料组合的不同，有真丝塔夫、交织塔夫等品种，根据经纬原料颜色配置的不同，又有塔夫、闪色塔夫、条子塔夫、方格塔夫、紫云塔夫等，形成不同的织物风格（图3－65）。

塔夫绸在生产工艺技术上对丝线原料加工要求极高，若丝线练得太生，易织出“横罗”现象；若练得太熟，又会出现“纬毛”现象，另在丝线并丝、加捻、定型、道筒等工序中都有相应的半成品达标要求，由于是应用熟丝织造，所以从丝线到织物成品需经过17道工序，而且道道工序都制定了明确的质量标准和责任制，以保证产品质量。

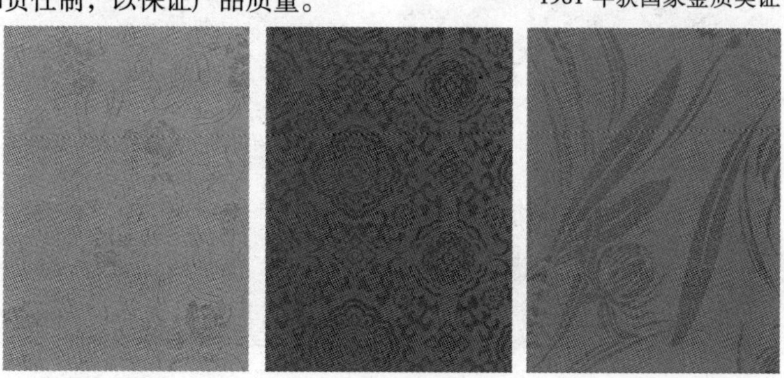

图3－65　塔夫绸织物

7. 飘逸的“三绡一缎”

迎春绡、伊人绡、条子花绡是苏州地区的传统产品之一，产生于20世纪60年代，是以人造丝为原料的提花绡类织物，薄如蝉翼，透气性好，美丽的花纹镶嵌在半透明的纱罗似的底绸上，显得立体感分外突出，它们在人丝花绡中最为惹人喜爱，因产于苏州，故被称为“苏州花绡三姐妹”。其中，迎春绡、伊人绡由苏州振亚丝织厂生产，条子花绡由苏州新苏丝绸织厂生产，当时注册的商标是“飞童牌”，1978年在广州佛山举办的丝绸实物评比会上获名牌产品；1979年被纺织工业部评为名牌产品；同年9月经国家质量奖审定委员会批准荣获银质奖章，品质量为99.26%。

（1）迎春绡：粘胶人造丝半色织提花修剪绡类丝绸织物，质地轻薄柔软、孔眼清晰，图案新颖大方，似从轻雾般的底绸上提织出来，娇俏多姿。技术特征为：由3组经线和一组纬线交织而成，甲经线和纬线同为采用75^D粘胶人造丝22T/Z（强捻），乙经线150^D粘胶人造丝（练不褪色），丙经线150^D粘胶人造丝（练不褪色），采用间断性挂经工艺，间隔的距离视提花补位的设计而定，该挂经与乙经合放在同一经轴上，在挂经处的经线排列为甲1乙1丙1。织物结构为：平纹地组织，因强捻丝线的作用，使织物形成具有一定孔眼的绡底；花部由乙经作满地8枚经缎花和经浮花（活切间丝）、丙经作挂经8枚经缎花和经浮花构成，凡丙经不起花部分则沉背于地部，织物下机后需作修剪处理，再经精练、染色、整理后才完成整套工序，成为产品（图3－66）。

（2）伊人绡：粘胶人造丝白织提花修剪绡类丝绸织物，质地透凉，花朵浮织于纱底上，恬静素雅。技术特征为：由二组经线和一组纬线交织而成，甲经线和纬线同为采用75^D粘胶人造丝22T/Z（强捻），乙经线150^D粘胶人造丝（机械上浆），经线排列为甲2乙2。织物结构为：平纹地组织，通过甲经与纬线强捻工艺的作用形成孔眼清晰的绡底；花部由乙经起5枚经缎纹，不起花的部分经线沉于背部，坯绸下机后需进行修剪，再作退浆、染色、整理工序后，为成品。图案一般为小花形，造型简单，以利于修剪（图3－67）。

图3－66　迎春绡织物

图3－67　伊人绡织物

（3）条子花绡：粘胶人造丝色织提花绡类丝绸织物，质地轻柔滑爽，呈条状提花结构特征，色彩鲜艳明快。技术特征为：由二组经线和一组纬线交织而成，其中乙经为挂经。甲经线和纬线同为采用75^D粘胶人造丝10T/Z（中捻），乙经线120^D粘胶人造丝（机械上浆），彩条挂经，挂经处经线排列为甲1乙1。织物结构为：平纹地组织，通过甲经与纬线加捻工艺的作用形成轻薄的绡底；花部仅出现在彩条挂经处，与绡底间隔排列形成条子，因此条状的花纹结构一般较为简单。织后需进行退浆、整理，产品主销东南亚国家和国内少数民族地区（图3－68）。

（4）修花缎：经纬采用人造丝、以5枚缎纹组织为基础交织，并经过通绒和修花的提花丝织物。缎地光亮平滑，手感丰厚柔软，花纹色彩绚丽。主要用作妇女礼服和短袄面料。织造时用两组染色的经丝，甲经是120旦有光人造丝染纯色，机浆；乙经是120旦有光人造丝染多色，彩条挂经，机浆。纬丝用120旦有光染色人造丝，8拈/厘米。修花缎组织较复杂，地部甲经为5枚纬面缎纹，乙经下沉；花部甲经为8枚经缎组织、4枚斜纹以及浮经组织，乙经正面起花。甲经长浮丝用通绒刀通割成绒花，乙经下沉部分经修剪去除。为了使绒花丰满和增加乙经修剪后经花的牢度，在花纹周围以平纹组织包边。最后织物经过退浆整理（图3－69）。

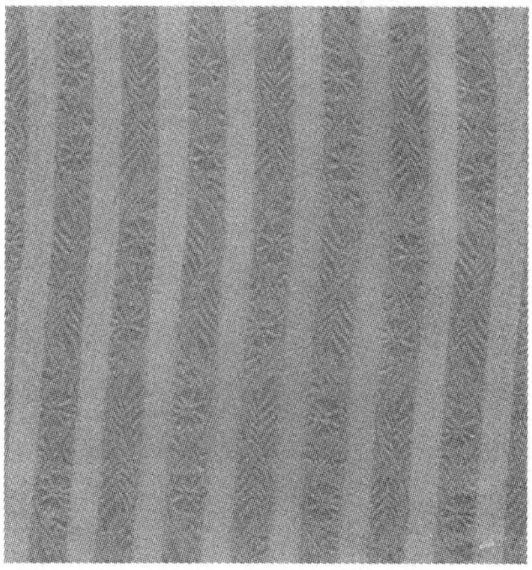

图3－68 条子花绡织物

图3－69 修花缎织物

8. 缂丝

缂丝是我国具有悠久历史的丝织工艺品，它的技法起源于汉代时通过丝绸之路从古埃及和西亚地区传播而来的“缂毛”，但随着桑蚕丝织技术的逐步推广和提高，从唐代开始以丝线代替毛线织造，称之“缂丝”。

它以较细的本色丝线作经线，较粗的彩色丝线作纬线，利用专制的两头特别尖的小梭子，在小型木机上根据花纹结构用手工一梭一梭局部挖织而成。由于它在花纹轮廓处会留下纬线往复转向时的断痕，形成其“通经回纬”的结构特征（图3－70），故宋人写成“刻丝”。缂丝分为实用品和欣赏品两大类。实用品有台毯、靠垫、手提包、团扇面、装裱面料和服腰带，欣赏品主要为缂丝书画屏条、立轴、册页、长卷等。故它不同于一般的丝织品，而是手工丝织与书画艺术的结合，集丝织、绘画、刺绣特色于一身，是一种特殊的丝织工艺美术品。

图 3－70 缂丝“通经回纬”结构示意图

图 3－71 莲塘乳鸭图

苏州缂丝自宋代以来就极负盛名，这与当时的社会经济结构有很大关系，即由于富裕起来的名人学士不断涌现，文化家族形成，社会地位明显提高，并成为奢侈品及文化产品的主要消费者，于是沈周、唐寅、文徵明和仇英等人的书画作品竞相成为收藏的抢手货，由此，不仅使以绘画为稿本来制作的缂丝、刺绣作品成为流行物，也让缂丝这样的工艺美术行业注入了新鲜的养料，造就了一批缂丝名家，艺术成就极高，如南宋时苏州缂丝名家沈子蕃的“梅花寒鹊”，吴煦的“花卉蟠桃图”等缂丝作品（图 3－71），均达到了相当高的艺术水准。

据有关资料和发现的实物来看，明代缂丝生产以苏州最为有名。据《明会典》卷一八九，工部九，工匠二中有记载：“承运库并木厂夫匠存留数目有缂丝匠二十三名”。这宫中御用从事缂丝业的匠人应该来自苏州，而在苏州民间的缂丝匠人数量也具相当规模，出现了很多民间缂丝作坊，尤以齐门外陆墓镇和蠡口最为集中，并代代传承，至今还有缂丝的传人。生产的产品大都为宫廷定购，除缂丝书画外，还缂制龙袍、官服、袍褂、靠垫、围幔等，另外，明代缂丝的特点是大量采用金线和孔雀羽线来缂织花纹，如北京定陵出土明神宗的缂丝龙袍，就大量采用了孔雀羽捻成的线织入，显得金翠夺目，这便是苏州所产的缂丝织品。嘉靖年间的缂丝在《天水冰山录》中可知，明代嘉靖末年（1566 年），查没严嵩家的物资名录中有：“一缂丝画补、缂丝莽龙衣缎二件、缂丝蟒鹤补二十四副、缂丝罩甲一件、缂丝观音一副、缂丝寿星一副、缂丝画一副、洗线蟒龙一副十件。”由其量可见缂丝的价值。1966 年底在苏州虎丘由考古工作者发现了明代文肃公王锡爵墓，出土文物中的缎纹官服上，就有龙纹缂丝补子各缀其前后。明代苏州缂丝名家有朱良栋，长洲县人，乾清宫藏有“瑶池献寿图”，落款为“长洲朱良栋制”。还有缂丝名工吴圻，字尚中，吴人。乾清宫藏有沈周“蟠桃仙”画轴，织款“沈周”，并另有织款“吴门吴圻制”。明成化年间苏州尚有缂丝名匠王绮，但许多缂丝艺人均未留下姓名。

清代苏州织造局，于乾隆廿八年（1763 年）七月初三，曾奉旨办解缂丝“无量寿佛”。自乾隆二十年（1755 年）起，至光绪十二年（1886 年）止，苏州办解缂丝品共 26 批，每批数量不等，多者一二百件，少者三五件，供上用及官用所需，主要是蟒袍、马褂、补子等，观赏品为数不多。清代的苏州缂丝艺人大都集中在城郊的陆墓、蠡口、光福、东渚一带，世代相传，缂丝成为农民副业，所织缂丝品则交织造局作为贡品。辛亥革命后，苏州缂丝产品的主要图案为花卉、翎毛、山水以及袍服等。苏州恒元春出品的缂丝立轴，曾在1923年苏州总商会同货商品陈列所第一届展览会上获一等奖。产品为周渭清所作缂丝团花马褂一件，女袄两件，瑶池八仙寿轴一顶及花草立轴等。但后因国民经济的衰败，物价暴涨，工艺品无人问津，缂丝工艺凋零不堪，缂丝艺人们农闲时缂丝，农忙时种田，生活比较清苦，在苏州北郊农村流传着这样的歌谣："一只梭子两头尖，缂丝艺人叫苦怜；起早做到黄昏里，饭米无着如油煎。"1945～1954年，缂丝生产几乎全部中断。

20世纪50年代中期，缂丝又逐步得到恢复和发展，并在继承传统的基础上进行创新，政府为了抢救传统技艺，到处寻访缂丝老艺人，如民国初年技艺较高的艺人汤长云、李水福、沈金水等，曾被张謇招至女红传习所缂织产品，并以师带徒，培养新生力量，研究技术创新，使苏州缂丝重新焕发了青春。苏州先后涌现出的缂丝名家主要有：沈金水、王茂先、王金山、俞家荣等。沈金水1954年缂织的"金地牡丹"是精工力作，其镶色柔和，色彩丰富，金碧辉煌，给人以富丽华贵之感，曾被誉为缂丝之冠，现由故宫博物院收藏；王茂仙所缂织的"鹅竹"中堂，被南京博物院收藏；而由他在60年代初缂织的仿宋代赵佶的"柳雅芦雁图"，在继承传统技法的基础上有所创新，采用细经细纬，以体现工笔画的特色，充分表现出隐约含蓄的重叠层次，效果极佳。另外，1963年，刺绣研究所的王金山、俞家荣等应邀复制故宫博物院的宋代缂丝精品"梅花寒鹊图"、"紫鸾鹊包首"等，几可乱真。1981年俞家荣创作了一幅双面三异（指两面图案、色彩和技法均不同）缂丝"牡丹蝶团扇"；1984年王金山又在此基础上创作了幅双面全异缂丝"寿星图"，即一面为吴昌硕的"寿"字，另一面为任伯年的"寿星图"，共采用80多种色线，技法上有多种创新。以上两幅作品体现了缂丝生产史上的重大突破。

缂丝的设备较为简单，采用古老木机，上挂两片平纹综片，下连两根平纹踏脚杆，前后机身设有送经轴和卷取轴，中间与丝线相连接的是竹筘，这便是一台缂丝机的装置结构，其生产操作时用的工具是若干竹制梳形拨子和竹制小梭子（图3－72）。

图3－72　缂丝操作示意图

缂丝织物的特点遵循“细经粗纬”、“白经彩纬”、“直经曲纬”的原则。在生产工序上，织前需先画稿，然后将画稿衬在经面丝线下，由缂工用毛笔把映衬出来的轮廓线描绘到经丝上，以保证图案结构造型的准确。也可以直接将画稿衬在经面丝线下，再用小梭子，根据画稿之色彩，分块挖织而成。缂丝的技法有多种，针对线状的缂织方法是勾缂和绕缂，对于面的表现方法就比较多了，有掼、结、长短戗、木梳戗、凤尾戗、包心戗等，还有特殊的搭梭、子母经技法，以使花纹更加生动。

缂丝图稿上的色彩多少也决定了它的难易程度，也就是有多少种颜色，就要相应配置多少把小梭子，用色越多，换梭越频繁，耗费的工时也越多。比如缂织一片花瓣或一片叶子，用色要由浅至深，又由深到浅，也就是说要换10余把小梭子；而大的花叶则需更多的色线和小梭子，并要运用“抢色”、“掼结”、“勾”和“搭梭”等多种技法，才能达到画稿的要求。画稿越复杂，换色越多，技法变化就越丰富。缂织一幅作品一般需换梭千次，甚至上万次不等，这种“通经回纬”的技艺，其难度更胜于刺绣，在《丝绣笔记》中记载：“如制妇人一衣，终岁方成。”说明它的精细和复杂程度要过于双面绣，也正如“一寸缂丝一寸金”之说，可见缂丝是技法高超的复杂的手工艺丝织品，不仅是技艺精湛，还在缂丝制织时有着其他丝织品所不具有的特性，即它不受尺寸和花纹色彩的限制，因此可大到屏风，小到书签；长到手卷，小到册页；方的尺幅，圆的团扇等都可缂织，十分灵活随性。

参考文献

1. 苏州丝绸工业志.
2. 吴江丝绸志. 南京：江苏古籍出版社.
3. 吴地文化一万年. 北京：中华书局.
4. 华锦服绣，古代丝绸织染技术. 北京：文物出版社.
5. 钱小萍. 丝绸实用小百科. 北京：中国纺织出版社，2002.
6. 钱小萍. 中国传统工艺全集·丝绸织染卷. 郑州：大象出版社，2005.

（王　晨　张国华）

第四篇　建筑篇

公元前514年，阖闾授命伍子胥“筑大城，周迴四十七里。陆门八，以象天之八风。水门八，以法地之八卦”。此后，在特定的时空与地理的坐标上崛起了一座城市——苏州。这座古老而美丽东方水城，在历史的长河中演绎着兴衰，延续着文明，创造着辉煌。

这是座生命奇迹之城。春秋末战国初，长达200余年的吴越、楚越争战，显赫一时的吴国都城宫室毁圮，满目疮痍，以致“不知四海九州，乃复有此吴城”。2500多年间，苏州古城兵燹数度，屡毁屡建。历史还记载，隋文帝开皇十一年（591年），苏州曾徙城于城西横山东麓。35年间，古城的营建活动几乎处于停滞状态。唐武德九年（626年），苏州城址由新郭回迁原址，古城再度复兴。苏州古城几经沧桑，城址基本未变，形制基本完整，堪称是世界城市史的生命奇迹。

这是座建筑瑰宝之城。城市建筑常被人比作“凝固的音乐”、“城市的代言”。水陆城门、河街水巷、山水庭园，以及城市周边灿若群星的古镇、古村落，无不是得天独厚的水环境与传统建筑的珠联璧合，无不是苏派建筑匠心独运的杰出作品。苏州城区保存至今的著名古建筑，有五代以来修建的古塔7座，重修于南宋的玄妙观三清殿，元代的虎丘断梁殿，明代的文庙大成殿、开元寺无梁殿，清代的万寿宫、太平天国忠王府等，而宋元明清以来修建的传统民居和古典园林为数更多。如此众多的古建筑集于一城，可说是北宋《营造法式》以来古典建筑的标本，为江南乃至全国少见。鸦片战争后，随着外埠开通，苏州开始出现教堂、学校、工厂、商厦、公寓、邮局、官钱银局等西洋式或中西合璧的建筑，城市建筑由此多了许多门类。苏州古城不仅是江南水乡传统建筑的代言，她在世界建筑的艺术殿堂里也是光彩夺目。

这是座文化昌明之城。城市承载的“不仅仅是建筑艺术，而且是不同时代的社会文化、历史文化、民族文化、地域文化、政治文化”（杨东平《对我国城市建筑的文化阅读》）。解读苏州古城如同入席文化盛宴，尤其是苏州的城市建筑文化，历史久远，内涵丰富，独树一帜。经历代建筑的实践和传承，在太湖之滨的吴县香山，形成了技艺祖辈相传的苏派建筑工匠队伍——“香山邦”。苏派建筑名人辈出，蒯祥、计成、文震亨、姚承祖……他们的才艺和智慧，将为世人永久瞻仰。搜寻来自远古的城市信息，了解古城建设的科技成就，增强古城的保护意识，珍爱宝贵的历史遗存，从某种程度上说，这是一种有意义的文化阅读。

苏州拥有大量的历史建筑，本文选取古城的部分建筑营造，加以介绍，以飨读者。

一、阖闾大城筑辉煌

商代末年，大约在公元前12世纪，周太王古公亶父的长子泰伯与次子仲雍，为避让王位，“南奔荆蛮”，跋涉数千里，从岐山来到今江南地区，自立国，号称“勾吴”。吴国的历史自此写下了开篇初章。泰伯与仲雍从中原地区带来了较为先进的农业和手工业技术，“数年之间，民人殷富”，泰伯与仲雍也因此得到了当地人民的拥戴。《吴越春秋·吴太伯传》记载，泰伯最初建造的城名为“故吴”。据传，故址在今无锡梅里一个称作平墟的地方。至泰伯19世寿梦继位的时候，蕞尔小邦悄然崛起，吴国进入初盛时期，“城廓卑隘”，不再适合作为一国之都了。于是新君主寿梦开始向南，即今苏州一带移建宫室与城郭。寿梦去世（公元前561年），长子诸樊继位，将无锡梅里的都城正式迁徙到了苏州。吴国从无锡迁徙到定都苏州，前后大约有长达70年的动迁过程。由于历史记载和考古研究暂时空白，这一时期的转移轨迹和临时都城，至今仍然扑朔迷离。2010年，中国社科院考古研究所和苏州市考古研究所在苏州西南部的山区盆地间，发现一处春秋晚期超大型都邑城址。该遗址是吴国旧都，还是历代文献记载的阖闾大城，它与留有更多吴国都城印记的苏州古城址又有什么关联，考古工作者们正在进一步发掘和研究，但有一点可以确定，即吴国都城迁徙在苏州，吴国都城重建还在苏州。

吴国在苏州重筑都城是在公元前514年。当夺得吴国王位的阖闾成为春秋五霸之一后，吴国进入全盛时期，具备了重筑都城的实力。于是，阖闾向谋臣伍子胥询问治国之道，伍子胥从军事攻防和强国称雄的谋略角度向吴王阖闾建言：“凡欲安君治民，兴霸成王，从近制远，必先立城郭，设守备，实仓廪，治兵库”。阖闾欣然采纳了伍子胥的建议，当即授命伍子胥“筑大城，周迴四十七里。陆门八，以象天之八风。水门八，以法地之八卦”。于是，在特定的时空与地理的坐标上崛起了一座象征王者风范的都城——阖闾大城。（图4-1）

图4-1　阖闾大城

《越绝书》最早记载了这座城池的形制和规模尺度：“吴大城，周四十七里二百一十步二尺。陆门八，其二有楼。水门八。南面十里四十二步五尺，西面七里百一十二步三尺，北面八里二百二十六步三尺，东面十一里七十九步一尺。”如果按古制换算，吴大城四面城垣相加为三十七里一百零一步，周长约18500米。吴国都城规模与当时鲁都城，周长18400米，齐都临淄城，周长11092米，楚国纪南城，周长20000米，规模相当，毫不逊色。《越绝书》还记载："吴廓周六十八里六十步"，这说明吴国都城除大城、小城外，还有廓城。春秋末年的《考工记》，记有周朝王城规制和宫殿建筑的标准尺度。按周王城图"方九里，旁三门"的形制，阖闾大城的体量和形制基本符合《考工记》所规定。有史籍记载，阖闾大城为"亞"字形，吴国建城初始时的形制很可能是根据周边地形地貌、水流方向，"因天材，就地利"的规划结果。古代生产力水平非常低下，苏州又处"险阻润湿"之地，顺水之势，据山之险，设城垣，建都城，体现了先人顺应自然，利用自然，因地制宜的建城思想。阖闾大城环境的形胜，宋代人胡舜申在所写的《吴门忠告》中这样形容："吴城以乾亥山为主，阳山是也。山在城西北，屹然独高，为众山祖，杰立三十里之外。其余岗阜累累，如群马南驰，皆其支陇。城居陇前，平夷如掌。所谓势来形止，全气之地也。"直到今天，苏州人还对伍子胥顶礼膜拜。他选择的这方水土，果然多风调雨顺，少自然灾害。2500多年之后，苏州城仍坐落在原城址之上，河街相邻的双棋盘格局基本完整。隋朝开皇十一年，杨素曾经将城"徙于古城西南横山之东，黄山之下"，35年后又迁回原址。宋代朱长文在《吴郡图经续记·城邑》中感叹："盖知地势之不可迁也，观于城中，众流贯长川，吐吸震泽，小浜派别，旁夹路衢，尽不如是，无以泄积潦安居民也。故虽有泽国，而城中未尝有垫溺荡析之患，非智者创于前，能者踵于后，安能致此哉?"古城有如此持久的生命力与经久的魅力，这在世界城市建设史上实属罕见。

如果说建造这座城市的决策者是吴王阖闾，那么，伍子胥则是这座城市的总规划设计大师（图4－2）。伍子胥在建城的选址过程中，因借地理选取城址，因地制宜规制城垣，先从"相土尝水，象天法地"开始，上考天文，下察地理，对建城环境勘察，然后进行定址规划。苏州古有"相城"地名，一直留用至今。据传，这是伍子胥率领建城者们进行勘察、规划、设计和指挥工程实施的所在地，相当于现在的规划设计院和工程建设指挥部。古代城池是王者统治的政治中心，又是百姓的聚居空间，更是军事防御的重地。伍子胥选址古代苏州建吴国都城，无论从地理位置、气候条件，还是自然环境，都是理想建都之全气之地（图4－3）。

图4－2 伍子胥

图4－3 建城大军

古代苏州是军事战略要地。《周易·坎·彖》云:“王公设险以守其国”,古人选择城址很重视“扼要冲,利交通”的地理位置。春秋时期诸侯纷争,战火四起。城址选取首先要具备军事攻守防御的有利条件。综观古代苏州地理形势,西抱太湖,北依长江,东近海口,南临水网密布的沼泽之地。太湖号称三万六千顷七十二峰。相传,上古有南蛮部落首领防风氏,在太湖中设立12个山门以保卫百姓安全,其中最大最险的山门在长沙山与渔阳山之间,古代为进出太湖必经之口,无风三尺浪,是军事防御的天然屏障。而太湖至都城之间的西部丘陵地带,山脉延绵,群峰相望,为险要地形。顾颉刚先生在《苏州史志笔记》中分析阖闾奠都于苏州的理由是:“阖闾徙都苏州,当为对越,越人北侵,道由太湖,徙都苏州,则洞庭东、西两山为门户,便于防守,所谓置国都于国防前线也。”春秋时期的苏州南隅,在军事上同样处于重要位置,《震泽县志》中清代人徐养浩有言:“吴江乃江、浙之要冲也,东南有事,水陆之师所必由焉。北通常、润,南接嘉、湖,西环具区。东贯三江,湖港万派,茭芦丛密,中维一塘以贯南北,其外则举足皆河,苟无舟楫乡道,荒丘侧岸,细港深泥,一入其中,东西莫辨。”地理环境极其有利于吴国对越国的防御。据太湖、长江为险阻,仗群山、沼泽为廓卫,吴国建都于地形地貌构成的多重防御圈中,南可制越,西可御楚,可攻可守,进退自如,确为重要战略要地。

古代苏州是王者统治与享乐的领地。吴国先前在无锡梅里的都城“城廓卑隘,朝市粗立”,已不再适合于日益强大的吴国。选择苏州重建都城,是吴王阖闾实施“兴霸成王”谋略的一大举措,而古代苏州“四角山水”的地理环境,山水奇秀的自然景色,似乎更适合营建供统治者游乐享受的离宫别馆和场圃苑囿。阖闾在获取霸权之后,立夫差为太子,自已则大兴土木,广建宫室,沉迷于声色犬马。记载我国早期吴越历史与地理的重要典籍《越绝书·吴地记》留下了弥足珍贵的史料,以至可以让我们返穿时空,去追踪吴国都城的往昔,领略一代君王的享乐生活。新建的吴国都城有三重城垣,外廓“六十八里六十步”,大城“四十七里二百一十步二尺”,除了大城之外,“城中有小城二”。其中“吴小城,周十二里”,“伍子胥城,周九里二百七十步”。吴小城指的是建于吴国都城中的子城,又称宫城,为城市的中心建筑部分。子城建有东宫和西宫,入主深宫的应该是玉佩叮当,霓裳翩翩的众嫔妃宫女。根据我国各历史阶段的建筑形式推测,这一时期的宫室为高台建筑,都建于高大的夯土台上,城墙壁用夯土筑造。然而,限于当时的建筑条件和生产力水平,不管是主城还是子城,都仅是土城而已,但是,阖闾大城宫室盛建,城中有城,一时为世人所瞩目。《越绝书·吴地记》记载,在这座都城的周边,王族的服务性设施一应俱全。专供王室冷藏食物的“阖庐冰室”有“阊门外郭中冢者”和“巫门外冢者”(有史料称巫门又名平门)。吴王的畜鸡之所,在“娄门外鸡陂墟”,派使名叫李保的人在此负责饲养鸡畜。胥门外有30里九曲路,通往阖闾建造的专供游乐的姑胥之台。吴王用来泊置船只的船宫,叫作“欐溪城”,而“巫欐城”则是吴王专门接待诸侯远客的离城。离都城70里的“古城”,是吴王阖闾安置美人的离城。王室设在都城周围的畜牧与狩猎区域,还有鸭城、马城、储城、酒醋城等等。如《吴郡图经续记》记载:“豕希巷者,畜彘之处,走狗塘者,猎之地也,皆吴王旧迹,并在郡界”。《越绝书》还对阖闾的出入游卧作了较详细的记载:“阖庐宫,在高平里。射台二:一在华池昌里,一在安阳里。南越宫,在长乐里。秋冬治城中，春夏治姑胥之台。旦食于纽山，昼游于胥母。射于躯陂，驰于游台。兴乐越城，走犬长洲”。高平里这个古地名，1953年顾颉刚先生在应邀苏州工专讲学时谈到：“现在的苏州公园，从前是吴王的宫，古代叫高平里”。相传，吴王夫差为取悦西施，在灵岩山顶建造馆娃宫，“三年聚材，五年乃成”，水运木材源源不断，以至“木塞于渎”，山下积木堵塞的河流港渎处，从此有了名为木渎的千年古镇。尽管历代文献记载的吴王游乐之地大都已尘封在漫长的历史中，但这座古镇见证了这段历史，世世代代苏州人的记忆中也传递了这段历史，消夏湾、采香径、馆娃宫等古地名和美丽故事，直到今天还在沿用，还在传说。

古代苏州是生产、生活与战备的基地。管仲认为“地之守在城，城之守在兵，兵之守在人，人之守在粟”，在古代，粮食是守城的关键。由王权控制的粮食仓储是一个国家不可或缺的战备物资，立城郭之目的在于“设守备、实仓廪、治兵库”。城池是王者的统治中心，又是百姓的聚居空间，统治者的基本国策不能不考虑“民以食为天”。城市需要后备的农业生产基地，战争需要充裕的粮草。苏州地处长江三角洲中心部位，除西部为丘陵地带，其余是广袤平川，土地肥沃，水源充足，气候适宜。西汉司马迁在《史记》中曾说，吴有“三江五湖利”，便于兴修水利、农田灌溉和航行交通。吴国都城选址苏州，是立国建都之后发展农业、备战囤粮、强国富民的需要。古代苏州的城市建设者们有意或无意间构建了古代城市的生态和谐。现代人返璞归真，提倡发展“都市农业”，其实我们的前辈早有过实践。古代的都城是一个国家的政治、经济、文化中心，吴国选择水陆交通便利的古代苏州重建都城，历史证明是富甲一方的成功举措。这就不难理解，请封江东的楚相春申君黄歇，为什么仍然选择吴都的废墟，建起了自己的都邑。隋开皇十一年（591年），越国公杨素以苏州城“无险可据”，迁州治于城西横山东麓，35年后，即唐武德九年（626年），苏州城址还是由新郭回迁了原址。“富冠海内，皆为天下名都”，西汉名臣桑弘羊说这句话的时候，吴国虽已早亡，但这块土地上发达的农业经济，便利的商品集散条件，使它跃然成为天下粮仓和江南城市的商业中心。

从建城伊始到公元前475年越王勾践灭吴，继公元前334年吴地归楚的连年战乱，显赫于春秋末年的吴国都城“吴宫为圩，庭生蔓草”。梁代的吴均作《吴城赋》感叹：“不知四海九州，乃复有此吴城”。阖闾大城以举世瞩目的雄姿横空出世，雄居东南，这座城市的辉煌，在历史的长河中虽是一个瞬间，但作为诸侯强国之都，前无所有，后亦不再，这足以让它拥有了2500多年之久的傲世英名——阖闾大城。

二、平江府城今犹在

宋徽宗政和三年（1113年），苏州曾为平江府治所。平江是苏州南宋时的名称。洪武《苏州府志》记载：“宋初迄于宣、政，井邑之富，过于唐时，郛郭填溢，阁楼相望。”宋代龚明之撰写的《吴中纪闻》，誉赞当时苏州“风物雄丽为东南冠”。正当平江府城在唐代城市建设的基础上进一步发展的时候，无情的战火烧进了这座繁华之城。南宋建炎四年（1130年），金兵南下，进犯平江，“荼毒生灵，历古未有”。有史书记载，平江城遭遇战争重创，“吴中坊市悉夷为平地”，只留下觉报寺、天王堂少数几座

图4－4 平江图

建筑。战争劫难后的苏州府城，于淳熙、嘉定年间（1174～1224年）两次大修，前后历经半个世纪。平江府城在修葺一新之后，于南宋绍定二年（公元1229年），由郡守李寿朋主持，勒石造碑，自此，这座城市留下了完整的形象——《平江图》。（图4－4）

苏州研究古城的专家，按今国家统一规范的一万分之一和五万分之一两种城建地形图测绘比例，选取《平江图》上古今名称相沿位置未改的5处城门（阊门、齐门、娄门、盘门、葑门）和3处宝塔（瑞光寺塔、北寺塔、罗汉院双塔），进行距离量测，计算出南宋《平江图》的比例尺度有三个层次：平江城以外只是大致方向上的示意性表示，无统一比例；城内北半部东西方向比例为：1∶3000，其余为1∶2500；子城比例最大，为1∶1600。从《平江图》看府城布局，东南方位设有府属行政区，西北方位则为商市区，符合“面朝后市”古制。65个街坊和6大营寨较为均衡地分布在东西南北界，共有坊表65座，庙宇、殿堂250处，桥梁314座，其中城内桥梁有名可考者285座。主要河道南北方向6条，东西方向14条。主要干道南北7条，东西4条。城市轴线纵横有序，总体布局主辅分明，建筑组群延联完整。这座城市刻碑至今，时光流逝780多年了，然而，今天14.2平方公里的苏州古城区，其城市形制、路网街巷、河道桥梁等，仍有许多与《平江图》相对应的地方，这不能不说是中国城市建设史，甚至是世界建筑史上的奇迹。有人说，优秀的城市建筑是“凝固的音乐”。如果用三维动画的高科技手段，把石碑上的城图扩展开来，立体起来，特写出来，这座曾在天地间演奏过时代强音，今成凝固历史乐章的城市，将会引发现代人什么样的共鸣呢，请走近这段历史，走进平江城的三维空间。

勾勒平江城美丽天际线的，当是高突崇现的群塔，这是平江城建筑空间的第一层次。苏州古塔飞檐卷刹，轮廓优美，古朴雄奇，耸拔峻丽，用今天的建筑语言表达，它们是这座城市的地标性建筑。平江城塔高大约在32～76米。苏州建塔的历史，可以追溯至三国东吴时期，距今有1700多年。有史料载，三国赤乌七年（244年），孙权为报母恩，于普济禅院建起了苏州城第一座13级舍利宝塔。此后数百年间，随着吴地佛教兴起，古城内外佛塔相继屹起。宋代建塔最盛，最多时有宝塔19座。城内有报恩寺塔、瑞光寺塔、万岁院（吴越时称罗汉院）双塔、妙湛寺塔、白虹塔等14座，城外则有云岩寺（虎丘）塔、半塘塔、寒山寺（妙利普明）塔、天平山塔、灵岩山塔等。古塔之多，工艺之精，盖世少有。历史上的苏州不愧有“塔城”之称。

早期苏州古塔多为木结构，砖石结构的塔出现于南北朝，为仿木楼阁式。建筑结构有纯砖与砖木混合型，塔身造型有方形和八角形，色彩基调用土黄色，仿木部分则用土红色，层级以檐计数，一般为单数，5、7、9、11 层不等。今位于城东的罗汉院双塔（图 4 - 5 ），建于北宋太平兴国七年（982 年）。两塔相距 10 余米，均为七级八面，东塔高 23. 85 米，西塔高 24. 24 米，连同塔刹高度均约 33 米。塔内方室逐层错闪 45 度，各层门窗方位随之上下相错，塔壁应力分布更为均衡，避免了塔身纵向开裂，也让外观更加立体。位于古城西南隅的瑞光塔（图4 -6），为砖木混构的楼阁式佛塔，宋景德元年（1004 年）奠基，天圣八年（1030 年）前后竣工，7 级 8 面，高 53. 57 米。底层 4 面辟门，第 2 和第 3 层 8 面辟门，第 4 ~7 层则上下交错，4 面置门，层高逐层递减。位于古城北隅的报恩寺塔（俗称北寺塔）（图 4 -7），始建于梁代（502 ~556 年），高至 11 层，北宋时毁坏。北宋元丰（1078 ~1085 年）由原 11 层改建为 9 层，南宋建炎初年遭到兵毁，绍兴二十三年（1153 年）再度重建，为双层套筒楼阁式砖木塔，9 级 8 面，高达 76 米，为古城塔高之最，堪称“一郡浮图之冠”。

图 4 -5　双塔

图 4 -6　瑞光塔

图 4 -7　报恩寺塔

除了凌霄的群塔，平江城周，城墙绵延，城楼巍峨；平江城内，“十万楼台影，分明脚底看”。城墙、城楼与众多体量恢宏，体形雄丽的台馆、官署、庙宇等建筑群，构成了平江城空间结构的第二层次，这类建筑物的高度大约在 9 ~18 米。宋时的平江城形制完备，大城城垣南北长约 9 里，东西宽约 7 里，周长 32 里多。开设五对水陆城门，城上女墙垛口完整，54 个马面外突，东城垣 21 个，西城垣 24 个，南城垣 9 个。在平江城中心略偏东南的方位，坐落着威仪子城。子城开 3 门，南为正门，门楼高大，上设谯楼，城门两侧城墙的转角处也筑马面。按轴线，子城建筑自南向北依次为平江府院、平江军戟门、设厅、小堂、宅堂、大厅、齐云楼。整个建筑群落气势森严，气宇轩昂，象征着权力主宰城市的空间。尤其是子城北城墙之上的“齐云楼”，重建于南宋绍兴十四年（1144 年），时有“轮奂雄特”之风姿。“高厅大馆居中央”，“远近高低寺间出”，可惜平江城图上所标的 67 幢寺观，如今几乎全都名存实亡，仅玄妙观、文庙内的部分构筑留下了这个时代的些许痕迹（图4 -8）。玄妙观最早建于西晋二年，重修

图 4-8 玄妙观三清殿

于宋淳熙六年（1179 年），初名真庆道院，元代改称玄妙观。其三清殿高达 24 米，面阔 9 间，深 6 界，歇山重檐，巍峨轩昂。此殿几经修复幸存于今，为江南现存最古、规模最大的宋代木构殿堂建筑，其气势可与北京故宫太和殿、曲阜孔庙大成殿媲美。苏州唯一的重檐庑殿建筑——文庙大成殿，始建于南宋绍兴十一年（1141 年）。金黄琉璃瓦，复叠檐角飞，面阔 7 间，进深 6 界。明中期知府况钟重修，其梁架、斗拱和鸱尾保留宋代风格。宋代平江城的殿宇建筑，显现出典雅华贵、造型优美的建筑特点，尤其是屋顶造型，翼角反翘较大，“如鸟斯华，如翚斯飞”，飞檐翘角，出檐深远，线条流畅，造型优美。这种最尊贵的建筑形式当时称“四阿顶”，清又称庑殿，吴风古韵更胜一筹，因此亦被人称为“吴殿”。

图 4-9 古民居群

“复叠江山壮，平铺井邑宽”。《平江图》标有坊 61 个，巷 264 条，弄 24 条。宋时的平江城，占据城市最大建筑空间的是民居建筑，高度大约在 3~7 米，这为平江城建筑空间的第三层次。如从空中鸟瞰苏州，人树烟色，十里青茫。图 4-9 古民居群《吴郡志》记载，至宋绍定二年（1229 年），平江城有宋坊 65 个，所在方位及数量、坊名与《平江图》基本对应。入宋以后，平江城原封闭式的坊市渐向开放式的街市坊巷转型，原有坊墙虽被拆除，但坊牌仍保留，《平江图》刻录的 61 处坊牌，正是平江城历史变迁的真实见证。平江城民居建筑平房居多，粉墙黛瓦，古朴淡雅，大都依水而建。根据河道与街巷的不同结合，相应形成了面水民居、临水民居、跨水民居等多种建筑形式，呈水陆相邻，河街并行的双棋盘格局，可谓“里闾棋布城册方”。平江城因水而成的直街横巷，视觉意象无一雷同，延联成片的建筑物界立面变幻无穷，尤其是传统民居的各种墙式、脊式的灵活交替使用，使得建筑群落线条丰富，错落有致。近观远眺，屋宇毗邻，檐角高下，有如诗画般的意境。

平江城三横四纵二环的主干水系以及数百条支流，纵横交织，编织出独特的水城神韵。据《平江图》所绘水道测算，宋代平江城，内外护城河长约 32 里，如同成双舞动的白练缓缓绕城；内城河道总长达 82 公里，人们临水筑居，与水相亲。水在城市空间虽无高度，却很耀目。“远近高低寺间出，东西南北桥相望”；“绿浪东西南北水，红栏三百九十桥"；"君到姑苏见，人家尽枕河"，古代诗人笔下的古城景观，无不与水密切相连。平江城因了水才有上下传承的水城历史，因了水城市景观才显得灵动鲜活。"小桥、流水、人家"的组合，展示的是幽静古朴的水巷风情景观；而长盛不衰的虎丘揽胜，展示的则是山灵塔耸水秀的城郊风貌景观（图4－10）。更有由蟠盘水门、瑞光宝塔、吴门拱桥构成的组合景观，交相辉映，相映成趣，为建筑美学之经典，这就是伴随着数代苏州人诗意栖居的"盘门三景"。"苏州园林甲天下"，苏州的造园艺术，水更是必不可少的要素，水营造出的园林意趣，意味着"一勺则江湖万里"的意境。且看名园拙政园，园主在"梧竹幽居"亭处，留出空间视廊，巧借西边千米外的北寺塔，引塔入景，倒影入池，水、亭、塔空灵虚实，美趣横生。历史上苏州古城内外的水景观数不胜数，美不胜收。宝带串月、七里山塘、枫桥夜泊、盘门三景、石湖春晖等等胜景，仍为今人所享用。水与古城居民的生活息息相关，不可或缺。"市河到处堪摇橹，街巷通宵不绝人"，整座城市不就是一幅水与城、水与人和谐交融的画卷。

图4－10 古城风貌

平江城美在完整的城市空间轮廓和景观意境，城市肌理、经纬分明，各类建筑错落有序；美在善于用水营造宜人环境，使古城诗情画意无处不在。俯瞰平江城全貌，高耸的古塔、城楼与城中重檐复宇的建筑遥相呼应，空间层次高下间出，轮廓线条时起时伏，形成线条流动之天界面；平铺数里、鳞次栉比的民居建筑，井然不显单板，协调不失韵律，形成平缓舒朗之立界面；而无处不在的平江城之水，南纵北横，轻流慢淌，为这座城市地界面上的生命之源、灵性之物。水让这座城市生辉，水赋予这座城市魂魄。平江城的建筑空间，是有序的、变幻的、诗意的。也许源于古代的城市规制，当这座城市的统治者至高无上，对城市空间占有绝对的制高权时，却让城市凭空多了高远的层次；也许源于一方的软水温山，当居住在这座城市里的人们将温文尔雅作为情趣取向时，却让这座城市生出了小桥流水人家的意境。当今天人们在盛赞这座城市时，最为钦佩是古代苏州城市的设计师和建筑师们，这些能工巧匠，能正确掌握尺度，合理组织城市空间，巧妙运用建筑体量，智慧无比，技艺精湛。

从历史回到现实，城已不是那座城，水也不是那时水。车水马龙大街背后的幽巷深宅，护城河边的城墙残垣，霓虹灯下的百年老店招牌，现代建筑缝隙中时隐时现的塔影，便是平江城的踪迹了。

三、吴门水韵绵延长

迄今，世界上有两座水城，一是意大利的威尼斯，二是中国的苏州。而世界上的水陆城门，除了苏州，哪里还有，不得而知了。古代苏州依水筑城，于是便形成了“通门二八，水道陆衢”的城市格局。春秋末，伍子胥建的苏州城有8座城门，且均为水陆二门并列。“背水得水利交通之便，面水而无浸淹之害”，充分利用水之利，巧妙构筑8对水陆城门，是苏州水城举世无双的特色。苏州古城水陆城门的历史沧桑及兴衰变迁，是苏州城市建设史上令人自豪又引以为憾的一页。

图4－11　阊门

阊门（图4－11），一座劫后余生的城门，今仍屹然立于城西北。有一种说法，因“城立阊门者，以象天门，通阊阖风也”，这是阊门名字的由来。另有一种说法是，吴国讨伐楚国，阖闾亲自率领大军，浩浩荡荡从阊门出征，一举挫败楚国，因此，阊门又名破楚门。西晋陆机《吴趋行》诗咏：“阊门势嵯峨，飞阁跨通波”，足够让我们去想象晋时这座水陆城门的恢宏气势和柔美水景观。宋时范成大所撰《吴郡志》云：本朝承平时，门上亦有楼三间，甚宏敞”。元代至正十一年（1351年），阊门重修，清初修建门楼。明清一段时期，阊门曾有完整的水陆城门和瓮城。陆城门护城河上设吊桥，进得城门直通阊门大街（今西中市）。水城门在陆城门以北，跨下塘街河。门外有聚龙桥。阊门的陆城门，南北还设两个童梓门。1860年，阊门瓮城毁于太平天国战争。民国16年（1927年），为解决交通狭窄问题，阊门月城被当局拆除。民国23～25年，阊门被改建，仿城西新辟金门的罗马建筑式，两边增侧门，各宽2.5米，高4米，中门宽9米，高9米。20世纪50年代，阊门虽嵯峨，却也挡不住“大跃进”的狂潮。狂潮之后，见证和维系阊门历史的，是唯存的一截残壁断垣。50多年的风雨，半个世纪的守望。2004年，苏州市政府决定重修阊门，在实施吊桥及阊门陆城门项目时，发现了被湮没的水城门遗址。历时两年，在市政府环古城风貌保护的工程中，阊门得以部分修复。恢复陆门，并设主侧门，上复建城楼。水门也终于重见天日。修复的水城门，高13米，宽8米，水下部分深6米。经绿化整治、景观配套等项目的实施，阊门又展现了水陆城门并开的历史风貌。

胥门，因为在历史上的功能作用，一度名扬四海。它位于苏州城西，今与伍子胥塑像相伴。《吴地记》记载：“本伍子胥宅，因名。”也有文献记载，胥门又名姑胥门，因姑胥山得名（图4－12）。南宋初，胥门城头上曾建有“雄丽冠三吴”的姑苏台馆。

图4-12 胥门

《吴郡志卷七·官宇》对此有较详细的记述："此门出太湖道也，今水陆二门皆塞，而新姑苏台馆乃据其上"。姑苏馆于宋时绍兴十四年郡守王唤所建，其"体势宏丽，为浙西客馆之最……使者岁再往来此馆，专以奉国信，贵客经由，亦假以舣船……"，姑苏馆是宋元以来官府迎送官员与传递文书的水上驿站，民间称"接官厅"。现胥门和南面一段城墙，及百花洲公园均在其范围。胥门于元代至正十一年（1351 年）重建，因河道直通太湖，为防洪水泛城，不再设水门。清代城开6门，其他各有水门，胥门除外。胥门虽然幸免于大拆城墙的特殊年代，留得一个城门，却也苟延残喘。留存陆门为明清重修，原至正十六年张士诚增建瓮城，早在民国时期就被拆去。东向城门尚存横额"胥门"二字，也字迹毁损难以辨识。门洞左右残垣长约65 米，残高7.2 米。2003 年4 月，苏州市政府重修胥门。城门修旧如故，拱门高4.65 米，宽3.3 米，纵深11.45 米。门洞由3 道砖砌拱券组成，第二道与第一三道垂直相交砌筑，结构同盘门陆门内门。2004 年，第28 届世界遗产大会在苏州召开，修葺一新的古胥门和百花洲，迎来了有史以来最尊贵的客人——来自世界文化遗产所在地的与会代表，胥门声名更为远扬。

相门，最早称作匠门，原位于城东（图4-13）。据传，干将与莫邪在此为阖闾铸剑，故又名干将门。关于相门，《吴门表隐》有"隋时塞"的记载，但《吴地记》有"今陆路废"的记载。由此推测，唐末相门的水门也许还存在。宋代《吴郡志》云："此门本出海，道通大海，沿松江下沪渎，今废。"鉴于此志，可知南宋时水陆两门已全雍塞。此门于民国23~25 年（1934~1936 年）重辟，20 世纪50 年代后，相门被拆除，它的秀美身姿，只能见于30 年代的老照片中了。1980 年发掘相门水门，考古发

图4-13 相门

现，水门建立在青灰色的生土层上。基础有纵横交叉的楠木块木及圆木堆筑而成，基础之上放有千斤重的青石门臼，筑有水上门和水下门。水门的木基础，经碳14科学测定，为汉代之物。

图4－14　娄门

娄门，原位于城东南（图4－14）。因秦时有古左鸟县，据说也有过左鸟门之称。娄门的水城门与陆城门各有外、中、内3道，皆设以闸门，内城陆门筑有城楼，防守设置坚固严密。清《重修娄门城墙水关碑》，记载了道光五年（1823年）重修娄门的情况："河中有横排木椤地干，档中横排巨木，年久皆朽坏；良以土性浮松，非木不能重，可见古人因地制宜之深意。易以木材，且加复石板……。"从中可知古娄门水关构造之一二。大约在民国37年（1948年），娄门的外城、中城陆门及内城陆门上的城楼先被拆除，1958年，内城陆门与3道水门也被拆除。

图4－15　齐门

齐门，原位于城北，是一座很有故事的城门（图4－15）。据史书记述，公元前517年，吴王阖闾败楚后，准备攻打齐国。齐景公畏于日益强大的吴国，送女儿至吴国为人质，嫁与吴国太子波，以求吴齐暂时结盟。齐女年少，思念故土，日夜啼哭，相思成病。为此阖闾令造北门，上置9层飞阁。齐女登阁望乡，故又称"望齐楼"。齐门有3道曲折城门。水城门在内城西侧，上有二层城楼，俗称鼓楼。50年代，陆门与城楼先遭拆除，1978年，因修建水闸，水城门又被拆。在清理古水门基础时，考古人员对其结构作了详细的记录："齐门水城门为南北向，在陆城门的西边。它的基础结构是木排为主，木排是置于水门下，河底上，共计有100余根，圆木分3层叠压。中层50根圆木为东西向，由南往北挨铺在生土层上。木长8.35米左右，直径0.28～0.35米，南北全长15.2米。在这50根圆木的东西两头上下各承压着南北向的6根圆木，即上层、下层，圆木规格与中层相似……。3层木用长40厘米、截面为2厘米×2厘米的铁钉加固，使整个木结构无移动之虞。另外在排木南北各树有一排木桩使之更加坚固稳定。后桩长0.90～1.10米，直径0.08～0.12米不等。在中层圆木两端上面对称盘砌4层长1.15米，宽0.9米，厚0.27米的青石，筑成长11.5米，高1.1米的石驳。石驳上面是砖砌水门城墙拱圆结顶，与今盘门环洞水门相同"（《苏州文物资料选编》第82～83页）。

平门，原位于城北（图 4－16）。《吴地记》云：“平门北面，有水陆通毗陵，子胥平齐，大军从此门出，故号平门。”古平门何时废塞年代不详。民国 17 年（1928 年），重辟平门，建并列城门两个。门洞高大，但无城楼，有外城河，而无内城河，也不再设水城门。重修的城门在 1958 年被拆除。

蛇门，据说位于城南。《吴地记》云：“在巳地，以属蛇，因号蛇门。”古人用天干地支按顺时针方向来表示方位，“巳”指南略偏东方位，蛇门由此得名。另有一说，越国在东南，处“巳”方位，吴国“欲东并大越”，故在筑蛇门时，于门首上制作一条木蛇，其首北向，寓意越国臣服于吴。宋初，蛇门被填塞，日久废毁，踪迹全无。其古城址确切位置何在，后人说法不一。

盘门（图 4－17），苏州人称之“冷水盘门”。正因为它位于偏僻的城西南，才躲过了拆城一劫。盘门曾名蟠门，据说吴王命在城门上刻作木蟠龙为镇物，表示制压越国。此门又因“水陆萦回，徘徊屈曲”，故又称盘门。盘门为迄今保存较完整的古代水陆城门。现存盘门是元末至正十一年（1351 年）重建，又经明清二代续修的历史遗存，由水陆城门、瓮城（月城）、城楼及两侧城垣组成。城墙下部砌筑青石，水城门洞下部砌筑紫褐色武康石。从盘门的建筑结构，可以看到古代建造城门的成熟技术。盘门水城门傍南，陆城门依北，互相错列配置，平面图视呈曲尺型。陆门和水门各设两道。两道陆门朝东方向，第一道为外城门，门洞宽 3 米，深 7 米，第二道为内城门，门洞宽 4 米，深 15 米。出于军事防御的需要，按“城门不相对，道路不直通”的原理设计，两道门不在一直线上，站在第一道门口，看不到第二道门，作用为屏蔽。门洞中间有通天狭道，系放门闸之用。两道陆门之间，为方形瓮城。古有战事，诱敌入瓮城后，前后两道门同时放下，敌军便成“瓮中之鳖”。第二道陆门上方，开有“品”字形小口，是专防敌军火攻的设置，视同消防设施。水门也称作水关。水门的设置同时兼顾了军事防御、交通运输与水流适行的需要。盘门的二重水门，撑以四根粗大石柱拦顶，拱圈均以石材砌筑，石柱基础也全部用石块砌筑。一条水道由城内穿越水门朝奔东南与运河连通，门洞内可并行两条小船。两个水门之间有一长方形水瓮城，前后闸门开闭，可控制进出船只。水瓮城设置有洞穴式石通道，守城士兵可从城头下至水道检查过往船只。此水关除了以水御敌的功能外，水城门的水闸可起防洪与泄洪的水利设施作用。

图 4－16 平门

图 4－17 盘门

图4-18　葑门

葑门（图4-18），古代苏州的八门之名，史载不完全一致。唐《吴地记》认为："门南三里有葑门、赤门……，并非八门之数也。"《吴郡图经续记》则认为：无平门、赤门，而有葑门。平门亦名巫门。各家之见，尚待考证。但是，苏州古城墙不论过去有何名称，不管今天是否存世，它们永远是苏州，是中国，乃至世界城市建筑史上的杰作。

苏州古城有长达2500多年的历史，水陆城门历经沧桑，命运沉浮。50年代初，苏州还有15多公里长的古城墙。1951年历史学家顾颉刚先生在政府"今议拆城"的一次会议上坦诚谏言，他很担忧，"春秋之物"的苏州城是否因为他的建言而得到保护。60年后的今天，当我们认识到这一历史遗产的真正价值时，古城墙剩余还不到十分之一。古城墙是苏州历史的见证，古城墙是苏州人的情结。2011年2月，政协苏州市第十一届四次会议上，一份分类分级修复古城墙的大会发言，引起了全场共鸣，市委书记当即作出了试点修复古城墙的批示。2011年9月，苏州古城东、西、北方位上的相门、阊门、平门3个区段的城墙，市政府实施的试点工程拉开帷幕，历史文化名城的古城墙将续写新的历史。

四、小巷风情今胜昔

苏州古城有过风姿勃发的春秋时代，走过风物雄丽的唐宋时代，最后定格在风雅典丽的明清时代。延续着城市历史，承载着城市文化，最能体现古城风貌的是历史文化街区。古坊、老街、幽巷，小桥、流水、人家，历代苏州人营造的诗意栖居环境，不能不说是一种自然美与人文文化的结合与演绎。苏州老街巷的历史成因，肌理特征以及风貌特色，给后人提供了建筑学、生态学、社会学、民俗学及其美学等多方面的研究价值。

苏州的老街巷，读是一本书。

苏州古城的历史多长，街巷的历史就多长。春秋末年，伍子胥按当时的王城规制，建成吴国都城。与这座城邑共生的大道小路，从此刻着先人的脚印，载着厚重的历史，一直延伸到了今天。记载吴越历史和地理的《越绝书》，最早记录了这座古城的两条"邑中径"。第一条，阊门至娄门，陆道宽约32米，长约3800米；第二条，平门至蛇门，陆道宽约46米，长约4200米，水道宽约40米。由此推知，吴国都城的东西向与南北向，各有一条主干大道，交叉成十字形，这便是苏州古城内最早的街道了。

苏州老街巷的前身，是应该称作老街坊的。中国的城市从周朝起就实行坊市制度了，“坊”的本义是指城市中的住宅区，“市”最早是指交易物品的场所。古代时候，城坊之间有坊墙隔立，立坊牌，设坊门，朝开夕闭，是有专门市吏和门卒看管的。唐《吴地记》记载了这样一个故事，说是前汉有个叫作梅福的人，弃官后在吴国旧都里当了一名看守坊门的门卒。据有关文籍记载，唐宋时城内商业区大多集中在乐桥附近，称大市、西市、东市。乐桥堍铁瓶巷口名“西市坊”，干将坊一带名“东市坊”，两坊周边都为商贸市场，有谷市、米市、果市、药市等专门市场，诸多鱼行、丝行、荐行、茶馆、酒肆及山货牙行也都群集于此。（图 4 – 19）

图 4 – 19　今干将路牌坊

古今苏州城坊街巷的变迁，唐《吴地记》和宋《吴郡志》都有记录。唐坊有 60 处，30 坊在吴县，30 坊在长洲。古地名吴县在西，长洲在东，均属苏州地界。至宋绍定二年（1229 年），时有宋坊 65 处，所在方位和地址记载极其详明。以城内乐桥为中心，城坊分东西南北 4 个区域，每区域坊数大致相当，多至 17 坊，少至 15 坊。

乐桥东南：

孝义坊（东憩桥巷）
绣锦坊（大市）
旌义坊（蔡汇头）
玉渊坊（南星桥）
衮绣坊（乌鹊桥北）
吴会坊（府治东）
和令坊（杨君王府前）
孔圣坊（南仓桥南）
阜通坊（夏侯桥西）
通关坊（金母桥西）
儒教坊（饮马桥南）
孝友坊（南园东巷）
儒学坊（乌鹊桥南）
状元坊（醋库巷）
晋宁坊（濠股头）
绣衣坊（南仓桥北）
积善坊（府治西）

乐桥东北：

干将坊（东市门）
真庆坊（天庆观巷）
建善坊（干将巷）
迁善坊（草桥）

布德坊（顾家桥）　　豸冠坊（仁王寺前）

富仁坊（鱼行东）　　闻德坊（周太尉桥东）

崇义坊（禅兴寺桥南）　　乘鲤坊（张马步桥南）

闾邱坊（张马步桥北）　　大云坊（天庆观西）

碧凤坊（天庆观前）　　庆源坊（大郎桥东）

天宫坊（迎春巷）　　迎春坊（百口桥）

乐桥西南：

武状元坊（乐桥南纸廊巷）　　吴歈坊（西憩桥巷）

平权坊（跨街楼南）　　馆娃坊（果子巷）

和丰巷（米行）　　丽泽坊（吉利桥北）

通波坊（吉利桥南）　　孙君坊（孙老桥）

宾兴坊（贡院南）　　好礼坊（富郎中巷）

义和坊（杉渎桥东）　　灵芝坊（侍其巷）

昼锦坊（南营西）　　载耜坊（开元寺东）

坤维坊（瑞光寺东）　　同仁坊（金狮巷）

南宫坊（南园巷）

乐桥西北：

西市坊（铁瓶巷）　　太平坊（太平桥）

嘉鱼坊（鱼行桥西）　　流化坊（吴县东）

武状元坊（雍熙寺东）　　文正范公之坊（范家园）

盍簪坊（张马步桥北）　　德庆坊（禅兴寺桥西）

甘节坊（承天寺东）　　乐圃坊（三太尉桥北）

立义坊（北寺西）　　清嘉坊（朱明寺桥北）

仁风坊（十九胜巷）　　至德坊（太伯庙前）

吴趋坊（皋桥西）

《宋平江城坊考》卷首云："盖古之市即今之坊也，市门即坊曲也。"虽"后颇随事而有创有易"，然而其中有些坊名，如吴趋坊、干将坊、滚绣坊、富仁坊等10余个坊名，历经近千年，至今还标在苏州城的地名图上。

唐代后期，坊市制度开始淡化，古城封闭式的坊市渐渐向开放式的街市坊巷转型。入宋之后，坊墙纷纷被打破，民居宅院对街开门，商肆酒楼当街设铺，坊市制彻底崩溃，从此古坊"多失标牓，民不覆称"。而矩形的城坊在演变过程中，也逐渐变成条状的街巷。

苏州的老街巷，品似一壶茶。

早期苏州古城的路网街巷，由于历史记载有限，我们只能略知一二，即使到了唐代，"郡廓三百余巷"的城市道路状况，今人也只是通过文字记载去感知，直到南宋石刻《平江图》面世，后人才得知古城在这一时期的路网街巷的真实面目。从《平江图》上可以看到，府城内有街20条、巷246条、里弄24条。清《姑苏城图》绘出城内街巷多达560条。纵贯全城南北的称谓直街，共7条，城西4条，城东3条，空间宽度约3100米，全城东西横向的主要干道则有4条，规划有序，疏密有致，布局合理。

大多濒横河而修筑。“闾里棋布城册方”，便是这座古城的风貌和格局了。今天，古城的魅力还能见诸于老街巷，它如百年陈酒，古风醇正；如素描画卷，恬淡自然；如婉约诗篇，清丽委婉。

经科学测定，古城南北轴线整体朝向为南偏东8°左右，城西吴趋坊、学士街、中街路、养育巷和人民路一带南偏东8°，城东临顿路、平江路一带南偏东11°，凤凰街一带南偏东4°，祖家桥、望星桥一带南偏东18°左右。各街区的朝向角度定位很科学，这是因为苏州地理位置在北纬30°～32°，夏季与冬季日中日照角度分别为82°和32°，建筑物朝南或偏东南，可充分利用日照和气候条件。

苏州古城的“直街横巷”，呈“鱼骨”状，纵横有序的路网，让苏州古城内的路变得非常好识别。所谓“直街”，大都南北走向，兼具陆道交通与商业街市的功能；所谓“横巷”则排列在大街的两侧，大都与横河并行，成东西走向，以民居住宅为主，幽雅僻静，合乎古人“居之安”之境地；“弄”相似于北京古城中的“胡同”，老苏州人称之谓“弄堂”或“里弄”。(图4－20)

图4－20　弄堂

苏州老街巷的命名大都有出典，足够让人茶余饭后去回味老苏州的故事。大街或小巷按名称分，有路、街、巷、里、弄、坊、浜、塘、园、头、前、湾、场、门、堂、桥、村、河、墩等。如平江路、护龙街、大儒巷、尚书里、寿宁弄、庆元坊，等等；按其名的由来，大致有以人物名号、建筑场所、历史事件、商市行业、居家姓氏、民间故事、私家园林、花卉树木、飞禽走兽、吉利口彩等类型。如楚春巷，以楚相春申君取名；仓米巷，原名仓后巷，宋时，巷南为府仓而得名；临顿桥，传是吴王亲征夷人，顿军憩歇宴请军士处，后在此置馆建桥，谓临顿桥，由此也得路名；西美巷，明代名西米巷，为米行集中地。

古城中第四直街，即今人民路，宋时称大街。大街是这座城市的中轴线，自古是城市的交通要道。因为具有“街为龙身，北寺塔为尾，府学为首，双塔为角”之卧龙形象，后又称之为卧龙街。清乾隆年间改名为护龙街。想当初，6驾马车的隆隆声，8抬大轿的鸣锣开道声，大街是很风光的。民国时期，蒋介石当政，苏州当局将此街改称成中正街。苏州解放后，此街更名为人民路。今天的人民路，往来不息的车流人流，面目一新的楼宇商厦，让它变得时尚了起来，唯有不变的，是大街上千年相随的塔影。

苏州有条叫作皮市街的老街，街口有桥名“鹤舞”。传说吴王夫差为女儿举办葬礼时，出现了“仙鹤舞引，群鸣于市”的情境。想当初这里应当是吴都城内热闹的商业街区之一了。今天的皮市街是苏州颇有名气的花鸟市场，鹤舞桥头虽然鹤鸣不再，但那里的鸟语花香仍然让这个曾经的旧市口人气兴旺。

伍子胥弄，今为一条鲜为人知的小弄。据史籍记载，春秋末，当年吴国大夫伍子胥在此建过住宅。伍子胥被吴王夫差赐死后，此处修过一座寺庙，名伍相寺，这是苏州百姓为纪念这位建城功臣而修建的。此后寺庙所在地被称作伍相寺弄，后改为今名。走进小巷，总有一种走进历史的感觉，让人遐想，令人感慨。伍子胥弄西侧不远处，矗立着古胥门。相传，伍子胥被吴王夫差赐死时，吩咐人把他的双目挂在城楼上，说是要亲眼看见吴国的灭亡。又有传说，伍子胥死后，夫差割下他的头颅挂在了胥门上。传说的真假已经不再重要，而小巷那头连着的历史——吴国兴衰的历史，却是真真实实的。

桃花坞，仅一个名字就足够让人心驰神往。据传，宋熙宁至绍圣年间（1069～1098年），先有梅氏和章氏家族相继在此筑台冶园，时“柳堤花坞，风物一新”。此后又有宋太师章粢在此广辟池沼，筑桃花坞别墅，“旁植桃李，曲折凡十余里”，桃花盛开的季节，郡人观花赏景者络绎不绝。而桃花坞却是因了江南第一风流才子唐伯虎才更风雅了起来。“桃花坞里桃花庵，桃花庵下桃花仙。桃花仙人种桃树，又摘桃花换酒钱。酒醒只在花前坐，酒醉还来花下眠，半醉半醒日复日，花落花开年复年。但愿老死花酒间，不愿鞠躬车马前……”。这位醒醉花间，清狂孤高的风流文人，不仅有《桃花庵歌》传世，据说，唐伯虎早年所作的《风流绝畅图》还是苏州最早的年画。许多年之后，桃花坞里“家家雕刻木版，户户描绘丹青”，年画竟会在桃花坞形成“产业效应”。至清代，桃花坞里的木刻年画铺子不下四五十家，有名牌号为“苏季长吉、季祥吉、姑苏吕云台、姑苏王君甫”等等。桃花坞的木板年画成名发祥已有400多年历史，如今，它作为宝贵的非物质文化遗产，它的盛名，带着桃花坞的印记走向了世界。

图4－21　列肆二十里

苏州太平盛世时，清人徐扬画了幅《盛世滋生图》，画幅上的闹市，则是当时“吴阊到枫桥，列肆二十里”的盛况（图4－21）。长街上店铺林立，行业齐全，有招牌者230余家，涉及行业50多个。“舟航往来，北自京国，南达海徽”。苏州在唐代时就逐渐成为物流集散之地，“处处楼前飘吹管，家家门外泊舟航”，这是当年白居易闲来登上阊门城楼所见景象。明成化年间（1465～1487年），苏州“列巷通衢，华区锦肆，坊市綦列，桥梁栉比”，成为东南重要的贸易重地。至清康熙年间，苏州商品贸易进入最兴盛时期。阊胥一带的商业街区“五方商贾，辐辏云集。百货充盈，交易得所”，此时的苏州已成为四方商贾会集之地。一条街的繁华，折射出的却是一座城市的繁荣。

唐宝历元年（825年），时任苏州刺史的白居易，也为水城留下了“吴中第一名胜”的手笔。他在任苏州时，下令开凿山塘河，修筑七里长堤，连接虎丘名胜。时有“塘上红槛碧树，河中碧波画舫”之美景，人称白公堤。而今，七里山塘仍然“景幽市廛”，是水城的缩影，被人誉为“姑苏第一名街”。(图4－22)

图4－22　山塘街

苏州的观前街兴盛则较晚，约在清末民初时期。其时不名“观前街”，历代方志中仅见“宫巷”、“观桥”之名。时民间称“观前、观东、观西”，皆因“玄妙观”得名。观前街初兴时在观东，这与苏州东城区交通运输极为便利的水系网络直接相关。城东相门塘、葑门塘、至和塘等主干水道，外则通江达海，内则连接市河网络。当时的城东，几乎是有路必有河，胡厢使河、悬桥河、菉葭巷河、大儒巷河、钮家巷河等，均与临顿、平江直河相通。在交通运输以水道为主的古城，这即是观前商业繁荣于清末民初的重要原因和必备条件。清道光年间（1821～1851年），道教场所玄妙观前，摊肆百陈，诸如“陆稿荐”、“采芝斋”、“黄天源”、“松鹤楼”、“恒孚银楼”等今天的老字号店，那时纷纷在观前开店立业，晚清之后都相继形成了品牌名店。观前原为长条石路，自醋坊桥始至察院场西口，路宽3米有余。民国19年（1930年）当局实施观前拓宽工程，于1931年11月竣工，路面改铺15厘米×15厘米小方花岗石，宽9～13米，全长770米。观前形成新的商业街时，新兴的苏州银行业，也往观前一带购地建厦。中国银行苏州支行，原址在西中市，于民国22年（1933年）迁址观前。建于民国38年（1949年）的中央银行苏州分行，原行址即在观西。

苏州的老街巷，看似一幅画。

古代苏州，水道与陆路相邻，呈现双棋盘格局，河网交错，却井然有序，街巷密集，但中规中矩，真所谓“水道脉分棹鳞次，里闾棋布成册方”。苏州的先祖们不仅充分利用水资源服务于生产和生活，且充分利用水环境，构建最适合人居的优美环境。正如古诗所云：“门前石街人履步，屋前河中舟楫行。”古城的河街水巷一般情况是主街背河，次街面河。河道尺度宽至6～8米，窄处4～5米；街巷宽至5～8米，窄处2～4米。有建筑专家认为，河街水巷空间最佳比例应该是1:1～1:2。苏州古城内河街水巷的空间比例尺度最低为1:1.2，最高为1:2.4。建筑环境和水环境比例恰当，空间宜人。古代苏州依水而筑城，因水而成街，而河街相辅的类型，并非是单一的。

背街水巷的风韵最古（图4－23）。站在新民桥上向山塘河的东西面看去，典型的苏州水巷图就会呈现在你眼前。其实，苏州的背街小巷中，更幽雅、更深邃的水巷比比皆是。水巷两边的房屋建筑大都面街背河，紧贴水面。如果紧邻水巷的是条人来人往的主要街路，那就会集聚许多商肆店铺，形成前街后河的商业街市。如果是民宅居多的僻静街巷，河两侧临水的房屋建筑，沿着驳岸线向纵深延伸，在水道上方形成带状空间，一眼望去，不见尽头，深邃幽静，旖旎逶迤。“君到姑苏见，人家尽枕河”，这便是独特的苏州水巷风韵了。行走在这里，会让人感觉神定气闲，城市的喧嚣仿佛在这里消融，逝去的岁月仿佛在这里轮回。

一街一河的组合风情最浓（图4－24）。今天的平江河与平江路，河与街南北并行，保持着原有风貌。河道的一侧为空畅街面，但无房屋建筑；另一侧临水起屋，房屋建筑有侧立面、背立面。河、路、桥、河埠以及临水的房屋建筑，形成4个层次的界立面，高低错落，线条丰富。站在桥上看是一种景致，坐着小船看是另一种景致，边走边看又是一番景致，百看不厌的河街美景，往往让游人流连忘返。

图4－23　水巷

图4－24　一街一河

两街夹一河的组合风景最秀（图4－25）。苏州古城区如盛家带就很典型。在官太尉河的两侧，皆有空畅街面，房屋置在两街外侧，河岸之上绿树成荫，树荫之下旧时红漆的木栏，今被古色古香的石栏杆替代，空间疏朗平展，环境优雅闲适，“两岸朱楼夹柳条”，唐代诗人描绘的便是这种街景了。通常情况是，河两侧的街巷分为上塘街和下塘街。上塘标高、宽度一般大于下塘，常有商铺店面，比较热闹；下塘则相对冷僻清静，多住宅建筑。

近代的苏州古城，城市路网得到延伸和拓展。民国期间，城区建造和拓宽了一些交通要道，主要有：城北建成全长792.48米平门路；西北方向环通火车站—察院场—景德路—新阊门；西南方向自城外马路环通万年桥—胥门—卫前街（今道前街）—护龙街（今人民路）—十梓街—甫桥西街（今凤凰街）—临顿路—齐门。然而，从苏州开埠后修建第一条大马路始，古城2000余年的封闭型城池和平缓的社会生活，就开始面临前所未有的冲击，众多历史遗存也随着老街巷的拓展开始消失，以至于不可再现。

图 4 - 25　两街夹一河

五、民居建筑觅芳踪

古代苏州城市建筑中数量最多、分布最广的是传统民居，无论是屋宇高峻的豪门深宅，还是小巧简朴的普通人家，其建筑艺术、传统风格、悠久历史已成为中国古代住宅文化的重要组成部分，在中国建筑史上占有重要地位。苏州传统民居特色鲜明，是古城风貌的重要元素，许多案例已编入《中国建筑史》等专业教科书籍。

传统民居建筑——水乡风貌的一张名片。

苏州自古水网密布，古人因地制宜，城依水筑，路傍河筑，屋临水建。至迟在唐德宗李适时期（780 ~ 805 年），古城就同时具备了内外城河两套水系，形成了水道陆衢相并行，河街相辅双棋盘的水城格局。至宋代，平江府城以河道水系为骨架来构筑街巷，用水环境来营造优雅居住环境的意识更为鲜明。苏州古城几经兴衰嬗变，改朝换代，但城址基本未移，格局基本不变，风貌基本保持。小桥流水旁的人家，老街幽巷里的深宅，便是这座千年古城的忠实守望者。

苏州传统民居素以清、雅、素、淡著称。苏州人在建造自己的家园时，调和大自然中最原色的黑、白、灰 3 种色彩，画就了水墨苏州。而苏州古民居的翘脊、飞檐、封火墙等标志性构筑，又令苏州古城的风格有别于其他历史文化名城。这些江南水乡古建筑的特殊符号，虽经历代流变，至今仍然在江南水乡沿用。自秦砖汉瓦以来，民居建筑的屋面即以小青瓦盖铺，“全吴缥瓦十万户”，说的是唐时的姑苏人家。建造民居用瓦考究的，屋檐口会用造古朴、曲线优美的瓦当加以装饰。民居建筑的粉墙，古人就地取材，用纸筋拌石灰制成灰浆，先以墁灰沙打底，再抹纸筋，后刷以白灰水二度。也有造屋的人家加添些许烟灰，喜好将外墙刷成灰黑色，以显庄重。古朴雅致的民居建筑，色调和谐，贴近环境，融合自然，给人以素雅清丽的视觉效果与平静清宁的心理感受，也让这座水城本色无华，显出从容典雅。也许这份淡恬与素雅，更能醒目养眼，动人心弦。人们说到江南水乡，自然会想起那座古城里的小桥流水，小桥流

图 4-26　粉墙黛瓦

水旁那些粉墙黛瓦的人家。（图 4-26）

苏州的传统民居建筑有南北与东西两种朝向。南北走向的街巷，其民居建筑为东西朝向。如果街巷所处一面沿河，因受到地盘与方位的限制，房屋进深一般较浅，所建房屋大多为普通民居，其建筑用地因地制宜，少则仅几十平方米，多则数百平方米。而东西走向的坊巷，房屋建筑朝向均可朝南。江南地区的气候条件使然，坐北朝南的建筑占尽季风日照、冬暖夏凉等优势，因而是居家的最佳选择地。这类坊巷的长度在 250～350 米左右，前后巷距一般在 60～80 米之间。权贵人家或富商大户，当然有条件选择东西向的街巷去建造深宅大院。为尽量占有朝南地盘，充分利用两巷间距一贯到底，往往建有往纵深发展的一落多进或几落多进的建筑组群。也有经济实力和社会地位不足的宅主人，在巷距之间筑造前后两联的民居住宅，中以围墙间隔，宅门分设于南北巷路。群落式民居住宅建筑用地较多，常以亩数论计。

传统民居如果在河边择地而建，面街背河或临流对街的房屋，沿着河道延联伸展，自然而然形成河街水巷的水城景观。沿河而居的苏州人，尽情地享用着得天独厚的水环境。苏州的小飞虹，俗称廊桥，不只是园林里的景，那些水巷里的小廊桥，有的只是跨河人家的走廊。也常有枕河的人家，在后墙开一个门洞，沿驳岸悬挑千斤石，临水而筑悬空石级，取水用水方便之极（图 4-27）；也有在水阁上安上长窗短格，就像陆文夫先生所写的，卖菜船来了，“便从小楼上用绳系下一个篮筐来，把钱放在篮筐里吊下去，把蔬菜和油盐吊上来……。”水阳台，则是水巷中最有情调的亲水建筑。这是临水的民居巧借水面，从房屋台基延伸出一界廊式建筑临于水面之上，这是居家晾晒衣物或饮酒品茶的好处所（图 4-28）。

图 4-27　悬空河埠

图 4-28　水阳台

庭院深深深几许，这是幽静小巷里大户人家老宅子的情景了。苏州最大的古民居是卫道观前的“礼耕堂”，宅主潘麟兆，为清代苏州有名的徽商。潘宅坐北朝南，前门位于平江路卫道观前，后通混堂巷，五路六进，深广至极，重门叠户，规模庞大，占地8100平方米，房屋建筑面积7500平方米。全宅有5座砖雕门楼，每座门楼各具特色。正厅面宽5间17米，原有礼耕堂匾额。厅内左右稍间隔有矮墙半栏，喜庆祝寿时，看戏听曲，男宾在厅中，女宾则在半栏外。内厅为5间两厢楼，重檐式，楼前置鹤颈轩、船篷轩，梁垫之上雕有各种花卉。潘宅东路鸳鸯厅，全楠木营构，厅内雕刻精美华丽，厅前庭院植有古树名木。在正路与东路之间，还有稼秣堂、半砚斋等厅堂，也是潘家观戏的地方。从前的深宅大院，寻常百姓是难以登堂入室的，欧阳修一曲“庭院深深深几许，杨柳堆烟，帘幕无重数”，平添了世人多少遐想。当今天人们漫步在这样的深深庭院里，那里的一砖一瓦，一草一木，足以引发你我之思古幽情，这大概就是幽巷里的神韵了。

传统民居建筑——建筑艺术殿堂里的一份典藏。

从苏州博物馆馆藏苏州地区出土的建筑明器来看，汉代苏州的民居建筑形式已经很丰富，仅屋顶就有四落水四阿式、四面坡歇山顶、双落水硬山式、两面坡悬山式等等样式。今日苏州古城内已看不到早于明代的民居建筑了，即便是明代的，也只是凤毛麟角了，尚存者大多为清代建筑。现苏州古城列入各级文保和控保单位的传统民居共有386处，以平江、山塘、阊门、怡园及桃花坞、拙政园6个历史街区居多。苏州传统民居建筑的存在，传递着古城建筑文化的信息，留下了不同时代人们生活的痕迹。

苏州传统民居建筑的平面结构有长方形、曲尺形、工字形、凸字形、H形、Π形、口形7种基本形式。这些基本的平面结构，是一户一居常用的普通户型。至于适应和满足不同阶层、不同喜好、不同需求，或当建筑的规模扩大时，只要利用基本的平面形状加以自由组合，采取纵联、横联或纵横双向扩展的方式，就可组合成多重层次、深度空间的建筑组群，即大型宅第。

苏州建造的大型宅第，都是群路式的。通常采用中轴线设置手法，主从有序，布局规则。正中设正门，另设偏门于正门之侧。中轴的一路称“正路”，其基本模式为：照墙（有隔街式、隔河式、街河并隔式）→大门→门屋→天井→轿厅（又称茶厅，旁设小院）→后翻轩（两边设蟹眼天井）→砖雕门楼→大天井→厅堂（两旁配对称厢房用作书房）→砖雕门楼→天井→女厅（又称上房，大都为楼厅，可多进）→披屋（又称下房，仆人居所）。正路两边的院落组合称“边路”，又称“次路”。正路是群落式第宅的主体建筑，是家族中至尊者的起居处，也是迎宾待客的地方。如果在正路旁边需增加一路，一般设在正路的东边，二路之间用避弄（或称备弄），作为进出往来的通道。也有东西各增一路的，三路之间就有二避弄，特殊大型第宅则用到五路四避弄。大型第宅中的庭园，按常规多数设计在院落的西部，也有根据宅基地而因地制宜，建成后花园和东花园的。大型第宅及其庭院内的厅堂，可谓多彩多姿。以梁架构建形式分，有圆堂、扁作厅、贡式厅；以其款式造型分，有对照厅、四面厅、鸳鸯厅、纱帽厅、船厅、花篮厅、骑廊厅等。根据宅主的爱好和品位，各类厅内的装饰和陈设，或是富丽堂皇，或是斯文儒雅。（图4-29）

苏州传统民居为江南立贴式木构架。以木架承重，一般采用立贴穿透式或抬梁式。这种特殊形式的基本结构方法经过数千年的演进，在负荷上很具科学性，柱与柱之间可按需要，或砌墙壁，或设门窗．这使得民居建筑的设计与施工更具灵活性和地方特色。苏州民居建筑，除纵向需在两端砌山墙外，横向则更多用长窗、短窗、格扇、门板之类。仅是长窗，常见的做法就有几十种之多。苏州传统民居的层高为1~2层，檐高在3~7米。平房一般在3米左右，楼屋高不超8米，明清以来，未有多大变化，直至近代，随着城市道路的拓宽，苏州城开始建有3层楼房，但在当时还是为数不多的。(图4-30)

图4-29　厅堂建筑

图4-30　格扇

传统民居的屋顶形式，以起居为主的住宅部分，多用硬山或悬山两面坡式，但大型第宅如果置有私家花园的，那么庭园之中的亭、台、楼、阁、榭、堂、馆等，其屋顶的形状可谓丰富多样了，有歇山顶、四角攒尖、圆攒尖、盝顶、卷棚等，造型众多，美轮美奂。(图4-31)

传统民居屋脊的形式，在应用中是有讲究的。普通民居，一般用纹头节、雌毛脊、甘蔗节、游脊。中型和大型的第宅类民居，厅堂一类建筑多用哺鸡脊，花厅、书房则有用黄瓜环节的，一般居室也用纹头节。鳞次栉比的苏州传统民居屋脊形态各异，工艺精细，观赏效果极佳，是古城与空间对接的一道美妙风景。(图4-32)

图4-31　屋顶款式

图4-32　哺鸡脊

苏州传统民居的墙式，根据功能分，主要有山墙、屏风墙、漏砖墙和围墙。普通民房的山墙多为硬山式，自房屋台基直达山尖，但不出屋顶，线条十分简洁。而民居建筑中如厅堂、楼厅等高大的屋宇，山墙就会处理成出屋顶的屏风墙，又称封火墙，其功能作用为防火隔墙。按厅堂进深大小，屏风墙设成3山或5山，中间一垛最高，两边依次跌落，成对称阶梯式，结顶用做成双落水加黑瓦片筑脊甘蔗头饰，白墙粉涂施外墙。后期受南北建筑风格影响，也有民居建筑的山墙处理成观音兜形式。不论是哪种形式，屏风墙的建筑造型都十分优美，在蓝天的衬托下，浮印重叠，刚柔相济，古朴苍劲，气度不凡，以建筑的雕塑之美，独领千年江南水乡风貌（图 4 – 33 ）。漏砖墙又称漏窗，是苏式建筑中富有艺术气息的一种墙体。漏砖墙多施于第宅内天井、花园之墙垣。墙体局部用砖或瓦镂成花窗，形状图案不下百余式，精彩纷呈。如建于清代的私家花园留园，漏砖墙之多之美堪称园林一绝，各种各样的漏窗计有 200 多宕，30 多款。传统民居的围墙，尤其是深宅大院大都用高墙封闭。围墙外形随建筑物布局与功能而起变化，有水平状态，也有随屋面与屋顶高下而处理外形。第宅内的花园围墙，更有做成云墙的，高低起伏，富有节律，产生线条游动之美感（图 4 – 34）。

图 4 – 33　五山屏风墙

图 4 – 34　云墙漏窗

传统民居建筑的装修堪称苏邦工匠的绝技之一。古民居的木构架构件是以髹栗壳色漆为主的，也有立柱和大门用到黑漆。装修工艺中最具传统特色和体现民间工艺的是雕刻与彩绘。木刻雕饰大多用于梁枋、雀替、门窗、户闼、挂落等，砖细雕饰多用于门楼、门楣、照壁、墙垣及屋面戗角，由主人按照自己的意愿和喜好取材，大多寓意福禄寿、吉庆有余、百事如意、锦上添花，等等。石雕装饰则常用于门枕、柱础、照墙勒脚处。从风格上区分，明代的雕刻技法造型洁简，线条流畅，清代的作品趋向富丽、繁细。苏式彩画源于民间传统作法，以精雅秀丽著称，题材多数为山水、花鸟、走兽、人物及锦纹。苏州传统的装饰工艺之精美，可谓天工开物，是苏州古城传统建筑工艺中的精华部分，反映了古代苏州传统建筑的工艺技术水平。

苏州古民居中不乏建筑精品，尤其是群落式的庭院建筑，建筑精良，装修精致。今位于古城中部的吴宅，建于清乾隆年间，占地 3400 平方米，建筑面积 2590 平方米，南起大石头巷，北至仓米巷，前后进深 98 米之长，厅堂两侧五山屏风墙高高耸立，展眼望去，粉墙黛瓦错落有致，古朴苍劲气宇不凡，极富韵律之美，雕塑之美，显示了苏派建筑中刚柔相济的另一种建筑艺术风格。吴宅堪称砖雕艺术建筑的代表作，现尚存二座乾隆年间的砖雕门楼。置正厅前的一座砖雕门楼，额题“舍和履中”，门楼刻有花纹、回纹、云纹、蝙蝠纹，线条十分流畅，刀功特别精细。位于堂楼前的一座砖雕门楼，额题“麟翔凤游”，上枋镂雕福禄寿三星，王母、鬼谷、麻姑、刘海各路神仙，猴、鹿、羊、蟾等吉祥之物，深含喻义，尽展镂雕之功力。下枋取元代翁森《四时读书乐》诗中意境，以园林风景为背景，自东向西，镂雕春夏秋冬四时读书图，画面精雕细作，人物栩栩如生。（图 4 – 35 ）

图 4－35　砖雕门楼

传统民居建筑——人文历史内涵的一种诠释。

苏州的传统民居建筑，体现着中国传统的尊道思想。古代苏州城市的布局，受周王城规制的影响，采用中轴线对称手法营建城市，大型的民居建筑也不例外，即使在私家置建的花园内，厅堂之类建筑仍会采用轴线去组群，这是古代中国精神文化中占统治地位的儒家思想在吴地建筑文化中的体现与渗透。儒家倡导的“居中不偏”、“不正不威”及“尊卑有序”思想，备受统治阶级推崇，直接影响到建筑领域，由此衍生出的封建礼制反映在民居建筑中的，还有建筑的形制、尺度、色彩等封建等级规制。建筑等级制度对色彩使用有着严格的限制。宋代有“凡庶人家，不得施五色文彩饰”，明代有“庶民居舍，不许外饰彩色”的规定。建筑物屋顶的庑殿式、哺龙脊及琉璃瓦，仅限于宫殿与庙宇之类建筑使用。综观苏州古城的各类民居建筑，其规格尺度、型制色彩都是与这种建筑规制相符合的。历史上，明代苏州知府魏观于洪武五年（1372年），在子城废基上建造新府署，有人告他图谋不轨，魏观终被冠以“兴既灭之王基”之罪名，腰斩于应天府（今南京）。官府尚有这样的森严等级，民居建筑的等级限制就更严密了。今天苏州古城内留存的许多名人故居，其住宅屋顶、屋脊造型、厅堂宽度、油刷彩绘，等等，都与宅主的官衔及地位相符的，无敢越雷池半步者。位于古城学士街的怡老院，是明代宰相王鏊故居，今保留的一幢明代楼厅，楼高二层，进深 11 米，通宽 5 间，每间宽至 6 米。用材壮实，出檐深远，非一般宅第可比拟，证明宅主的身份是非同一般的了。

苏州的传统民居建筑，凝聚着苏式建筑工匠的无穷智慧。吴地自古多能工巧匠，尤以苏州胥口“香山帮”匠人著称，其建筑工艺水平，工程规格化程度都达到了很高层次，其建筑被称为“苏派建筑”。古籍与方志有“江南木工巧匠皆出于香山”，“香山梓人巧者居十之五六”的记载。“香山帮”作为一种建筑流派，已成为江南古典建筑的代名词，是集木作、水作、砖雕、木雕、彩绘等多种工种的建工群体。香山工匠或师徒传授，或子承父业，有许多建筑世家。苏州古城内体量较大，建筑技艺高的建筑，几乎都出于香山工匠之手。大江南北的许多著名古典建筑也都凝聚着香山工匠的智慧。苏州工匠造房，多为砖木结构，虽用材相似，却创造出了不同类型的建筑，如厅、堂、楼、阁、轩、亭、榭、廊，等等。这些千姿百态的建筑，被巧妙地组合在住宅基地中，这便是传统民居中的优秀代表——苏州古典园林。香山工匠技艺超群，在中国建筑史上贡献杰出。明代建筑大师蒯祥，清人姚承祖，即是其中的杰出代表。

蒯祥（1397～1481 年），字廷瑞，苏州府吴县香山人，出身于木匠世家。祖父蒯思明、父亲蒯福都是技艺精湛、远近闻名的木匠。蒯祥承父业，少年有成，年轻时就有“巧木匠”之称。明朝朱元璋征召工匠建造南京都城，少年蒯祥参加了建造行列。明永乐十五年（1417 年），蒯祥随父应征到北京参加了明皇宫的建造工程。明永乐十八年（1420 年）宫殿落成，蒯祥因技艺精湛、身手超群，被升任为工部“营缮所丞”，参与设计并直接指挥宫城的营建。蒯祥参与和主持重大的皇室工程众多，除北京宫城外，还有长陵、献陵、景陵、裕陵等皇陵的建造，皇极、中极、建极三大殿以及干清、坤宁二宫的重建，北京的衙署、隆福寺，以及北海、中海、南海等殿宇也都有他的大手笔。蒯祥在规划、设计和施工方面的杰出才能，深受明宪宗皇帝赞扬，夸其为“蒯鲁班”。景泰七年（1456）蒯祥因功擢升，任工部左侍郎。蒯祥营建宫殿楼阁时，只需略加计算，便能画出设计图来，待施工完毕后，建筑与设计图样大小尺寸分毫不差。对此，康熙时《苏州府志》有“永乐间，召建大内，凡殿阁楼榭，以至回廊曲宇，祥随手图之，无不称上意”的记载，《吴县志》也有“略用尺（淮下加十）度……造成以置原所，不差毫厘”的记载。据传，蒯祥“能以双手握笔画龙合之如一”。他精于尺度计算，又擅长榫卯技巧，技艺娴熟，出神入化，建筑造诣极高，发明了“金刚腿”、“活门坎”等卯榫技巧，以及“墨斗”弹线和“中轴线”标置等技巧，传用在传统民居的建筑中，后代工匠一直延用到了今天。

姚承祖（1866～1939 年），字汉亭，号补云，又号养性居士，吴县胥口香山墅里村人，世业木匠。祖父姚灿庭建筑技艺高超，曾著有《梓业遗书》。姚承祖 16 岁辍学从梓，后在城内开设姚开泰建筑处，世袭营造成业。姚承祖毕生从事建筑事业，经他手设计建造的厅堂馆所、亭台楼阁、寺院庙宇不下千余。现仅存 4 处，为苏州怡园的藕香榭、吴县光福乡香雪海的梅花亭、灵岩山的大雄宝殿和木渎镇的严家花园。姚承祖是近代“香山帮”工匠中第一个走上高校讲台讲授建筑学的工匠。他幼年失学，深知无文化有碍事业发展，故发奋启学，在苏州城内玄妙观旁开办梓义小学，于家乡创设墅峰小学，免费招收建筑工匠子女入学读书，培养工匠子弟。1912 年，他积极倡导成立苏州鲁班协会，并担任协会会长，将工匠组织起来，互相研究切磋技艺，以提高工匠技能与整体素质，苏州工业专科学校成立后，他被破格聘请讲授中国建筑学。姚承祖重要著作是《营造法原》一书，该书是姚先生晚年根据家藏秘籍和图册，在前苏州工专建筑工程系所编的讲稿，此书集中了历代香山匠人的营造经验之精华，为近代记述江南古建筑的一部技术专著，被世人誉为“中国南方建筑之宝典”。其他还著有《姚承祖营造原图》。

苏州城市建筑史上被后人推崇备至的还有明代杰出造园家计成，他著有《园冶》一书，是我国最早论述造园技术和造园艺术的专著。堪称中国造园学中一奇书。苏州私家花园，即古典园林的造园艺术，随着此书的深广流传，影响到苏州古城乃至整个江南建筑的格调。师法效仿园林建筑中的“范山模水”，近至大江南北，远至京城皇家园囿。

古代苏州，一代又一代匠师，传承建筑流变的精华，施展精湛的建筑技艺，用的是江南水乡本土的建筑语汇，达到的却是高雅的建筑意蕴。“越是民族的，就越是世界的”，苏州的传统民居之所以能步入世界建筑艺术的殿堂，印证的便是这一哲理名言。

苏州的传统民居建筑，展示着苏州人的文化个性。

苏州人是内敛的，于是便有了隐而不显的幽巷深宅。也许苏州的造园不乏隐退之士，也许苏州的富足让人自足封闭，名人故居十有八九是深藏在幽巷里的。看似与普通民居相差无几的小库门，里面往往是华堂高筑，迴廊重槛；雕梁画栋，陈设精美；叠山筑池，曲径通幽，是一方精致天地。主人的地位、财富、品味，情趣，可以在高高的粉墙内挥洒得淋漓尽致，但主人不事张扬的处世态度，让小门面里的大宅园变得高深莫测。在苏州，即使是高官巨富的宅居，外观上也往往简洁朴素，高墙上很少开设窗口，大门也多用竹丝板门。有专家将苏州的传统民居概括为6个字，即“内敛、内秀、内涵”。(图4－36)

图4－36 曲径通幽

苏州人是雅致的，于是便有了写意山水的园林建筑。苏州最早的私家园林为东汉时的笮家园，此后又出现较著名的两处私家园林，即“辟疆园”和“戴颙园”，为开“文人造园”之先河，营“城市山林”之先例。明代中叶，苏州社会经济繁荣，百业兴旺，文化昌明，江南地区产生了一批“有闲阶层”。正是其中一些人物，他们将精神与生活、文化与艺术、环境与建筑相融合，“以画为本，以诗为题”，兴起了文人士子造园之风。清代诗人袁学澜于《苏台揽胜词》中说道：“兹承平日久，闾井繁富。豪门右族，争设池馆相娱乐。或因或创，穷汰极侈。”至明清时，私家造园更侧重于人工叠山凿水的写意方式。“一勺则江湖万里”、“一石则太华千寻”，于是苏州陡增了许多移天缩地，引山入水的私家名园，苏州也因此拥有了“半城园亭”之美誉。《吴风录》中这样写道，古城内“虽闾阎下户，亦饰小山盆景为玩”。寻常百姓家仅以水石花木稍加点缀的小型庭园，更是遍布街巷，数不胜数。“不出城廓而获山林之怡，身居闹市而有林泉之乐”，苏州人用特别的建筑形式，表达了特定的文化意蕴。

苏州人是包容的，于是便有了融合多元文化的传统民居。

自古苏州是座开放的城市，尤其是明清以来，苏州政治、经济、文化的优势，以及气候宜人，优雅闲适的人居环境，吸引了众多异乡客商、官宦士卿在此定居落籍，融合着南北文化的建筑应时而生，城市建设更多吸纳来自异域的文化。明清至民国年间198所公所，以及许多“新苏州人”的宅居，更多融入了徽派、海派、京派等建筑风格。近现代民居建筑中，更出现了海派石库门、西式花园洋房等。今位于十梓街五卅路口的信孚里，1933年由信孚银行建造，占地7553平方米，建筑总面积4712平方米，清水砖墙，石库门面，罗马式拱券门，为海式石库门住宅群。今位于凤凰街王长河头3号的“紫兰小筑”，是著名作家与园艺盆景家周瘦鹃先生的故居。喜爱花木的他，以笔耕多年所得，购进此宅院，遍植名花古木，巧缀山石池壑。园内主体建筑即为一幢西式平房。新中国成立初，朱德、陈毅、周恩来、邓颖超等国家领导人拜访周瘦鹃先生，曾在这幢西式平房的“爱莲堂”里谈笑风生。今位于人民路680号的钱氏别墅，是原国民党上将、上海市市长钱大钧在苏州的别墅，为砖木结构的海式楼房。古城内中西合璧民居建筑更多，知名度较高的古民居有清末翰林、藏书家邓邦述故居“群碧楼”，民主革命家章太炎故居“章园”，北洋政府政事堂肃政使费仲深故居“宝易堂”等等。苏州传统建筑文化的多元化，昭示出历史发展的大变迁，反映出社会进程的大趋势，折射出文化思潮的大变革，也证明了古城苏州的开放度和苏州人的包容性。

苏州人是淡定的，于是便有了祥和安宁的家园。“晴丝罥絮纳芳檐，初日微红映绮奁。一剪香风吹宿梦，卖花声起卷珠帘”，这是良辰美景中闲情逸致的山塘人家。闲适也是一种财富，世世代代生活在同一屋檐下的苏州人，似乎更愿意继承这份精神财富。苏州其实是座屡毁屡建的城市，也许有过太多重建家园的经历，苏州人喜欢安安逸逸的居家生活。今天，坚守在小巷深处老宅子里的老苏州，也许留恋就是这份清闲安适。小楼窗下白兰花的叫卖声，灶披间里“腌笃鲜”的飘香，小桥水阁头纳凉人的月下剪影，小天井里竹靠椅上晒太阳的耄耋老人……老宅子里的生活场景，恰是古城原真性风貌的一部分，普普通通、平平静静，却风情蕴藉。为此，苏州有关专家呼吁，传统民居在整治修复后，应当留存60%的原住民。

六、姑苏桥景尽收眼

“你站在桥上看风景，看风景的人在楼上看你”。诗人卞之琳“写一刹那的意境”，不知灵感来自何处，但苏州人读来，总会把如诗画面定格在家门口的那顶桥上。护城河上万年桥，平江河上青石桥，山塘街上彩云桥……桥上的你可以是今天的景，楼阁前的桥还是昨日的韵。

苏州自古多桥。

古代苏州，水道环绕，河网密布，而贯通城邑内外，连接河街水巷的是数以百计的桥梁。“画桥四百”，宋人杨备的夸称并不为过。宋《平江图》刻录为314座，其中城内295座，城河周边13座。明末《吴中水利全书·苏州府水道总图》记录329座，清末《苏城全图》标绘311座，民国29年（1940年）江苏建设厅《吴县城厢图》标绘261座。“古宫闲地少，水巷小桥多”，这是唐代诗人杜荀鹤眼中的苏州。

吴中桥梁之多，今仍可观。据1985年所编《苏州市志》记载，苏州古城还保存着161座桥梁。若到水城访古桥，当首推平江河。平江河与千年古街平江路水陆相邻，长约2850米。在平江河及其支流上，迄今仍有纵横桥梁25座，自南向北依次为望门桥、忠信桥、望星桥、寿星桥、吴王桥、官太尉桥、兴市桥、苑桥、思婆桥、寿安桥、雪糕桥、积庆桥、青石桥、众安桥、小新桥、朱马交桥、通利桥、胡厢使桥（图4－37）、唐家桥、保吉利桥、庆林桥、奚家桥、潘家桥、石家角桥、华阳桥。桥数与平江河旗鼓相当的，要数桃花坞河了。西起阊门内城河，东延至外城河，总长3100多米，上跨

图4－37　胡厢使桥

桥梁23座。苏州城西的山塘河，也以桥多著称。旧时的，新修的，有名的，未名的，东起山塘桥，西至西山庙桥，可谓七里山塘，画桥十八。苏州古城区的学士河、临顿河、干将河、府前河等主干河道上，桥的密度也是相当高的。难怪苏州人教训小辈时也会说，“走过的桥比你走过的路还多”，此话不无道理。

走在苏州的河街水巷，不用你找桥过河，自有桥在河边等你。尤其在河道的汊口弯处，多则百米，少则几步，你得抬脚桥了。上塘桥，下塘桥，横跨的，纵架的，桥联桥，桥对桥。“东西南北桥相望”，白居易说得好抒情，苏州人却呼得直白，叫“三步两桥”。江南水乡闻名遐迩的“双桥”（图4－38），平江河上就有3处：小新桥是一座与平江河平行的石梁小桥，其桥与悬桥巷东端的众安桥（又名大新桥），纵横对接，浑然一体，呈犄角之势；过小新桥，北行百余米，又能见双桥，一名通利桥，为石板平桥，横卧平江河，位于菉葭巷东端，一名朱马高桥，跨平江河支流柳枝河，两桥相衔，自成一趣；位于曹胡徐巷东端的胡厢使桥，是座花岗石拱桥，紧依胡厢使桥有一石梁平桥，即唐家桥，两桥丁字型相连，呈90度直角，桥型一拱一平，桥洞一圆一方，形似老式钥匙，苏州人称之为“钥匙桥”。这两座桥畔有亭翼然，形六角，名“三吴”，景观更胜一筹。

图4－38　双桥

苏州桥多，故事也多。渡僧桥、饮马桥、剪金桥……听其桥名就知道有故事了。论名声，莫过于寒山寺旁枫桥。张继一首《枫桥夜泊》，桥以诗名，声名远播海内外。比历史，莫过于临顿路上临顿桥，相传春秋末（约公元前495年）吴王征东夷，曾在此临时顿息，犒赏军士。后在此置馆建桥，桥由此得名。说风雅，莫过于石板街北张香桥。人们已经忘记了这座桥的建造年代，却不曾忘记发生在桥上的故事。故事的主人翁名张香，是唐时一家富室的使女，与家中长工两情相悦，恨相爱不成，便从桥上投水殉情了。乡人为之动容，遂以这江南平常女子之名唤此桥了。一个中国式的“魂断蓝桥”故事，自唐一直传到了21世纪。苏州古城的桥，见证了苏州的太平盛世，也见证了腥风血雨的岁月。吴门桥，亲历了中国第一位女大学校长杨荫榆，光天化日下惨遭日本鬼子杀害的事件。1937年严冬，从北京女师大回苏州执教的杨荫榆，屡见日寇暴行。一天，她拿着抗议书去到日本领事馆，义正辞严地指责侵略者的强盗行为。1938年1月1日，两个鬼子兵把杨荫榆诓至盘门外吴门桥上，向她开了枪。鬼子把中弹的杨荫榆踹入河中后，见她还在挣扎，又连开了数枪。鲜血染红了河水，惨案震惊了国人。吴门桥难忘国耻家恨（图4－39）。

苏州桥韵姿美。

有水必有桥，有桥必有景。苏州刺史白居易诗曰："绿浪东西南北水，红栏三百九十桥"。唐时，苏州桥梁还多用木材构筑。桥上木栏红漆亮艳，桥下流水清波荡漾。或许某一天，诗人来在某座桥上，凭栏远眺时，数不清的桥，望不断的水令他诗兴突发，红栏碧波的苏州水韵桥景，就此保存在了历史的"相册"里。明代吴门画派大家谢时臣的《金阊佳丽图》，画的是阊门城墙一隅，却以桥景引人入胜。画幅从右起首，依次入画的有吊桥（图4－40）、渡僧桥、上津桥、半塘桥……桥桥是景，桥桥有韵。更有清人徐扬长卷《姑苏繁华图》，入画桥梁50余座，大小不一，形态各异。姑苏繁华之地，从来是温婉桥乡。

图4－39　吴门桥

图4－40　吊桥

烟柳画桥，风帘水阁，那是古城水巷里的景致。"乌鹊桥红带夕阳"，乌鹊桥仍在城南，"斟酌桥头花草香"，斟酌桥还在城西，只是点缀桥景的人，从汉服唐装，旗袍长衫，到了现代时装。生活在苏州水城，很是诗意，却也寻常。如果泛起小舟，穿过一个个桥门洞，将舟行在外城河上，那么迎面而来的一座座桥梁，又是一番气势和别样景象。苏州较高大的3孔及多孔的石拱桥梁则多见于护城河及城郊。至今，绕城15.3公里的护城河上仍有桥梁20座，其中觅渡桥、吴门桥、万年桥、五龙桥、惠济桥等均为宋代或宋之后的名构。位于盘门外的吴门桥，素有"步入吴门第一桥"之称，是古城最高的石拱桥，始建于北宋元丰七年（1084年），"横绝漫流，分为三桥"，南宋绍定年间（1228～1233年），拆3桥，合并成一座3孔拱桥，清同治十一年（1872年）桥又改建为单孔，有可能这是出于排水防洪的需要。今存吴门桥，全长66米余，高约10米，跨度16米，南北两坡各有石级49个，体型高大，雄丽古朴，为典型的江南水乡单孔石拱桥梁。早些年时人们还不知道挂浆机是何物时，顺风行船是用帆篷的，逆风行船是靠拉纤的。桥前船只来往，或篷帆起落，或纤夫身影如弓。外城河的桥景曾经很美，一种苍凉的美。

过吴门桥，顺着运河折入城南近郊的一方浩渺水域，那里有一桥如长虹卧波，这就是远近闻名的宝带桥了（图4－41）。宝带桥为我国现存古桥中最长的桥梁，横卧于大运河与澹台湖之间，始建于唐元和十一至十四年间（816～819年），相传由苏州刺史王仲舒募捐束身宝带而建成，桥因而得其名。宝带桥的美景，倾倒无数文人骚客。

图4－41　宝带桥

江苏巡抚宋荦，游宝带桥有美义曰："维舟步桥上，时日将落……馀霞散绮，映带其间。顷之，圆月东上，烂如银盘，与波荡漾，俨然金碧图画。"

行春桥是苏州又一名构。桥在苏州西效的石湖之上，茶屿山下。《百城烟水》有载："八月十八日，群往楞伽山望湖亭，看串月为奇观。"石湖行春桥观串月，是苏州人一个延续了几百年的兴致。据说，农历八月十八，当清月斜照时，投入桥洞中的月影会出现连成一串的奇观，宛若连缀的明珠。宋范成大于石湖行春胜景情有独钟，他言道"……往来憧憧，如行图画。凡游吴不至石湖，不登行春，则与未始游者无异。"

苏州桥除却造型美、环境美，桥身桥栏的精美石雕和楹联妙语也足够让人品味。或许，苏州桥更多的美在于它所蕴涵的人文内涵。"扬州驿里梦苏州，梦到花桥水阁头"。桥是苏州人雅致生活的一部分，在诗里，在梦里，在魂里。

苏州桥工艺精美。

桥梁是联系水陆空三度空间的永久性建筑，水网地区的苏州不乏造桥的实践经验。苏州古桥所用材料，最早为木材。"红栏三百九十桥"，是宋代之前桥的景况。至宋，苏州城内桥梁"皆叠石甃甓，工奇致密，不复用红栏矣"。筑桥所用石料，宋时为武康石，石质较松软，色泽古补，为紫褐色，今见叶家弄寿星桥，栏杆用的是百狮子桥移建过来的武康石。到了明代，造桥大都用青石，即石灰石，石质也欠坚硬，今见娄门永宁桥，历代修建后尚存部分青石。清代以后，苏州桥以花岗石为主，质地较坚固，吴中金山原是产地。早期所造石桥，凿工粗犷，后期则趋向精细。至明清，苏州的筑桥技艺可谓登峰造极。

苏州古桥款式，可分两大类，一类为拱式桥，一类为梁式桥，也称板梁桥；以造型分，有亭桥、廊桥、吊桥、平桥，等等。拱式桥有单孔、3孔、多孔，板梁桥也有单孔与多孔之分。桥取拱式还是梁式，桥的跨度与高度，多孔与少孔，既因地制宜，又充分考虑水流、船航、人行等综合因素。一般情况之下，绕城的城河是交通航道，往往造以拱桥，以利船行；城内街巷密集处的河道，往往架以梁桥，以便人行。桥的体量、造型、高低、跨度，根据环境，量身打造，均与河道街巷的宽窄大小相匹配，远观近看皆相宜，这可能就是苏州桥之魅力所在。如果说，水是妩媚苏州的柔衣，那么桥则是优雅苏州的风骨。（图4－42）

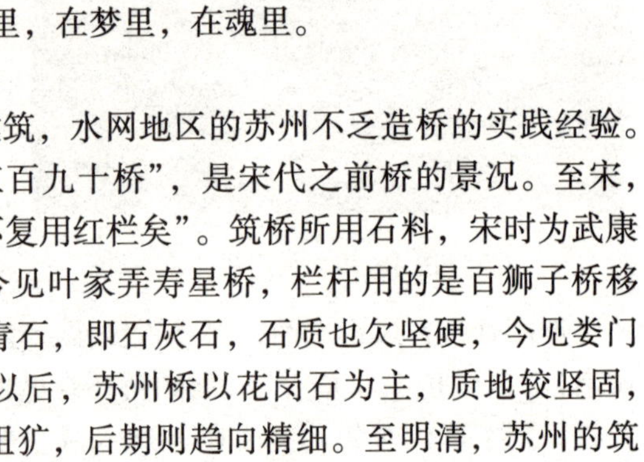

图4－42　多孔拱式桥

苏州古城内拱式桥大多为单孔，体量不大，造型轻灵，如寿星桥、盘门程桥、仓桥、帝赐莲桥、升龙桥、胡厢思桥、星（新）造桥，等等。石拱桥以半圆拱为主，桥墩台基都采用水盘石基。古城内也有砌筑成全圆形的石拱桥，此种桥型构筑技法很科学，利用倒拱去充当软土河底的桥基，使桥更坚固。苏州原莲花桥、昇平桥，即是这种全圆拱桥。石拱桥券的结构有分节并列式、并行并列式、参差并列式、纵联分节并列式。纵联分节并列式也称“联锁式”，是明清时苏州建造拱桥博采众长运用的一种工艺技术。在用联锁法砌筑拱圈时，从拱脚起，按桥宽度，下层并列数块长形拱石，上层则用方形“丁头石”加以联锁，依次类筑，直至拱顶，然后用锁石楔紧成拱。为增加桥梁美观，拱圈上通常设有拱眉。现古城尚存的普济桥、寿星桥即是以联锁法砌筑而成的。拱式桥曲线优美，风和日丽时，水面倒拱一如满月。造桥的懂得塑造美，过桥的知道欣赏美，苏州的桥自然就秀美了起来。

苏州内城河上更多的是梁式桥。梁式桥简朴，宽度在 2 公尺左右，最早是木栏桥杆，现都设有石栏板，但也有用栏凳式矮石栏的。石梁桥的桥台，有石壁式与实体式两种。而多孔石梁桥的桥墩，还有桩柱架排式和独立石壁式等。设置石梁桥，坡度很小，适用于窄小的街巷与河道，多见于水巷里。单孔的梁式桥在城内比比皆是，多孔的则为数不多，今可见于山塘河上的同善桥和沧浪亭处的石梁桥。平平直直、简简单单却灵灵便便的梁式桥，它的生命似乎更旺盛。(图 4 - 43)

图 4 - 43　梁式桥

苏州桥的历史源远流长，苏州的桥文化，底蕴深厚，内涵丰富。桥，变江湖河港为通途；桥，更缀连起一座水城千年的文化与繁荣。

七、古村古镇何处寻

就总体风貌和建筑风格而言，苏州的古城、古镇、古村落自古以来自成体系。

美丽和谐的水乡景致，来自于古城、古镇、古村落三位一体的建筑形态和空间景观结构。苏州众多的古镇和古村落大多有千年以上历史，它们如同珍珠般镶嵌在吴中大地上，与古城交相辉映，是苏州传统建筑的重要组成部分，也是研究苏州城市建设史相互关联的重要内容。

与古城相比，苏州古镇和古村落的建造，在形制上有更大的自由度，更多的是“顺应自然，利用自然，装点自然”（刘沛林《古村落：和谐的人聚空间》）。从空间意境图像看，苏州的古镇、古村落与背景环境就像一幅幅水墨山水画，它们或山水环抱，或背山临流，或坐落水口。古镇古村落的空间意象千姿百态，但万变不离其宗，“水”赋于它们生命与活力，“水”勾勒了江南水乡的特色景观，“水”是古城、古镇、古村落的维系。苏州古镇和古村落的形制无一类同，但人们规划和建设的家园，无不与水密切相连，根据所处的地理环境，大致可归成3类。

1. 平原水口型古村镇

苏州濒临水口的古村镇，多见于古城东南隅的河湖水网平原地带，这些村镇大多坐落在江河内侧或河流交汇之处，人称“平原水口型”。人们环水筑居，因水而得生活交通之便利。苏州至今保存较完好的此类古镇有周庄、同里、甪直、锦溪、沙溪、千灯，等等。这些水乡古镇的共同特征是，“古镇贴水成街，人家枕河而眠”（朱红《甪直》）。与“小桥流水人家”的苏州古城相比，古村镇似乎多了几分清宁恬静和乡土气息。如人称“水云之乡，稼渔之区”的甪直古镇，得天独厚的水环境使古镇在地域位置上形成一个相对独立的地理单元，淞水北绕，澄湖南抱，纵横水流穿镇而过，古有桥梁72顶半之说，是名不虚传的水乡“桥镇”。唐代诗人高启有诗：“长桥短桥杨柳，前浦后浦荷花，人看旗出酒市。鸥送船归钓家。风波欲起不起，烟日将斜未斜。绝胜苕中剡曲，金齑玉鱼会堪夸。”从古人的赞词间，今人仍可感知到昔日古镇的优雅环境。

2. 山水环抱型的古村镇

山水环抱型的古村镇，当首推古镇光福（图4－44）。古代苏州最早的吴县6镇，为横塘、新郭、横径、社下、木渎、光福，其中光福历史最为悠久。《光福志》载：“吴之山惟光福最幽僻，亦最胜绝。太湖环绕，峰峦罗列。山与水递相萦抱，为吴中山水冠。”光福古镇坐落在古城西南太湖之滨，邓尉山脉之中。街道里巷依山傍峦，民居古刹掩映坡间。镇在山中，山在镇中，登临绝顶观望太湖，山水相涵，百桅林耸。古镇的规划营建者，绝对是善于把自然山水直接裁剪进古镇空间景观之中的高手。

图4－44　光福古镇

3. 背山临流型古村镇

背山临流型的古村镇，大多分布在古城西南的洞庭东、西山地区。2005年苏州市政府公布了第一批14处控制保护古村落名单，地处东山与西山的就有12处，大都为依傍着太湖的山村。村落是人类最早的聚落形式，古代人通过生产和生活的长期实践和积累，人居环境自然形成一定的模式。古人云：“使居有良田广宅，背山临流，沟池环匝，场圃筑前，果园树后”（《后汉书·仲长流传》）。苏州东、西山的古村落，正是这种环境模式的实例。姑苏城西南35公里的太湖中，有座名西山的岛屿，岛上石公山西麓两公里处有个古老的村落，南濒太湖，背倚青山，村落依山水走势，形制宛如一钩明月，古村于是便有了如诗一般的名字——明月湾。明月湾更是一处“水抱青山山抱花”的桃源村。明张怡有诗为证：“世人不信桃源记，谁知此是真桃源”。与洞庭西山对相遥望的东山半岛上，有个名叫陆巷的古村，坐落在嵩峰山麓，依山面水，“四周橘林掩映，举目烟波浩渺”（吴靖宇著《东山》），写的是陆巷古村的景，其实，每当漫山遍野的梅花绽了，枇杷黄了，杨梅紫了，橘子红了的季节，太湖之滨没有一个山村的美景是不让人陶醉的。

相对古城的规划建设，苏州古村镇的营建是不拘泥于中轴对称和方整划一形制的，每一处古村镇形态各异，都有其独特的形制。古村镇的整体形制虽无明文规定，然而在营建中却都有约定俗成的乡规民约。与城市营建的相同之处是，同样讲求实用功能、风水环境、尊卑秩序和宗教礼制等等。除此外，还有其严格的俗定与规矩。如宅基定位朝向讲究“太平向”，民居建筑为坐南朝北略偏西 2°～10°。如果是数家平行建房的，檐角是要在一直线上的，并且要同样高低，俗称“一条龙”。其他如破土、奠基、平磉、上梁、做屋脊等等，规矩更多。这些被苏州人叫作“老法头”的规矩，尤其在乡村建房的事象中，今天仍然管用。

4. 古村镇的形制独一无二

古人在对大自然逐渐认知的过程中，星象、大地、山川等均成为其崇拜和图腾的对象，人们按照古老的“地气星光”、“藏风聚气”等风水理念去选址，也根据地理环境和自然条件因地制宜地进行规划布局，去构筑理想家园，是以，江南苏州一村一镇都有自己独特的形制。

建于南宋时期的东山陆巷古村落，是明代正德年间宰相王鏊的故里。古村选址在东有葱茏莫厘之峰，西有万顷太湖之滨，于山坞之中辟地建屋，规划布局为一街（紫石街），三港（寒山港、陆巷港、蒋湾港），六巷（康庄巷、文宁巷、旗杆巷、韩家巷、姜家巷、固西巷）。全村建筑顺山势地形，随高就低，错落有致。被唐伯虎称为“海内文章第一，山中宰相无双”的王鏊，曾连捷解元、会元、探花，因此古村街首巷口设有品字形牌楼牌坊（图 4－45）。村中主街铺以花岗条石，下设泄水通道，小街则以青砖侧砌成人字纹，上山道还专门筑以车轱辘道。村中宅第民居、茶肆酒店、栅板铺面排列有序，一应俱全。陆巷村最大的规划特色是村内 6 条巷子均直通太湖湖畔，据传，这即是“陆巷”村名的由来。此依山傍水的古村距今已有 800 余年历史，村内保存有明清古建筑 30 多幢，面积达上万平方米。其村落布局的独特性、合理性和科学性，迄今仍具有很高的研究价值。

图 4－45　陆巷牌坊

位于京杭大运河之畔的吴江同里古镇，五湖抱合，水景清丽。全镇引入 15 条河道，主干河道呈“川”字状；支流纵横，形成 15 个圩；建有 7 个街区，四面皆环水；筑有 49 座古桥，沟通东西与南北，今人称之“东方小威尼斯”。据苏州地方雨季较长的特点，古镇在沿河的街面上设计有廊棚，镇上的人称之为“河棚”。数百米的河棚，一面与鳞次栉比的民居或铺面相连，一面延拓至河岸。河棚以木柱、石基支撑，上铺网砖青瓦，下设沿河美人靠，雨不受淋，夏可遮阳，是菜农船家及过往行人做生意和歇息的最佳场所。大凡江南的古镇都有这种沿河的长棚景观，苏州如木渎、千灯、沙溪等古镇，各建有百米或千米的河棚。走在长长的河棚下，仿佛走在悠悠的历史长廊里。(图 4－46)

图 4－46　古镇河棚

常熟新港镇的横塘，是一处鲜为人知的古村落。村落虽小，古街仅为“一”字格局，但规划设计巧妙，古街中间置一小桥，与之交汇处设有船码头，改变了单一布局，静中有动，动中取变。整个村落简约却不失灵动，静谧但又不缺生机。

这些古村镇距今都有千百余年的历史，“天光地德”的选址，科学合理的规划，远离尘嚣的封闭环境，也许是其延续至今的缘故。

5. 古村镇的生态空间天人合一

集镇是村落的拓展，城市是集镇的发展，村落是人们最早的聚居空间，从中人们可以“找到人类生活的原点，感受到不加雕琢的朴素的自然的美。”(刘沛林《古村落：和谐的人聚空间》)“花光深处有人家”，“数间茅屋水边村”，当为江南苏州最原生态的古村落。人与自然界交融契合，互为整体，充分体现了古人崇尚“天、地、人合一”的传统哲学思想。人们不仅追逐水草丰美、山水秀美的环境来建立家园，而且懂得怎样与自然和谐共处。苏州西太湖之滨，有一个并不引人注目的古镇，名叫金墅。自古以来，这个与太湖近在咫尺的古镇及周边的一些小渔村，共同固守着一条古训，不在汛期去捕杀产籽的太湖白鱼。原来每年 7 月中旬至 8 月中旬，成群的白鱼会在黄昏时分涌向浅水湖滩和河口产卵，由西向东，其势如潮涌，其声如骤雨，极目之处一片银光泛烁，当地的村民和渔民称之为“白鱼阵”，并一代告诫一代，说产籽的鱼群有“神道”护佑，不能去捕捞。从前靠山吃山，靠水吃水的先人们，虽然不会讲科学发展的大道理，但他们的行为，实际上反映的是古人自觉保护物种繁衍与自我生存环境的一种意识。可惜这种生态平衡的状态在 20 世纪 70 年代之后破坏殆尽，已不再现。(图 4－47)

相传，早在春秋时期已形成村落的西山明月湾，村口沿河植有古樟一株，今高 25 米，直径 2 米，与古村同生共荣了上千年。村西的太湖湖畔，伸展着一个宽敞的古码

图4－47　金墅古镇老街

头。码头用256块花岗条石砌驳，长58米，宽4.6米，始建年代不详，清代由村民集资重修，至今仍然在发挥着“舟楫利于停泊，里人利于盥洗”的作用。古村中建有东西走向、相互平行的两条古街，两街相距约50米，由东向西，由高而低延伸至村口，连接南北两街的还有若干小巷，人称“棋盘街”。据考，至唐代，明月湾就有了状若棋盘的山村格局。古村筑于清乾隆三十五年（1770年）的石板街，总长1140米，共用4560多块金山花岗条石铺筑。北街长约260米，较平直，为主街；南街长约160米，较为曲折蜿蜒，其东段穿越山坡果林，连接湖滨古寺。石板街的下面设有排水沟，村里的老人说，太湖水再大，山洪雨水再多，村里从来没发生过水淹之害。当地有民谣：“明湾石板街，雨后看绣鞋。”村内村外，浓荫掩映中的民居宅园或延伸成街，或时隐时现。坡前山后，墙外院内，但见桂树丛丛，果实累累，丝瓜垂垂。浓郁的田园风情与天人合一的生态环境较为完整地得到了保留。“野人波涛上，白屋幽深间；晓培桔栽去，暮作渔梁还；清泉出石砌，好树临柴关。”唐代诗人皮日休描绘的古明月湾人与环境的和谐状态，仿佛并未远去。（图4－48）

图4－48　明月湾古樟

6. 古村镇的景观构造因地就势

古村镇选址趋向融于自然，天然地景和自然风光，是古村镇得天独厚的资源。处在平原水网地区的水镇周庄，古有“贞丰泽国”之称。《周庄镇志》有载：“镇中港脉，自南到北为富安桥河。河之南为南湖，俗呼南白荡。河之北为急水港。从港过西为白蚬江，通陈湖过东为东垞港，进永安桥为银子浜，再折西南为箬泾……出贞丰桥外为西湾。”古代周庄人充分利用丰富的水环境，因地就势构景，古镇旧有8景，其中“雨花春晓、小桥流水、全福晓钟、蚬江渔唱、南湖秋月、急水扬帆”6景都与水相关。宋代郭熙《林泉高致》云：“谓山水有可行者，有可望者，有可游者，有可居者，画凡至此，皆入妙品；但可行可望，不如可居可游之为得。”今天，周庄人仍然居住在如画的环境中，周庄仍以它完美的水景观与完整的古镇风貌吸引着海内外的无数游客。

7. 古村镇的风土人情十分丰富

苏州的古镇古村落是农耕时代的“活化石”，人们生活的真实性、地域风貌的真实性、社会历史的真实性有相当一部分得到了较好的封存。如果说城市的环境特征更具有社会性，那么古村镇的环境更为人性化。聚居在同一个村落的人，以同宗同姓居多，如西山东村与角里古村落，最初即为西汉初年中原“商山四皓”东园公、绮里季、夏黄公、角里先生之弃官隐居处。诸如此类的古村落，兼容了南北文化，建筑环境气度不俗但又不失亲和悠闲。村中往往建有祠堂、牌楼、宗庙等，这些带有族记的建筑是村中的主体建筑，通常处在村口或村中显要位置。如洞庭西山的东村，村中建有东园公祠。而洞庭西山明月湾，古村内分别建有吴、黄、邓、秦4大姓氏宗族的祠堂和分祠，村东南太湖滨还建有明月寺，现都有历史遗存，均为清代建筑。古村落中民居宅第造型古朴优雅，其中不乏苏派建筑之精品。东、西洞庭山留存至今的明清第宅还有许多。仅东村，至今仍保存有芳柱堂、慎思堂、瑞木堂、仁馀堂、延圣堂、学圃堂、留耕堂、绍衣堂、孝友堂、仁德堂、敦和堂、萃秀堂、锦绣堂等10余处明清宅第，有很高的历史、文化、建筑、艺术价值（图4－49）。一村之中民居建筑有高下之别，说明族人有尊卑之分，但邻里乡亲和睦相处，常常是一家红白喜事，全村兴师动众。苏州地方数百户的古村落最为多见，数里之内，一般都建有集镇。农历逢五或逢十，为邻近镇村赶集之日。逢年过节，古村镇各有特色不同的风俗庆典活动，或庙会、灯节，或快船、荡湖船等数不胜数。每年新春，各村各镇祠堂、院场、古戏台是滩簧戏 、草台班、打莲花等演唱的场所。民风民俗丰富多彩，清淳古朴。

图4－49　东村巷门

8. 古村镇的耕读文化历来被推崇

如果说苏州古镇古村落是人类珍贵的物质文化遗产，那么在此传承千百年的耕读文化，可以说是同样宝贵的非物质文化遗产。太伯、仲雍奔吴，“以歌为教”、“以文治愚”，这应该是吴地最初之文化底蕴。吴地人自古尚文崇教，这是苏州人杰地灵的文化渊源。后隋文帝定制，中国古代科举制度产生，使空有社会名望的江南士族，有了跻身于官宦之列的蹊径。由此，里人读书为官者辈出不穷，这在吴地的镇志乡史中都有明确记载。仅据吴江同里镇志记载，自南宋淳祐四年（1247 年）至清末，古镇先后出状元 1 人，进士 42 人，文武举人 93 人。古村镇多耕读世家，“疏疏绿柳带村斜，宛似柴桑处士家。羡杀高人能傲世，百年耕读是生涯”（清・黄姬水），这正是农耕时代耕读人的悠闲心态与安居生活的写照。古代人们常常以建文庙、文昌阁、文笔塔、书院、书舍等来崇扬文风。吴地崇文尊师的优良传统，在古村镇的建筑环境或居家生活方面也有众多直接和间接的反映。清人王岱东著有《文昌阁记》，专事记载了苏州唯亭古镇建文昌阁之始末，夸其为“成人有德，小子有造”。文昌阁又称文星阁，人们在此供奉主宰文运、点派状元的文曲星，祈求神明赐予地方文人志士金榜高中。可惜年久仅见记载不见实物。苏州古村镇建有文昌阁并有实物留存的，现有昆山锦溪古镇文昌阁。此阁始建于南宋，乾隆八年（1743 年）几近颓废，乾隆三十八年（1773 年）移建。今重修，阁高 15.6 米，4 面 3 层，呈浮屠状，前临古莲花池，西有宝阁岑楼，东南堤植杨柳，缀以琴堂、莲舫、惜字会。是锦溪镇上保存完好的一处名胜古迹，也是古镇“文举于斯”的历史见证。太湖之滨的东山陆巷古村中，至今品字形地耸立着 3 座高大巍峨的石牌坊，这是村人为明成化年间连中解元、会元、探花的大学士王鏊所建造，树碑立传不仅为功成名就者，同时也是为了激励子孙后代。据考，明清两代，陆巷古村仅王氏和叶氏两族，就出了 1 名状元、1 名探花、11 名进士、46 名举人。

自隋唐至北宋，北方战事纷扰，苏浙偏安，因而渐成为北方一些达官士族官场隐退或躲避战乱的理想隐居地，其中一批人从中原举家南迁，定居吴地。苏州洞庭东、西山不乏此类名门望族。他们选取水木清幽、景色秀美的地方聚居，建筑环境往往气度不凡，耕读文化的氛围更是浓郁。这些身世显赫的家族及其后裔是苏州耕读文化主流中的一脉。顾炎武先生在《天下郡国利病书》中写道：“士人无田可耕，诗书之外，即以耕渔树艺为业，稍有资蓄则商贩荆襄，涉水不避险阻，篱落村墟，皆非凡境。”书中所指即为洞庭东、西山古村落之人、事、景、物。亦耕亦读，安居乐业，是古代苏州非常普遍与成熟的乡土文化现象。

图 4－50　耕读人家

古村镇多耕读世家，古村镇遗存的明清住宅建筑中，仍留存着古人崇尚耕读文化的许多遗迹，走进古村镇的民居古宅，随处都可感觉到耕读文化的气息，如砖木雕刻和彩绘图案，将荔枝、桂圆、核桃组合一起，寓意“连中三元”，鸬鹚、荷花组合一起，寓意“一路连科”。以“衣锦回乡”、“荣归故里”等故事人物为题材的砖雕木刻更是多见，常见于门楣格扇之上。至于厅堂题额、楹联诗文表达此类意境的更多。东山明月湾黄氏宗祠永思轩内有楹联，上联为："读书好耕田好学好便好"，下联为："创业难守业难知难不难"，抬头便可见读书为人之谆谆祖训。古镇同里"嘉荫堂"厅中楹联题为："闲居足以养老，知乐莫如读书"。悠悠闲适情，缕缕书卷气拂面而来。（图 4－50）

苏州的古镇、古村落与古城水脉相连，文脉相承，是苏州历史文化不可或缺的部分；它们完整的建筑形态，完美的空间景观，共同构成了秀美的江南水乡。《中国古村镇保护与发展碛口宣言》指出，古村镇"是中国传统建筑精髓的重要组成部分，真实地反映了农业文明时代的乡镇经济和极富人情味的社会生活。它凝聚了劳动人民的智慧，沉淀了民族的优秀文化，传承了丰富的历史信息，具有重要的历史、科学、文化、艺术、教育、旅游等价值，是中华民族宝贵的历史文化遗产"。

参考资料

1. 罗哲文．中国古代建筑．上海：上海古籍出版社，1990.
2. 张驭寰．中国城池史．天津：百花文艺出版社，2003.
3. 张家骥．中国建筑论．太原：山西人民出版社，2003.
4. 瞿慰祖．苏州城建大事记．上海：上海科学技术文献出版社，1999.
5. 董鉴泓，阮仪三．名城文化鉴赏与保护．上海：同济大学出版社，1993.
6. 石琪．吴文化与苏州．上海：同济大学出版社，1992.
7. 王卫平，王建华．苏州史记（古代）．苏州：苏州大学出版社，1999.
8. 陈晖．苏州市志．第一册．南京：江苏人民出版社，1995.
9. 邹宫伍．苏州古城建筑风貌初探．1989 年 4 月．苏州历史文化名城研究会成立大会研讨交流材料.
10. 苏州市房产管理局．苏州古民居．上海：同济大学出版社，2004.
11. 苏州史志资料选辑．1989 年一、二辑，三、四辑；1990 年第二辑．

（苏州市地方志编纂委员会办公室、苏州市档案局、政协苏州市委员会文史编辑室）

部分图片下载于文化苏州网（版权归属原持有者）

（华以丹）

第五篇　交通篇

苏州地处太湖之滨，境内河港纵横交叉，湖荡星罗棋布，水上木帆船运输向为最主要的交通运输工具。隋唐以后，全国经济中心逐步南移。继隋初修通南北大运河后，唐、五代又在江南开凿了苏州至常熟的常熟塘（元和塘）、松江县东南的华亭塘（盐铁塘），常州以北的古孟渎三条主要河道，把繁荣富庶的苏南地区联成一体，江南内河航运事业以前所未有的速度和规模向前发展，形成“天下以江淮为国命”的局面。唐开元、天宝盛唐时期，岁漕由江淮水运已不下于300万石，安史之乱更是“中原释耒，辇越而衣，漕吴而食”。明清时期内河民间商业运输也有了相当的发展，当时苏州城中万商云集，大小港湾船只拥挤，阊门至胥门的夏驾湾，川蜀大船停于东，商贾盐船停泊于西，官船往来其间，水上交通运输十分繁忙；枫桥“米市”贩运“菽麦棉花南船千百”，尤为繁盛。（图5－1、图5－2、图5－3）

图5－1　阊门城楼

图5－2　阊门盛世

图5－3　万人码头

苏州港口码头历史悠久。元末明初，太仓浏家港为江南漕粮海运京师的转输基地，海外各国商人在此进行市易，时称“六国码头”，也是全国8大古港之一。苏城内外，码头林立，素有“六门三关六码头”之称。（图5－4、图5－5）

图 5 - 4　太仓浏河天妃宫全景

图 5 - 5　太仓浏河天妃宫正面

自清光绪二十一年（1895 年）中日《马关条约》签订后，外轮相继侵入苏州内港，日、英、美、法、奥等国外商先后开辟上海至苏州轮运航线。同时苏州华商轮运业在艰苦竞争中亦逐步发展，占有一定的地位，对促进苏州经济的发展发挥了重要作用。

光绪三十二年沪宁铁路苏州至上海通车，光绪三十四年全线开通，沿线城市之间的长途客运业务逐年增加，货运业务也日益扩大。苏州以西无锡、常州、镇江等城市同上海的货贸往来不再经由苏州，苏州作为传统的商品集散地的地位开始下降，逐渐萎缩至四乡范围内。由于轮船业发展、沪宁铁路开通，加之光绪二十七年漕粮改为折色，传统木帆船运输面临货源减少的困难，但因商品粮和农副产品运量增加，近代加工业兴起后原材料和产品的运销，以及县、乡之间短途客运的繁荣，木帆船运输在社会生产、商旅交往中仍占有重要地位。

第一次世界大战爆发后，欧美列强忙于战争，无暇东顾，被压抑的民族工业获得喘息机会。到民国 25 年（1936 年），苏州民运小轮航运业务逐步形成以苏州为中心联结四乡农村的航运网络，木帆船运输仍甚活跃；铁路运输作用日益扩大，民国25 年7 月又建成苏嘉铁路，正式开通运行。（图 5 - 6）同时开始创建陆上公路运输业，继民国 11 年沪太公路筑成后，于 19 年吴县开筑第一条苏嘉公路，后又继续开辟苏虞、苏锡、苏昆等公路。至25 年，苏州已有 15 条公路支干线。

图 5 - 6　正仪火车站旧址全貌

民国 26 年 11 月日军侵占苏州后，水陆交通均遭严重破坏，并为日商控制。民国 28 年后，汪伪政府为配合日军侵略战争需要，修复 15 条干支公路。民国 33 年，日军急需钢铁，苏嘉铁路被强行拆除。

新中国成立后，随着国民经济的发展，苏州交通运输业也有较大的发展。水运航道通过多次维护、疏浚和局部整治建设工程，对改善航道，沟通和提高苏州境内及与上海、浙江等地的内河安全航运有很大作用。市内港口码头经陆续扩建和新辟，港口吞吐能力逐年增长，成为华东三省一市的水上枢纽和水陆物资集散、出入的中转联运良港。

一、沉舟侧畔千帆过

据《辞海》释：漕运者，水道运粮也。漕运是王朝兴衰的命脉，又是一项重要的经济制度。漕运主要是利用水道（河道和海道）调运粮食的一种专业运输，中国历代封建王朝将征自田赋的部分粮食经水路解往京师或其他指定地点的运输方式。漕运起源很早，秦汉时代，政府把河南的粮食转运陕西；隋唐以后，则将东南的食粮转运西北。伴随食粮转运而形成中国历史上的漕运制度。

作为漕运的重要航道——京杭运河犹如咽喉要冲，担负起古往今来漕运的重任。水能载舟，它承载的是整个中华民族一段宏伟壮观的漕运史。京杭大运河的形成，并非一日之功，2500多年前春秋战国时期，吴王夫差欲北上争霸，在今扬州地区开邗沟以通江淮。秦统一六国后，为南巡江南，役囚徒3000人凿京口（今镇江）至丹阳河道以通航。后来在西汉、东汉末年和两晋时期，朝廷对运河也都有所整治。在漫长的岁月里，大运河有过许多变化，但以隋朝大运河的开凿为转折点，又以元朝政府对大运河的调整以及开发利用，成为另一个重要的转折点。

公元589年，杨坚结束了始自东汉献帝董卓之乱，历经魏晋南北朝长达400年之久的分裂割据局面，统一中国，建立隋朝。为了有效地统治国家，求得长治久安，开凿和贯通南北大运河即成为重要国策。由于隋朝国都在长安，以东都洛阳作为重镇，于是大运河便以长安及洛阳为基点，分别朝东北和东南呈“人字”形展开，开凿贯通南北运河。隋开皇四年（584年），隋文帝杨坚首先开凿了由长安附近开始，沿渭水之南至潼关连接黄河，沟通了中原与长安之间的广通渠（隋炀帝时改称永通渠）。开皇七年（587年），隋文帝又疏通了江都至淮安的山阳渎。隋文帝在位15年，大业元年（605年）隋炀帝杨广即位，他决定在洛阳营建东都，同时下令开凿通济渠、永济渠、邗沟和江南运河四段，联结河、淮、江3大水系，形成沟通南北的新的漕运通道，全长5000余里，仅用了6年时间，即贯通了南北大运河，奠定了后世大运河的基础。隋朝大运河以东都洛阳为中心，分为两个系统，一是自洛阳通向东南，以通济渠，即洛阳至山阳（淮安），再下接邗沟，即山阳至扬州段运河，并连接江南运河，直抵余杭（今杭州）。二是自洛阳通向东北，经永济渠以达涿郡（今北京），从而构成了闻名于世的南北大运河。

大运河昔称“漕运河”，以运送漕粮为主，由此它也就成了国家的命脉，在这条黄金水道上，江南运河又是其中的精华。唐朝以后，依托这条黄金水道，东南漕运粮逐渐增加。由唐高祖至太宗时期，每年运额约在20万石。是时北方所产粮食尚可勉强供应。玄宗年间运额渐增，3年之中共运米700万石，每年平均运米230万石。自中唐以后每年通过扬州北运的粮食不下400万石，故《新唐书》中谈道，“天下大计仰于东南”，韩愈也说，“当今赋出天下，江南十居其九”，安史之乱后更是“漕吴而食”。唐朝末年，鉴于当时藩镇割据，盗寇横行，为便于监押保护，将地方漕粮依一定数量编排在一起，称为一纲，分批运送。安史之乱后，群雄割据，赋税不入中央，政府对南粮的依赖程度愈益加强。代宗之后，漕运额逐渐呈现递减趋势。宋初，对纲运之制又进行了发展，使其应用范围逐渐扩大，以至“纲运”一词成为一切运输的总称，有粮纲、米纲、布纲、钱纲、盐纲、香药纲、马纲等。北宋时期由运河北运的“东南百物众宝”数量更是可观，当时的花石纲运输就由苏州用船将太湖石运往京城，每10船组成一纲，一纲跟着一纲接连不断。元朝建都燕京，原来东南西北向的运道已不适用，于是开凿山东省的会通河，北接御河，下达清泗；至徐州会黄河，南通江、淮；又开贾鲁河，以通颍、蔡、许、汝之漕，又开由京师到通州的通惠河。南北大运河的局势于以创始。明永乐定都北京后，漕粮运输也盛极一时，江南岁漕400万石、苏松等五府白粮20万石都要通过江苏境内运河。苏州府、太仓州、松江府11.37万石漕粮则直接经由苏州阊门北出浒墅关、望亭北上。除了漕运，明清两代通过运河的商业流通，更是促进了南北的物质交流，繁荣了沿岸城镇的经济。清代各省漕粮，经由大运河运抵京通。山东河南及江苏淮河以北漕粮由附近水次循运道直达京通。长江流域各省粮船则须远涉江淮。其由江入淮皆以扬州为咽喉，浙江漕粮由瓜州以达扬州，湖北、湖南、江西、安徽各省粮船则由仪征达扬州。清朝除了沿用运河水道作为漕运外，还开凿了几条较大的引河。如康熙四十年（1701年）开清江浦引河；康熙四十五年开杨家庙至马湖的引河14800丈；雍正五年开金铁岭引河二道；乾隆二十八年开临清河五道。这无疑通畅了整条航道，确保漕粮四通八达，稳固了政权。

伴随着王朝的盛世兴衰，作为王朝命脉的漕运也在晚清时期急剧地衰落了。1842年，英军在鸦片战争后期，不惜付出重大代价，攻占京杭大运河与长江交汇处的镇江，封锁漕运，使道光皇帝迅速作出求和决定，不久，签订了中英《南京条约》。1853年后，太平天国军队占据南京和安徽一带10多年，运河漕运被迫中断。战争极其惨烈，期间运河沿线的主要城市，包括扬州、清江浦、临清、苏州和杭州等地都遭到重创，部分甚至全部焚毁。1855年黄河改道后，运河山东段逐渐淤废，从此漕运主要改经海路。1872年，轮船招商局在上海成立，正式用轮船承运漕粮。1901年，停止运河漕运。1904年撤废漕运总督。1911年，津浦铁路全线通车。从此京杭大运河以及沿线城市的地位一落千丈。

逝者如斯，如今这条水道虽然结束了漕运的历史使命，但它始终没有沉寂，百舸争流、千船竞发的繁忙喧闹的运输场景一直延续下来，直到今天，千年运河依旧散发出了勃勃生机。（图5-7、图5-8、图5-9）

图5-7　俯瞰大运河

图5-8　环古城河帆船

图5－9 运河桥景

二、轻舟已过万重山

远在多年前的春秋时期，吴国的船舶就已名闻天下，有楼船、戈船、桥船、舫船等各种类型的船舶。在乡镇间，凡迎娶、赛会、农商皆赖舟楫往返，农户与商肆皆有船。北宋时期的花石纲运输，就由苏州用船运往京城，每10船组成一纲，一纲跟着一纲，接连不断。明末清初的漕粮运输曾盛极一时，转运北方和辽东等地的军队给养需要，将漕粮运到直沽，明永乐元年（1403年）全年运输量达601230石。清光绪十六年（1890年）由苏州府的长洲、元和、吴县3县运粮进京的米数为126800石。苏州枫桥镇市河一带埠头成为苏州府所规定回空漕船停泊的集散地。由于农业、手工业的发达，加之苏州水网密布形成了繁荣的都市。清朝画家绘下的“盛世滋生图”和“金阊舟挤图”都如实地反映出苏州阊门与胥门一带舟楫如云、摩肩接踵的繁华景象。

图5－10 捕鱼船

图5－11 轮船码头

木帆船的种类名目繁多。往返苏州的民船大体有画舫、灯船、快船、渔船、西樟船、驳船及航船、摆渡船等30多种。

快船：身短底平，不经风浪、行时极慢，吴人讳慢为快，故以快船名之。

灯船（画舫）：装饰华丽，舱房精美，比快船大，中舱可容纳三四十人，专供游览宴会之用。

农船：凡装稻、载柴、粜米、装壅、罱泥等类皆农船也。

渔船：形如蚱蜢故变其字体呼之为蚱蜢船。凡畜鸬鹚以取鱼的叫放鸟船；用鸣榔击之明夜火引鱼自跃的叫尖网船；其提螺蚬的叫扒螺丝船。

图 5－12　七桅帆船

图 5－13　水乡船景

罛船：太湖渔船大小不等，以船为家其最大者曰候船，亦名六桅船，不能停岸不能入港，篙橹不能撑摇，而专等候暴风行船，故其祷神：有“大树连根起，小树着天飞”之语。船长八丈四五尺，面梁阔一丈五六尺，落舱深丈许，中立三大桅，五丈高者一、四丈高者二、提头桅一，计三丈许，梢桅二各二丈许。其捕鱼联四船为一带，两船牵大绳前守以驱石，两船牵网随之，常在太湖西北泽水处，其住泊亦无定所止。则下锚湖中，三大桅常竖不眠。

装船、驳船、载货物之船大的为装船，小的为驳船。

浆船：凡不用楫而用浆的为浆船。乡人采莲菱皆用此船。其广布一榻，往来止以一浆相荡，故又称之为划楫。

摆渡船：底方而平，其行最稳。

鱼秧船：鱼苗出九江、鱼秧间以舟由苏，常出长江往返之。

图 5－14　太湖风光

图 5－15　渔网

春秋时期，吴国就在都城（今苏州）附近设有造船工场，称为“船官”、“舟室”。南宋时，苏州的船生产被视为三大造船中心之一。清代，西山的东村、五龙桥的蠡墅、光福的铜坑，都有规模宏大的造船工场，城郊娄门外糖坊湾的钱、戴二姓，阊门外山塘、星樵一带亦有数户，以修造、出租船舶为业。

民国之初到抗日战争前，苏州造（修）船业约有40余户。较大的有18户（娄门10户、葑门3户、山塘3户、齐门1户、四摆渡1户），建造用于河湖的快船、灯船（画舫）、农船、渔船等；较具规模的造船厂有施培记、沈万兴，施仁记3家，能造载重50吨的大船。民国26年（1937年）11月日军侵入苏州，造船业遭受洗劫。之后，从绍兴、苏北等地迁来客籍修造船户。新中国成立前夕，造船业有85家，其中造橹的13户。

苏州木船修造历史悠久，主要工种是木工和捻工。新中国成立前，建造木船是根据客户提出的船舶样式，吨位要求，木工师凭经验、看材料，按吨位算出船舶的长、宽、深，作地面放样，然后经拼船底、竖靠（现称肋骨），上船身板等数十道工序。

航船历史悠久，据1880年文字记载，各地都有航船云集会商苏城。航班船开始是很分散的，既无固定资源，亦无固定航线和停泊码头。清末时期，借以装货载客的也有百艘之多。航船往来于市镇乡村，离城近二三十里，远则数百里，每处均有50艘。航船只要是载货的，到了清末民初，航班船客货并载，成为城乡百姓的交通工具。自民国以后，一部分航船为行商包用，定点定线，以装载货物为主，另一部分仍维持客货并载。部分航班船不仅定航线、定停泊码头，而且定开行时间，并根据航线长短，运量多少，各航线有当日班、二日班、多日班及夜班等。于是开航前，或吹海螺或鸣镗锣，催客上船，因之航班船又称镗锣船。

图5-16　周庄

苏州的轮船业也在水运交通中占有重要地位。苏州的轮船早在1892年就通航了。1902年上海内河招商轮船公司在苏州设立分公司，是苏州第一家官办轮局；1906年苏州人创办的瑞丰轮船公司，是苏州第一家民营轮船局。继有庆纪、源通、宁绍等几家轮船局。这些轮船开往的航线有上海、杭州、嘉兴、湖州、常州、常熟等较大商埠，苏州停泊的码头都在南浩街北水弄口及万人码头一带，其间英商老公茂开办最早，日商戴生昌开的上海班，有正班和副班，每天轮流开班，正班停泊阊门、副班停泊盘门大桥。1921年以后，又增添了许多短程客班，梅村、荡口、木渎、西山、芦墟等港埠，都先后通航。从1927~1936年，苏州的轮船业，是全盛时期，就是最偏僻的航道：如香山、西华、蠡墅、陈墓、车坊等，都有了轮船通航，水道交通，四通八达。这一时期在航运管理方面和组织方面较有秩序，并已成立了轮船业公会。新中国成立初期，共有轮局107家，轮船149艘，航线62条。随着时代的发展，苏州的水上交通被越来越发达的陆地交通所取代，水上交通仅限于水上旅游，太湖岛屿间的航运以及京杭运河货物航运。（参见

图 5－10～图 5－17）

图 5－17　旧时花船

三、点引江南昌国运

1. 沪宁线

光绪三年（1877 年），清政府从英人手中赎回淞沪铁路归国有，上海、江湾、吴淞商民呈请续办，然当时新风未开，清政府立命工匠掘起铁轨，铲平路基，拆毁站房。之后，历时 20 年无人再提筑路事宜。

光绪二十二年，中国铁路总公司成立，南洋大臣沈葆祯奏请修筑吴淞至江南铁路。同年九月直隶总督王文韶、湖广总督张之洞合奏：铁路分段进行，先筑淞沪，后筑沪宁，全程需银 700 万两。以瑞记借款尚余的 250 万两以及直隶海防捐 50 万两，淮盐可再筹百万两，足半数，归中国铁路总公司自办，清政府核准，光绪二十四年十月竣工，系淞沪铁路第二次重筑。但资金耗尽，无力再筑沪宁铁路。恰时，英政府以俄、德、法在中国均获有铁路权，以最惠国及“利益均沾”为由，向清政府索办沪宁铁路，总理衙门允之。由督办铁路大臣盛宣怀与英银公司准备订立 325 万英镑借款条约，适时英国南非战争爆发，中国义和团运动兴起，双方停止签约，延至光绪二十八年七月，由盛宣怀与上海英领事议定详细合同 25 条，于二十九年七月九日正式签约，随即勘测路线。三十年，首批借款 225 万镑小票在英国伦敦发行，同时开始筑路。三十一年十月，车通至南翔。三十二年四月，当上海至无锡即将竣工时，资金不敷，英银公司按合同再发行债券 100 万镑。苏州士绅王同愈等联名请商部代奏，不需续售，不足之数由苏省自筹。但清政府仍按条约，综合实情，核减借款 65 万镑，前后两次实借 290 万镑。同年五月二十五日，通车至无锡，在苏州站举行通车典礼。三十三年四月通车至常州，九月通车至镇江，三十四年三月全线通车，均为单行列车。1958 年 9 月，开始修筑复线。1959 年 12 月，苏州至浒关复线建成。1961 年 7 月复线工程暂停。1973 年续建，1976 年 7 月沪宁线复线全部建成。至此，几乎平行于京杭运河的沪宁铁路承载的不仅是人来货往，更是一个时代的变迁以及民族的精进。（图 5－18、图 5－19）

图 5－18　沪宁铁路通车仪式及早期苏州站

图 5－19　50 年代苏州火车站

2. 苏嘉线

民国 23 年（1934 年），一二八事变后“淞沪停战协定”规定，中国军队不准进入上海地区，迫使国民政府“为增强国防”，解决军用运输，决定立即修筑苏嘉线。同时客观上也能活跃沿线经济，缩短出闽浙铁路运程。铁道部委托京沪、沪杭甬铁路管理局承办。是年 4、5 月测量，8 月测定中线，至 10 月审定制成纵剖图纸设计，前期准备工作就绪，12 月成立铁道部苏嘉铁路工程处。民国 24 年 2 月 22 日开工，民国 25 年 4 月 25 日全线接轨，7 月 15 日通车，全长 74.15 公里。车站起点吴县站（即原苏州站），终点嘉兴站，中间设相门、吴江、八坼、平望、盛泽、王江泾 6 站。民国 34 年 1 月苏嘉线被日军强行全部拆除。（图 5－20、图 5－21）

图 5－20　苏嘉铁路

图 5－21　苏嘉铁路吴江站

四、四海翻腾云水路

苏州自秦置驿道起，通省道路渐被沟通，但直至清末传驿裁撤，通关大道仍只宜轿舆、马车、人力车等传统交通工具行驶。民国初期，近代工商业兴起，人员、商品流通量增加，苏州开始修筑公路和兴办汽车运输业。1914 年第一次世界大战爆发，各国列强忙于战争，中国近代民族工业获得喘息时机，苏州的纺织、缫丝、面粉、火柴、造纸等工业均有所发展，原材料和商品的流通量增多，原始陆上运输手段已无法适应，清光绪三十四年（1908 年）沪宁铁路通车，临近各县始办长途汽车运输业务。公路交通日益显示其效率，促使苏州陆路运输兴起。民国 9～11 年（1920～1922 年）太仓县首先修筑沪太公路，是为苏南民办公路运输与筑路的开端。民国 16～25 年（1927～1936 年），苏州先后筑成干支线 15 条、708.04 公里。日军侵占苏州期间，公路破坏严重。至新中国成立前夕，公路不仅显著减少，且路况很坏，部分路段不通。

新中国成立后至今，随着经济建设日益发展，苏州城乡公路四通八达。苏州高速公路通车里程已有 491 公里，沪宁高速公路、沿江高速公路、苏嘉杭高速公路、绕城高速公路、沪苏浙高速公路、苏通大桥南接线工程、锡通高速公路等相继建成通车。（图 5－22、图 5－23）

图 5－22　虎丘山门前轿子

图 5－23　早期汽车

1. 交通工业

新中国成立以前，江南水乡，水运发达，苏州船舶业修造源远流长，相形之下，陆运工具则落后简陋，仅有制造黄包车、马车、三轮车等代步工具。

新中国成立之后，随着国民经济的发展，交通运输事业的前进，交通修造业逐步兴起。大体上可分成3种类型：①船舶修造，从生产木帆船到水泥船，再过渡到钢质船；②车辆修造，从装配人力板车、手推车到机动板车、三轮卡车，再发展到总装、改装客货汽车；③港机修造，从试制小型吊机到生产多种抓斗、机吊、起重机及输送机等港口机具，再提高到按国家标准统一规格生产定型的港机产品。

苏州的古代造船，远在2000多年前的春秋时期吴国，制造的船舶就很有名望，有楼船、戈船、方舟、余皇等各种类型的船只。吴王阖闾为富国强兵，起用伍子胥，征民夫开凿中国历史上第一条运河，名“胥溪”，运河挖成后，伍子胥就在太湖训练水军，并大批建造战船，船名有“大翼、小翼、突贸、楼船”等。

为适应水战需要，吴王阖闾、夫差时期，在国都姑苏附近设有造船的工场，称为“船宫”、“舟室”等。

南宋，苏州的船舶生产就被视为全国三大造船中心之一。沿袭至今，太湖公社的七桅大渔船，船长25米，宽5米，载重60吨，是太湖淡水捕捞中最大的一种渔船，6级顺风时，时速可达20公里。两舷披水板各两块，即使逆风，也能“之”字形地向前行驶。相传这种渔船，系南宋岳家军战船演变而来，虽然经过历史的变迁，但细心观察，仍有古战船痕迹。

明初永乐（1403～1424年），宣德（1426～1433年）年间，三宝太监郑和七次下西洋，每次都以苏州的刘家港为起碇港和造船补给基地来充实船队。1409年，宝船第3次出航时，该年10月壬戌，曾由江西、湖广、浙江和苏州等府卫造海船5艘。清代康熙执政时，苏州生产的沿海船数量不少，仅康熙五十五年（1716年）就“多至千余”。这些船造价“需数万金”。

苏州造船工业的工艺水平较高，制造的海船平底、方头，使用四角帆，在船头设有板架，能减少航行时的阻力。设计中还运用了侧舷弯曲，横梁宽大的角楼式原则，可以加宽甲板，增大船位，在当时来说，这种设计水平处于世界领先地位。清时，西山的东村、五龙桥的蠡墅、光福的铜坑、都是规模宏大的造船工场。但是，后来由于清朝统治者实行锁国闭关的政策，对于海船的生产设置种种规定严家限制，束缚了造船生产力的发展，到了清代后期，苏州的造船工业就日益衰落了。

苏州城郊的修造船业，早先起源于太平天国之前，在苏州娄门外塘坊湾钱、戴二姓及阊门外山塘、星桥一带陆、周二姓等数户起家，均以修造出租船为业，祖辈沿传已有150余年，当时只有三四吨的船只十数艘，专事出租予农业使用，另外兼修造小型木船。到清光绪二十三年左右，也仅有四五家船户，造些小网船、农船、供渔农使用，苏州造船业还处于分散状况。

后来时势稍趋安稳，为适应地主、官僚、士大夫封建迷信和游春享乐需要，船户造些快船、灯船、朝拜划子船、供游人乘坐和烧香拜佛之用。另有枪船、飞划船是水军用于巡查及守卡子用的船。

苏州的快船、灯船相当著名，船型典雅，工艺精美，是当时水上重要交通工具之一，可供游览、迎亲、搬家、烧香等使用，快船一船载重约4吨左右，乘坐20余人，船梢有厨房，中舱有桌椅，可摆两桌酒席，谓之船菜，用两支橹摇，船头置有清石墩，用以调整平衡，行驶平稳快捷。灯船比快船宽大，装饰更为华丽，中舱可容纳三四十人，房舱周围配有精细雕刻，船头有将军柱，舱内有窗帘、玻璃灯，灯上嵌珠璎珞索，专供达官贵人游览宴会之用。光绪末年，陆上桥盘头兴起，藤桥盛行，逐渐替代了快船。但等船则仍泛游于虎丘、七里山塘河、石湖、太湖。直至抗战时期，才陆续淘汰消失。

从民初到抗战之前这一段时期，苏州的修造船业约有40余户。当时较大的有18家修造出租船厂（娄门10户、葑门3户、山塘3户、齐门1户、四摆渡1户）及较具规模的造船厂施培记、沈万兴、施仁记等3家，拥有出租小船1200艘左右，施培记船厂拥有游览船67艘，当时有数家造船厂已发展到能够建造25～40吨的新船。100吨的大船要上岸修理时，只有少数船厂有力量承接。

1937年日军侵华，苏州沦陷时，造船业同样遭受洗劫，大部分船只都被抢光，但修造船业的户数却大量增加，由于客籍从绍兴、苏北等地迁来，以及出租船户分家户数增加。抗战胜利到临近解放这一阶段，因为当时通货膨胀，货币贬值，船民有了货币，不肯储存，都是修船造船，形成盲目发展。到新中国成立前夕，苏州的造船工场共有85家，（其中有橹行13户）拥有船只428只，旺季时干活工人有近千人之多，经营业务可分轮船、民船、出租船及制橹4种类型。

1950年，苏州的造船业业主联合发起并筹组建立了苏州市修造船业同业公会。1951年初正式成立“苏州市手工业工会造船业委员会”。1952年，由造船业工会会员王步奎首倡，由8个会员发起成立了第一个造船生产组，集体承接生意包工。1955年，陆续成立起胥盘、金阊、娄齐和津枫等4个生产组。1956年，相继成立了苏州市造船生产第一、第二和船橹生产合作社。此后，苏州造船厂迁建位于苏州西北郊，苏浒公路南首，京杭大运河畔。苏州船厂由原来以修造木质船为主，逐步发展到能够制造多种类型的水泥船、钢质船等机动船舶。

参考资料

1. 苏州市志.
2. 李文治，江太新. 清代漕运. 北京：中华书局，1995.
3. 房仲甫，李二和. 中国水运史. 北京：新华出版社，2003.

（徐苏君）

第六篇　园林篇

苏州园林是东方文化的结晶，是集建筑、植物培育、动物豢养、文学、书画等多领域而成，它的产生和创新是文化艺术与科学相结合互动互生所造成。

苏州园林历史悠久，由简至繁、由浅入深，经历了漫长的历程，其造园的过程是科学技术和文化艺术不断集合而创新的过程，今以历史上苏州园林的一些故事为例，来大致勾绘这个过程。

一、春秋吴王姑苏台

春秋时期是我国奴隶社会的后期，青铜器的成熟应用使生产水平迅速提高，位于长江下游南部的吴国，自吴王寿梦至夫差在世的百余年间，是吴地社会发展的一段相当繁荣的时期，在此期间，“起城池”、“建宫室”、“大园囿”，营造活动几乎未曾停歇，尤其是阖闾、夫差两代吴王，在吴城内外营造宫室更加频繁。

早期的园林，即称为苑园的形式还只是一种农、牧业生产的设施，它的出现是在由游牧向定居转化之后，大致是在新石器时代的初期，随着社会的发展，苑园也逐步由生产设施向游娱场所转变，宫殿和苑园都成为强国地位的象征。《说文解字》：“台，观四方而高者……与室屋同”，是一种居高眺望的建筑。姑苏台就是吴国全盛时期由吴王阖闾开始建造，并由其子吴王夫差建造完成的。姑苏台的位置在今苏州城西南胥口镇南，毗邻太湖的胥山，也就是古称姑胥山的姑苏山上，根据记载，姑苏台规模巨大，台高300丈（约500余米，显然是夸大的数字），盘旋曲折，横亘5里，“三年聚材，五年乃成”（图6－1）。附近河道因为堆积了建台所用的大量木材而堵塞着交通，从此这里得到了“木渎”这个地名。

图6－1　书画上的姑苏台图

姑苏台上的建筑也穷奢极欲，做到了当时的极致水平，可惜早已经为越王勾践所毁，无从知道具体的状况，但文献记载阖闾造九曲之路以游姑苏台，夫差作天池置青龙舟，舟中有众多伎乐，日与西施作水嬉等娱乐，过着荒淫奢侈的生活，宋代有人作《姑苏台赋》描写姑苏台：“神材异木，饰巧穷奇，黄金之楹，白璧之楣，龙蛇刻画，灿灿生辉”，“虽楚之章华，未足比也。”到春秋后期越灭吴时，夫差被困姑苏台，乞降不允，伏剑自刎，姑苏台后来为越人焚毁拆尽。

姑苏台虽然被焚毁拆尽，但作为历史遗址还一直受到历代文人的重视，唐代诗人李白曾经作诗凭吊："旧苑荒台杨柳新，菱歌高唱不胜春。吟罢惟有西江月，曾照吴王宫里人。"

二、灵岩山上馆娃宫

春秋吴国由于国力强盛，在阖闾城内外建造了不少宫苑，其中最有名的是位于吴城西南灵岩山的"馆娃宫"（图6－2）。

图6－2　馆娃宫

吴国和越国南北相接，至阖闾时屡起战事，阖闾十年（公元前495年），吴国大举伐越，由于轻敌，吴为越所败，阖闾也因此受伤而亡。夫差二年（公元前494年），为报父仇，夫差亲自率兵攻打越国，大败越兵于夫椒（在太湖中），越王勾践仅带残部5000人逃归越国都城会稽，吴王夫差原想一举灭亡越国，后来越国厚贿吴宰相伯嚭，说动吴王接受越国的投降，让越王勾践带领妻子到吴国为奴。在吴3年，勾践极尽谦卑恭顺之能事，终于得到吴王的怜悯和宽恕，返越后又用文种灭吴的计策，献美女以惑乱吴王，馆娃宫就是吴王夫差为美女西施而建的一座规模宏大的宫苑。

馆娃宫高踞灵岩山顶部，当年殿阁巍然，宫中作海灵馆、馆娃阁等建筑。皆"铜构玉槛，饰以珠玉"。又置春宵宫，为长夜之饮。宫殿之侧为花园，山顶凿有3池，一为"玩花池"，相传是夫差为西施赏荷而凿，池内植四色荷花，夏日怒放，清香四溢。吴王与西施常在此消暑赏景，采莲玩乐。二是"玩月池"，据说西施喜临水照影，所以夫差为其凿池欣赏月色，游兴高时，还常手遮月影，戏言是"水中捞月"。三是"砚池"，传说是古人采石制砚所留。吴王稍加修饰而成，灵岩山因此成为"砚石山"，这是后人附会的，因为春秋时期没有纸砚之事。在玩花池和玩月池之间有两口井，圆形的"日池"和八角形的"月池"。"圆以象天，八角象地"（见清·徐崧、张大纯《百城烟水》）。后来人们将其更名为吴王井和智积井，至今这两口井仍在山上寺庙西面的花园里。

灵岩山上还有琴台，传说是西施操琴之处，琴台下面有响屧廊，曲折而东。古书记载："吴王夫差以楩柚建廊而虚其下，令西施及宫人可屡绕之，则跫然有声。"

另外在灵岩山的上下还有不少构建遗迹，如山上有西施晨起晓妆的“梳妆台”，吴王和西施游憩小坐的“西施洞”，吴宫艺花的“大园”、“小园”等。山下的“香水溪”，相传是宫女在此梳妆沐浴处，溢脂流香，故又称“脂粉塘”。“采香泾”是为西施泛舟前往香山采集香草而开凿的河渠，据说夫差为取悦西施，用强弓远射一箭，令人循箭行方向开掘而成，故又称“箭泾”。“画船坞”为当年蓄水划龙舟游乐的地方，随着吴国的灭亡，馆娃宫及灵岩山上下的诸多景物也相继荒芜，成为历史的遗踪。

三、千古之谜吴王墓

吴王阖闾在越国战事中受伤，不久便死亡，子夫差葬其于虎丘，即今剑池下，历来史志都记载此事，剑池因由扁诸、鱼肠等剑各三千殉葬得名，这是虎丘景区最神秘处（图6－3）。《越绝书》载：“池广六十步，水深一丈五尺，铜椁三重，项池六尺，玉凫之流，扁诸之剑三千，方圆之口三千，鱼肠之剑在焉，十万人筑治之，取土临湖之。”这是说阖闾墓的位置，规模、形制即随葬之物，但是自古至今并没有发现这些葬具、葬品等。这是一个千古之谜的悬念。剑池景观如《吴郡志》所写的：“两岸划开，中涵石泉，深不可测，亦池山所无。”虎丘胜景“别有洞天”月洞门旁有“虎丘剑池”4个大字，传为唐代大书法家颜真卿所书写，进入洞门，便见两旁陡峭的石崖，拔地而起，锁住了一池绿水，池形狭长，南宽北窄，颇像一把平放着的宝剑，水中映出一道石桥的影子，石桥飞架，十分奇险，石壁上长满了苔藓、藤萝，野花攀缘牵挂，景观空间不大，但却有深山幽谷、泉深石奇的奇异景趣。

1955～2008年，已有数次疏浚“剑池”，先在崖壁上发现明代王鏊、唐寅等人石刻记事两方，言明正德六年（1511年）冬，剑池水干涸，发现剑池下墓门，县令命人以土掩之，后抽干池水，清除淤泥，见池底北端有缝，上窄下宽，内为一穴，可容五六人，穴北石壁以大青石板叠砌，乃人工所为，此处形制与春秋时竖穴洞室墓极为相似，有可能是唯一墓门。

图6－3　吴王阖闾墓所在地
——虎丘景区剑池下

“千人石”又名“千人坐”，在剑池前。《吴郡志》说“大石盘陀数亩，高下如刻削，亦他山所无”。相传阖闾墓成，夫差恐工匠泄露机密，借墓成视酒为名，杀工匠千余人于此，故石呈殷红色，雨天更甚。“千人石”以此得名，其实这千人石系氧化铁和氧化亚铁构成，此矿本是红色，只是传说附会而成。

四、东汉园林笮家园

秦始皇统一中国。定都咸阳（今陕西咸阳市）。总共只有10余年光景，其建构均在关中，刘邦在秦末的战争中建立汉朝，定都长安（今西安市）其建构也在北方，当时吴地地广人稀，又有汉王室吴王刘濞聚兵反汉的折腾，因此，吴地此后一段时间内多由掌权者将旧时吴国宫囿改建为园，此事可从《越绝书》中得以证实："桑里东，今舍西者，故吴所蓄牛羊、豚鸡也，为名牛宫，今以为园。"

但到东汉时，出现了苏州最早的私家园林——笮家园。同治《苏州府志》和《吴门表隐》均有记载："笮家园在保吉利桥南，古名笮里，五大夫笮融所居。"

据《三国志》等史料记载，笮融是东汉时丹阳（治所在今安徽宣城）人，当时他聚众数百人依附徐州牧陶谦，陶谦使至广陵（今扬州市）、下邳，彭城（今徐州）运粮，曾先后乘机攻杀广陵和豫章太守，掠得大量财富，以后至汉献帝初平四年（193年）时，他在徐州"乃大起浮屠祠，以铜为人，黄金涂身，衣以锦采。垂铜盘九重，下为重楼阁道，可容三千余人。悉读佛经，为界内及旁郡人有好佛者听受道，复以他役以招致之。由此，远近前后至者五千余人户。"这是说笮融以掠得财富建造佛寺、佛塔，使数千人在佛寺内读经受道。这也是中国早期建造寺塔，以推进佛教发展的事。

笮融虽为丹阳人，但在吴地（今苏州）有住宅，并建有早期的私家园林，这与其大量掠夺财富和崇敬佛教有关。佛教的相关园景和建造佛寺的经历以及早期造园实践，使笮融在苏州建造了早期的私家园林，这对以后的私家园林的发展无疑具有开创的意义。

五、王氏昆仲舍宅人

王氏昆仲指生活在东晋时的王珣、王珉兄弟两人。王珣（350～401年），字元琳，小字法护，东晋开国功臣王导之孙，其父王洽任吴国内史，即在苏州治理政务，这样王珣和王珉兄弟两人就成为当时地位显赫的高官子弟，从小就有相当的权力和财力，王珉（351～388年），字秀琰，小字僧弥。因为出身名门望族，从小就受到良好的教育，故"珣学涉通敏，文高当世"。王珉也"少有俊才，风情秀发，文辞富赡，善行书，与兄珣并有名声"。王珣有书法《伯远帖》存世，今藏北京故宫博物院，为清乾隆珍藏的"三希"之一，是国内留存最早的书法作品之一，王珣、王珉兄弟俩"别馆在虎丘，夹石涧东西以居，后舍为寺"。

佛教在东汉时传入中国，在三国时传入吴地，因受孙权的支持和高僧支谦、康僧会的译述及传教影响，佛教较快在今苏州一带传播，到东晋时佛教已有相当影响，由王珣、王珉兄弟俩的名字法护和僧弥即可知佛教的深入和普及，据传三国吴国时（221～280年）已在今苏州建造了佛教的寺庙。

虎丘是今苏州城外的著名景区，据传在春秋时已得到开发，为吴王阖闾的葬处，东晋初年，虎丘山上已建有佛教寺庙，只是僧人不多，规模较小。当时称"虎丘精舍"，后来王珣、王珉兄弟俩离开吴地从政，根据佛教的布施教义，就将位于虎丘山下的别馆"舍宅为寺"，从此虎丘的佛寺规模扩大，名声远扬，到南宋时还创立了禅宗

“虎丘派”更是独树一帜，闻名中外。

后人为了纪念王珣、王珉舍宅为寺之功绩，追认为虎丘的土地神，建东山庙、西山庙以祭祀之，因王珣为大司马桓温处做过主簿，其身材短小，故东山庙亦称短簿祠。

六、辟疆园声名鹊起

魏晋南北朝时，北方战乱，南方相对稳定，特别是晋室南迁，带来了中原地区先进的文化与科技，使南方经济迅速发展，南方经济中豪门士族自给自足的庄园经济特别发达，为其特点。吴地的顾、陆、朱、张四大姓的庄园都是“仆僮成军，闭门为市，牛羊掩隰，田池布千里”、“金玉满堂，伎妾溢房。商贩千艘，腐谷万庾”豪富的士族之家。其物质享受之外，必然追求居室庭院等生活环境的美化，私家园林便应运而生。

“顾辟疆园”就是当时涌现的一座著名的私家园林，号称“吴中第一私园”园主顾辟疆是东晋（317～420年）时人，自东汉起，顾、陆、朱、张即是江南望族，顾辟疆为吴中顾氏后裔，当时官郡功曹，平北参军，乃州郡重要官吏，其私家园为吴中较早的私家园林，顾辟疆园唐时犹存，据唐诗人顾况“辟疆东晋日，竹树有名园”和李白“柳深陶令宅，竹暗辟疆园”句，及陆羽“辟疆旧园林，怪石纷相向”句等可知，辟疆园内有竹树和假山等，唐代任晦得此园后，诗人陆龟蒙、皮日休也写诗赞赏，从陆、皮的诗作可知，此园面临大路，外有围墙，曲折弯绕，似无尽处。入门百步，古木萧森，修竹成林，亭阁高大，长廊回旋，有假山、有池塘，池中有曲桥，路旁有栏杆，池中植莲、养鱼，显然是一个具相当规模且精美的园林，当时就声名远播了。

王献之（344～386年），东晋书法家，字子敬，王羲之第七子，官至中书令，人称王大令。东晋都城在建康（今南京），而王氏家业在会稽（今绍兴）。有一次，王献之自会稽经过吴地（苏州），听说顾辟疆有座精美的园林，虽然他不认识顾辟疆，但还是直往顾氏园林中，当时顾家正在宴请宾客，误以为坐在轿子上的王献之是被邀请的客人，随其尽兴游历，王献之游玩园林后还在评说这园林的好坏，完全没有把主人放在眼里，这样就激怒了顾辟疆，作为园主人的顾辟疆说：“来游园也不跟我园主打个招呼，还在旁若无人地说园林，太没有礼貌了，再说以为官大，就不讲礼节，无视我业主，太不懂道理了。”就叫下人将王赶至门外。王献之出园后，不以为然，还不断回顾这园林。官至中书令的王献之不请自来观赏这园林，从侧面反映出“顾辟疆园”的声望之大（图6－4）。顾辟疆园今已不存，据考证当在今潘儒巷一带。

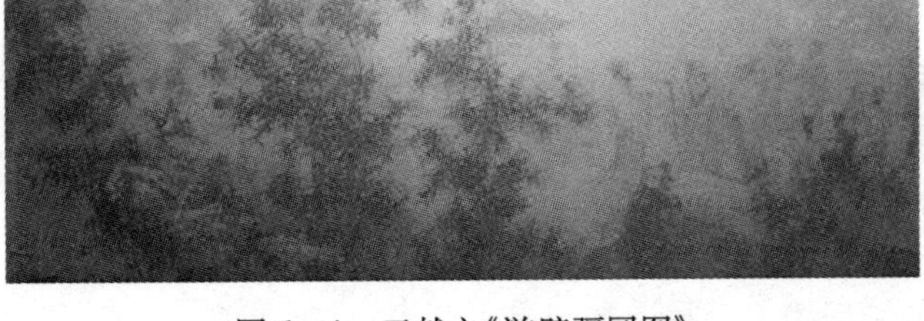

图6－4　王献之《游辟疆园图》

七、姑苏城外寒山寺

寒山寺位于苏州市区西部大运河畔，始建于梁天监（502～519 年）年间，原名“妙利普明塔院”，唐贞观（627～649 年）年间，高僧寒山、拾得自天台山来此主持，因此改名寒山寺（图 6－5）。

图 6－5　寒山寺

寒山寺在唐代极为有名，诗人多有题咏，其中张继的《枫桥夜泊》最为有名：“月落乌啼霜满天，江枫渔火对愁眠。姑苏城外寒山寺，夜半钟声到客船。”

寒山寺只是一个佛教寺庙，并不是园林，但是张继诗将寺庙与周围的环境融为一体，将自然生态的江水、枫树、月亮、乌鸟组织到客船和寺庙的人文元素中去，俨然一幅大而化之的大园林了。宋人张师中《寒山寺》也是将寒山寺置于大环境中，使之成为一个以寒山寺为主要元素的大园林：“吴门多精蓝，此寺名尤古，距城七里余，冠盖曰傍午。斜泾通采香，远岫对栖虎。岩扉横野桥，塔影落前浦，霜楼鸣晓钟……”

元朝末年，寺塔俱毁于战火。明清两代，屡兴屡废，清末光绪、宣统年间重加修建，寒山寺仍为名刹，新中国成立后重加修葺，近年重建佛塔一座，为省级文物保护单位，与其西的江枫园连在一起，是苏州旅游的一处热门景区。

八、白居易筑山塘街

唐代伟大诗人白居易（772～846 年）于唐敬宗宝历元年（825 年）来苏州做刺史，次年因身体原因病退返回洛阳家中，在苏州任职不足两年。但却为苏州做了不少好事，其中最有实际价值且流传至今的是修筑了山塘街。

苏州城西的虎丘山自吴王阖闾落葬后，就得到了开发，到东晋时已成为一处很有知名度的寺庙园林，到唐代游人虽多，但距城 7 里，水路往来，极为不便，且虎丘东面水流不定，流潦为障。白居易到任后不久就发动组织苏州民众开凿山塘河，堆筑山塘街，在山塘河街工程竣工后写诗歌记录了此事：

武丘寺路　白居易

去年（按：指宝历元年，公元825年即白氏到任第一年）重开寺路，桃李莲荷约种数千株。

自开山寺路，水陆往来频。银勒牵骄马，花船载丽人。
菱荷生欲遍，桃李种仍新。好住湖堤上，长留一道春。

唐代避讳“虎”（太祖名虎）称虎丘为武丘，白居易开山塘河、筑山塘街。对于虎丘景区的开发功绩至今仍然彰显，让千百年来山塘街和山塘河上楼屋相连，舟舸不绝。街河一线上桃红柳绿，菱荷相生，实际上已经和虎丘景区连为一体了。古今写虎丘景区时候必要写到山塘河和街，成为虎丘景区的一个有机部分，如清乾隆年间编纂的《虎阜志》，就是将虎丘山和山塘街河作为一个整体来编写的，而历来也是将虎丘山塘一起划给阊门所在的行政区。新中国成立以来，虎丘和山塘一直都隶属市区的金阊区（图6－6）。

图6－6　山塘街

九、钱元璙盛构南园

唐末五代是个乱局，华夏各地战乱频频，民不聊生。但在今苏南、浙江地区，由临安人钱镠征战后管辖，苏州自唐昭宗光化元年（898年）得手后，一直在钱氏政权治理之下，在唐代钱镠是唐朝属官镇海、镇东节度使，并先后被封为越王、吴王。进入五代时期，钱镠被封为吴越王，建立起十国之一的吴越国，“保境安民”一直是钱氏政权的基本国策。钱元璙是钱镠的第六子，曾作为人质到过称王的杨行密处，杨氏嫁女给钱元璙，后来钱元璙被派来苏州，因功迁苏州刺史，后累授中吴建武军节度使等职，治理苏州30年，后唐封为广陵郡王。

钱元璙初来苏州，即着手建“南园”，任苏州刺史后，更是“颇以园池、花木为意。”对南园进行大规模兴建，宋朱长文在《吴郡图经续记》中写道：“南园之兴，广陵王元璙好治林圃。于是酾流以为沼，积土以为山，岛屿峰峦，出于巧思，求致异木，名品甚多。比及积岁，皆为合抱。亭宇台榭，置景而造，所谓三阁八亭‘龟首’、‘旋螺’之类。名载图经，该旧物也。”《百城烟水》称南园“极园林之胜”。钱元璙之子文奉继任苏州刺史、节度使职，继续经营南园。但到北宋开始受到破坏，建炎兵火（1127～1130年）使南园毁废，但到明代，仍有高启等人描述当年南园的繁华（图6－7）。

图6－7　南园图

南园据考在于域西南，其地方即今抚署前，又名书院巷，就是今天的书院巷一带，早已成为市区一部分，难以寻觅其遗踪了。

十、苏舜钦建沧浪亭

苏舜钦（1008～1048年），字子美，梓州铜山（今四川中江）人。自其曾祖起移家汴京（今河南开封），苏舜钦27岁中进士，历任蒙城（今安徽蒙城）、长垣（今河南长垣）县令和大理评事、集贤殿校理等官职，因政治上倾向于范仲淹为首的变法派，受到保守派的压制，最后被借事诬陷，削职为民，流落苏州。

苏州自古以来就是山清水秀、物产丰饶、民风淳朴、极宜人居的佳美城市。苏舜钦因家庭和官宦经历，能较早地来苏州领略秀美风光，他早期的诗《过苏州》“东出盘门刮眼明，萧萧疏雨更阴晴。绿杨白鹭俱自得，近水远山皆有情。万物盛衰天意在，一身羁苦俗人轻。无穷好景无缘住，旅棹区区暮亦行。”可见苏舜钦对苏州山水早有好感，及至削职为民，便来向往已久的苏州，建造了沧浪亭，成就了一座名园。庆历五年（1045年）四月，苏舜钦一日过郡学，“草树郁然，崇阜广水，不类乎城中，并水得微径于杂花修竹之间……访诸旧老，云钱氏有国，近戚孙承佑之池馆也。坳隆胜势，遗意尚存。”于是苏舜钦“钱四万得之。构亭北埼，号沧浪焉。”苏舜钦懂自胜之道，建成沧浪亭这一园林（图6－8），放浪形骸，寄情山水，并在其中创作了大量诗文，可惜苏舜钦饮酒太多，建成沧浪亭只3年便病逝于苏州。

图6－8　沧浪亭

沧浪亭地处苏州城南三元坊，是苏州现存最早的园林，占地16.5亩。自苏舜钦后，历代皆有兴废，已非宋时初貌，只有其中的土山、古木苍老郁森，还保持着旧时风貌，反映出宋代园林格局，现今沧浪亭上还保存有苏舜钦与欧阳修联句的楹联："清风明月本无价，近水远山皆有情。"园内抱厅、碑石厅两壁还嵌有苏舜钦的《沧浪亭记》和清代宋荦、梁章钜、张树声的《重修沧浪亭记》以及清僧济航的《沧浪亭图》等石刻。园南"五百名贤祠"石刻中苏舜钦画像上的题词为："宋湖州长史苏公舜钦，倜傥高才，然非其罪，沧浪一曲，风流长在。"沧浪亭留存的景点或由苏舜钦当时所建而演化，或由后人追慕苏轼而建。这是一座始建者苏舜钦的纪念性的园林式丰碑。

十一、范成大石湖别墅

范成大（1126～1193年），南宋平江府（今苏州）人，字至能（一作致能），一字幼元、友生。自号北山居士，晚年号石湖居士，世称范石湖。

范成大出身于书香门第，自幼受到良好的教育，于宋高宗绍兴二十四年（1154年）应礼部试中进士，此后步入仕途，任过徽州参军、校书郎、国史院编修。后历任处州（今浙江丽水市）、静江（今广西桂林市）、明州（今浙江宁波市）和建康（今江苏南京市）的地方官，后任参知政事、资政殿学士等职。他为官勤勉、颇有政绩，乾道六年（1170年）闰五月，使金国，不辱使命，全节而还，受到南宋朝野和金方称道。

石湖景区位于苏州城西南约7公里处，是太湖的内湖，这里碧水青山，重峦叠嶂，山水辉映，茂林古木，奇树异花，富于田园风光。又有小桥流水、良田花溪、池荡和古园、古桥、古碑和古塔、古代城市遗址甚至远古文物等，是一个文化内涵极为丰富、自然景色极为秀丽的景区。范成大是苏州人，他选中这一地区作为晚年经营和生活的地方，显示出作为造园家善于相地、充分利用天然景观的睿智眼光。（图6－9）

图6-9　石湖别墅

虽然范成大青年时代已经相中石湖这一地区，但购地经营却是在其多病的晚年，即淳熙十年（1183年）致仕后的10年中。在石湖别墅的构建中，范成大充分利用天然山水资源，又充分发挥自己的智力和财力优势，构筑了堂、馆、亭、轩等建筑并种植梅菊等花草树木，充实了人文要素，并协助修建了周边的行春桥等公众建筑，这样范成大就成为较早开发和经营石湖景区的先行者。

范成大的好友杨万里在《石湖居士诗集序》赞誉道："公之别墅曰石湖，山水之胜，东南绝境也，寿皇（指宋孝宗）尝为书两大字以揭之，故号石湖居士。"

十二、佛教园林狮子林

元末高僧惟则禅师，号天如，又称则公。于元至正元年（1341年）来到苏州，次年其见城东北隅有地数亩"古树丛篁如山中，幽僻可爱"，弟子们"相率出资，买地结屋，以居其师"，取名"师子林"（古语"师"、"狮"是通用的），一则意为惟则得道于浙江天目山狮子岩的中峰和尚，以示纪念佛徒衣钵相传的师承关系；二则佛经中佛陀说法称"狮子吼"，其座位称为"狮子座"，园名称"狮子林"，乃暗寓其禅意；三则天如禅师好聚奇石，将奇石比作狮子；四则"林"指丛林，意为佛教寺庙，又指园内林木翳密，奇石众多（图6-10）。

元至正十二年（1352年），狮子林易名"菩提正宗寺"，约两年后，惟则圆寂。明洪武五年（1372年），著名诗人高启在《狮子林十二咏序》中记载了从天如禅师到可庭上人又到如海上人代代相承之事，洪武六年（1373年）如海上人邀元末明初画坛巨擘倪云林作《狮子林图》，是图闻世后，狮子林名声大振，一度成为吴门文人赋诗作画之地。

此后狮子林屡有废兴，康熙四十年（1703年）清圣祖玄烨南巡游狮子林赐匾"狮林寺"。乾隆时，寺园已分为两家，川东道黄轩之父购为"涉园"，黄轩于乾隆三十六年（1771年）中状元后，精修府第，重整庭园。

清高宗弘历南巡，六游狮子林，曾即景题诗10首，匾3块。其中于1765年题"真

图 6-10 狮子林内奇石林立

趣”，该匾至今悬挂于园内。乾隆最青睐狮子林，命人将狮子林制成模型送京，在北京圆明园的长春园和承德避暑山庄内仿建。

1912 年，狮子林为上海富商贝润生购得。贝氏延请苏州画家刘临川负责修建。筑高墙，改东门，增族校、家祠、住宅、燕誉堂、小方厅、九曲桥、石舫、瀑布、九狮峰等景点。四周廊墙嵌置“听雨楼”藏帖等 71 块碑刻。1926 年竣工，花费银元 80 万，贝氏正筹备开放，因抗日战争爆发，未能如愿，并将两套半红木家具密藏于夹道之中。抗战期间，狮子林被汪伪省政府占用，日本投降时，国民政府与驻苏州日军在园内荷花厅举行了日军投降签字仪式。1954 年 2 月，在稍加整修的基础上向公众开放。（图 6-11）

图 6-11 贝氏祠堂

十三、王献臣隐拙政园

拙政园为1961年3月国务院公布的第一批全国重点保护单位，且名列四座园林之首，1997年12月又以“苏州古典园林”名义被联合国教科文组织列为世界文化遗产名录，拙政园至今声名显赫，游客云集，但它的建造者王献臣却长期隐没于世。

王献臣，字敬止，号槐雨，原籍苏州，因父亲在京城（今北京）为官而生于燕（今北京地区），据考证，王献臣生于明成化九年（1473年），卒于嘉靖二十二年（1543年），享年70岁。王献臣自小受到良好的家庭教育，聪明而勤学，“弱冠登进士”，即20岁前后已考中进士，很快就“授行人，擢御史”，当上了相当于今天省地级的检察长职务。他正直高洁、光明磊落，“不阿法，抗中贵”而得罪了权贵，为黑暗腐败的明代后期社会所不容，于是官越做越小，做了40年官，只当了个副县职的小官，最后乘父丧丁忧的机会离开官场回到故乡苏州。

拙政园所在之处，在明代是位于娄门、齐门之间的一片洼地积水的荒僻之地。王献臣选择这一地域建造拙政园，既因僻地价廉，又符合《园冶》所述：“凡结林园，无分林郭，地僻为胜。”“园基不拘方向，地势自有高低；涉门成趣，得景随形”，“高方欲就亭台，低凹可开池沼；卜筑贵从水面，立基先究源头”。对照着审视王献臣所建31景点，即“堂一、楼一、亭六、轩、槛、池、台、坞、涧之属二十有三。”（见文征明《王氏拙政园园记》）无论其择地选址或具体布局置景和制作都极符合造园之道，与《园冶》的有关理论相吻合的。

文征明《拙政园诗画册·题跋》中说，王献臣晚年既主持整体规划布局，又具体指导童仆进行场地清理、种植树木、饲养禽鱼等实事。多年如一日，不避寒暑，不赴庆吊，在苦干加巧干的努力下，终于为我们后人留下了这样一份精美绝伦的文化遗产——拙政园。(图6-12、图6-13)

图6-12 拙政园的荷风四面亭

图6-13 拙政园的见山楼

十四、湖石名峰数留园

留园始自明万历（1573~1620年）年间，苏州进士徐泰时官至工部营缮司郎中加太仆寺少卿衔，曾主持神宗朱翊钧寿宫（即今北京之定陵），后因得罪上司而受弹劾罢官回乡，于万历二十一年（1593 年）在阊门外下塘构筑两座宅园，后西园演变为“戒幢律寺”，东园即今“留园”前身。当时有著名画家、造园家周炳忠（时臣）所叠“石屏”假山，高 3 丈，阔可 20 丈，玲珑峭削，“如一幅山水横披画”，了无断续痕迹，“作普陀天台诸峰峦状”，“妍巧甲于江南”的太湖石奇峰。宋代花石纲遗物“瑞云峰”也在园中土垄上（图 6－14、图 6－15）。

图 6－14　廊外的留园一角

图 6－15　瑞雪中的留园

乾隆四十四年（1779 年）清高宗弘历南巡时，瑞云峰移至苏州织造府行宫池中供观赏。乾隆五十九年，园为广西辞官归来的刘恕（蓉峰）所得，经 5 年整修扩建，取名“寒碧庄”，又称“寒碧山庄”，“华步小筑”，俗称“刘园”。刘氏嗜石，不惜重金聚奇峰异石 20 余座，其中“12 峰”尤为著名。刘恕依据形态神韵一一品题，又请王学浩、潘奕隽绘图赋诗，并自号“十二峰啸客”，一时传为佳话，而王学浩所绘《寒碧庄十二峰》图卷现藏上海博物馆。

同治十二年（1873 年），常州人盛康自浙江按察使退归苏州购得此园后大事修复，又于稍后向北、东、西 3 面拓展，又依原音改称为“留园”，后园归其子盛宣怀，辛亥革命后屡有兴废，抗战时遭日军摧残，所幸山石老树多在，建园后经整治于 1954 年元旦开放。

留园主园寒碧山庄东侧池畔有亭名“掬（掬）月”，今名“濠濮”，亭畔漏水处散立太湖石峰四峰，为十二峰中的“印月”、“青芝”、“鸡冠”、“奎宿”。主园东面有阔五间进深九架的五峰仙馆，其前庭湖石假山占地大半，峰峦峥嵘，洞壑婉转，青松挺拔，紫蔓盘绕，可循石径登山并上西楼。这座假山是苏州园林中最大的一处“厅山”。五峰仙馆东面为石林小院，内有十二峰。后觅得“独秀”、“晚翠”、“段锦”、“竞爽”、“迎晖”五峰和“拂云”、“苍鳞”二支松皮石笋。石林小院东有斧劈石“干霄峰”和“拂袖峰”，均为十二峰之一。由石林小院向北过主厅“林泉耆硕之馆”，即有留园主景“留园三峰”的冠云峰、瑞云峰和岫云峰。三峰东侧还有十二峰之一的“箬帽峰”。冠云峰曾是盛康父子引为自豪、夸耀于人的稀世珍宝，所以请名人为之赋赞绘图，在其四周建起了‘冠云楼’、“冠云台”、“冠云亭”以及“浣云沼”、“待云庵”，并在东西两侧配置“瑞云峰”（沿袭原名）和“岫云峰”，并合称“留园三峰”。据说盛宣怀特以三峰名“冠云”、“瑞云”和“岫云”作为 3 个孙女之名，足见其对峰石的喜爱之情。

十五、精巧假山环秀庄

环秀山庄在今景德路中段北侧，园子很小，占地仅2179平方米。但其历史悠久，而其掇山理水艺术又巧夺天工。园内假山被园林研究泰斗刘敦桢评述："就艺术水平而言，苏州湖石假山，当推此第一。"（《苏州古典园林》）同济大学教授、著名园林专家陈从周教授这样评价道："环秀山庄假山，允称上选，叠山之法具备。造园者不见此山，正如学诗者未见李、杜，诚占我国园林史上重要之一页。"（《园林丛谈》）

环秀山庄的历史最早可追溯到东晋时期。东晋时，官至侍中兼中书令的王珉曾在此建宅辟园，五代时期吴越国钱元璙之子钱文恽改建为"金谷园"，宋庆历年间（1041～1048年）园归光禄卿朱公绰，附号"朱光禄园"，其子苏州州学教授朱长文又进而整治，取名"乐圃"，朱长文并以园名为号。后园改为"景德寺"，寺中有塔，宋《平江图》，上标有寺塔形象符号。此后，园先后归申时行、蒋楫、毕沅、孙士毅等。孙士毅及孙均为风儒雅士，中年奉母南归，侨寓于此。嘉庆十二年（1807年），孙均延请叠石大师戈裕良设计运筹，将自然界的险峰佳境、千山万壑浓缩于此方丈之间，营造出这座独步江南并以假山著称的名园。道光二十九年（1847年），汪为仁购建汪氏宗祠，立耕荫义庄，并重修东北部花园，此园成为汪氏宗祠"耕耘山庄"的一部分，更名"环秀山庄"，也称"颐园"。因园中大厅名"环秀山庄"，人们便直称此园为"环秀山庄"了。（图6－16）

图6－16　环秀山庄

环秀山庄的假山、泉池占地总计不到一亩，主山位于池东，雄浑而峭拔；次山迤逦退缩于园西北之一角，与主山映照呼应，盘曲的泉池萦绕于两山之间，全园景物以山为主，以水为宾，在山石群体之中，主山耸峙东南，次峰二三回环左右，显现为主山起伏蜿蜒之余脉，加上池水之衬托，层层映衬，体现出"众山拱伏，主山始尊，群峰瓦盘，祖峰乃厚"的态势，给人以形断而气连，体断而势续，形失而意未尽的整体观。

刘敦桢先生在《苏州古典园林》一书中对此假山曾作极高评价："以园东北部的土坡为起势，西南部累叠湖石形成主峰"，主峰突兀于前十分雄奇，中间夹一峡谷，置以勾连飞梁，前端临池筑成绝壁，并缀低峰加以陪衬，占地不过半亩，山高不过几米的小山烘托得威拔峻峭，山的下部设涧谷流溪潺潺，山石间杂以大小不等的涡洞，石面光润，层理毕显，好似已历经千万年的风击浪蚀，与天然真山十分神似。

综观此山，占地虽小，但山上溪径长达六七十米，涧谷长度亦达几米，主峰高出7米有余，山景和空间富于变化，或险峰，或峭壁，或水谷，或石室，或钟乳，或危径，或飞梁，或险峰，或悬崖，或平矶……其理水也有泉眼、溪流、涧谷、飞瀑、流水绕山、清池映帘……园中极有限的面积，经巧妙布局，创造出无限的空间。

环秀山庄原在苏州刺绣研究所内，多经维修。1997 年列为世界文化遗产后，又划归拙政园管理处管理，并向公众开放。

十六、夫唱妇随说耦园

耦园位于苏州古城东北隅的小新桥巷东侧，三面环水，地极僻静。清同光转接时（1874～1875 年）由园主沈秉成、严永华夫妇共同创作而成。

沈秉成（1822～1895 年），字仲复，号听蕉，自号老鹤，浙江归安（今湖州）人。受家学熏陶，自小喜爱读书，刻苦勤奋，过目不忘，道光二十九年（1849 年）在顺天（今北京）乡试中举后开始官宦生涯，先后任清廷实录馆、国史馆等职，后历任江苏常镇通道员、苏松太道道员、顺天府尹、广西巡抚、安徽巡抚及署两江总督等职。沈秉成熟谙中国传统文化，如诗文书画金石等，关爱国事和民众，是一个典型大儒，沈前期婚姻不顺，原配王氏成婚年余而卒，次配姚氏虽有 20 年之婚期且生二子，但京城一场时疫使子妻俱丧，悲痛欲绝，遂得肝脾顽疾。正神情沮丧之时得诗画知音和善解人意的严永华为续弦，从此沈秉成欣慰有加，人生出现转机，以后夫妇形影不离，宦程南北，生儿育女，共持家政。特别是在苏州拙政园和耦园长达 10 年有余的隐居岁月中更是志同道合、诗酒联欢、充溢深情厚爱，谱写了“此情绵绵无绝期”的爱情主题曲。而承载这爱情主题的空间载体即是沈严共同构筑的宅园——耦园（图 6－17）。

图 6－17　耦园

耦园之构筑是在同治十三年（1874 年）末，沈秉成因操劳而病犯时来到苏州后，沈之文才为江苏巡抚张之万赏识，受张之邀，沈严夫妇与张之万共同居于拙政园内，一方面在城东购原涉园旧址，另一方面居于拙政园内与张之万相互往来，切磋诗画及造园，经一年多时间建成耦园，于光绪二年春迁入耦园直至光绪十一年（1885 年）春赴京就职，先后在苏州的两个园林中共同生活 11 年之久。

耦园中部建宅，宅之东西各有一园，互相呼应，而园中建筑也多作对偶呼应态，而建构之山水之名称也多以爱情为主题，如东园以黄石为材构山，则西园以湖石为材构山，东园以池为水，西园以井存水。东园中山以邃谷中分为二，东则崇高陡峭入水，西则迤延平接屋室。山水之东构�（君）廊，西构樨（妻）廊，其两廊长短、高下、形式、种植均相异而又汇集至北面之厅堂上，水面亦以一桥中分为二，北水面弘扬外连护城河，南水面相对狭长尽于楼阁间。总之构筑相反相成，集为一体，而耦园题名如“双照楼”、“吾爱亭”、“山水间”，楹联“诗酒联欢”、“耦园住佳偶”等都映示了园主夫妇唱和相伴的深情。

沈秉成在耦园落成时曾赋诗记事，严永华写诗唱和，可见耦园之名为伉俪共同商定的。沈秉成在诗中称“不隐山林隐朝市”，而严永华则说“绕膝双丁添乐事，奇眉一室结吟情”。原本沈严夫妇是打算隐居耦园、欢度余生的，后来是其上司张之万籍圣旨之力要求沈秉成再度出山为国效力，这才使原本隐居终生的沈严伉俪离开耦园，结束了深情隐居的生活，但是沈严合作构筑的耦园留给了后人，现在已成为全国重点文物保护单位和世界文化遗产而留存于世。

参考资料

1. 赵晔，苗麓点核．吴越春秋．南京：江苏古籍出版社，1986.
2. 陆肇域，任兆麟．虎阜志，苏州：古吴轩出版社，1995.
3. 中国大百科全书·文物、博物馆卷．北京：中国大百科全书出版社，1993.
4. 白居易诗集．北京：中华书局，1979.
5. 朱长文撰．吴郡图经续记．南京：江苏古籍出版社，1986.
6. 范成大撰．吴郡志．南京：江苏古籍出版社，1986.
7. 吴镜清，王芳禄，沈仲辉．苏州旅游手册．苏州旅游公司，1987 年（内部）
8. 魏嘉瓒．苏州历代园林录．北京：燕山出版社，1992.

（钱玉成）

第七篇　兵器篇

被誉为“人间天堂”、“人文荟萃”的苏州，其实也是战争发生较早、著名战事较多、军事名人辈出的地区之一，同样也是中国兵器发展较早的地区之一。吴钩，古代吴地（今江苏苏州）所造的一种弯形的刀。《吴越春秋·阖闾内传》：“阖闾即宝莫耶，复命于国中作金钩，令曰：‘能为善钩者，赏之百金。’吴作钩者甚众。”后泛指锋利的刀剑。相传的“吴钩”，是刀身呈曲翘状（按其形状可总称为曲刀或弯刀），具有适合劈砍的构造。曲刀由刀首、刀身、护手（格）和刀柄所构成。单侧有刃，呈曲线状，没有锋刃的一侧，称之为刀背。所谓“吴钩”，意思是指刀刃为曲线形的吴国刀。这种刀刃呈曲线状的曲刀，是春秋时代由吴王（相传为阖闾）下令制造的。因其锋利无比，所以留下这个美称。后世对吴钩广为赞誉，更不吝笔墨称颂吴人善战。吴地吴人一般来说，身材方面相对偏于弱小；但我们追溯历史又会发现吴地吴人却不乏骁勇善战、以少胜多、以弱敌强的例子。这是为何？无非是吴地吴人善于制造工具，优于利用外力，往往能在自身勇力不足、弱于他人的情况下，最终战而胜之。吴人制造的兵器从冷兵器到火器都在中国兵器史上留下了闪耀的篇章。本文从春秋战国开始，记录了鱼肠剑、干将莫邪剑、项羽戟等古代兵器，介绍《梦溪笔谈》、《手臂录》、《兵录》、《铁模图说》等兵器科技书籍，描述唐岛之战、平江之役、郑和下西洋等战争中兵器的运用……让人们从沉淀的历史中品读智慧，领略科技、感悟时世……。

一、鱼肠剑刺吴王僚

春秋战国时，吴王诸樊有三个弟弟，长曰馀祭，次曰馀昧，再次曰季札。诸樊知道三弟季札贤，所以不立太子，把王位依次传给三个弟弟，想最后把国家传到季札手里。

诸樊死后，传馀祭。馀祭死，传馀昧，馀昧死，当传给季札；季札不肯受国，隐匿不知去向，便立馀昧之子僚为吴王。

诸樊的儿子姬光（即公子光）不服说：“假若以兄弟为次，则季札当立为王；若以儿子为序，则我光当是继承人，当立为王。”

楚平王七年（公元前522年），楚国国王听信了费无极谗言，杀了楚国的大臣伍奢，伍奢的儿子伍子胥逃到吴国，投奔姬光，姬光与伍子胥一起密谋夺取王位。公元前515年，他们找到了一个叫专诸的勇士。专诸居住在苏州阊门旁的一条小巷里，力大无穷。为了能刺杀成功，他找到了一种特别的武器“鱼肠剑”，亦名“鱼藏剑”。据传鱼肠剑是铸剑大师欧冶子为越王所制，欧冶子顺承天地万物之精气，将自己的全部才艺和工巧都施展了出来，使用了赤堇山的锡、若耶溪的铜，经雨洒雷击，得天地精华，制成了铸造成3口大型宝剑和两口小型宝剑：第1口叫“湛卢”，第2口叫“纯钩”，第3口叫“胜邪”，第4口叫“鱼肠”，第5口叫“巨阙”。关于鱼肠之名的来历，一说是由于剑身上的花纹有如鱼肠，凹凸不平，因此得名。另一说是由于它小巧得能藏于鱼腹之中。

《吴越春秋》中讲，公子姬光备办酒席宴请吴王僚。当时王僚穿了三重铁甲，使兵卫排成了队伍，持刃站在两旁，但仍然未能防住公子姬光的精心算计。喝酒喝到畅快的时候，公子姬光假装脚有毛病，进入地下室，让专诸把鱼肠剑放到烤鱼的肚子里，然后把鱼进献上去。其中姬光退避、专诸献鱼是阴谋中的关键一环——有了鱼中所藏之剑，专诸才能擘烤鱼，推匕首，进行刺杀行动。专诸固然是个胆大的刺客，而那柄精巧的鱼肠剑竟然锋利到了不可思议的程度，经它一刺，吴王僚不但透胸断骨，而且被贯穿了铁甲，直达后背。吴王僚当场毙命。吴王僚侍卫人员随即也杀死了专诸。吴王僚手下的众人此时已混乱不堪。此时，公子姬光趁机放出埋伏的武士，诛杀吴王僚的部下，将其全部消灭。

剪除了吴王僚，公子姬光于是自立为国君，这就是历史上赫赫有名的吴王阖闾。阖闾于是封专诸的儿子为上卿，并将鱼肠剑函封，永不再用。（图7－1～图7－4）

图7－1　胥门

图7－2　专诸巷

图7－3　专诸像

图7－4　季札像

二、干将莫邪夫妻剑

吴国与齐国不和，几乎年年都打仗，打来打去一直不分输赢。有一年，齐王得到一把宝剑，名叫“属镂剑”。这把剑有一尺多长，斩铁断石，锋利无比。齐王就派个使者带着这把剑去见吴王阖闾。

使者见了吴王很是神气，他高声说：“我家大王有言，齐国拥有属镂剑这样的好兵器，谅你们吴国没有。”说着随身拔出宝剑，向着台阶上的石条劈去，石条立即劈成两半。吴王和大臣看了都面面相觑。齐国使者十分得意地说：“奉劝吴王向齐国称臣，年年进贡，否则，我国将发兵过来，杀得吴国鸡犬不宁！”吴王神态自若，他对齐国使者说：“你休出狂言，这种小剑，我们吴国多得很，谁说吴国没有！你住下等候看剑。”齐国使者走后，吴国的文武大臣都十分着急：我们哪里有如此锋利的宝剑？阖闾说：“我们吴国百姓聪明得很，自有能人，明日贴出皇榜，招募良师，何愁制造不出这种宝剑？”

第二天，皇榜贴出来了。吴国开始四处寻找铸剑高手，吴王打听到越国铸剑高手欧冶子的师弟干将住在吴国境内，铸剑的本事也十分了得，就派人寻访找到了干将。相传吴王见到干将后，对干将说：“我已命人选好三百个童男童女，只等良辰吉日，就可以祭炉炼剑。”干将不忍心牺牲这三百个童男童女，他对吴王说：“大王命我铸剑，我一定如期献上，用不到童男童女祭炉。”吴王放心不下，限他在100天以内交出宝剑，到时候交不出宝剑，就拿这300个童男童女祭炉。干将不能违抗王命，就在苏州匠门塘的地方设了工场，砌炉备料，开始铸剑。干将跑了五座大山，选了最上等的矿石，准备了金、银、铜、铁、锡各种原料，呼唤300个童男童女加料、鼓风。一个月过去了，钢材已经炼出来了，两个月后，一柄举世无双的宝剑也炼出来了。

剑炼成了，干将却是满脸愁容，头发也白了。因为他知道吴王是个专横的君王，他得到了举世无双的宝剑，怕造剑的人再去给别人造剑，一定要将造剑人杀害。他把造好的剑藏了起来。当吴王派人来催他的时候，就提出除非叫他的妻子莫邪来帮助铸剑，不然无法按期完成。莫邪来到以后，干将把他领到了里屋，然后拿出了宝剑交到了她手中。莫邪接过一看，上面刻有“干将”二字，她知道干将已经造出了一把举出无双的宝剑。但见到丈夫闷闷不乐样子，很是疑惑。干将将自己的重重心事告诉了妻子，他说：“我的头发已经铸进了这把剑里，所以取名‘干将’，你偷偷地带回去，不要再来了……”莫邪听到这里泪流满面，要与干将一起投炉而死。干将说莫邪已经怀了身孕，要她好好扶养孩子。莫邪忍着悲痛，拿起宝剑，随手割下了自己的一缕青丝，交给了丈夫，拿起干将剑走了。

莫邪走后，干将又开始连夜赶铸宝剑，他将莫邪的头发铸进了剑里，百日期满时，“莫邪”剑也炼成了。干将带了“莫邪”剑，将宝剑呈了上去。吴王接过宝剑，一看寒气逼人，他拔下一根头发，放在锋刃上，用嘴一吹，果然即断。不由称赞：“好剑！好剑！”就吩咐明日会见齐国使者。

第二天，吴王带着宝剑和文武大臣一起浩浩荡荡地到了虎丘山，等齐国使者一到，他说：“你国有了属镂剑，别自以为了不起，这种宝剑，我国多着呢。”说罢，拿出了莫邪剑，对着一块椭圆形的大石，往下轻轻一劈，大石立即一分为二。两边文武百官齐声喝彩，齐国使者看得目瞪口呆。这块石头就是我们现在在虎丘山能见到的试剑石。

果然不出干将的料，吴王得到了宝剑，怕干将还会为别的国君铸出好剑，找了个借口把他关了起来，最后偷偷地将他杀害了。莫邪听到这个消息，悲愤万分，听说吴王要斩草除根，就带着“干将”剑连夜逃出了吴国。人们为了纪念干将，把匠门叫作了干将门，在干将住过的地方，还竖起了牌坊，叫干将坊，直到现在，那里的路名还叫干将路。

三、项羽一戟战天下

西楚霸王项羽威名显赫，他原是楚国人，他的叔叔项梁因为杀死了一个人，就带着他逃到了当时称为会稽郡的苏州。

项羽的小时候，家里人要送他去读书，可他学了几年没有长进。家里人又送他去学习剑术，他刚学了几个套路，又不肯学了。项梁非常生气，训斥他说：“你这个人这也学不好，那也学不会，将来有什么出息?”项羽不以为然地撇撇嘴，说：“读书识字，只能记个姓名罢了；学习剑术，也不过抵挡一两个人。我要学就要学能够抵挡万人的本事。”项梁听他的口气不小，自小便志向博大高远，心里暗暗称奇。从此以后亲自传授兵法给他，还把祖传的兵书拿出来让他学习。项羽喜出望外，但他虽一听就懂，可是略略懂得个大意，又不肯深入钻下去了。

项羽长大后，身高八尺开外，虎背熊腰，力气很大，能把一只大鼎扛起来。有一次，秦始皇嬴政到会稽来游玩，横渡浙江时，项梁和项羽也挤在人群中看热闹。项羽突然说：“那个人，我可以取代之。”项梁吓得急忙用手捂住他的嘴，说：“不要胡说，小心灭族。”后来，项梁与项羽合谋杀了会稽郡的郡守殷通，召集了从前熟悉的精干的官吏，向他们讲明了当前的形势和自己这样做的目的，接着又征调吴中的军队，并派人招募下属各县的壮丁，组成精兵800人。因为这支队伍里大都是当地的青年，所以称为“子弟兵”。这一年，项羽才24岁，但俨然已成为江南地区起义军的副领袖了，自号西楚霸王。项梁令项羽渡江北伐，响应陈胜。陈胜牺牲后，项梁便立楚怀王的孙子为楚王，仍号楚怀王，作为号召。后来项梁被秦将章邯所杀，项羽又在巨鹿打败章邯，消灭秦军的主力，各路起义军便拥项羽为“诸侯上将军”。

项羽用的兵器是戟，《史记·卷七·项羽本纪》中记载：“汉有善骑射者楼烦，楚挑战三合，楼烦辄杀之。项王大怒，乃自被甲持戟挑战。”戟，商代就有，当时是把先铸好的矛和戈组装在一起而成，可刺、可钩、可啄、可割是一身四用的兵器，杀伤力比戈、矛强。在项羽手上进行了改装，将戈的部分改成了月牙刃，也就是现在我们看到的样子。戟到了汉代最为盛行，卫士们常常披甲持戟。名将如温侯吕奉先，到了隋唐，戟上挂着饰物，显得更秀美，如《水浒》中小温侯吕方的戟就是挂了金钱豹子尾。

四、《梦溪笔谈》谈兵器

《梦溪笔谈》是我国北宋大科学家沈括的传世著作。沈括在晚年用笔记文学体裁写成《梦溪笔谈》26卷，再加上《补笔谈》3卷和《续笔谈》，共列有条文609条，遍及天文、数学、物理、化学、地学、生物以及冶金、机械、营造、造纸技术、军事等各个方面，内容十分丰富，是中国科学史的重要著作。《梦溪笔谈》中所记述的许多科学成就均达到了当时世界的最高水平。英国著名科学史专家李约瑟称《梦溪笔谈》是“中国科学史上的坐标”。

沈括，字存中。浙江钱塘（杭州）人，他与苏州结下了不解之缘。张橙华在《沈括与苏州》一文作了详细记述：沈氏自东汉初迁居武康（浙北旧县名，已并入德清县，宋时属吴兴），六朝时人才尉起成为望族，五代吴越时迁杭州，四世而传至沈英。沈英次子沈周于大中祥符八年登进士弟，沈括是沈周的次子。沈周曾在苏州两度任职，娶苏州许氏，即沈括的母亲是苏州人。许氏祖父是刑部尚书许寿延，父许容曾任太子洗马，二兄许洞，即沈括的二舅，是当时著名战略家，是军事名著《虎吟经》的作者。沈括母亲的文化素质较高，曾巩所撰的《许氏墓志铭》“其兄所为文辄能成诵”，并说沈括兄弟两人“其幼皆夫人所自教也”即沈括的启蒙教育来自母亲。沈括随母亲入吴县籍。胡道静《沈括军事思想探源》一文认为，沈括与舅父许洞有师承关系，沈括的军事思想学自许洞。

《梦溪笔谈》卷十九《器用》中，记述了不少古代兵器，如吴钩、矢服、铜弩机、神臂弓、古剑、海州弩机，并对这些兵器的性能作了详细描述：吴钩：“唐人诗多有言吴钩者。吴钩，刀名也，刃弯。今南蛮用之，谓之葛党刀。”他认为，吴钩是一种刀的名称，刀刃弯曲，就是南方民族使用的葛党刀。矢服：“古法以牛革为矢服，卧则以为枕。取其中虚，附地枕之，数里内有人马声，则皆闻之。盖虚能纳声也。”矢服是古代用牛皮做的箭袋，躺卧时可当作枕头，几里内有人马的声响都能听见。铜弩机：“郓州发地得一铜弩机。甚大，制作极工。其侧有刻文曰：‘臂师虞士，牙师张柔。’史传无此色目人，不知何代物也。”说郓州发现的铜弩机很大，旁边还刻了字。铜弩机由望山、悬刀、牙、栓塞等部件组成，机件大小基本相同，只有悬刀的形制和大小略有差异。弩机为安装于弩臂后端的机械装置。神臂弓：“熙宁中，李定献偏架弩，似弓而施榦镫。以镫距地而张之，射三百步，能洞重扎，谓之‘神臂弓’，最为利器，李定本党项羌酋，自投归朝廷，官至防团而死，诸子皆以骁勇雄于西边。”这神臂弓，与弓相似，而又加了弩身和镫，可以射三百步远，能把多层铠甲射透，是一种最锐利的武器。古剑：“古剑有沈卢、鱼肠之名，沈音湛。沈卢谓其湛湛然黑色也。古人以剂钢为刃，柔铁不茎榦；不尔则多断折。剑之钢者，刃多毁缺，巨阙是也。故不可纯用剂钢。鱼肠即今蟠钢剑也，又谓之松文。取诸鱼燔熟，褫去胁，视见其肠，正如今之蟠钢剑文也。”他认为古剑有沈卢和鱼肠一类的名称，沈卢的颜色黝黑而有光泽，用锋钢作剑刀，用柔铁作剑身，巨阙剑就是这样的。鱼肠剑就是蟠钢剑，又称松文剑，取鱼来烧熟，剥开胁部的肉，看到鱼肠的形状，正如蟠钢剑的花纹。海州弩机：“其望山甚长，望山之侧为小矩，如尺之有分寸。原其意，以目注镞端，以望山之度拟之，準其高下，正用算家勾股法也。《太甲》曰：‘往省括于度则释。’疑此乃度也。汉陈王宠善弩射，十发十中，中皆同处，其法以‘天覆地载，参连为奇，三微三小。三微为经，三小为纬，要在机牙。’其言隐晦难晓。大意天覆地载，前后手势耳；参连为奇，谓以度视镞，以镞视的，参连如衡，此正是勾股度高深之术也；三经、三纬，则设之于堋，以

图 7－5　梦溪笔谈书影

志其高下左右耳。余尝设三经、三纬，以镞注之发矢，亦十得七八。设度于机，定加密矣。”他在海州看到的弩机，望山很长，望山的旁边有小的标记，与尺子一样有刻度分寸，用望山的刻度来校正确定剑头的高低，他认为这是使用了算术家的勾股之法。

沈括也不是军事家，《梦溪笔谈》虽然不是军事著作，但沈括与他的《梦溪笔谈》在军事领域中占了一席之地。（图 7－5）

五、海战首次用火器

唐岛之战又称黄海奔袭战，它是南宋绍兴三十一年（1161 年）宋金双方在黄海海面进行的一次大规模海上决战。战争的结果，以宋胜金败而告结束。在这次战争中，早年曾在岳飞部下统率义军、同金军作战屡立战功的李宝率领舰队从平江（今苏州）出发。

自北宋末年即已开始。由于南宋统治者腐败无能，妥协投降，于绍兴十一年（1141 年）十一月同金签订了丧权辱国的“绍兴和议”，紧接着又以“莫须有”的罪名杀害抗金名将岳飞。然而金并不以宋割地称臣、贡纳银绢为满足，仍积极备战，企图消灭偏安东南一隅的南宋王朝。绍兴二十三年（1153 年），完颜亮迁都燕京（今北京），不久，又下令营建南京（今开封），同时修造战船，大规模强征男丁为兵，出兵南侵。海路则由苏保衡、完颜郑家奴率领一支拥有战船 600 艘、水兵 7 万人的舰队沿海南下，直捣临安，配合主力对南宋形成四路并举、海陆夹击的钳形攻势，企图一举灭亡南宋。完颜亮狂妄地宣称：多则百日，少则一个月，定能灭掉南宋。

在大敌当前的紧急关头，时任两浙西路马步军副总管、兼率舰队守卫海防的李宝，主动请缨率领一支只有战船 120 艘、水兵 3000 人的舰队沿海北上迎击金军。

李宝早年曾在岳飞部下统率义军，同金军作战屡立战功。他率领舰队从平江（今苏州）出发，沿东海北上长途奔袭金舰队。十月下旬，李宝的舰队驶抵石臼山（今山东日照附近），巧遇几百名前来投诚的金朝汉族水兵，从他们那里获得可靠情报，得知金舰队已驶出海口，正停泊于唐岛（又名陈家岛，在今山东灵山卫附近），距离石臼山只有 15 公里多。李宝根据这一情报，决定采取先发制人、出其不意、火攻破敌的战法，以弱小的舰队袭击强大的敌人。于是，李宝率领舰队迅速向唐岛进发。十月二十七日清晨，北风转南风，南宋军队乘风向前疾驶。金军不习惯海上风浪，都睡在船舱里，充当水手的多是被迫征来的汉族人民。当他们远远望见李宝舰队时，便把金兵骗至舱中，因此，当李宝舰队迫近敌舰时，金人尚未发觉。李宝抓住战机，命令舰队全面出击。刹那间“鼓声震荡，海波腾跃”。金军遭到突袭，惊慌失措，赶紧起锚张帆，仓促应战，舰只挤成一堆，乱成一团。

李宝旋即下令向金舰发射火药箭。并金船帆是用油布做成，见火即燃，霎时间金舰队烟焰冲天，几百艘战舰一下子陷入火海之中。一些幸免火箭攻击的敌舰，仍想负隅顽抗。李宝指挥舰队插入敌阵并命令士兵跳上敌舰，与金兵展开激烈的白刃战。这时，受尽压迫的金舰队汉族水兵，纷纷倒戈起义。结果，金舰队除苏保衡只身逃脱外，全军覆没。在海上失败的同时，金在陆上各路也相继失败。军事上的节节失利，进一步加剧了金统治者内部的矛盾，完颜亮终于死在内部争权夺利的斗争中，其四路并举、一举吞灭南宋的计划，遂告彻底失败。

唐岛之战作为火药火器应用于战争而进行的第一次大规模海战永载史册。

六、平江之役用火铳

火铳，又称“火筒”，是一种金属管形射击火器的通称。最早用于作战是在元朝。它是在南宋长期使用的各种火枪的基础上，随着火药性能的提高而逐步发展起来的，为元明时期军队的重要装备。

火铳是中国古代第一代金属管形射击火器，以火药发射石弹、铅弹和铁弹，用铜或铁铸成，铜铸较多。由前膛、药室和尾銎 3 部分构成。使用时点燃由药室引出的药线，引燃药室内的火药，借助火药燃器的爆发力将预装入前膛内的石强或铁弹射出，杀伤敌方人马。通常分为单兵用的手铳，城防和水战用的大碗口铳、盏口铳和多管铳等。战时使用的火铳有单管手铳，多管的三眼铳、五排枪、七星铳、十眼铳和大口径（口径为 100～120 毫米）等。它的出现，使火器的发展进入一个崭新的阶段。明朝建立后，大量制造火铳，加强了边防、海防和城防设施，并于永乐年间组建了专用火器的神机营。嘉靖以后，逐渐被鸟铳和火炮所取代。

火铳制后被用于作战，到元末使用逐渐频繁。使用火铳作战之例甚多，其中朱元璋的军队尤其突出，而且已初绽新战术的萌芽。用火铳进行攻城战其可发挥很大的作用，它主要用于击杀守城敌军的个体目标。比较著名的战例有两个，一个是朱元璋部将胡大海率军进攻绍兴之战，另一个就是朱元璋部将进攻平江（苏州）之战。

《续资治通鉴》等史书记载，至正二十三年（1363 年）九月，张士诚在苏州建立大周政权，自称吴王。渐渐奢纵，怠于政事。至正二十四年正月，朱元璋称吴王，至正二十五年十月，朱元璋举兵讨伐张士诚。元至正二十六年（1366 年）十一月，朱元璋手下大将军徐达等带兵至苏州城南鲇鱼口（现吴江西北），击败张士诚部将窦义，朱元璋另一部将康茂才至尹山桥，遇张士诚军队，又将其击败，并且在官渎（娄门外官渎桥）焚毁张士诚战船千余艘。在朱元璋军队的感慑下，松江、嘉定的张士诚部于二十七年正月相继投降，外围扫清了，使张士诚占据的平江城成了孤城。当时，朱元璋的大军已经进驻平江城四周，徐达驻军葑门，常遇春驻军虎丘，郭兴驻军娄门，华云龙驻军胥门，汤和驻军阊门，王弼驻军盘门，张温驻军西门，康茂才驻军北门，耿炳文驻军城东北，仇成驻军城西南，何文辉驻军西北，四面筑将平江城团团围困。

朱元璋的军队架起木塔与平江城中的宝塔遥遥相对，又筑高台，称作敌楼，共 3 层，可以监视城中动静，每层配备了弓弩、火铳，又设置了襄阳砲，对平江城进行射击，城中惊恐万分。在弓弩、火铳的射击下，张士诚部下被杀死者无数。一天，张士诚又率兵突出西门讨战，遇到常遇春的部队，常遇春的队伍士气很旺。张士诚弟弟张士信正在城楼上督战，忽大呼曰：“军士疲矣，且止！”就鸣金收军，常遇春乘势掩击，将张士诚的军队杀得大败，接着追到城下，攻击更加厉害，又绕着平江城筑垒了高台，从此张士诚没有再敢出城交战。

当时徐达命令48卫将士，每卫制襄阳炮架5座，炮架各50余座，加上弓弩、火铳，日夜不停地向城中射击。六月初七，张士信在城上，踞银椅，与参政谢节等会食，左右刚要进桃了，还未来得及尝，被铜火铳所发射弹丸击中脑壳而死。围攻了8个月，士兵饥饿无粮，不少人投降了朱元璋，九月，徐达带兵攻入葑门，常遇春带兵攻入阊门，张士诚部将唐杰、潘元绍等投降，张士诚率余兵巷战失败，自杀未成被俘，朱元璋的军队占领平江城，通州、无锡等地相继投降，大周政权灭亡。

七、抗倭敌楼树屏障

敌楼，也是瞭望楼，建于制高点上，因可凭此望敌而得名。

明洪武二十五年（1392年），北朝统一日本。南朝的武士、失意政客和浪人失去了依托，于是流落海上，盘踞海岛，形成了一股不小的力量，他们窜踞我国沿海岛屿，并勾结当地的盗匪凶徒，侵入中国大陆，烧杀抢掠，史称倭寇。明嘉靖三十二年（1553年），王直等勾结倭寇，侵扰东南沿海，先后攻陷上海、苏州、徽州、南京等地，烧杀劫掠。为了抵抗入侵的倭寇，苏州一带筑建了一些敌楼，其中有名的3个敌楼便是枫桥敌楼、木渎敌楼和胜墩敌楼。

枫桥敌楼又称铁铃关敌楼，枕大运河，位于苏州枫桥旁，明嘉靖三十六年（1557年）兴建。明嘉靖三十三年（1554年），倭寇自太仓入海口进犯苏州，烧劫于阊门、枫桥一带，"焚掠殆尽"、"积蓄纤悉无遗"。苏松太兵备道副使任环、副将解明道率众狙击于阊门上津桥，军民协力以及虎丘僧明际等助战歼寇二十，擒一人，余向吴江散去。次年6月，倭寇又自浒墅关犯枫桥，后经苏松太兵备副使任环、总兵汤克宽率领军民奋战，终于全歼寇贼。当时，阊门、枫桥是苏州城西重要商品贸易集散地。为防倭寇再犯，江南巡抚御史尚维持、吴县知县安谦于嘉靖三十六年（1557年）督建关楼，铁铃关平面作长方形，以条石垒基，城砖砌墙，中辟拱门，上有关楼。楼壁列孔，用作瞭望巡视，加强戒备和发射矢石铳炮。在遇敌情时，关楼哨兵即可放烟报警。而在楼下派有团营重兵驻守，并设关隘，检查来往行人和船只。《民国吴县志》载："方广周十三丈有奇，高三丈六尺有奇，下垒石为基，四面为砖，中为三层，上覆以瓦，旁置多孔，发矢石铳炮。"从而与关前的河道、桥梁构成一道扼守苏州城西的重要军事屏障。

图7－6　敌楼

图7－7　木渎敌楼

木渎敌楼建于明嘉靖三十六年，在吴中区木渎镇。据《木渎小志》记载，此楼"方广十三丈有奇，高三丈六尺有奇，下垒石为基，四面为砖，中为三层，上覆以瓦，旁列孔，发矢石铳炮。"敌楼中辟高大门拱作通道，扼胥江水道及驿道汇合处，系水陆要冲，地势十分险要。城楼结构牢固坚实，形体高大巍峨，突兀挺拔，远望恰似矗立于古镇的一座方城，大有"一夫当关，万夫莫敌"的气概。清王汝玉曾有诗云："依然雉堞瞰河滨，小小严关御敌人。今日烽火久消歇，夕阳芳草对残春。"当年的敌楼在防御入侵倭寇发挥了巨大的作用，是苏州西部一道不可逾越的屏障。

胜墩敌楼位于吴江平望与八坼之间。嘉靖三十三年（1554 年）六月，倭寇进到苏州城外，经过吴江时，吴江人周大章等率舟师尾追痛击，倭寇经嘉兴退回柘林。而吴江抗倭最有影响的是明朝嘉靖三十四年（1555 年）明朝将领张经、俞大猷等率兵在嘉兴、王江泾一带抗倭。吴江县知县杨芷、兵备参政任环也组织了水军抵抗倭寇的侵略。嘉靖三十四年正月，倭寇攻陷祟德，抢掠500 余只船，从浙江南浔来到平望六里桥。杨芷带领吴江水师在六里桥东西荡中阻击夹攻，击毙倭寇 30 余人，其余的倭寇丢下抢得的财宝仓皇逃遁了。此时，吴江县城正遇暴雨，城墙裂缝，且城隍庙发生火灾。杨芷预料倭寇会借机进攻县城，就带兵至胜墩扼守。胜墩当时叫盛墩，因东吴将军盛斌葬于此地而得名。这里东面靠运河，西面有唐家湖，湖水汹涌，地势险要，是浙江至吴江县城的必经之地。吴江水师屯兵盛墩后，一方面派人向嘉定俞大猷部求援，另一方面在唐家湖袅腰桥北面筑"敌楼"，取名"吞海楼"。徐师曾所写的《吞海楼记》记载：吞海楼始建于嘉靖三十四年正月二十八日，落成于二月八日。该楼一丈七尺见方，高一丈九尺多，装有铁门。楼台上有栏杆，战旗招展。门上挂有"吞海楼"字匾。杨芷作有《吞海楼》诗："湖光一览浮空日，楼影孤峰傍远天，南海共欣千舰集，北辰遥指五星联……"

敌楼的修筑，在抗倭战争中发挥了较大的作用，平望胜墩一战便是实例。嘉靖三十四年四月十九日，柘林倭寇 3000 人攻金山卫，俞大猷督游击白泫及田州瓦氏兵击敌，先胜后败，倭寇窜入浙江，北犯嘉兴。总督张经命卢镗督保靖兵援嘉兴。四月二十五日海盐发兵尾追进犯嘉兴的敌人，卢镗督保靖兵出嘉兴城南，两军在石塘湾夹击敌人，杀伤数百名倭寇。倭寇向北流窜，分两路，西路由澜溪、南麻，东路由张村、黎里进至平望地区，企图通过唐家湖血染吴江城，进犯苏州。总督张经命俞大猷督永顺兵由泖湖间道趋平望，命汤克宽率舟师从中击之。兵各任环、知府林懋举、知县杨芷率军队在北阻击。

倭寇由于一路上未遇阻挡，洋洋得意。刚进唐家湖，吞海楼上一声炮响，万箭齐发。此时，唐家湖水波涛汹涌，巨浪滔天。倭寇不能渡河，只得向平望退兵。吴江水师在倭寇退兵后，加紧防备。陆军集中在吞海楼上下，水军屯兵在唐家湖内，并在运河上筑堤坝以阻拦倭寇船只，严阵以待。倭寇在平望稍加停留后，又抢夺了一些船只，沿运河向北气势汹汹而来。船队刚近盛墩，就被堤坝挡住了去路，倭寇头目急忙命令手下破坝。吞海楼上杨芷等人看得明白，知县一声令下，楼台上红旗招展，鼓角齐鸣，喊声大作，犹如天崩地塌。随着炮火四起，唐家湖内射出无数小舟飞向倭寇。吴江水师善于水战，小舟纵横水面，倭寇中箭着炮者不计其数。楼上飞出一箭，倭寇头目应弦而倒，倭寇顿时乱作一团，想掉头逃跑，突然船下发铿锵声。原来，事先知县已精选了一批水性好的兵士，携带工具潜在水底。当吞海楼上鼓声一响，他们就在水底凿倭寇的船底，船只出现了大大小小的窟窿，哗哗的河水向船舱喷涌，倭寇拼命挣扎。倭寇大败，退回平望。后来，兵备俞大猷与副使孙宏轼率永顺宣慰司彭荩臣率2000名士兵追踪倭寇赶到平望，在南面袭击。俞大猷的军队与吴江水师从运河两端夹击倭寇，倭寇无路可逃，只能冒险进行巷战，最后扔下300多具尸体狼狈逃到王江泾。在抗倭战争中，我军民为国捐躯者亦不少，宣慰彭荩臣不幸阵亡。盛墩一战，大长了吴中军民团结抗侵的士气。人们为纪念此战，将盛墩改为胜墩。嘉靖三十六年，知县曹一麟接替杨芷之职后，为抵抗倭寇，在胜墩袅腰桥对面运河边新建了一座比“吞海楼”更大的“敌楼”。

现在，木渎敌楼、胜墩敌楼都已不存，只有枫桥敌楼是苏州唯一保存较为完整的抗倭关楼遗迹，具有较高的军事研究价值。（图7-6、图7-7、图7-8、图7-9）

图7-8　枫桥铁岭关

图7-9　铁铃关

八、郑和的特混舰队

明永乐三年（1405年）到明宣德八年（1433年）的28年中，郑和7次率领船队远航到东南亚、印度洋、红海、东非等30多个国家和地区，7次下西洋都是从苏州太仓刘家港出发的。

郑和（1371~1435年），本姓马，名三保，原籍云南昆阳州，回族，世代信奉伊斯兰教。郑和自幼家贫，12岁丧父，时值明朝远征军征服了云南，12岁的郑和被明军带回了南京，在燕王朱棣（明成祖）府中作了一名太监。他的才能得到了成祖的赏识和信任。成祖取得帝位后，他被提升为宦官的最高官职——内官监太监，并赐名郑和。郑和才貌出众，办事负责，立身正直，待人宽厚。《明史·郑和传》形容他：“身长九尺，腰大十围，……眉目分明，耳白过面，齿如编贝，行如虎步，声音洪亮。”加上他生于伊斯兰教家庭，后又拜和尚道衍为师，成为佛门弟子，兼有两种宗教身份，又在多年的征战中熟谙军事，屡立奇功，所以当明成祖策划派遣庞大的船队出使西洋时，郑和无疑成了这只船队指挥官的最佳人选。

郑和所率领的船队是一支特混舰队，最多时有200余艘，是15世纪世界上最大和最完备的船队。其船舶种类分为宝船、马船、粮船、坐船、战船、水船六种。

郑和船队具有一定的武装自卫力量，这是远洋航行所必不可少的。英国学者李约瑟对郑和船队曾有如下评价："明代海军在历史上可能比任何一个其他亚洲国家都出色，甚至同时代的任何一个欧洲国家，以致所有欧洲国家联合起来，可以说都无法比明代海军匹敌"。郑和在500多年前，能运用自如地率领庞大的船队往来亚非航线上，对古代的军事航海学做出了卓越贡献。

郑和下西洋的船队中有一种"战船"，顾名思义就是专司作战之职之船 。中国军事博物馆中记载，郑和的"战船"长18丈（约合50.9公尺），宽6.8丈（约合19.2公尺），吃水4公尺（换算排水量1703吨，载重850吨）；3～5桅。当时战船上的编制为：捕盗10名，舵工10名，缭手（帆缆手）20名，扳招（瞭望联络）10名，上斗10名，碇手（起下锚手）20名，甲长50名，甲长下每一甲长管兵50名，共有兵士500名；全船共有630名。在武器装备方面有"大发椟"10门，"大佛郎机"40座，"碗口铳"50个，"喷筒"600个，"鸟嘴铳"100个，"烟罐"100个，"灰罐"1000个，"药弩"100张，"弩箭"5000枝，以及大量的火药铅弹，现冷兵器如刀枪镰钩藤牌等，数量十分可观。

郑和第一次下西洋时所率部众就有27000多人，船舶长44丈、宽18丈的就有62艘，规模之大，史所未有。前后7次所经国家凡30余国。这样的空前壮举，较之葡萄牙的达·伽马由伊斯兰教徒导航横渡阿拉伯到达科泽科德早80多年，也加深了中国和所到各地贸易和文化交流。而郑和远航对东南亚地区的开发，贡献尤大。郑和舰队7次下西洋中，遇到过3次战争，一次从古里回航途中，在锡兰跟国王亚烈苦奈尔打了一仗。这场战争是7次航海中唯一的正式战争。

亚烈苦奈儿与邻国不睦，经常袭击来往使者。他听说郑和返航途中经过锡兰，便引诱其入国内，诈献金银宝物，同时却用兵士5万，伺机劫掠宝船，策谋阻塞郑和归路。郑和及时察知了这一诡计，但当他引兵回返时，道路已被切断。于是他想，敌人大军出动，皇宫必然空虚，攻其不备，定能取胜。于是他把诸国使者送到船队，命他们守卫宝船。自己则亲率部卒两千，抄近道突袭王宫，活擒亚烈苦奈儿，瓦解了敌军，粉碎了阴谋，安全返航。（图7－10、图7－11）

图7－10 太仓浏河天妃宫

图7－11 郑和像

九、大炮装上望远镜

明崇祯年间有位兵器制作专家——薄珏。当时流寇欲劫掳安庆，巡抚张国维调薄珏入城制造铜炮，防御流寇，又制造了千里望远镜，以观察流寇的远近，后又制作水车、水镜、地雷、地弩、火铳等兵器，当流寇进犯安庆府时，城内兵民固守，发挥了各种武器的作用，大败流寇。

望远镜是17世纪发明的最重要的科学仪器。一般认为，望远镜是荷兰米德尔堡的眼镜商汉斯·利珀希在1600年发明的。汉斯的发明立刻被荷兰一位将军所重视。此后望远镜传到欧洲其他国家，人们称它为“荷兰柱”。望远镜于明天启年间传入中国后，时称“千里镜”，一方面成为王公贵族的玩物，另一方面用于军事。据《台湾外纪》载，明末收复台湾的名将郑成功临终前一天还“强起登将台，持千里镜，望澎湖有舟来否”。

流入我国的第一具望远镜是明天启六年（1626年），由德国传教士汤若望携带入京的。汤若望和李祖白两人共同翻译了《远镜说》一书，把西方望远镜的制作方法介绍到中国。崇祯二年（1629年），大学士徐光启奏请装配3具望远镜来测天象，崇祯皇帝还去看过由汤若望监制的望远镜。中国民间较早独立制造望远镜，见诸记载的是明末苏州人孙云球。据康熙《吴县志》载，登上虎丘用孙云球自制的“千里镜”试看，“远见城中楼台、塔院、若接几席，天平、灵岩、穹窿诸峰，峻赠苍翠万，象毕见。”中国最早将望远镜用于军事的则是明末苏州人薄珏。

《明史·天文志一》记，李天经说：望远镜“不但可以窥天象，且能摄数里外物，如在目前。可以望敌施炮，有大用焉。”望远镜可用于战争，这在《远镜说》中有说明，李天经则进一步予以强调。实际上，在李天经说此话之前的1631年，薄珏已经创造性地把望远镜装置在自制的铜炮上了。“崇祯中，流寇犯安庆，巡抚张国维令珏造铜炮，设千里镜视敌远近，所当者辄糜烂。”薄珏创造性地把望远镜放置在自制的火炮上提高了射击精度，这在世界上尚属首次，所以著名科学史家李约瑟博士说：“不论薄珏是不是望远镜的独立发明者，但他应得到将望远镜首先用在大炮上的荣誉。”

十、火器战法新创造

明朝时有出身将门的何汝宾，受家庭影响，少年习武，于兵书无所不窥读，家居无聊时，批阅古今兵法，有意简练揣摩，积累了较丰富的军事资料。

何汝宾担任广东都督佥事，曾负责围剿东南南沿海的海寇，并负责督造楼舡、甲胄、干戈等，在这一职务，他接触了住居于澳门的葡萄牙人及他们所使用的火器，这是他认识火器的起因。崇祯二年，海寇李芝奇侵扰广东，这时何汝宾正担任总兵官，澳门当局曾同意出借大铳给明朝守军，他身负策应之责。

明万历三十四年（1606年），何汝宾总览概括当时的所有的兵书，勾勒其中的玄要而同时把自己的想法渗透其中，采辑成了《兵录》一书，全书14卷，约25万字，附图484幅。据《中国兵书总览》记述：《兵录》是一部辑录体综合性兵书，其资料来源，一半采自《武经总要》，一半采辑明代新材料，如赵士桢之神器，西洋之火器，戚继光之练兵书等。全书内容比较丰富，包括将帅修养、士卒选拔、部队编成、训练、阵法、技艺、兵器和军械的制造与使用、行军宿营、防御攻战、军队医疗、地利天时等。

书中对许多军事问题都进行了概括归纳，如在作战方面，概括出了因地设险八法、诱骑之术四法。但比较突出的是何汝宾在万历时期刊印的《兵录》中，全面论述了火器战法，对西方使用的野战炮、攻城炮、守城炮作了深入的研究，他了解了天启六年宁远大捷，用西洋炮以挫败海寇的实况，强氛在何汝宾的《兵录》中，专门有《西洋火攻神器说》一章，介绍各种西洋火炮的形制尺寸、弹药用量、铸造技术和弹道射程等事，其中还绘了数幅统规的使用图。他对各种火药配方和配制的理论、技术，进行了前所未有的分析解剖性的研究，把古代的火药学提高到新的高度。

明军北方系统的骑兵为主集团，使用的是一种叫作三眼铳的火器。为什么不使用火绳枪，《兵录》中记载："三眼铳与鸟嘴铳，鸟嘴在南多用而北少用，三眼在北多用在南少。此为何哉？北方地寒风冷，鸟嘴必用手击，常力不易，一旦火门开而风甚猛，信药已先吹去，用辗信易坏火门，一放而虏骑如风至，执之拒敌甚为不便……三眼铳一杆三铳，每铳著铅子二三个，伺敌三十步内对准而放，一炮三放其声不绝，无有不中。虏马至则执此铳以代闷棍，虏铁盔铁甲，虽利刃不能入，唯以此铳击之，故于北方鸟铳、三眼铳有此之别。"到 1592 年 8 月，明军第二次援军来到时情况就不同了。"臣路上见南兵来到，皆是步军，所持器械，皆敏捷，多带倭铳筒，火炮诸具。其人皆轻锐，所著巾履，与辽东北京之人不同。"所谓倭铳筒就是日本铁炮了。

十一、枪法大成《手臂录》

明代有《手臂录》，这是关于刀枪技艺的兵书，是集枪法大成之作，书中推尊峨嵋枪法，分析杨家、沙家、马家、少林、程家枪法的异同，精微独到，所论取胜之法，概括为二"制"一"本"。在后世出版的《借月山房汇抄》、《指海》等书中均有收录。作者是太仓人吴殳。

吴殳，字修龄，号沧尘子，明末清初娄江（今太仓县）人。是清初民族武艺家。童年即从师学武艺。少年时酷爱武术，勤学苦练，明崇祯六年（1633 年）拜常熟石敬严为师学习马家枪法，两年后，即崇祯八年（1635 年）石敬严去世，又学沙、杨二家枪法。后又从渔阳老人学剑法，从郑华子学马家枪法，从朱熊占学峨嵋枪法等，对各种兵器多有心得。明亡后，吴殳不求仕进，专攻武术。清顺至十八年（1661 年）在人劝勉下，追记石敬严枪法一篇。康熙元年（1661 年）应邀作盛卒五家庭武师，见到峨嵋枪法传人程真如弟子朱熊占，便与其切磋技艺详细追记石敬严之法，因作枪法元神空中鸟迹图及说一篇，枪法圆机说两篇，以发明敬严、真如之正论，距辟冲斗之误说；作枪式说一篇，以明马、沙、杨立法之本；作三家用法说一篇，以别其门庭之高下；作杨家枪一篇，以证其源流；作竿子用法说一篇，以明沙家枪大异于马家枪；作枪根说二篇，以发明马家之根本；作闪赚颠提说一篇，以明大小之用；作脱化说一篇，以明终始之理；作短降长说一篇，以明不得已之故；作临阵兵枪说一篇，以不没冲斗之

图 7－12 《手臂录》书影

长；作古论注一篇，以为敬严、真如之证据；作二十四势解及说各一篇，以详明破法；作子势图，以神二十四势之用；作戮法一篇、革法一篇、步法一篇、行著一篇；作枪法微言一篇，合起来名为《峨嵋枪法》。康熙十七年（1678 年）吴殳又据《峨嵋枪法》增编成《手臂录》（图 7－12）。他认为，刀枪训练，于手臂纯熟，“手足生疏，得余此书仅以助舌锋眩无识者，斯为下矣，非吾徒也。”（《峨嵋枪法原序》）所以，取曹丕《典论》之语，命名为《手臂录》。

《手臂录》正卷 4 卷，附卷 2 卷，约 5 万字，附卷辑录程真如、洪转、程冲斗的著作，以及吴殳早年的著作。吴殳对枪的研究深入细致。枪，由枪尖、枪杆两大部分组成，辅以枪缨、枪纂。枪的区别在于长度不同及枪尖的重量形制不同，因此也便有许多别称。从明代枪械的形制可看出各家枪法的区别。吴殳在《手臂录》就详细记述了枪的尺寸：杨家枪，长一丈八尺；马家枪，长九尺七寸；沙家竿子，长丈八至二丈四尺；汉口枪，长一丈六尺、一丈七尺、一丈八尺。同时，他还在《手臂录》记述了峨眉普恩禅师的武功，说：“西蜀峨眉山普恩禅师，祖家白眉，遇异人授以枪法，立机空室，练习二载，一旦悟彻，遂造神化，遍游四方，莫与驾齐。枪法一十八扎，十二倒手，攻守兼备，破诸武艺。”可见峨眉派武功，威震四方。

吴殳对刀剑也很有研究，年五十还向别人学实战剑法，并著书阐述已经失传的剑法。他专门对日本刀法做了一番研究和整理，著成《单刀图说》一书，也具有较高的学术价值。吴殳在该书的序言中写道：“唐有陌刀，战阵称猛，其法不传。令倭国单刀，中华间有得其法者，而终不及倭人之精。”他最早把单刀与陌刀、长刀之叫法联系起来。马明达《说剑丛稿》中记述，吴殳以日本刀法为主干，吸收了“渔阳老人”的剑法，创编了双手刀法十八式。吴殳的刀法，以左右撩刀等八势为核心，以“避虚就实”为以短破长的要点，他认为：“此十八势习之精熟，虽未能合于倭法，而中国花法，皆退三舍矣”。吴氏刀法简明扼要，易于掌握是其优点，但是，他的八个要法，主要是从假设对方所执为长兵设计的，他自己也说得明白：“击虚之法易见，击实之法则在斫其枪杆。枪杆被斫，不断折必粘住；杆被粘住，则不能闪赚颠提，刀更进步，必伤人矣。”这样，就使得他的刀法无论方法或劲力上都不能不有局限性，如果对方也执长刀，或者执长兵而步伐便捷，“击实”之法将可能沦人武艺家所忌莫深焉的“拙力”境地，其人必危！吴氏学识广博而聪明绝顶，但他的强项是枪法，长刀不是他的擅长，于是终究不免有想当然的地方。所以，他自己也曾不无感触地说：“斫削粘杆，余本得自渔阳老人之剑术，单刀未有言者，移之为刀，实自余始。安得良倭以亲灸之！”自明代以来，我国如戚继光、刘云峰那样的武艺家们，积极致力于日本刀法的学习和引进，加上有程宗猷、吴殳等人的整理著述，这就使得人们对威名赫赫的日本长刀法终于有了比较真切的了解，这丰富了我国的武艺内容，也在一定程度上提高了明代军队的战斗水平。

十二、铁模铸炮第一人

高中历史新教材——《中国近现代史》记述了近代著名的火炮研制家，又称新式兵器专家龚振麟的两项科技成果，一是首创铁模铸炮法，早于西方30多年；二是撰成《铁炮铁模图说》，是世界最早论述铁模铸造法的科技文献之一。

龚振麟的生卒年月、籍贯、字号都不见于史书，只知道他是清长洲（今苏州）人，出仕前为长洲监生。在1839年当过浙江嘉兴县丞。19世纪三四十年代，随着西方殖民者东侵，西方自然科学书刊陆续传入中国。龚振麟对这些新鲜的科技知识很感兴趣，广泛搜集，潜心研究，这在当时埋头读经，追求功名的知识界是并不多见的。鸦片战争爆发后，他眼见大好山河被英国侵略者践踏，刻苦钻研科技、改良兵器，自觉投身于反侵略战争中。他亲身奔赴甬东战场，仔细观察英军火轮，制成用人力驱动的叶轮击水“车轮船”和“车轮战船”。林则徐“戴罪立功”于浙江期间，他被调到炮局工作，造出了“枢机新式炮架”，使大炮能够四面转动，灵活射击。1841年，抗英斗争急迫，前线需要大炮，龚振麟研究发明了铁模铸炮法，使造炮速度提高很多。他撰写的《铁模图说》，是世界上最早的铁模铸造文献。

龚振麟的军事科技研究是从制造战船开始的。道光二十年（1840年）六月，英舰侵犯浙江沿海的舟山群岛，攻陷定海，龚振麟奉命由嘉兴县丞调赴宁波军营，试造轮船和一切军械。当时他看见“逆帆林立，中有船以筒贮火，以轮激水，测沙线，探形势，为各船向导，出没波涛，维意所适，人佥惊其异，而神其资力于火也，振麟心有所会，欲仿其制，而以人易火，遂鸠工制成小式，而试于湖，亦迅捷焉，中丞刘公（韵珂）开制船事，令依前式造巨舰，越月而成，驶海甚便。”（《海国图志》·卷八六。龚振麟：铸炮铁模图说自序）他反复揣摩其理，在没有蒸气动力装置的情况下，试造成功了以人力驱动叶轮，击水航行的新型车轮船，较人力划桨船迅速敏捷，能在海中作战。1841年3月林则徐被派到浙东协办军务，到浙后就与龚振麟商量筹划制造炮船，向龚振麟《车轮船图》，龚振麟以此为参考，制成了一种车轮船，据《中国科技史军事科技卷》记述，他制造的车轮船，用类似蹼轮的机械推动轮前进，时速3.5海里，“驶海甚便”，龚振麟用宋人踏轮行船的方法，造成英国火轮船形式的战舰，又安装了枪炮，使中国和西洋的技术结合起来。这种中西技术结合的新产物，使英国人吃惊了，当时有个名叫伯纳德的英国军官看到后，不禁感叹地说：“中国人这种独创才能，真令人钦佩。”后来有4艘装备江南水师，参加了道光二十二年五月的吴淞江保卫战，并发挥了一定的作用。

龚振麟的突出贡献是在1841年8月创造了铁模铸炮法。在此以前中外铸炮都用泥胎，至龚振麟才把泥模改为铁模，他在自己的《铸炮铁模图说》自序中写道：“辛丑秋八月，蛟门失事，省城添局制造，授振麟以铸炮事，铸炮向以合土为模，经旬累月，一模始成，一铸即废，不可复用，当军事旁午，缓难济急，且时入冬令，雨雪连绵，制尤不易，尝谋一劳永逸之计，殚思竭虑，拟以铁易土为模，而苦无成法，遂以私臆创造”（《海国图志》·卷八六，铸炮铁模图说）。史载，龚振麟所创造以铁模铸炮，

图 7－13　铁模铸炮

首先是铸模，其后是铸炮（图 7－13）。《〈海国图志〉·卷八六，制铁模法及铁模铸炮法》记载了铸模的方法，先把炮分作几节，若是万斤大炮可多几节，三四千斤炮可少几节，先按节做成泥炮，以为内胎，再按节用土做成外模，每节上下都有极为吻合的榫卯，每节都对分成两瓣，作好这种准备，就可开始铸模，先由炮口铸起，用外模第一节的左瓣，对准泥炮内胎的第一节左侧，由中间空白处注入融铁，就铸成第一节的左瓣炮模，再如是铸第一节的右瓣炮模，第一节炮模就完成了，依此分瓣的铸成第二节、第三节等炮模，完成了全炮的炮模。有了铁模，就用它铸炮，首先把铁模每瓣的内面洗刷干净，然后将各节的两瓣合拢，用铁箍箍紧，再把各节按照榫卯接合起来，成一炮形，再配合上炮心，就可开铸，灌铁液后，过一会儿就可顺节按瓣剥去每块铁模，露出炮身，趁着炮身还全部火红时，可用铁刷和铁锤将炮身不平之处，加以修整，即成为大炮。关于铁模铸炮的重大意义，陈大谊在《从鸦片战争到一八六一年的中国军事工业》一书中记述，鹿泽长在龚振麟铁模铸炮图说的跋语中说："辟众论之异轨，开千古之法门"。它所谓开千古的法门，还不仅是开了中国的千古的法门，也开了西洋千古的法门。所以浙江巡抚刘韵珂在他奏折中说："不特内地工匠等所未知，并为西洋夷法所未有。"这是真话。因为龚振麟的铁模铸炮，较之欧洲相似于铁模铸炮的发展，约早 30 年，欧洲铁模铸炮据说是约在 1873 年，由圣彼得堡的拉夫罗夫（Lavrov）、维也纳的乌洽提斯（Uchatius）及土林的罗赛德（Rosset）等 3 人所发明。可见铁模铸炮又是中国在欧洲之先发明的，这是中国杰出的创举。

龚振麟不仅在实践中创造了铁模铸炮法，而且写成了《铁炮铁模图说》一书，白寿彝认为：该书详细论述了由泥型翻制铁范，再用铁范铸炮的工艺过程。书中还总结了铁范铸炮可多次使用以及节省人力、物料，生产效率高，适合于战备需要等优点，与现代铸造工程学对金属型的认识是基本一致的，在科技发展史上留下了引人注目的一页。

十三、炮局创新兵器业

大清同治二年（1863 年）设在苏州原太平天国纳王府（即现在的十全街南园宾

馆）内的苏州洋炮局诞生了。

苏州洋炮局，又名苏州西洋炮局、苏州西洋机器局，它全套购入英国阿思本军舰上的制造枪炮的机器，它聘请外国技师指导兵器生产，成为第一个由洋技师指导并第一个使用洋机器制造兵器的兵工企业。

苏州洋炮局的前身为松江洋炮局，即上海洋炮局，创设于清同治二年（1863 年）三四月间，是江苏巡抚李鸿章所部淮军军械所开办的一个小兵工厂。同治二年十月没，清军和由戈登率领的外国雇佣军“常胜军”围攻苏州，守城太平军发生内乱，十月二十四日（12 月 4 日）主帅慕王谭绍光，被纳王、康王、比王、宁王等叛将杀害于慕王府，献城降清。二十七日，李鸿章正式进城。随后，松江洋炮局随军迁移苏州，更名为苏州洋炮局。（图 7－14，图 7－15）

图 7－14　李鸿章像

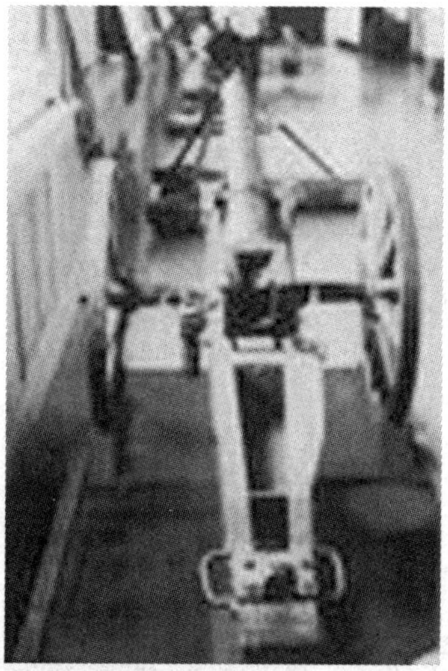

图 7－15　苏州洋炮局造的短炸炮

谭金土在《1863～1865 年，苏州洋炮局机声隆隆》一书中记述，1853 年，太平天国建都天京（南京）。1860 年，忠王李秀成占领苏州，率军直指上海。为“保卫上海”，上海道台吴煦听信苏州人王韬的建议，聘用美国流浪汉华尔组织、招募外国流氓和华人组织一支千余人的拥有西洋武器装备的“洋枪队”，“洋枪队”参与对上海周边的太平军作战，打了几个胜仗，号称“常胜军”。

李鸿章看中了“洋枪队”的西洋兵器和新式练兵方法，网罗戈登的“洋枪队”编入淮军，同时，大批购入西洋兵器武装淮军，聘请洋人当教习训练中国士兵使用洋兵器。到 1863 年底李鸿章攻占苏州时，淮军已发展到 5 万余人，而配备西洋兵器的淮军也达到 3 万人以上。为了提高淮军的战斗力，又节约开支，李鸿章向清廷奏准自办军火工厂，自己生产洋枪洋炮。于是成立了苏州洋炮局。

1863 年底发生的“阿思本舰队事件”，让苏州洋炮局用上了现代机器。阿思本舰队是清政府从英国购买的，由于英国人和清政府在舰队的指挥权、用人及花费等各方面出现严重分歧，双方最终解除了合约，舰队官兵解散，军舰带回伦敦拍卖。1863 年底阿思本舰队途经上海时，李鸿章派人与舰队负责人阿思本暗中做了交易，用4944两白银买下了船上用于生产、维修枪炮弹药的机器设备，并全部运到苏州洋炮局。

苏州洋炮局的主要设备，动力是蒸汽锅炉，机器是皮带机床，有车床、磨床等，还有铁化炉、铁水包等熔炼浇铸设备，工作时蒸汽锅炉产生动力，带动铁轮皮带，皮带带动天轴，带动机床运转操作。这种设备在当时堪称先进。

使用了先进的设备，苏州洋炮局生产出洋枪洋炮。洋炮局开始制造开花炮弹，每月生产大小炮弹四千余个。以后制造长炸炮和短炸炮（均为前装炮）及枪弹、炮弹、药引、自来火等。长、短炮的炮弹是通用的。同时还仿制了多种炸弹。有的椭圆形；有的尖顶而底平；有的橄榄形；有的双层，上实药而下实子，中间隔以铁皮；有的在洋铁盒内藏群子。又有菩提子弹，用绳络大子，涂以漆，击远便四散爆炸。又有腰包锡、中施铁，柱内藏自来火，触物即爆炸。又有三眼喷火子，为燃烧弹。

其中田鸡炮是一种短炸炮（前装炮），因其形状像青蛙而得名，类似于今天的迫击炮，所装弹药不多，而炮膛线路甚曲，故又称“最曲射炮”。其特点是炮身短、重量轻、射角大，炮弹所受空气阻力小，所以射程较远。另外，由于弹道弯曲，对打击隐蔽物后的目标及有掩盖的工事有很好的效果。该炮是当时中国自产的唯一较先进火器。

除枪炮外，苏州洋炮局还能生产12磅、24磅、32磅等好几种炮弹。陆启东介绍，其中12磅以下属轻炮，多用于野战，有效射程为1000米，最大射程达3500米；24磅以上属重炮，多用于近距离的攻城夺池。

苏州洋炮局标志着中国近代兵器工业的诞生。（图7－16）

图7－16 太平天国忠王府内大炮

参考文献

1. 史记.

2. 《吴越春秋》.

3. 《苏州府志》.

4. 冯雁军.《古代城池观鉴》.

5. 思诺思.《秘而精巧的利刃——我眼中的鱼肠剑》.

6. 《兵器始祖》.

7. 《吴越春秋·阖闾内传》.
8. 金煦.《苏州传说》.
9. 潘君明、朱洪主编.《苏州民间故事精选》.
10. 《二十五史故事全编》《中国古代兵器》.
11. 《梦溪笔谈》.
12. 《影响中国的 100 次战争》.
13. 《中国科技史·军事技术卷》《火铳在作战中的最初使用》.
14. 《明史》.
15. 《民国吴县志》.
16. 《平望镇志》.
17. 武定国.《郑和下西洋在航海上的伟大成就》.
18. 沈克尼.《轻兵器》.
19. 《吴县志》.
20. 王卫平，王建华.《苏州史纪·古代》.
21. 王锦光，洪震寰.《中国古代物理学史略》.
22. 《中国兵书》.
23. 《中国近现代》.
24. 《中国通史》.
25. 谭金土.《1863－1865，苏州洋炮局机声隆隆》.
26. 牛贯杰.《中兴之臣还是卖国贼：原来李鸿章》.
27. 施晓平. 桃花坞里曾有个苏州洋炮局 开创中国兵器制造新时代.

（俞 前）

第八篇　中医药篇

千百年来，在苏州这块美丽富饶的土地上，杏林兴盛，名医辈出，医著浩瀚。仅文献记载，自汉代至民国，苏州（按现辖区，下同）就有医家2000多人，医著1200余部（现存513部），其中不乏医林翘楚，如葛乾孙、倪维德、王履、薛己、缪希雍、吴有性、张璐、叶桂、薛雪、尤怡、王维德、徐大椿、缪遵义、曹存心、陆懋修、曹沧洲等均是名扬天下的大医学家；也多杏苑名著，对中医学发展产生过重大影响的医著就有20多部。历代又出太医百余人，其中有太医院院使8名；世医百余家，其中传代最久、最为著称者为昆山郑氏二十九世女科，自宋末以来，世代相承，绵延至今近800年，成为中外医学史上罕见的奇迹。吴医数千年来为吴地的社会繁荣昌盛和人民医疗健康作出了杰出贡献。

一、吴中医学甲天下

以苏州为中心的江苏苏州地区古代又名“吴中”，故人称该地区的地方医学为“吴中医学”。吴中医学是中医学的重要组成部分，在中国医学史上占有举足轻重的地位。它与安徽“新安医学”、江西“盱江医学”、广东“岭南医学”均是我国著名的地方医学。吴中医学具有“儒医多、太医多、世医多、医著多、温病学说创自吴中”等特点。温病学说的创立，使中医学在急性传染病和危重感染性疾病的理论、诊断和治疗方面，取得了突破性进展，成为一门独立学科，极大地丰富了祖国医学内容。吴门名医薛己又创立了七大中医学术流派之一的温补学派，对后世医学有较大影响。明清时期，以吴中地区为中心的江南成为全国的医学中心，于是有“吴中医学甲天下”之盛誉。

1. 温病学说创自吴中

吴中地区是温病学说的发祥地。温病学说的出现，是与这里的地理环境分不开的。吴中地处东南卑湿之地，是瘟疫、温热病（即传染病）的屡发地区。在温病学说形成以前，瘟疫、温热病统属于伤寒，一般医家都遵从张仲景《伤寒论》六经传变的论证方法，进行辨证论治。但温病的病因、发病、传变过程和治疗原则不同于伤寒，故运用治伤寒的方法来治疗瘟疫、温病疗效不佳，形势迫使医家们找寻一种新的治疗方法。因而一批吴中名医，在大量的临床实践基础上，创立了温病学说。明初王履（昆山人）持“温病不得混称伤寒”见解成为该学说的奠基人。明末清初吴又可（吴县人）认识到瘟疫流行是“天地间别有一种异气（戾气）所感”而成为该学说的先驱者。清乾隆年间，叶天士（吴县人）著《温热论》揭示了不同于《伤寒论》的“卫、气、营、血”辨证纲领，完善了温病病因、症状、证机、治法等内容，成为一门自成体系的学说，处方用药注重实效，具有“轻、清、灵、巧”的特色，被公认为温病学派的创始人。同一时期，经过周扬俊、薛雪、缪遵义等吴中名医的不断补充与发挥，一时蔚为大观，从此，完成了温病学说诞生的全过程，使其成为治疗外感病方面一门与伤寒并列的中医学说。

温病学说的创立，使中医学在急性传染病和危重感染性疾病的病因病机、诊断和治疗方面取得了突破性进展，形成了完整的理论体系，成为一门独立学科，极大地丰富了祖国的医学内容，对中医学的发展起到了十分巨大的推进作用，并在相当长的时间内，其抗感染治疗学水平领先于世界医学。温病学说的创立与发展是吴中医学对中医药学的一大贡献，在中国医学史上占有极其重要地位。

2. 吴中名医著

由于吴中医家中儒医、太医比例较高，文化程度也相应较高，故能注意医疗经验的总结，并从理论上来加以研究阐述，致力于著书立说，促进了医学学术经验的保存、交流和传播。历代吴中医著有1200余部，现存513部，涵盖了医经、伤寒、金匮、温病、诊法、本草、方剂、内科、外科、骨伤科、妇产科、儿科、五官科、针灸推拿、养生气功、医案、医话、医论、医史、丛书、杂著等中医学的各个分支学科，其中对中医学发展产生过重大影响的就达20多部。

《女科万金方》综合了宋末名医薛将仕（昆山郑氏女科世医始祖）的医学经验，经郑氏后裔整理而成，系诊治各种妇产科疾病的重要医典，指导了郑氏世医29代近800年（图8－1）。

《十药神书》，元长洲名医葛乾孙至正八年（1348年）撰，是我国第一部完整系统论述治疗痨病专著。元常熟名医王珪著《泰定养生主论》16卷，创百病皆痰、痰多怪症理论。《原机启微》2卷，元吴县名医倪维德著，为我国现存仅迟于《秘传眼科龙木论》的最早之眼科专著。

《医经溯洄集》（图8－2），明初昆山名医王履著，创“真、类中风”学说，是丹溪学派的中坚；又明确提出区分伤寒与温病并异治方法，为温病学说的奠基人。明南

图8－1 《女科万金方》(马一平提供)

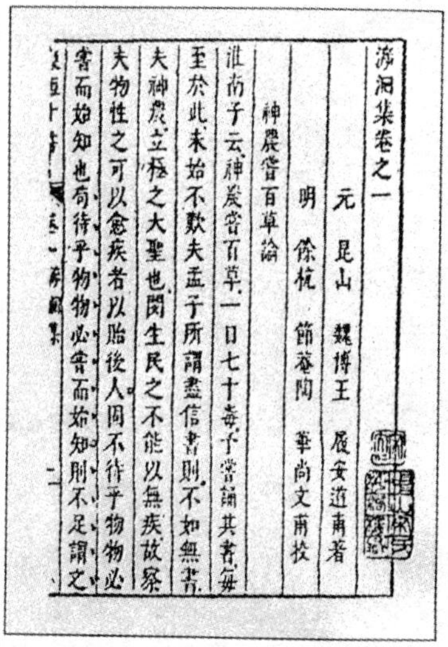
溯洄集卷之一
元 昆山 魏博王 履安道甫著
明 餘杭 節菴陶 華尚文甫校
神農嘗百草論
淮南子云神農嘗百草一日七十毒予嘗誦其書每
至於此未始不歎夫孟子所謂盡信書則不如無書
夫神農立極之大聖也閔生民之不能以無疾故察
夫物性之可以愈疾者以貽後人固不待乎物物必
嘗而始知也苟待乎物物必嘗而始知則不足謂之

图8－2 王履《医经溯洄集》(明初刻本)书影,(马一平提供)

京太医院院使薛己著作宏富，达10余种，其《内科摘要》是我国最早以“内科”为名的医著，《疠疡机要》为我国第一部麻风病专著，《口齿类要》为我国现存唯一口齿科专著，还校注、增补前贤医书多种，后人将其合刊为《薛氏医案》（图8－3、图8－4）。明常熟名医缪希雍深研本草30多年，撰成《神农本草经疏》30卷（图8－5），阐释490种中药药理，详列病忌药忌，为明代本草注疏药理之先声，影响甚广。他创脾阴学说及治血证三法，其医案治验汇编成《先醒斋医学广笔记》4卷，堪称其一生经验之汇粹。明末著名医学家吴县吴有性（又可）在总结大量医疗经验后，撰成第一部温病学专著《瘟疫论》（图8－6），其理论对温病学说的形成和发展起了极大的促进作用，被称颂为温病学说（派）先驱者。

图8－3　薛己《医学全书》

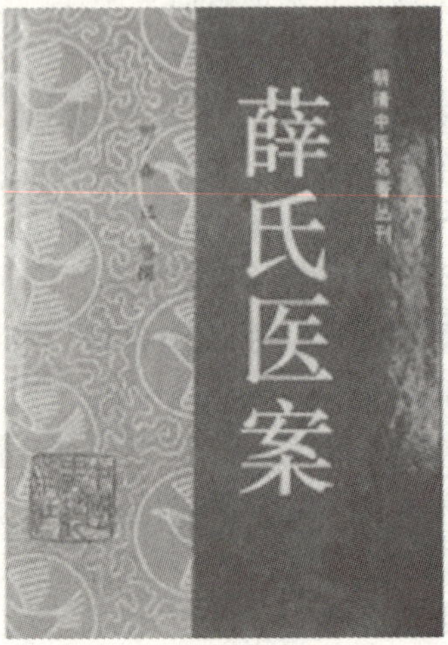

图8－4　薛己《薛氏医案》（新版）

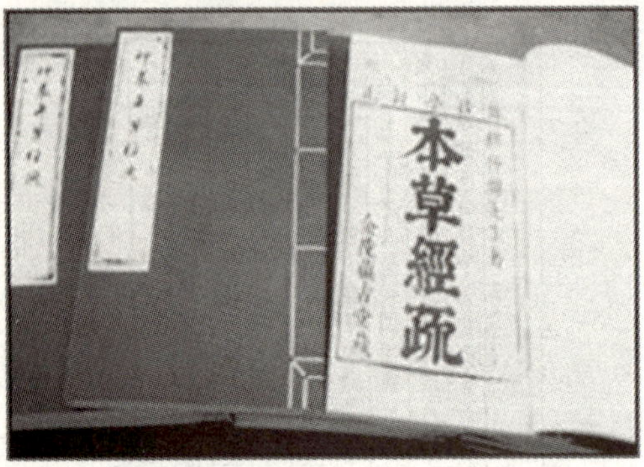

图8－5　缪希雍《神农本草经疏》

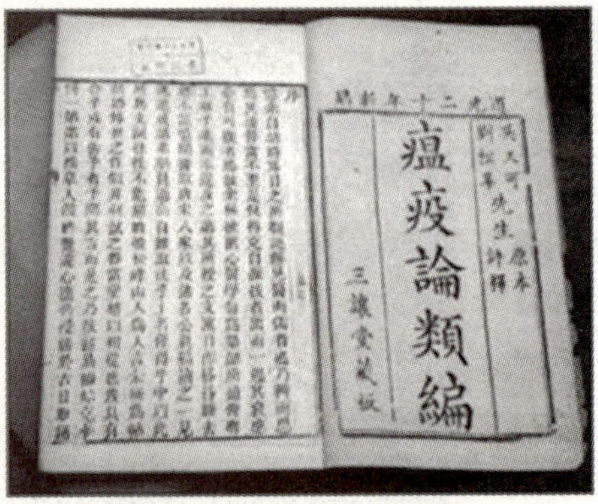

图8－6　吴有性《瘟疫论》

《张氏医通》16卷，清初长洲名医张璐纂，前后历时50年（1644～1693年），系综合性医书，为其学术思想之代表作，刊行后流传极广，影响极大，每为从医者案头必备医典，康熙年间即已东传日本。清康熙、乾隆年间吴中地区涌现了一批名医著。《温热暑疫全书》4卷，吴门名医周扬俊（叶桂之师）著，乃温病学又一力作。著名医学家吴县叶桂（天士）医术卓越，声震天下50余年，是温病学说（派）的创始人

(图 8－7)。毕生忙于诊务，无暇顾及著述，由门生、后人据其学术思想整理编辑成医著多种，其《温热论》是温病学重要代表作，阐明了温病的病因、病机、症状、诊断与治疗方法，从而确立了温病学说的理论体系，成为一门与《伤寒》并列的专门学说，对祖国医学的发展影响巨大；其《临证指南医案》10 卷，是叶氏诊治温病、杂病等的心得经验结晶，刊行后，风行海内。《医经原旨》(图 8－8)、《湿热论》，吴县名医薛雪著，《湿热论》亦是温病学重要著作，论述了湿热（温病的一种难治证型）病因、病机与证治，丰富了温病学说，与《温热论》堪称姊妹篇。《伤寒贯珠集》8 卷、《金匮要略心典》3 卷，长洲名医尤怡著，为医林所推崇，是伤寒学派中辨证论治派的健将。吴县名医王维德系明清中医外科三大学派之一全生派的创始人，其著作《外科证治全生集》(图 8－9) 4 卷是中医外科史上之重要文献，曾被广泛刊行，至今仍有很高的实用价值。著名医学家吴江徐大椿一生笔耕勤奋，著述甚丰，医书有《徐灵胎医学全书》行世，流传较广，历久不衰（图 8－10）。并发展了命门元气理论，提倡辨病专治、用药如用兵，为后世医家所推崇。《温热朗照》，是吴县名儒医缪遵义的晚年力作，进一步完善了温病学说体系。清乾隆五十六年至嘉庆六年（1792～1801 年），吴门名医唐大烈编辑刊行了我国最早具有医学刊物性质的《吴医汇讲》（共 11 卷）。清末元和名医陆懋修（状元陆润祥之父）毕生著述不倦，编撰成《世补斋医书》，为后世医家所推崇。

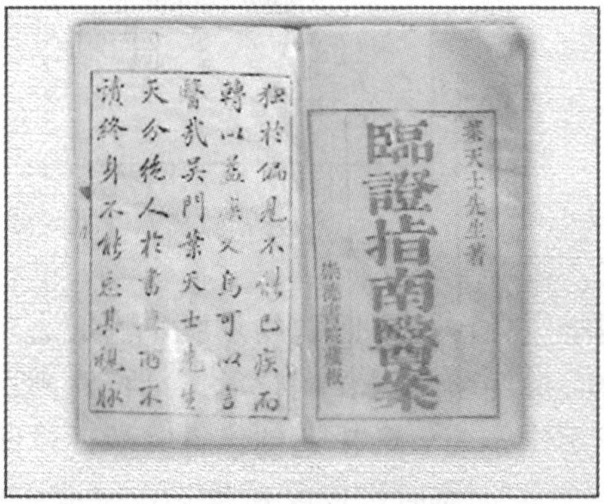

图 8－7　叶天士《临证指南医案》

图 8－8　薛雪《医经原旨》

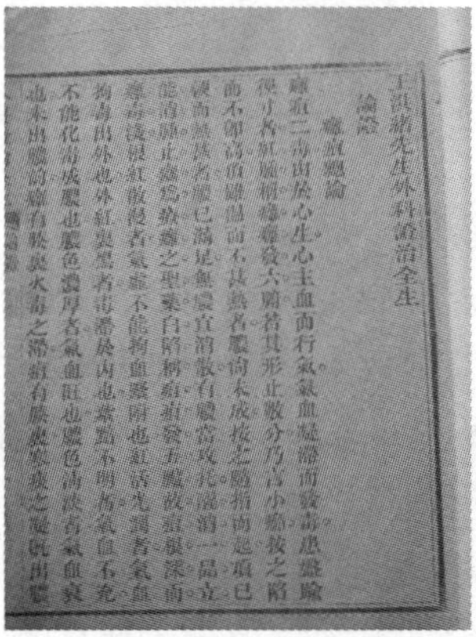

图 8－9　王维德《外科证治全生集》

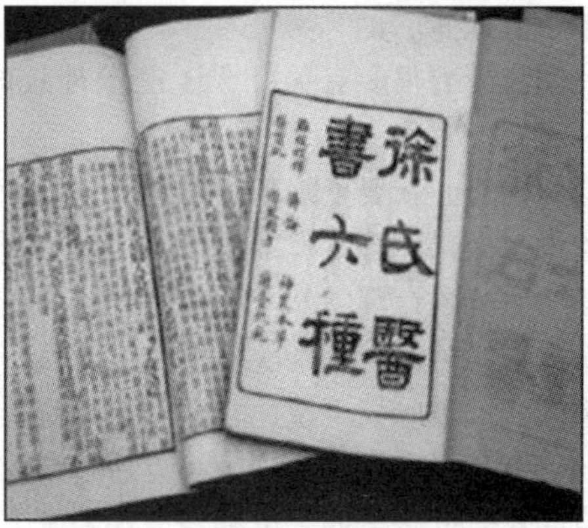

图 8－10　徐大椿《徐氏医书六种》

总之，吴中医家大多倾心于著书立说，又乐于切磋、交流、争鸣是吴中医学兴盛的重要原因。

3. 天医星叶天士

叶天士（1667～1746年），名桂，号香岩（图8－11）。清代吴县人，世居府城（今苏州市区）阊门外下塘街上津桥畔（今阊门外渡僧桥下塘48～54号）。祖父、父俱精医，天士自幼聪明颖绝，从师攻习科举，每暮归由父授岐黄学。14岁父卒，遂弃举子业，一意肆力于岐黄，从父之门人朱某学医，医理日精，见解常胜于其师。又博览医书，虚怀若谷，据传在12～18岁10年内先后拜师17人，转益多师，汲取各家之长，刻苦钻研，融会贯通，医技高超，治病往往有出奇制胜之处，诊治疑难病症更是卓效绝伦。其治痘疹（天花）出神入化，隔窗而嗅，生死立判。未满30岁时便盛名于世，并声震天下50余年，在百姓中享有极高威望，大江南北没有不知道先生之名的，被视为当世之扁鹊，甚至有宣传为“天医星”下凡。叶氏创立了温病“卫、气、营、血”的辨证纲领与辛凉解表、清热解毒、滋阴护津等治疗方法，是温病学说的主要创始人和奠基者，对中医学的发展作出了重大贡献，成为苏州乃至全国最杰出的医学家。毕生忙于诊务，无暇顾及著述，由门生、后人据其学术思想和所遗医稿医案整理编辑刊刻成医著多种，其中《温热论》是温病学的重要代表作，阐明了温病的病因、病机、症状、诊断与治疗方法，从而确立了温病学说的理论体系，成为一门与伤寒并列的专门学说，对祖国医学的发展影响巨大。其《临证指南医案》是叶氏诊治温病、杂病等的心得经验结晶，刊行后，风行海内；唯《三时伏气外感篇》与《本事方释义》为叶氏手定亲著。叶氏还创养胃阴学说及阳化内风说、调补奇经八脉说与久病入络说等杂病学说，为后世医家所推崇。《清史稿》说：“大江南北，言医者，辄以桂为宗，百余年来，私淑者众。”可见影响之大。他的入室弟子也众多。

图8－11　清代名医叶天士像

民间流传着很多有关叶天士医术神效的故事，兹据地方志书所载录一二则于后，以窥一斑：

有一富户，新娶了媳妇，然而不知什么原因，新娘子病如呆鸡，神思恍惚，延医用药也没有效果。特专程恭请叶天士前往诊治，叶诊后命主人在空室内掘地作池，将许多不洁脏物贮存其中，上面覆盖木板，抬病者卧躺在板上，静静地观察。不一会就发现病人有呻吟声，等到次日天明将新娘子移还内室，神志就慢慢清醒，恢复如常了。主人询问病因，叶天士说：“此乃香闭也，以臭可辟香耳。”就是说接触香味太多而致七窍闭塞，用臭相克。其妙术心裁独出常人外，一般医生确实遥不可及。

有一次，叶天士的一位邻居家中有产妇难产已经几天了，请别的医生看过后开了药方，产妇的丈夫拿了药方去请教叶天士，叶看后要他在药中加上梧桐叶一片同煎。

产妇服药后，胎儿果然立即娩出。后来，有人效法叶天士的方法。叶天士听后笑着说："我当时用梧桐叶，因为那天正好是立秋日，过了这个节气，加梧桐叶有何用呢？"这是叶天士巧用"立秋叶落"因时制宜的好方法。

4. 苏派外科与"全生派"鼻祖王维德

吴中地区除内科"温病学派"独步天下外，外科也很著名，有"苏派外科"之称。苏派外科有以下特点：从业者以世医为多，且精通内科，基础理论扎实，临床经验丰富；受吴地人文思想影响，尽量采取保守疗法，"以消为贵"，不轻用刀针；在治疗阴疽、肿瘤等疑难病方面有独特见解，积累较多的医疗经验与研制了不少秘方；还与温病学说融为一体，用温病方药处理疔疮走黄等绝症等。其代表人物有薛己、王维德、曹沧洲等，薛己和曹沧洲后面另有介绍，此仅将王维德生平及"全生派"学术成就简述如下。

王维德（1669～1749 年），字洪绪，一字林洪，号林屋散人，一号定定子，人尊称林屋先生（图 8－12）。清代吴县洞庭西山人。出身外科世医之家，自幼承家学，通晓内、外、妇、儿各科，尤擅外科。他提出"以消为贵，以托为畏"的学术主张，创立"阳和通腠，温补气血"治阴疽的法则，遂使其成为中医外科三大学派之一"全生派"（也称"外症内治派"）的创始人（另两派为"正宗派"与"心得派"）。全生派论治外科疾患的学术特色一是将所有外科疾患分阴阳两大类；二是主张凡痈肿皆"以消为贵，以托为畏"，反对滥用刀针，并禁用蚀药；三是对阴疽的诊治独具匠心，如所发明的"阳和汤"、"犀黄丸"、"小金丹"等是中医治疗外科疑难病症常用的名方，其中"阳和汤"至今仍为临床治阴疽之代表方剂。他撰著的《外科证治全生集》，乃荟集了其祖传效方及 40 余年亲治验方而成，刊于乾隆五年（1740 年），是中医外科史上的重要著作。该书几被晚近的外科医生奉为枕秘，按法用之均有良效。可见该流派对后世中医外科影响之深广。

图 8－12　清代名医王维德像

5. 中国最早有实物可考的"医院"

宋元的地方医药卫生机构，有地方卫生行政机构的官医提领所，有面向平民的熟药所（后改称惠民药局）和收容贫病孤老幼残与乞丐的安济坊（南宋改称安养院）。南宋庆元元年（1195 年）太平惠民药局在平江府城（今苏州市区）醋库巷建立，这是面向平民的门诊部性质的官办医药机构。嘉定年间（1208～1224 年）在府城州钤厅后，建立了一所官办医院［绍定二年（1229 年）镌刻的石碑《平江图》上就有其标注］，这是苏州地区历史上最早的医院，也是中国历史上到目前为止有实物可考且定名为"医院"的最早一所医院，该石碑现为苏州碑刻博物馆镇馆之宝（图 8－13）。宝庆元年（1225 年），浙西提举尚书郎林介将医院改名为安养院，有"屋百础，田三顷"，收治府、县各地监狱的病囚，院内有医药熏燎、卧具和膳食，选良药，集名方，医师精良，有医院管理、护理和仓库保管人员，还订有“激犒”等奖励制度。绍定四年(1231年)，吴中春疫流行，知府吴渊积极组织良医，划区包干，至家到户，送医送药，从二月至七月，共救活1749人。疫后吴渊乃在鱼行桥东、广惠坊左创设济民药局，有房屋35楹，病房、制药室、管理机关、贮藏室与厨房等一应俱全，是一座较具规范、面向平民的医院。

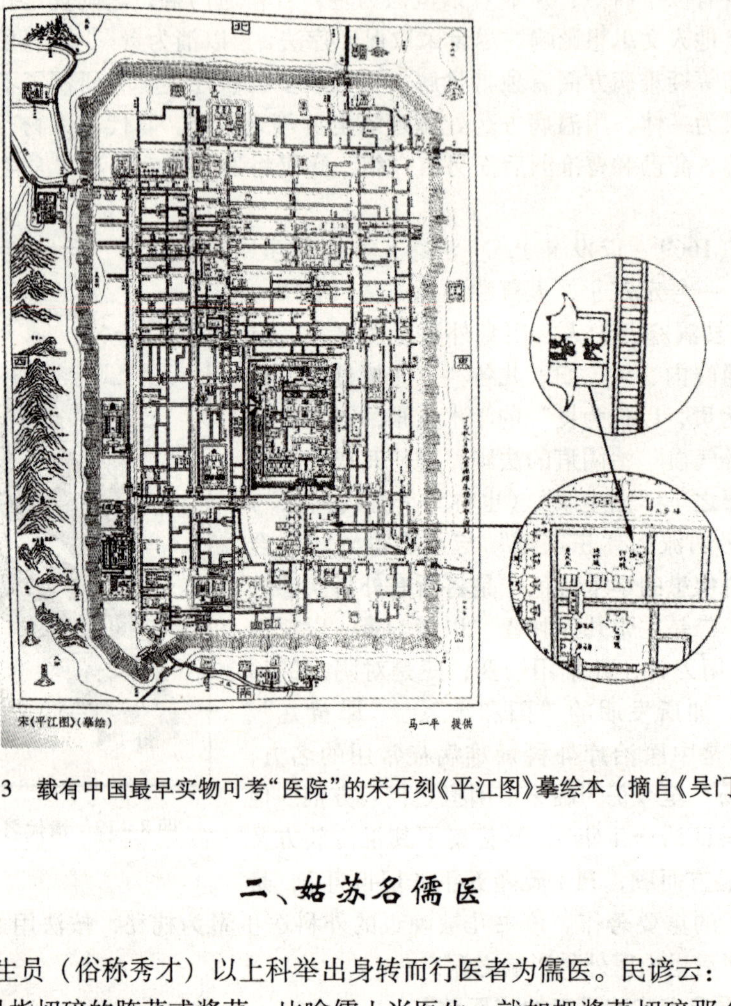

图8-13　载有中国最早实物可考“医院”的宋石刻《平江图》摹绘本（摘自《吴门医派》）

二、姑苏名儒医

旧称由生员（俗称秀才）以上科举出身转而行医者为儒医。民谚云：“儒学医，菜作齑。”齑是指切碎的腌菜或酱菜，比喻儒士当医生，就如把酱菜切碎那么容易，实质是强调为医者具备扎实文化基础知识的重要。因为像《黄帝内经》、《伤寒论》等中医学基础理论著作大多文诘义奥，没有较高的古文素养很难读懂，并理解其旨义，更谈不上融会贯通地指导临床诊疗了。儒士的加入使医生队伍的文化素质和对医学研究水准大为提高，他们比较重视医疗经验的总结和医学理论的研究，推动了医药著作的编撰和刊行，促进了医药知识的保存、交流、传播和发展。那些知识广博的儒医，他们的天文、地理、博物、气象、哲学等其他学科知识，丰富完善了医学理论与实践，进一步促进了中医药的发展。纵观我国医学史，取得显著成就且对后世影响较大的医学家，没有一个不是具有较高文化素养的。儒医们又遵循“医乃仁术”的古训，颇讲医德，把医术作为尽忠尽孝、济世救人的手段，不太计较报酬多寡，对贫病者往往送诊给药。有些儒医有生活来源，为人治病只是好义行善之举。

吴中名医中儒医占的比例最大。在他们中间，有先儒后医、先官后医，也有以官、以儒通医的。较多的是先攻举子业，后因屡试不第，或双亲、子女抱病，或自身体弱多病，改而习医，盖遵循“不为良相，即为良医”的优良传统。

1. 治痨圣手葛乾孙

葛乾孙（1305～1353 年），字可久（图 8－14）。元代长洲人。父应雷、叔应泽皆当时名医。乾孙由儒而医，研究方脉 30 余年，遍历江湖，学识广博。后遇一高人，其极明医道，精通方术，用药如发矢，无不中的。乾孙遂拜为师，求学 3 月，得授《奇方》一册，自此回至吴中，治痨症，一用一捷，疗效显著。其他医生不能治者，都来求治。对肺痨病治疗，总结出一套完整方法，成为我国医学史上第一位研究肺痨病专家，故名重南北。其体貌魁硕，为人倜傥而温雅，慈爱而好施，平素赈济贫病，故深受民众敬爱。葛乾孙与朱丹溪是同时代人，均为元代治疗虚劳之能手。两人交谊也十分亲密，常共同会诊病人，互相砥砺，给当时医界树立了良好榜样。葛氏著有《医学启蒙》、《经络十二论》及《十药神书》等，前两书现已不传，《十药神书》是我国第一部治疗肺痨病的专著，载有 10 首方剂，至今仍为行之有效的良方。葛氏治血证，首重止血，其次化瘀，继以人参补益元气，并辅以止咳润肺、下气消痰等法，对治疗肺痨有较好疗效，后世多遵其法。

图 8－14 元代名医葛乾孙（清《吴郡名贤图传赞》刊刻像），（马一平提供）

2. 医画双绝王履

王履（1332～1391 年），字安道，号畸叟（图 8－15）。元末明初昆山人。自幼笃志苦学，博涉群书。少年时拜一代名医义乌朱震亨（字彦修，人称丹溪翁）为师，刻苦攻习医学，尽得其传。又肆力深入研究医学经典著作，反复揣摩体会医经原旨，并结合临床实践，形成了自己的卓识灼见和学术思想，取得了精深的医学造诣，成为驰誉大江南北的名医。入明后，于洪武四年（1371 年）被征为秦王府良医正。良医正是领导良医所的正八品医官，明朝在各藩王府设立良医所，从太医院下派太医或从民间征集名医专司王族的医疗保健服务。王履还致力于医学著作的撰写，医著甚富，据史志记载，有《医经溯洄集》1 卷、《标题原病式》1 卷、《百病钩玄》20 卷、《医韵统》100 卷等，然大多散佚。

图 8－15 明代医学家王履像（宋大仁造像）

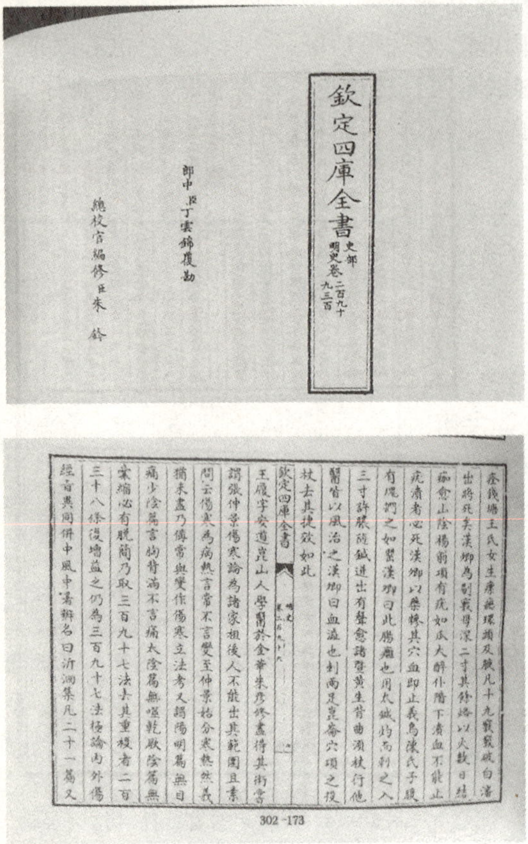

图8－16 《明史》王履传（马一平摄）

流传至今的仅存硕果，唯《医经溯洄集》（收入《东垣十书》和《四库全书》）一书，素为后世医家所推崇。王履医学学术上建树良多，首次明确提出应严格区分伤寒和温病的独创性见解，主张治疗温病当清里热，用辛凉方药，对后世中医学发展影响深远，洵为温病学说的先驱者和奠基人；又首创了“真中风”、“类中风”学说，精辟阐述两者之区别和治法，完善了中风理论；对“亢害承制”理论进行了深刻阐发，深受后世医家盛赞；又对四气所伤、五郁之治、阴阳虚实补泻、温病热病之分、三阴寒热之辨、中暑中热之识等，均独抒灼见，咸有至理；重视并论述“真阴真阳”之说，对明代医家所论的“命门说”有一定影响。王氏主张既要重视经典医著的指导作用，临证看病时又应融会贯通，不拘泥于经文，自己毕生躬行之。故在临床医疗实践和医学理论研究方面均取得显著成就，为祖国医学的发展作出了较大贡献（图8－16）。

岐黄之外，王履兼工诗文，又精于书画，多才多艺，名冠一时，堪称旷世奇才。洪武十四年七月（1381年8月）他登临华山三峰绝顶，饱览华岳胜景，归后呕心沥血创作出了中国美术史上的不朽杰作——《华山图册》。与其绘画技术同样高超的是他的艺术思想，他提出的师法自然的“吾师心，心师目，目师华山”、宗法古人传统应采取“宗与不宗之间”和“以形写意”、“意溢乎形”，从而达到“形神兼备”等艺术观，对当时与后世的绘画美学思想的发展产生了极为深远的影响。综观中国千年史册，像王履这样能在两个学科都取得卓越成就的大师，确实屈指可数。

3. “神医安道全”——缪希雍

缪希雍（1546—1627），字仲淳，号慕台（图8－17）。明代常熟县城（今虞山镇）人。幼习儒，17岁患疟疾，久治不愈，自检医书治疗得以康复，就痴迷上了医药。曾至距家不远的著名藏书家赵用贤的“脉望馆”里研读宋代珍本医书，打下厚实基础，终于自学成才，在常熟城里已小有名气。27岁时为进一步深造，外出游学行医，寻师访友，汲取新知，搜集秘方，查考药物，足迹遍及10余省，途中与一代名医王肯堂结成知友。于是经验日丰，医术益精，名声大著。深研本草30多年，撰成《神农本草经疏》30卷，阐释490种中药药理，详列病忌药忌，并列七方10剂，阐发五脏苦欲补泻，为明代本草注疏药理之先声，影响甚广。希雍医德高尚，行医以“生死人（救活濒死病人），攘臂自快，不索谢”。治病不计贫富，一视同仁。还写有《祝医五则》与行医者共勉。他治学不墨守成规而喜独辟蹊径，用药偏于寒凉，擅用石膏，所创脾阴学说及治血证三法、保胎资生丸，为名医王肯堂所折服。他的医案治验，经丁元荐汇编，复经希雍亲自增广，扩充成《先醒斋医学广笔记》4卷，堪称其一生经验之汇粹。

图 8－17　明代名医缪希雍像

缪希雍品性忠贞，关注国家大事，积极参与东林党反对阉党的斗争。阉魁魏忠贤指使党羽王绍徽仿水浒一百零八将座次，编造《东林点将录》黑名单，加以陷害，缪希雍被列为“神医安道全”，然希雍之名益扬大江南北。为此他经常流寓，42 岁初至宜兴开业，一年后又迁居浙江长兴达 30 年，72 岁时不顾年迈移家金坛，至 82 岁去世。岁必两次回里，祭扫先墓。卒后归葬虞山北麓舜过井畔缪氏祖坟，其墓现为常熟市文物保护单位。弟子众多，均有医名。

4. 温病巨匠吴有性

吴有性（1582～1652 年），字又可（图 8－18）。明末清初吴县人，居太湖洞庭东山。明崇祯十四年（1641 年），南北直隶（今江苏、河北等地）、山东、浙江等地发生大疫，传染迅速，众医家用伤寒法治疗无效，死者无数。有性深入推究病源，认为这是温疫之病，虽然与伤寒有相似之处，但病因、病机、病证、治法等却迥然不同，别创出一套辨证论治方法，竟大获奇效。于是潜心研究，在总结大量医疗经验后，次年撰成《温疫论》2 卷，提出了温疫起因于“戾气”（或作异气、疠气），有很强的传染性，并阐明戾气从口鼻而入的传染途径和入内居于膜原的病所，治疗宜表里分消、以祛邪逐秽为要的学术观点。这是我国第一部温病学专著，书成后流传甚广。他的这些理论对温病学说的形成和发展产生了很大的促进作用，并开现代传染病学之先河。对后世温病医家影响极大，被称颂为温病学说（派）先驱者。

图 8－18　明代名医吴有性像

5. 硕医张璐

张璐（1617～1699 年），字路玉，晚号石顽老人（图 8－19）。明末清初长洲人。少颖悟，博贯儒学而兼攻医术。明亡后弃儒业医，隐居太湖洞庭西山 10 余年，行医著书，至老不倦。其文学功底深厚，阅读分析能力强，加至治学严谨，故在学术上取得硕大成就，与喻昌、吴谦一起被尊为“清初医学三大家”。集 30 余年研究伤寒所得，并博采众长，撰成《伤寒缵论》、《伤寒绪论》各两卷，刊刻于康熙六年（1667 年）。在温热诸证上亦有研究，对温病学说的形成作出一定贡献。所著《诊宗三昧》1 卷

图 8－19 清代名医张璐像

(1689 年)，专明脉理，颇有见地。又仿《证治准绳》体例，汇集古人方论、时贤名言，参以己见，附录医案，纂成综合性医书《张氏医通》16 卷，前后历时 50 年（1644－1693 年），其中所佚痘疹、目科部分，分别由其子登、倬、以柔补辑，为其学术思想代表作，影响极大，久负盛名，是从医者案头必备医典，康熙年间即已东传日本。1695 年著《本经逢原》4 卷，收药 831 种，阐发药物理论较为明晰，颇有心得。认为孙思邈《千金方》可与张仲景医书媲美，因取原书，逐一发明，撰成《千金方衍义》30 卷，对其书处方特点钻研颇深，很受读者好评。

6. 伤寒学派健将尤怡

尤怡（1655～1749 年），字在泾，号拙吾，别号饲鹤山人。清代长洲人，著名文学家尤侗（西堂）之子。自幼攻儒，能诗善文。家原十分富足，父有田数千亩，至尤怡年轻时因家庭变故，倾家荡产，一贫如洗，曾在寺院卖字。后随吴门名医马俶（字元仪）习医，学有渊源。马氏曾十分高兴地说："我今日得一人，胜得千万人矣。"晚年诊疗技术益精深，治病多奇中，名声大著，与同郡叶天士、徐大椿齐名，且与徐大椿过从甚密，徐大椿曾为其医著《金匮要略心典》作序。后隐居城北郭花溪，以著书自得，往来皆一时名流，与同好结成历史上颇负盛名的城南诗社。平生推崇张仲景，精研《伤寒论》、《金匮要略》，颇有心得。著《伤寒贯珠集》8 卷（与柯琴《伤寒来苏集》并重于世）、《金匮要略心典》3 卷和《金匮翼》8 卷，提纲挈领地阐发张仲景的奥旨，且立论中肯，释义简要，条理清晰，素为医林称颂。此外，尚有《静香楼医案》、《医学读书记》3 卷传世。高寿至95 岁左右，是伤寒学派中辨证论治派的健将。

7. 一代医杰薛雪

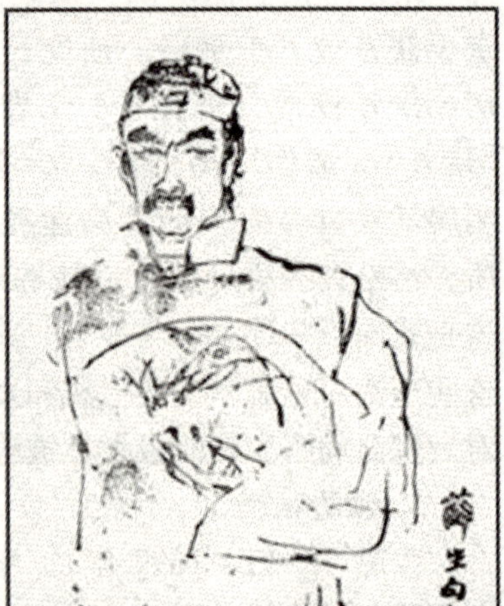

图 8－20 清代名医薛雪像

薛雪（1681～1770 年），字生白，号一瓢（图 8－20）。清康熙乾隆年间吴县人，家住南园俞家桥。出生于诗书之家，天分和学养很高，淹贯经史，娴熟诗文，乾隆初年两征博学宏词不就。善诗工画，又擅拳术，多才多艺。因母多病，遂博采众长，精研医学，复得吴门名医王晋三、周扬俊指点，医学造诣日益精湛，为人治病每奏奇效，精通内、外、妇、儿各科。与同里叶天士齐名，皆为温病大家，学术上各有心得所长。著《湿热论》1 卷，对湿热病（温病的一种难治证型）的病因、传变规律及辨证治疗尤多新见，指出湿热病变的中心是脾胃，治疗应当明白湿与热孰轻孰重，细察人体正气盛衰，决定立法用方，使复杂胶滞难以着手的湿温病之诊治有了成法。亦温病学重要著作，与叶天士《温热论》堪称姐妹篇，进一步丰富了温病学说。对《内经》研究精深，撰成《医经原旨》6卷，广集诸家之说，颇多阐发。唐大烈《吴医汇讲》收录薛雪《日讲杂记》8则，文字虽短，却句句精粹。另有多种医案传世，收录其治时病、内科杂病及外、妇、儿科病之验案，具较高的临床学术价值。薛雪性倜傥，喜交游，所交如沈归愚、沈德潜、袁枚辈文坛名流。所著诗文甚富，刻本有《一瓢斋诗存》6卷和《一瓢诗话》2卷等。

8. 鸿儒大医徐大椿

徐大椿（1693～1771年），字灵胎，晚号洄溪道人（图8－21）。清代吴江人。出身书香门第，少攻儒，成秀才，贡太学。博学多才，通晓天文、地理、音律、技击等。后因家里多人误于医而亡故，始习岐黄。博览方书，精研医理，造诣日深。其临证诊断洞明病源，用药精审，虽重危之疾，每能手到病除，为时医所叹服，以致名扬天下。乾隆二十六年（1761年）及三十六年两次奉诏进京，为皇室与大臣治病，医效显著。平生笔耕勤奋，著述宏富，尤注重阐发经典医著，有《难经经释》2卷、《神农本草经百种录》1卷、《医贯砭》2卷、《医学源流论》2卷、《伤寒论类方》1卷、《兰台轨范》8卷、《慎疾刍言》1卷、《洄溪医案》1卷等8种。后世刊有《徐灵胎医学全书》多种。行医50余年，泛览医书万余卷，经批阅者亦有千余卷。敢于直言以斥时弊，然亦不免有偏颇之论。提倡辨病专治、用药如用兵，为后世医家所推崇。另著《洄溪道情》等文学著作，亦为世所称。

图8－21　清代名医徐大椿像

9. 进士名医缪遵义

缪遵义（1710～1793年），字方彦，又字宜亭，号松心居士。清代吴县人。乾隆二年（1737年）进士，官知县。因母病，延请医生诊治四年未能痊愈，乃弃官而深入研究医学，不到一年就治好了母亲的病。在治疗母病过程中，医道逐渐高超，就诊者塞满街巷。其临诊立方多创新意，投药每能奏效，医林同道无不惊服，时称叶桂、薛雪、缪遵义为“吴中三名医”。其著作有《温热朗照》、《伤寒方集注》、《缪宜亭医案》、《松心笔记》等，其中《温热朗照》进一步完善了温病学说体系。

三、吴门名太医

我国古代的宫廷（或称中央）医疗机构，秦汉为太医令，隋唐设太医署，宋分置翰林医官院（中央医疗与卫生行政机构）与太医局（中央医学教育机构），元设太医院（为医疗与卫生行政及医学教育合一机构），明清因袭之，除掌管一切医药事务外，专门负责帝王后妃及大臣的医疗保健和培养医生工作。自明代起，太医院内设置较固定，有院使（正五品）、院判、御医、吏目、医士五级，统称太医。其来源主要由太医院学习期满的学生和各地官员荐举的名医经考试择优录取，以后凭考试成绩和技术水平依次递升。又在各藩王府设立良医所，置良医正、良医副，从太医院下派太医担任，专司王族的医疗保健服务。一般说来，太医均具较高的医技。吴中多名医，故被征诏或举荐为太医者很多，仅文献所载，历代有太医百余人，其中有太医院院使（太医院最高官员）8名、院判11人。

1. 望诊高手周广

周广，唐开元年间（713~741年）吴郡（今苏州）人，是吴中医学史上有记载的第一位太医。周广精妙于医，又向同郡名医纪朋学习望诊秘诀，尽得其术，善于观察患者的气色言谈，即知疾病深浅，治病多奇效，故名声大震。开元中，征召至京师宫廷医疾。唐玄宗曾让周广诊治一疑难病人以试验其医术。有一宫人每晨笑歌啼号若中狂，且足不能及地。周广望诊后认为，此必因饱食后用力过度，复又跌于地所造成。用云母汤治之，服药后令熟睡，一觉醒来以前的病症竟都消失了。问她得病情况，宫人说：太华公主诞生之日，宫中大摆喜筵，令宫女歌舞，此宫人为主唱，她唯恐自己的声音不够响亮，就当筵竭全力大歌数曲，但因唱前饮酒且进食猪蹄过饱，唱罢后就觉得胸中苦热，又戏于砌台，乘高而下，未及半，复为后来者所刺激，因仆于地，久而方苏醒，即得此病，自是足不能及地。唐玄宗对其医术大为赞叹，欲赐予官爵，周广固辞不受，请还吴中。玄宗尊重周广的意愿，准其回乡。

2. 丹溪派真传名医盛寅

盛寅（1375~1441年），字启东，明初苏州府长洲县城（今苏州市区）人，名门之后。少年受医业于郡人高士王宾，尽得其学。王得医术于名医浦江戴思恭（原礼），戴又受传于一代名医朱丹溪，故得丹溪派真传。复又精研《内经》以下诸子书，医术大进。永乐初为府医学正科（相当于现地级市卫生局局长）。因治愈明成祖一位贴身太监的蛊症，应召入京诊明成祖朱棣宿疾，诊为风湿病，治疗后成效显著，遂授太医院御医。当时太子妃月经10个月未行，众医以为有妊，只有盛寅诊断为血疾，并冒着极大风险，开出破血剂，太子妃服后瘀血大下而愈。后扈从北征有功，掌管太医院事，很受宠遇。正统元年（1436年）初返里，六年后病卒。著有《六经证辨》（已佚）、《医经秘旨》（今存）、《脉药玄微》（今存稿本）。弟盛宏，亦太医院御医，子盛僎、侄盛伦、孙盛旷、盛皑，俱以医术闻名。盛皑（一作恺，盛僎次子）成化初召入太医院，将擢用，以母老求归，行医乡里。门人刘毓、李懋，亦以医著称，均为成化年间御医。

3. 卢胡子

卢志，字宗尹，号丹谷。明成化、嘉靖年间苏州府常熟县梅李人，迁居昆山。家世业医，曾祖卢佐、祖卢辅、父卢常三代均以医名。父早亡，卢志少读父亲所遗医书，刻苦钻研，遂精通《素问》、《难经》等医学经典著作，掌握前代诸名医的学术理论，尤擅诊脉，治病很有疗效，盛名遐迩。弘治十年（1497年）应明医诏赴京，经礼部考试，授太医院医士，供奉御药房。弘治十八年奉旨纂修《本草品汇精要》，任副总裁，修毕，获赐金绮。因治愈孝贞皇太后、昭圣皇后疾，名动京师，宫中均呼其为“卢胡子”。正德八年（1513年）治愈明武宗朱厚照痰疾，授御医。正德十年又治愈武宗悸疾，遂擢升太医院院判。是时，卢氏乘轿出入宫廷，均有禁军护卫，规格待遇很高，获赐金绮三品服。然其医德高尚，不论贵贱均仁心相待。正德十五年，武宗南狩患病归，召志医治。志诊视后，告知诸大臣："冬得夏脉，于法不治。愿定皇储，以安国本。"后果如其见。不久致仕归乡，回昆后，唯以治病济世、宏大医业为务，先后带徒数十人。年逾八十，衣冠皓伟，掀髯欣然话平生治病事，津津乐道。著有《脉家奥学》、《医学百问辨》、《增定医学纲目》等医著，俱佚。

4. 温补学派开山祖薛己

图 8－22　薛己像

薛己（1487～1558 年），字新甫，号立斋（图 8－22）。明代苏州府吴县人。父薛铠为太医院医士，精儿科，治病屡获奇效。薛己幼承家学，殚精方书，内、外、妇、幼、骨伤、眼、口齿科与药物学，无不精通。每为人治病，察色辨脉，立方投药，均能立愈。正德元年（1506 年）征为太医院医士，六年升吏目，九年擢御医，十四年授南京太医院院判。嘉靖九年（1530 年）以南京太医院院使（奉政大夫）致仕归里。当时医界承元代遗风，重视降火，部分医者用药偏执于苦寒，常致损人脾胃，克伐真阳。薛己力纠这种时弊，诊治注重脾胃与肾命辨证，治疗善用甘温益中、补土培元之法，创立温补学说，为温补学派的先驱者和开山祖。著作宏富，撰有《内科摘要》（我国最早以"内科"为名的医著）2 卷、《保婴粹要》1 卷、《口齿类要》（我国现存唯一口齿科专著）1 卷、《正体类要》2 卷、《疠疡机要》（我国第一部麻风病专著）3 卷、《本草约言》4 卷、《外科经验方》等，注解、校补前贤医书 10 多种，后世合编成多种《薛氏医案》行世，影响很大。是明代著名医学家。

5. "投金入药"的朱儒

朱儒，字宗鲁，明中、末叶苏州府吴江人，入赘秀水（今嘉兴）陈氏。少年时家贫，弱冠时得到僧人杨时升传授医术，复又精心钻研，医学造诣遂深。后以医术至京师（北京）发展，为太医院院判朱恭时所赏识，引为族亲。故愈加深研医学，后被推荐入太医院为医士，不久升吏目，供事圣济殿。万历年间（1573～1619 年）京师大疫，朱儒全力参与救治，挽救了大批患者。未久晋为太医院院判，次年擢升院使。曾治愈明神宗朱翊钧的痰壅眩晕病，皇太后、皇后、妃子、公主等有疾，开方医治疗效显著。缙绅士大夫患病，亦争相延请，名震京师。所得俸禄，大多用于济贫帮困。尤为人称颂的是临诊时遇贫病及情志病患者，常赠白金藏于药中，嘱其家人必令患者自己发现，病者得金而喜，就会加快康复。"投金入药"，一时传为医林美谈。这反映出其崇高医德，且是用心理疗法治病的高手。77 岁卒。因儿子朱国祚显贵，获赠太子太保、大学士。

6. "三钱莱菔子，换个红顶子"——晚清御医曹沧洲

萝卜籽入药，学名叫莱菔子，是常用的行气健胃、消食化痰的一味中药。清光绪三十三年（1907 年），光绪帝病重，诏征天下名医，经江苏巡抚保荐，苏州名医曹沧洲与青浦名医陈莲舫同被征召入京为光绪诊疗疾病，作为御医留京师。翌年光绪帝病死后，因病告归。其间曾给慈禧太后看过病，治之见效。据传慈禧太后有一次多吃了一些御膳房特为她做的各色精美糕点，就病倒了，精力也日渐衰退。太医开了很多药方，甚至用独参汤为她治疗，不见好转，反而出现头胀、胸闷、腹满、食欲不振、易怒、鼻流血等症状，众太医束手无策。传沧洲为慈禧看病，沧洲诊后，卓有胆识，只开了3钱莱菔子的单方，慈禧饮了萝卜籽煎的药汤，当夜就通了大便，第二天各种症状消失，精神好了，慈禧太后非常高兴，就赐予沧洲郎中官职，这就是“三钱萝卜籽，换个红顶子”逸闻的由来。

曹沧洲（1849～1931年），名元恒，字智涵（图8－23）。近代吴县人，世居阊门内西街。名医曹云洲（名维坤）孙、承洲（名毓俊）子、春洲（名毓秀）侄。世传内外科，沧洲承家学，博涉经方，无不精妙，尤擅治温病烂喉丹痧。治病辨证精深，处方灵巧，疗效卓著，医名冠吴中。诊务繁忙，日以百计，声望益隆。著有《霍乱救急便鉴》、《戒烟有效无弊法》。其门人辑成《曹沧洲医案》数种，为不可多得的临床经验医案，具有很高的学术与临床实用价值（图8－24）。

曹氏昆季三人，弟福元（原名元荄，1853～1920年）、元弼（1867～1953年）均考中进士，为翰林院编修，故有“兄弟翰林”之称。福元任过河南布政使等职，元弼官内阁中书，是近代著名经学大师。沧洲子南笙（号廉洲）、黼侯、融甫、侄惕寅（名岳峻，福元子，1881～1969年）、孙鸣皋、仲和，均继世业。惕寅幼从伯父沧洲学医，后悬壶沪上，享誉申江，成为上海名中医。曹鸣皋（1907～1985年）少时随祖父沧洲、父亲黼侯及叔伯辈临床抄方，颇得真传，嗣后行医苏州，卓有声望。1954年选调至江苏省中医院任内科副主任，后任南京中医学院内科教研组组长、资深教授。临证60年，擅治内科杂病，辨证精确，立法精当，用药轻灵，往往出奇制胜（图8－25）。仲和（1910～1990年）13岁承祖父沧洲、父亲黼侯传授医术，17岁悬壶吴门，声誉鹊起。1956年被聘任为大连医学院中医教研组主任兼附院中医科主任，后任主任医师、教授，将曹氏医术光大到了东北地区。沧洲曾孙曹公权主任医师，至今还在苏州市金阊区医院应诊，传承着珍贵的曹氏医学经验。

图8－23　曹沧洲像

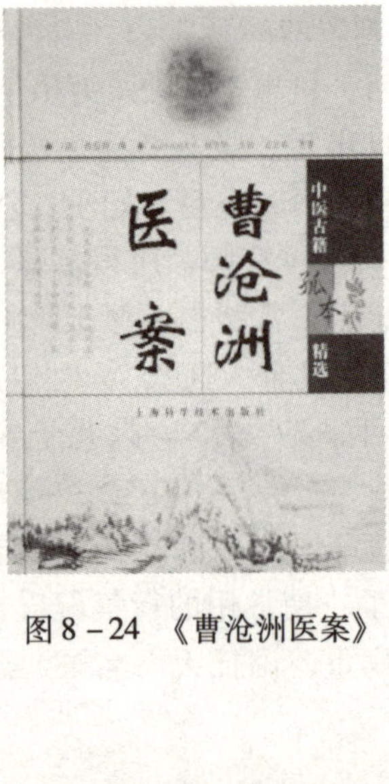

图8－24　《曹沧洲医案》

图8－25　曹鸣皋教授像

四、吴地名世医

自宋以降，吴中名医的特点，不仅儒医多，太医多，而且世医也多。所谓世医，是指三世以上父子、祖孙医业代代相传的医家。世医的形成，与古代崇尚“医不三世，不服其药”的习俗和相对固定的职业世袭制有关。世医的出现，有利于医疗经验的积累、提高和深化，世医往往都有其世传的绝技秘术。吴中地区有记载的历代著名世医有百余家，以下简介几家最著名者。

1. 宋元吴中世医第一家

长洲葛氏世医有“宋元吴中世医第一家”之誉。自宋宣议郎葛思恭，以医术著名于时起，传子从豫，亦以医享誉于宋末，从豫再传两子应雷、应泽。葛应雷（1264～1323年），字震父，幼习儒，兼受家学。宋亡后精研医经，取得较深造诣，处方用药，皆出群医之上。时浙江提刑李判官（系中州名医），自诊父疾，复咨访应雷，惊其医术，乃将所带刘完素、张元素的医著全部赠予应雷，供他研究。北方金元四大家中的刘、张两家学说即于此时传入江南，这对葛氏世医家族及整个吴中医学的发展有极大促进。元大德十年（1306年）荐授平江路医学教授，不久升任江浙行省官医提举（省级卫生行政机构主官）。其弟葛应泽，居杉渎桥故里，也以儒通医，曾任平江路官医提领（府级卫生行政机构主官）。应雷子葛乾孙（1305～1353年），字可久，文武医药俱精，以擅治痨病和内科杂病著称，撰成著名医著《十药神书》，总结出治疗肺痨病的一套完整方法，成为我国医学史上第一位研究肺痨病专家，名重南北，与朱丹溪并称于世。后人为纪念他，将其人祀沧浪亭“五百名贤祠”。应泽子葛正蒙（1303～1373年），字仲正，亦以医名，每日求诊者盈门溢户。医德高尚，出诊从不问病家酬报，均给予好药。盛名所至，从其学医的子、侄、甥、婿与门人，都成为患者争相延医的对象。乾孙子葛观、葛晋、葛涣、葛升，正蒙子葛复、葛泰，孙葛旭、葛继，均继承医业。

2. 一门名医数韩氏

韩氏为宋代魏国公韩琦（与范仲淹齐名）的后代。原籍河南安阳，元代时迁居吴县乐桥。其家世代以行医卖药为业。传至元代韩凝，以医术著称于世，有“中吴卢扁”之号。弟韩冲，亦精医。子韩奕、韩夷、侄韩奭，更使韩氏医术发扬光大。韩奕，字公望，入明后绝意仕进，博学工诗，继祖业，深究医学，同名医王宾为好友，韩奕与王履、王宾被并称为“吴中三高士”，名著一时。子韩有、孙韩充，继医业。韩奭，韩冲子，字公茂，少年时向堂兄韩奕学医，精其术，与名医戴思恭声望相匹。洪武末年，为燕王府良医正。从燕王征战，永乐二年（1404年）擢升太医院院判，继晋为院使。后随驾北巡，永乐九年归京卒，以三品钦葬。召其子韩传为御医。韩夷（后改彝），字公达，承家学，得长兄韩奕、堂兄韩奭传授，精医术。洪武间为苏州府医学正科，永乐二年，经堂兄韩奭的推荐，召授太医院御医。不久升为院判，官承德郎。成祖朱棣患腹痛，夷用雷丸、大黄、木香等药治之，服后下虫62条，盖成祖嗜水芹，善生寄生虫，积久成此病，愈后赐裘马和宅第。永乐十一年随驾北巡，归病卒，成祖叹悼赐葬，祭视三品。子左，克世其业。韩氏一族4代10多人业医，其中3人为太医，并至院判、院使，甚为罕见，不愧望族之家。

3. 世医之最——郑氏二十九世妇科

昆山郑氏，祖籍河南开封，据家谱记载，乃西周宣王姬静的弟弟姬友（郑桓公）之后裔。先代累世策名仕籍，数不胜数，王侯卿相，蝉联栉比，是北宋时赫赫有名的皇亲国戚和王公贵族。据《开封郑氏世谱（昆山支）》记载，第五世郑绅为宋太师、乐平郡王、追封南阳郡王，谥僖靖；第六世郑绅之女郑氏（1080～1131年）为宋徽宗赵佶之显肃皇后；第七世郑居中（1059～1123年）为宋太保、燕国公、追封华原郡王，谥文正。居中的次子郑亿年（宋政和八年进士、资政殿大学士）于南宋建炎初兵难时与兄郑修年、弟郑侨年一起奉母越国太夫人，并率家族百余口举宗南渡，定居昆山，在县城通德坊（大致在今西寺弄市职工学校一带）建宅第，遂占籍昆山，为迁昆始祖。

亿年五世孙郑公显得其妻之外祖薛将仕所传医术，开始行医，专精女科。薛将仕，擅女科，凡经、带、胎、产诸症而求治者，均能应手奏效，故而声震东吴，人称“薛医产家”。因无子嗣，传医术予女婿钱氏，钱氏复传医术于女婿郑公显，郑氏遂世代业女科，将仕乃郑氏女科世医之始祖。郑氏后裔累世业医，代代相承，历二十九世，无有间息，迄今已有近800年的悠久历史，成为中外医学史上罕见的奇迹。薛将仕的医学经验，经郑氏后裔不断增益、修改、整理成《女科万金方》、《薛医产女科真传要旨》、《坤元是保》等医著，在家族内代代秘传，今存抄本。郑氏因子孙繁衍，逐渐迁居吴中各地，均成当地妇科名医。仅据现存文字记载（好几支分支家谱均毁于“文革”），历代业医者有100多人。七世孙郑壬（1382～1448年），以医术鸣于吴中，永乐十二年（1414年）以儒医荐征为南京太医院医士。洪熙元年（1425年）召入北京太医院，赐三品服俸。卒后从祀北京三皇庙。八世孙郑文康（1413～1465年），明正统十三年（1448年）进士，名儒医，入祀沧浪亭“五百名贤祠”（图8－26）。九世孙郑育，明弘治五年（1492年）征授昆山县医学训科。十一世孙郑宗儒和郑云，分别是明正德嘉靖年间太医院院判和冠带医士。十二世孙郑若皋，太医院吏目，医术高明，曾治愈明世宗宠妃重病，后因弹劾奸相严嵩父子误国，被严嵩关入大理寺监狱迫害致死。十四世孙郑玉珮，明末太医院医士，遇难于清军攻陷昆山之役。十五世孙郑之郊，明末太医院御医，医名满天下；郑任，克绍祖业，名扬遐迩。十九世孙郑祥徵，深研岐黄，医道大行（图8－27）。二十七世孙郑伯钧，民国名医，屡起沉疴，享誉苏沪。二十八世孙郑绍先（图8－28）（1920～2004年）主任中医师，毕业于苏州国医专科学校，行医60余载，医学造诣精深，为全国首批继承学术经验的五百位老中医药专家之一、江苏省名中医、昆山市中医医院首任名誉院长，出版专著《郑绍先妇科经验集粹》。二十九世孙郑天如副主任中医师，为郑绍先之学术继承人，现主持昆山市中医医院郑氏妇科名老中医工作室，传承郑氏祖业。

4. 闵氏五世伤科

近代吴门伤科中，最享盛誉者当推闵氏、葛氏和楚氏，鼎足而三。闵氏先代世居新阳县积善乡白塔港村（今属昆山市玉山镇共青村），务农为生。至清代嘉庆年间闵籍始创伤科。闵籍（约1801～1874年），字坚亭（图8－29），自幼习武而武艺高强，又悉心研究治伤术，经常帮善堂收埋暴露尸骨，精悉人体骨骼关节部位，治伤技术逐渐成熟。后又受一位山东高僧指点传授武艺和治伤绝技，益精点穴术，更蒙高僧赠以治伤秘方，形成了疗效卓著的治伤方药和伤膏药。在白塔港老宅专业伤科。并授医术、

8－26　明代医家郑文康像（苏州沧浪亭五百名贤祠碑刻像拓片），（马一平提供）

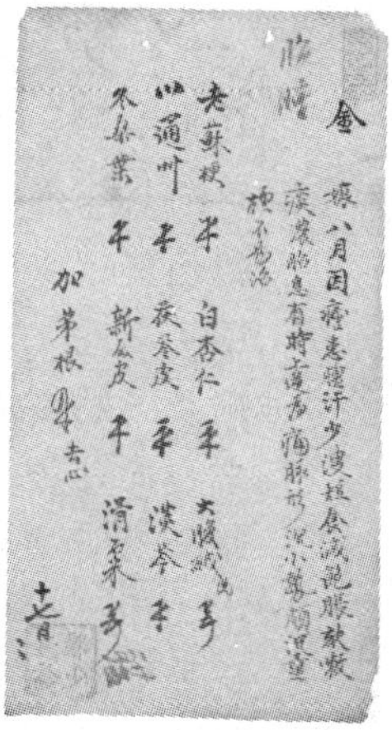

8－27　清代名医郑祥徵处方（马一平提供）

图 8－28　妇科名医郑绍先像（马一平提供）

武艺与女儿（殷闵氏，俗称闵姊）和儿子闵思启。闵姊，随父襄诊，学得一手伤科绝技。出嫁昆山县正仪镇殷家后，即在殷宅悬壶。后又迁至苏州思婆巷挂牌行医，治伤每获良效，声著遐迩。有坠树致脊椎（尾部）脱位而来求医的患者，嘱两人左右扶坐长凳上，其由外急入，一脚猛踢病者脱位处，抬架而来，立行而出，见者都叹为绝技。传医术给儿子殷企范、殷仲良和侄子殷震贤（图 8－30），故殷家医技源自闵氏。闵思启（约 1852～1915 年），字迪甫。全面掌握父亲医疗经验，在白塔港老宅继承父业。尤擅柳枝接骨秘技，医效卓著，病者盈门，名播江浙。光绪十年（1884 年），松江府青浦县金泽镇遭遇特大风灾，很多房屋倒塌，数以百计居民骨折，应青浦知县聘请迪甫前去医治，不辞辛劳，夜以继日地医治病人，并坚拒报酬，医德崇高。光绪二十五年（1899 年），闵迪甫举家迁居苏州娄门内仓街 89 号（今 128 号）开业应诊。子三，万青、采臣、蕴石，俱善继父业。

图 8－29　清代伤科名医闵籍像（马一平提供）

图 8－30　伤科名医殷震贤像（马一平提供）

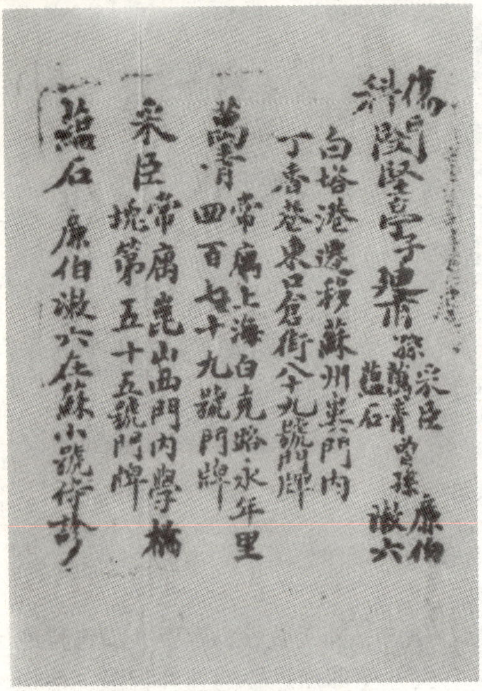

图 8－31　闵氏伤科药袋戳印
（马一平提供）

长房闵万青（1875～1910 年），光绪末年迁寓至上海白克路（今凤阳路）永年里 479 号设伤科诊所，发展医务（图 8－31）。可惜盛年而逝，无子，以长侄廉伯为嗣子。廉伯接替应诊，但也不幸英年早亡。采臣三子闵贯玉（1915～1966 年），1934 年起与父亲及弟幼逵轮流去沪诊所应诊，1938 年起固定在沪开业。新中国成立后参加北站区第七联合诊所（后发展为开封路地段医院），任中医伤科医师。廉伯子闵慰曾，新中国成立后参加联合诊所，后任黄浦区牯岭路地段医院中医伤科医师。与三叔贯玉一起维持闵氏伤科在上海的一脉医绪。二房闵采臣（1877～1939 年），由父亲授医术，先在苏州应诊。民国初返回昆山，在县城小西门内学桥堍设诊行医。灵活运用祖传治伤绝技和秘方伤膏药医治跌打损伤、骨折脱骱、扭腰曲筋者，疗效卓著，蜚声苏沪浙，各地求治者接踵而至。业余爱好昆曲，擅演丑角，为昆曲名票之一。1937 年 11 月被日军飞机炸坍住宅砸伤左腿两年后病逝。子五、廉伯、漱六、贯玉、幼逵、锡安，均继承伤科祖业。四子闵幼逵（1916～1959 年），1938 年起在昆山主持伤科祖业，新中国成立后加入城区大仁联合诊所，1958 年进玉山医院，任中医伤科医师。当年在全国献方运动中，献出祖传伤膏药和治伤秘方，受到县政府表彰。幼逵三子闵华，长期主持昆山市中医医院骨伤中心闵氏伤科诊疗工作。三房闵蕴石（1897～1959 年），自幼从父学习伤科医技，留守苏州仓街伤科诊所先随父襄诊，父亡后独立应诊，与两兄上海、苏州、昆山三足鼎立，继承伤科祖业。临证运用祖传医技和秘方伤药，疗效显著，诊务繁忙，享誉遐迩。新中国成立后参加联合诊所。子石生，继医业。1956 年参加临顿路联合诊所，1958 年起平江区联合医院（1979 年改平江区人民医院），任中医伤科主治医师。石生子大权、大联，承继祖业。闵大权在苏州市郊区娄葑卫生院（后改苏州工业园区娄葑中心卫生院、娄葑医院）任骨伤科主任、副主任医师；闵大联在苏州市平江区人民医院（2003 年改制为苏州平江医院）任副院长、骨伤科副主任医师。

与采臣三兄弟医术同出一门的，还有他们的姑表弟殷震贤（1890～1960 年）。震贤幼从大伯母伤科名医闵姊学医，1912 年赴上海白克路（今凤阳路）永年里 10 号设诊开业，与闵氏伤科在同一条里弄行医，因医术高超，很快名扬沪上，业务兴盛。新中国成立后，积极组织联合诊所，1956 年应聘加入上海市立第十一人民医院（1960 年与市立第十人民医院合并成曙光医院）工作，任伤科主任。善用祖传外用万应伤膏药和接骨丹、止血散、祛瘀止痛散、接骨续筋散等内服伤药，治疗伤筋骨折、跌打损伤等症，俱获显效。被颂为上海八大伤科名医之一。又深爱昆曲，家学渊源，复经“昆曲传习所”名师沈月泉指点，因而功底深厚，演唱俱佳。其“巾生”戏，与昆剧艺术大师俞振飞堪称“双璧”，时有“殷笑俞擞”之誉。20世纪30年代京剧艺术大师梅兰芳赴沪演出，特邀震贤合作演出昆剧，不愧昆曲一代名票。

5. 阊门西街金氏儿科

苏州阊门西街金氏儿科是著名世医，在苏城几乎妇孺皆知。创始人金孝文在清同治初（1862年）因避战乱从安徽徽州迁居苏州，在阊门西街悬壶开业，树起了金氏痧痘幼科的牌子。孝文子金耀文（1852～1902年），传承医业，诊务繁忙，名噪姑苏，是江苏晚清名医之一，与名医曹沧洲为莫逆之交。当时西街一带开业的医生比较集中，但门诊量最大者当属金氏儿科。金氏诊所患者踵接，车马络绎，街巷常常为之填塞。耀文子浩文（1874～1919年），克传家业。金氏第四代，即浩文两子昭文、绍文，是最有成就的一代。金昭文（1893～1964年）为一代名医（图8－32），学术上具典型的吴门温病学派特色。新中国成立后，北京筹建中医研究院，征召全国各地名医。金昭文与妇科名医钱伯煊、伤科名医葛云彬于1955年奉调进京，昭文被聘为中医研究院中医药研究委员会委员，担任附属西苑医院小儿科主任。昭文弟绍文（1913～1993年），业务鼎盛，由个体诊所发展成联合诊所，最后几个联诊合并成金阊区人民医院，任副院长。绍文1977年被命名为首批江苏省名老中医，1980年调入苏州市中医医院任中医儿科主任医师。昭文幼子金士喜（平江区人民医院主治中医师）、绍文次子金士璋（原苏州市第四人民医院中医科主任、主任医师）、第六代传人金传湘（昭文长孙，苏州市中医医院中医儿科副主任医师）及第七代传人金星（传湘女，毕业于浙江中医药大学）至今仍在中医园地辛勤耕耘，为弘扬金氏名世医增光添彩。其中金士璋、费国瑾夫妇均是第二批江苏省名中医，医术高超。

图8－32　儿科名医金昭文像

6. 小日晖桥一根针

“小日晖桥一根针”素享盛誉。始祖尢松泉（1847～1911年），名廷英，吴县西华乡（今吴中区镇湖镇）寺桥头人。13岁跟外祖父许竹峰学医，尽得师传，不久悬壶，辗转数地后，于光绪六年（1880年）迁苏州胥门外小日晖桥26号，定居开业。因精于针灸，对一些内、外、妇科的疑难杂症往往能针至病除，曾治愈两广总督岑春煊的腰肌劳损和吴县知县金元烺的严重偏头痛，故业务鼎盛，名扬姑苏，被誉为“针仙”。1911年夏，在出诊针治盘门外巴里村一患时疫老妇时，被传染，不幸殉职。松泉四子，少泉、筱泉、绶泉、圭泉，先后继父业，但都中年英逝。继承家业的重任落在长孙皡民（1899～1959年）身上（图8－33），然其父去世时方12岁，乃由祖父隔代亲授。皡民在继承家学基础上，勤奋钻研历代名家针灸之术，医道技法渐臻高超，因而诊务繁忙，门庭若市。他擅长子午流注针术和各种针刺手法，具有“少、浅、轻、慢”特点，形成了吴门针灸流派特色。新中国成产后积极响应党的号召，放弃金字招牌和丰厚收入，走集体化道路，与“大日晖桥一把刀”的中医外科名医陈明善一起筹建泰让桥联合诊所。第四代传人怀玉、怀琛、怀瑚、怀琦、怀珍、怀玢及大多数婿、媳都承家业，从事临床针灸，是尢氏针灸最兴盛的一代。尤其是怀玉，14岁随父学针灸，18岁开业行医。新中国成立后苏州市中医院初建时，作为首任针灸科主任担起了大梁。他是针灸科主任医师，曾任江苏省针灸学会副理事长、苏州市针灸学会理事长、南京中医学院国际针灸班教师，并受国家委派赴蒙古国任针灸专家1年半，主编《针灸急救手册》，将世传针灸水平推向了新的高峰。尢氏第五代小姝、小鹤、小龙姐弟，在针灸临床岗位上，光大着尢氏世传秘技，为民造福。

图8-33　针灸名医尢皞民像

五、吴郡名药店

苏州由于名医辈出，历代药业也十分兴旺。宋代有太平惠民药局、济民药局和药材交易市场，现今的学士街，当时名“药市街”，即为药行聚集之处。明清时期，苏州中药业非常兴盛，古城内外各种名号的中药店、药材行、参茸店星罗棋布。名扬中外的著名老字号百年老店有“雷允上诵芬堂”、“宁远堂”、“沐泰山堂”、“良利堂”、“王鸿翥堂”、“童葆春堂”等多家，其精心炮制的“六神丸”、“首乌延寿丹”、“全鹿丸”、“人参鳖甲丸”等特色中成药誉满海内外。优良的传统炮制技术，提高了中药材质量，为吴中医学的崛起提供了优越的用药环境。

1. 宁远堂药店

宁远堂是苏州药业中历史最悠久的药店，明崇祯十七年（1644年）由宁波成姓药商创设于苏州西部重镇木渎，数代相传。清咸丰十年（1860年）太平军之乱，成姓店主携眷避难苏城，战事平息后，返回木渎，店已被人霸占。几经争夺，终于夺回，于同治三年（1864年）迁往苏州阊门外山塘街星桥堍暗弄堂口（今知家栈口）。宁远堂迁城后，在店门檐下挂有“本堂创始迄今已有200余年，只此一家，并无分出”短匾一块。店堂内显眼处，放着一个大秤锤，那是老店旧物，秤锤上铸有“宁远”、“成”、“咸丰”诸字。新店开张后，门庭若市，在繁华的阊门外山塘地区影响很大。随着历史的变迁，商业中心已经转移，宁远堂业务渐见冷落。目前，山塘街上这家百年老店还在营业，成为便利周围百姓的苏州雷允上国药连锁总店有限公司的连锁店。2011年被商务部认定为“中华老字号”。

2. 雷允上诵芬堂药店与六神丸

清康熙乾隆年间苏州有位名医叫雷大升（1696～1779年），字允上，号南山。祖籍江西南昌，八世祖雷唐任常熟县学官，就移居于吴。父亲雷嗣源，拔贡生，官内阁中书。雷允上幼读诗书，攻科举，两次进京赴考不中，乃弃儒学医，拜苏州名医王晋三为师，深研医药，遂精医道，撰医著多部。清雍正十二年（1734年）创设“诵芬堂”

药铺于阊门内天库前周王庙弄口，并将“雷允上”医牌悬之铺面，亲自在铺内设诊所坐堂行医，集医药于一堂。因其医术高明，自制丸散膏丹又疗效显著，故而名噪姑苏。人们习惯把雷允上的医名和诵芬堂的店名连在一起，称为“雷允上诵芬堂”，以后就直呼为“雷允上”了。雷允上亡故后，其子孙遂专司药业。清咸丰十年（1860 年），太平军进攻苏州，雷允上诵芬堂药店坐落于老阊门附近，地处交通要冲，乃兵家必争之地，雷氏族人只得将店内贵重药材等物分发各房，部分族人分头赴沪避难。后药店被战火焚烧殆尽。

雷允上一位名叫雷如金（字子纯，号端甫，晚号纯一居士，属绮三房）的玄孙，在上海老北门附近摆个药摊，维持生计。当时一位昆山顾姓老人，常至摊前聊天，两人十分投缘，遂结为莫逆之交。嗣后，顾姓老人送给雷纯一一张祖传丸药秘方，系由牛黄、麝香、珍珠、蟾酥等 6 味中药组成，能治疗疔疮痈疽等症，并劝雷氏依方配制出售，必能盈利。该方所用药材多系名贵，经雷纯一多方筹资并精心如法炮制，终获成功，这便是著名的六神丸（图 8 – 34）。该丸状如芥籽，具有解毒、消炎、止痛等功能，主治咽喉炎症、痈疖疔疮、无名肿毒等症，既可内服又可外用，深受医家和病者欢迎。因当时消炎药品较少，而六神丸疗效卓著、灵验如神，很快声名鹊起。不数年，集资在法租界兴圣街京江弄旁（今上海人民路永胜街口），开设上海雷允上诵芬堂药店。

3 年后雷氏族人回苏州复业，在西中市穿珠巷东重设雷允上诵芬堂药店，天库前原址后建货栈和制药工场。自此，雷允上药店分为苏、沪家两家，苏州为老店，上海为分店。雷纯一回苏州主持店务后，拟订出一套管理店务和保管秘方的制度。将六神丸处方的药料各房分开管理，最后由一房合成成药，使秘方不致外泄。据说日伪时期，日本人千方百计企图窃取秘方，终因不能收全处方而没能得逞。除六神丸外，雷允上药店还精选地道药材，研制出诸葛行军散、八宝红灵丹、辟瘟丹、紫金锭、痧药蟾酥丸、纯阳正气丸、小儿回春丹等各种丸丹，以其药效卓著，驰名中外。1928 年，为防假冒，六神丸以“九芝图牌”商标注册，成为我国工商业界最早注册的商标之一。雷允上业务蒸蒸日上，六神丸名声赫赫，售量日增，并逐渐出口销往国外东南亚一带，成为享誉中外的名药。因其质量上乘，效果优良，多次获奖，新中国成立前曾得过世界博览会金奖，1979 年、1984 年和 1989 年 3 次蝉联国家质量金奖，1991 年又荣获国际传统医药大会颁发的长城国际金奖。1956 年被列为国家保密产品，1980 年九芝图牌荣获国家著名商标称号。1997 年组建雷允上药业有限公司，雷允上国药连锁店亦遍布苏城。雷允上药业有限公司 2011 年被商务部认定为“中华老字号”，并获“北有同仁堂，南有雷允上”之盛誉。

图 8 – 34　盒装六神丸(马一平摄)

3. 沐泰山药店

沐泰山药店创建于清乾隆二十四年(1759年),是浙江慈溪药商沐尚玉(1736~1812年)受盘后在阊门外渡僧桥堍开设的,"泰山"为商标,故取"沐泰山"为店名。沐氏经营有方,业务兴盛。经过几代人努力,沐泰山药店在苏州声誉鼎隆。但至道光年间沐氏家族股金已陆续出让他姓。道光八年(1828年)阊门外遭遇一场大火,沐泰山周围被烧去200余家房屋,但因沐泰山有库门高墙、风火山墙阻隔,竟然未被殃及。店主庆幸之余,认为平时广结善缘,苍天有眼,得到保佑。于是在店门口挂了一杆大秤,并书示"进货这把秤,销货这把秤,行善良心好,大火烧不倒",收到了很好的宣传效果,加深了顾客对沐泰山的信任。咸丰十年(1860年)庚申之变,一场大火中,许多商店、居民住宅都被烧毁,这次沐泰山终未能幸免。同治七年(1868年)沐泰山重建复业,没多久便业务兴旺,名声复振。抗日战争时期沐泰山又遭受灭顶之灾。"文化大革命"时期沐泰山更是受到重创。1966年10月改为大庆药店,增设中草药门市部,红极一时(图8-35)。1979年10月恢复为沐泰山国药店。

图8-35 20世纪六七十年代中药店配药情景

沐泰山药铺在进货渠道上力求道地,而且炮制精良,还广泛搜求民间验方,进行验证,加以改进,由此研制出了许多名牌特色产品。如肥儿八珍糕、虎骨木瓜酒、消痞狗皮膏、退云散眼药、人参再造丸、大活络丹、金匮鳖甲煎丸等,行销四乡八镇,传播大江南北,备受医家、病家欢迎。经营上,沐泰山为招徕顾客,服务周到。在店门边渡僧桥堍的永济亭内放置炒米、蓑衣、灯笼等生活用品,随意借用,方便顾客。在制合金匮鳖甲煎丸时,郑重其事,选择吉日在店堂门口当众杀鳖,吸引行人围观,起到很好的广告效应。

如今,历经250年而不衰的沐泰山药店已成为苏州雷允上国药连锁店,在太平盛世继续为民服务,造福社会。

4. 良利堂药店

清嘉庆十四年(1809年)由上海南汇周浦镇人陆绪卿创办于萧家巷东首,起名"良利堂",是良药苦口利于病的意思。利用周边深宅大院中官宦士绅富商多的优势,致力经营滋补养生药材，因而业务蒸蒸日上。咸丰十年（1860 年），太平军入侵苏州前，精明的陆绪卿果断地把全店资产人员转移到老家上海周浦镇继续开业，保存了实力。同治四年（1865 年）苏州秩序恢复，他立即将药店迁回苏州，并且招收外股，在临顿路萧家巷西口 2 号建造高大新屋复业，继续重点经营人参、鹿茸、白木耳、膏滋药等滋补品及精制饮片、枫斛、花露等药材，销售额始终在同业中独占鳌头。据史料载：该店 1930～1932 年销售额达 47000 银元，其中年煎膏滋药达 800 多料，占了全市 40%的份额。良利堂之所以能赢得如此多的客户和高信誉，就是因为它的高质量。它的饮片加工享有盛誉，“槟榔一百零八片，附子也能飞上天”，说的就是该店老药工切片薄如蝉翼的精湛技术，见者无不叹服，得到业内同行的赞誉。以致有“请了名医要良药，撮药要到良利堂”的民间谚传。

良利堂在历史长河中已经历了 200 年，但它仍能不断创新，继续发挥着原有特色为民服务。现已成为苏州雷允上国药连锁店。2011 年被商务部认定为“中华老字号”。

5. 童葆春药店

位于道前街东首的童葆春药店，是宁波市郊庄桥镇著名童氏家族于光绪元年（1875 年）出资创设的。童葆春的特色品牌药全鹿丸，具有滋阴补虚功效，销量很大，名扬遐迩。药店后园建有养鹿房，从吉林购来梅花鹿，专人饲养，供人参观。制合全鹿丸须在严冬季节，一般在冬至前后，届时店堂内张灯结彩，烧香点烛，并延请演员来唱堂戏，吹打 3 天，热闹非凡。最后当众宰杀活鹿，以示全鹿丸用料确实讲究，这是招徕顾客的高招，所以销售日益增长，业务兴隆。据史料记载，1930～1932 年间店营业额已达 2 万银元，与王鸿翥国药店持平。

经过不知其数磨难的童葆春药店，至今仍是苏州国药业中佼佼者，也成为苏州雷允上国药连锁店。

6. 王鸿翥药店

王鸿翥药店也是一家具有 100 多年历史的老字号药铺，办店特色是收集历代古方，精选道地药材，认真炮制中药饮片，特别是以擅长研制丸散而驰名国内。创始人王仙根是一位苏州富商和四品衔候补道台（出资捐得），其次子王庚云是外科名医。光绪八年（1882 年）四月廿七日王鸿翥药店在观前街醋坊桥堍正式开业，其意除“鸿鸟飞翔，福至于庭”外，还寓展翅腾飞、奋发向上之意。由于用药道地，选料上等，四季采集，陈鲜讲究，不惜工本，因此所研制的首乌延寿丹、回天再造丸、易老天麻丸、大资生丸、金液丹、西瓜霜、萃仙丸、龙虎丸等产品，均有独特功效，销量猛增，称誉苏城。特别是王庚云利用首乌丸古方，与老药工反复试验改进，采用“九蒸九制”独家工艺制成的首乌延寿丹，解决了中药丸发硬这个中药丸炮制中的千年难题。成型的丸粒光滑饱满，糯软疏松，易于崩解，疗效很好。一时畅销，大多是为老人、长辈配购。后来，王庚云将自己行医数十年心得凝聚的良方和搜集到的验方按门类汇编成一部《王鸿翥堂丸散集》（20 万字），成为民国时期民间刊印的中药典，在苏州中医药界引起轰动。新中国成立后，王鸿翥堂获得了新生。现已成为苏州雷允上国药连锁店。2011 年被商务部认定为“中华老字号”。

六、苏州对外医学交流

中医药学是我国文化宝库中的瑰宝，它对保障我国历代人民的健康发挥了巨大作用。在其悠久的发展过程中，不断地对外交流，为世界医学的发展和进步作出了重要贡献，同时也吸取其他国家和民族的医药经验，丰富和完善了中医药学。作为国内历代医学最发达地区之一的苏州，对外医学交流历史悠久。

1. 万里神交

据文献记载，早在唐代鉴真和尚东渡日本之前，南朝陈天嘉三年（562年，日本钦明天皇二十三年）秋八月，医僧吴人知聪携《明堂图》（针灸穴位图）、《甲乙经》等各种医书160卷到达扶桑，此为中国医学传到日本的最早文字记载，也是吴中医学对外交流的肇始。知聪定居日本，他的儿子也精通医学，日本天皇赐名为“和药使主”，且子孙世袭。后知聪家族成了日本著名世医，在中国医学传播到日本过程中起了重要作用，对推动日本古代医学的发展产生了很大的影响。

到了清代，清廷实行海禁锁国政策，限制了医学的对外交流，但中国和日本一衣带水，文化上源远流长，不少医师应幕府邀请旅日传播医术与方药，冲破重重阻挠，把中国医药的最新进展介绍给日本。其中就有吴载南、陈振先、周岐来（南）、赵淞阳、沈草亭（璠）、胡兆新、杨西亭（兆元）等多位苏州医生。陈振先康熙五十九年（1721年，日本享保六年）乘丑14番南京沈茗茶园船东渡到日本长崎后，不辞辛劳，采集草药，著成日本医学史上著名的《陈振先药草效能书》，对日本的实用本草学影响颇大。昆山名医赵天潢（1644—？，号淞阳）雍正四年（1726年，日本享保十一年）63岁时偕外甥吴宿来、弟子高辅皇及仆人徐安，携带了大量中药材与21种中医经典医籍，乘26番南京船至日本国长崎，定居行医3年。在日期间，除诊疗外，和日本医师进行了学术交流，特别与居住在小仓的日本当时著名医药学家香月牛山（1656～1740年）有频繁的书信文字交往，还应邀为香月牛山编纂的药物学著作《药笼本草》（日本现存唯一本草著作）作序，两人的交往文字（论及本草和医学理论）还被整理成《万里神交》梓行，传为佳话。赵的医案现保存在日本《唐医赵淞阳文录》中。苏州医师沈草亭，名璠，雍正十一年（1733年，日本享保十八年）至乾隆年间［日本宝历年间（1751～1763年）］滞留长崎。因治愈福济寺住持大鹏和尚之顽疾而医名卓著。应幕府之聘而赴日的最后一位清朝医生、吴县名医胡兆新，名振，于嘉庆八年（1803年，日本享和三年）抵达长崎，为百姓治病，疗效显著，有《胡兆新治验录》、《胡兆新医案》流传至今。由于医术精湛，幕府特派了小川文庵、千贺道荣、吉田长祯3位医官千里迢迢从江户赶赴长崎向胡求教，胡氏精心授业解惑，3位医官学到了精髓，回江户后，医名大振。后胡兆新于日本文化二年（1805年）四月乘子9番船归国。

2. 郑和下西洋随船苏州名医

明代永乐年间（1403～1424年），苏州府昆山县的刘家港（今太仓市浏河镇）成为繁荣的漕运港口和通商口岸，有“六国码头”之称，也是三宝太监郑和下西洋的启、舶港口。郑和历次下西洋均配备医官、医士随行，有180余名，每艘船有医生2～3人，平均每150名船员即配有1名医务人员。这些医务人员一部分是太医院遴选派出的御医，另一部分则从民间、尤其是在苏州地区征募、聘请来的惠民药局医士、民间良医。据目前所知，苏州有四位随船医生。常熟县惠民药局医士、名世医匡愚（1378～1459年）永乐三年（1405年）、五年和七年，被征召随同郑和3次出使西洋，经南中国海，穿过马六甲海峡，横渡印度洋，访问了东南亚、南亚和西亚的10多个国家和地区。他不仅做好出使人员的防病治病和医疗救护工作，而且每到一地也为当地民众治病施药，并与当地医生进行医药交流。沿途收集各国特产的珍贵药材和香料，充实丰富了我国的中药宝库。医务之暇，还留心观察所至各国的山川，绘成图册，取名《华夷胜览》，可惜已失传。另一位是昆山名医支德，永乐初年因随郑和下西洋有功，归国后被赐籍太医院。还有一位是昆山县医士、名世医许公辅，也随船下西洋，出色地完成了艰苦的航海医疗保健任务，立下功绩，归国后被钦赐予冠带。第四位是苏州名世医陈弓（1387～1438年，字良绍），为明永乐初太医院院判、名医韩夷（苏州人）的女婿，陈家世代在苏州行医，至陈弓已历五世，永乐中应荐使海外诸国，“涉沧溟十万余里”，凡所经历触目感怀，辄形诸赋咏，所著有《遐观集》。

3. 曹仁伯与《琉球百问》

曹存心（1767～1833年），字仁伯，号乐山（图8－36）。清代常熟福山人。幼得父传，弱冠从苏州名医薛性天习医，苦学不倦，遍览师藏医籍，积10余年，尽得师传。悬壶苏州，处方遣药，一丝不苟，求诊者日以百计，所治多效，医名大振。其对湿热夹阴虚等复杂病症尤有经验，每能根据病程，随机立法；对脾胃学说颇有体会，并善于化裁古方。道光五年（1825年）诊翁同龢之母病呕血，给药一剂，预计病愈之日，果应其言。道光十年（1830年），治愈林则徐的失眠疾。亲自炼制戒烟丸，劝民戒鸦片毒。林则徐曾向其求教戒烟方，并对其称赞不已。曹氏被誉为叶天士、薛生白后第一人，以致弟子云集，先后有百余人。每日临诊，先亲诊20～30人，余皆由弟子分诊，诊毕一一复核，重视病理辨析，帮助学生提高临诊经验。学生吴元善录其诊案，集为《延陵弟子纪要》（一名《乐山先生遗案》）。曹氏的医学经验在他去世后由其子整理刊印出《继志堂医案》、《曹仁伯医话》等数种。

图8－36　曹仁伯像

曹仁伯医名盛于当时，声誉远扬海外。道光四年（1824年）收了琉球国（光绪二十一年归入日本国，名冲绳）专程特派来的吕凤仪为学生，悉心传教，3年学成归国业医。又过5年，吕将历年所遇疑难病症致函求教，曹氏花了3个月的时间不厌其烦地逐条剖析释疑，复信解答了130多个问题。这些用通信解答的医学经验，后汇编成《琉球百问》、《琉球问答奇病论》两书，是很有价值的临床参考书，于道光十三年（1833年）印行，促进了中医学在东洋的传播，亦开中医学函授教育之先河。

参考文献

1. 俞志高．吴中名医录．南京：江苏科学技术出版社，1993.
2. 秦文斌，俞志高，金庆江．吴中十大名医．南京：江苏科学技术出版社，1993.
3. 马一平．昆山历代医家录．北京：中医古籍出版社，1997.
4. 华润龄．吴门医派．苏州：苏州大学出版社，2004.
5. 苏州市政协文史委员会．苏州老字号．苏州：古吴轩出版社，2006.

（马一平）

第九篇　化学篇

自人类有意识地用火后，发现各种天然物质在火中会发生着变化，成为不一样的新物质，逐渐人们开始有意识利用这种化学变化制造的新物质为自己的生活服务。苏州日用化学品生产与应用的历史较早。早在7000～8000年前的张家港东山村马家浜文化出土的文物中有了陶器的踪影。先秦的《考工记》中有："吴越之金锡，此才之美者也"，可见当时吴地冶金工艺的先进。东汉时，天然染料已有制作生产，宋代以后，已大量应用于丝绸印染。创于明代的姜思序堂国画颜料号，利用天然矿物、动植物制作国画颜料，极负盛名。清代，苏州南北货业、油漆业、花爆业等行业前店后坊商号，开始加工制作石碱、火药、油漆、颜料、明矾、化妆品等日用化学产品。苏州也较早出现了炼丹活动，使得人们对物质变化的研究更加深入。这一切为中国的近代化学工业较早出现在苏州奠定了良好的基础。

光绪三十二年（1906年）苏州创建了瑞兴肥皂厂，生产香粉肥皂；1919年刘鸿生创建鸿生火柴厂；1932年朱子久将福康制药所迁至苏州，开创了苏州近代化学工业的先河。20世纪30～40年代，苏州先后又建立了生产染料、烧碱、煤油、化学试剂、日用香料、酒精、油漆等产品的26家小型化工厂。苏州近代化学工业的发展在当时的中国占有非常重要的地位。

一、油漆大王陈调甫

在中国人为"神舟飞船"实现飞天梦想欢欣鼓舞的时候，人们也为国家的科技发展而自豪。"神舟飞船"使用的所有装备和材料，都是我国自己的高科技产品，包括飞船的外表涂装使用的"灯塔"涂料，也是中国涂料的名牌产品。作为"灯塔"涂料品牌的缔造者和中国化学工业奠基人之一的陈调甫先生，在研制涂料产品对技术中西合璧，创立了"灯塔"品牌，奠定了企业发展的基础。

陈调甫（图9－1），1889年12月28日出生在江苏省吴县（今苏州市）一个小税务官吏家庭，1907年在复旦公学求学，后转入中国公学。1910年毕业后回苏州农业学校任教。1912年进入苏州东吴大学化学系深造，1916年毕业，留校任教，1917年获硕士学位，成为中国最早的化学专业硕士。由于当时正值民族危难，资产阶级革命兴起，大批仁人志士把"科学救国"和"实业救国"作为救国之策带入教育。陈调甫正是接受了这种教育，决定在科研的基础上创办实业。

中国是世界上最早使用天然漆的国家，三千年前商周时期的漆器已表明当时的制漆技术达到了相当高的水平。但到近代，外国进口的合成漆比中国的天然漆色泽鲜艳，施工简单，干燥迅速，受到普遍欢迎，使得国产漆日渐衰弱。为了振兴中国的漆业，陈调甫在协助范旭东历经十年奋斗创办永利碱厂之后，决定自创漆厂。为了产品能与

图9-1　陈调甫像

国外的漆竞争，坚持科研先行，进行产品创新。早在青年时期，他就对我国的桐油、大漆等特产油漆进行了深入研究，著有《国宝大漆》一书。为了了解国外油漆的发展动态，他广泛搜集各种科技信息。当时规模很小的永明漆厂有一个藏书丰富的图书室，收集的化学、化工、油漆等专业外文杂志达四五十种之多。他还经常购买国外的文献胶卷，配置了当时非常先进的放映阅读器供技术人员使用。利用永明漆厂与美、日、英、荷、德等150多家厂商的业务往来，他索取样品和说明书，及时了解产品发展动向。1934年他还亲往日本考察，探索日本油漆工业迅速发展的奥秘。这样在研制新产品时，他就能"洋为中用"、"中西合璧"。

"永明漆"是他研制的第一个名牌产品。他先是购买了美国的酚醛清漆，全面研究性质，发现这种漆虽硬度大、光泽好，但耐水性差，一经水烫，漆膜变白。在进行化验、分析的基础上，他采用我国廉价的桐油作为改性剂，多次试验研制出了"永明漆"。该漆不仅防水耐光性能好，而且不怕水烫，性能超过了当时美国的酚醛清漆。投入市场，立刻受到用户好评。1933年获南京国民政府颁发的优质奖状，永明漆厂和陈调甫开始蜚声国内。永明漆厂第二个名牌产品是改良的硝酸纤维漆，它也是陈调甫在分析美国杜邦公司喷漆的组成和物性基础上，以硝酸纤维漆为基体研制成功的国产漆。永明漆厂还有一个名牌产品"三宝漆"是醇酸树脂漆，这是当时国际上的一种高档油漆。抗战时期，陈调甫就开始在上海租界的永明试验室潜心研究醇酸树脂油漆原料的性质，抗战胜利后，他又组织人员重新研究，经过550次中、小型试验，1948年醇酸树脂合成成功。由于它能喷、能刷、能烤，称"三宝漆"，由于它干燥快、保色性好、附着力强，很快成为优质的铁路专业用漆。这是以后"灯塔"牌油漆发展成为铁路、机床、航空等方向的专业用漆、走上飞船的历史渊源。

新中国成立后，陈调甫焕发了新的活力，对永明漆厂的未来发展充满希望。他用个人所有的数万美元外汇购置新型设备和原料，努力发展生产。1952年，永明漆厂的产量跃居全国首位。其中"三宝漆"产量最大，质量达到了当时国际先进水平。该厂产品在抗美援朝和第一个五年计划重点建设项目中，被作为指定油漆，在全国广泛使用，并远销苏联及东欧、东南亚各国。1953年1月1日，永明漆厂率先成为全国涂料行业第一家公私合营企业。50年代后期，陈

图9-2　陈调甫在自己家中的实验室

调甫虽然年事已高，但仍然坚持搞科研。由于所处的特殊年代，他不能每天去工厂上班，但还是自费在家中设立了实验室（图9－2），从事有机硅涂料的研究工作，曾制成五碳藻醇，受到天津市人民政府的表彰。

1961年12月25日凌晨1时，陈调甫因心脏病复发，猝然去世，他编著的还未完稿的《油漆字典》手稿就在书桌上。这部字典按英文字母排列，从A到O部已完稿，其余尚为草稿。他实现了自己在第三届全国政协会议上许下的诺言："夕阳西下之时，本应放出异彩。我愿追随全国老年科学工作者之后，同青年科学工作者比赛一下，为社会主义建设工作到最后一分钟"。（王妍，王伟群）

二、七里山塘依法护

在苏州老城阊门外，有那么一条河，一条街，一直延伸到七里开外的虎丘，叫山塘河、山塘街。有意思的是，这地名还是唐代大诗人白居易给取的。1180多年前，时任苏州刺史的白居易指挥民工凿河修路，开通水陆两道，将当时已富盛名的虎丘与阊门联为一体，七里山塘成为独具江南韵味的地方，也是当时苏州最繁华的地方之一。白居易在《武丘寺路》诗中就有"自开山寺路（注：即山塘街），水陆往来频。银勒牵骄马，花船载丽人。"山塘的全盛时期是在明清。明代民歌《大九连环》唱道："上有天堂，下有苏杭。杭州有西湖，苏州有山塘，两处好地方，无限好风光。"清代留下国宝级长卷《姑苏繁华图》（又名《盛世滋生图》），画的是"一村一镇半城一街"。"一街"，即山塘街也。

但是，也正是由于这种繁华，自明、清以来，江浙一带的大批缫丝染织作坊就聚集到通往苏州繁华市面的虎丘附近，以便于把丝绸产品就地及时销售。众多染坊生产时所产生的染织废水使得苏州周边的河流均变得"满河青红黑紫"而污浊不堪，不仅严重影响了虎丘风景名胜区的生态环境，而且对当地百姓的日常生活和农林业生产灌溉都造成了危害，居民和染坊经常发生事端。

图9－3 虎丘禁染碑

乾隆在位时曾数次南巡，号称"吴中第一名胜"的苏州虎丘是南巡的行宫，因此也是他驾临江南的必去之处。但当他慕名到虎丘浏览观赏时，没想到流经虎丘外围的众多河汊肮脏不堪、臭气熏鼻，实在是大煞风景。在乾隆亲自过问下，苏州官衙于乾隆二年（1737年）颁发了布告，严禁商贾平民在虎丘一带开设染坊，并明令违者将严惩不贷。迫于官府的法令，虎丘一带原有的数十家染坊不得不搬迁至远离虎丘的苏州远郊，从此虎丘重现青山绿水。为了防止染坊卷土重来，苏州官衙特地刻了一块石碑："永禁虎丘染坊碑"，立于虎丘的山门（图9－3）。这块石碑宽约1米，高约两米，碑文34行，1480多字。由于年代久远风雨侵蚀和十年动乱，石碑已残缺不全，铭文勒刻的小字也已模糊不清，但是石碑上部拳头大小的“勒石永禁虎丘染坊碑”字样仍然依稀可辨。它成为我国历史上最早的、规模最大的行业性限期治理（搬迁）水污染的见证，是我国历史上第一部河流水质保护法，也是世界历史上较早的一部环境保护法，比英国的《水质污染控制法》早了将近96年，比美国的《河川港湾法》早162年，在我国环境史上留下浓抹重墨的一笔。（王丽丽，王伟群）

三、《梦溪笔谈》有化学

时光进入20世纪末，科学几乎渗入每一个领域。生活中时时有科学、处处有科学。科学的今天是无数先人继往开来、努力探索、潜心研究的结果。虽然现代科学并非诞生在中国，然而作为世界文明古国的中国，其科学成就在世界科学史上占有一席之地，也曾涌现了许多世界级的科学家，沈括就是其中的一位。

沈括（1031～1095年），字存中，祖籍钱塘，其母是苏州人。他资质聪颖，勤于思考，是北宋时代一位博学多才的政治家、军事家、外交家，更是一位了不起的科学家，他所著的《梦溪笔谈》内容丰富，涉及数学、天文、气象、地质地图、地理、物理、化学、生物、冶金、水利、建筑、农学、医药等众多领域。英国史学家李约瑟博士称之为“中国科学史上的坐标”。其中记录的许多化学成就在当时独占鳌头。（图9－4、图9－5）

图9－4 《梦溪笔谈》

图9－5 沈括像

1080～1082年，沈括任延路经略使时，曾对石油资源的利用进行了科学研究。虽然关于石油的生产和应用早在汉代就有记载，而利用石油的不完全燃烧生成炭黑、首先制作出“延川石液”墨代替“松木炭黑”的工艺，是由沈括最早总结的，并录于《梦溪笔谈》中，这是世界上最早的石油化学工艺。特别值得一提的是，沈括的预言也极富远见性：“……此物后必大行于世，自予始为之。盖石油至多，生于地中无穷，不若松木有时而竭。”这也是中国古书上第一次用“石油”二字，并一直沿用至今。

秦汉期间，我国已广泛应用铁器，劳动人民在长期的生产实践中早就发现了铁取代硫酸铜中铜的现象。沈括通过调查研究，详细、完整地记载了这一化学反应："信州铅山县有苦泉，流以为涧。挹其水熬之，则成胆矾，烹胆矾则成铜。熬胆矾铁釜，久之亦化为铜。"随后，这一反应被大规模用于铜的生产，称为"胆水浸铜"，并用于工业废水中铜的回收。这是水法冶金技术的起源，是我国人民在世界化学史上的一个贡献。

1075～1077 年，沈括任三司使时曾主持改革盐法。他仔细调查食盐生产情况，同时细致地观察和比较了各地盐湖的副产物——太阴玄精（石膏的结晶），根据晶体的形状、颜色、加热时失去结晶水的变化及潮解等性质来鉴别物质。在今天，这仍是人们认识和辨别物质种类的常用方法。他对"太阴玄精"作了详细的描述："大者如杏叶，小者如鱼鳞，悉皆（尖）六角，端（正如刻），正如龟甲。……火烧过则悉解析，薄如柳叶，片片相离，白如霜雪，平洁可爱。"由此可见，沈括对晶体的几何形状和解理的观察是十分仔细的。

沈括还从埙石的外观和比重判定它的主要成分是铁，这是地球化学史上的一大发现。他十分重视钢铁的冶炼和武器生产，详细记载了当时冶炼钢铁过程中的冷锻、热锻等工艺技术："予出使，至磁州锻坊，观炼铁，方识真钢。凡铁之有钢者，如面中有筋。……炼钢亦然，但取精铁，锻之百余火，每锻称之，一锻一轻，至累锻而斤两不减，则纯钢也，虽百炼不耗矣。"可见当时钢铁生产的技术水平已很高，经验也很丰富。

沈括在丹砂（硫化汞）转化一条中，记载了丹砂毒死人一个事例："予中表兄李善胜，曾与数年辈炼朱砂为丹，经岁余，因沐砂再入鼎，误遗下一块，其徒丸服之，遂发懵冒，一夕而毙。"但他并未由此得出丹砂有毒不可服用的简单结论，而是进行了认真的分析，认为丹砂本来无毒，初生婴儿都可当药吃，只是由于在炼制过程中性质变化而成毒药。接着进一步指出丹砂既然可经某一转变为毒药，那一些毒药也可经另一种转化变为良药。这反映了他朴素的辩证法思想，在当时是难能可贵的。 （王伟群）

四、千锤百炼砖成金

御窑原名余窑，位于相城区陆墓镇，村民多以烧制砖瓦为业，早在宋代即蜚声四方。明成祖迁都北京，大兴土木建造宫殿，陆慕余窑所制砖瓦深得赞赏，赐名御窑，专为皇室供应砖瓦。御窑烧制金砖自 1413 年始，至今已近 600 年，新中国成立后建为御窑砖瓦厂。

所谓的"金砖"其实是规格为二尺二、二尺、一尺七见方的大方砖的雅称，是皇宫用来铺地的特大方砖，各朝各代的规格不一样。古籍《金砖墁地》有这样的解释：专为皇宫烧制的细料方砖，颗粒细腻，质地密实，敲之作金石之声，称"金砖"。又因产品全部供应京师皇室需要，这砖最早叫"京砖"，因为"京"、"金"二字音相近，后来就叫成"金砖"了。

金砖并不是用金子做成的砖，但却造价昂贵，堪比黄金。嘉庆时一两银子能换大钱 400 文，一斗米的价格是 60 文，每块"金砖"约合一斛米价。到康熙四十八年

(1709年)建圆明园时，按一斛米值银二钱计算，二尺见方金砖每块价约合米一石二斗。历朝“金砖”均为“钦定”，必须有皇帝的御旨方能烧造。每块砖上都记载着塑造官和工匠的姓名，可见制作时何等严肃、庄重。

苏州制陶技术的精湛从“金砖”的制造可见一斑。古老的金砖烧制工艺极为复杂，在明代著名的《天工开物》中有约略的描述。沿用传统的工艺，烧制金砖要经过选泥、练泥、制坯、装窑、烘干、焙烧、窨水、出窑等8道工序，需时长达一年。

古时的砖窑有柴薪窑和煤炭窑两种。这两座御窑是柴薪窑，窑顶一侧凿有3个孔，用来出烟。砖坯入窑要先用糠草熏一个月，再用片柴、棵柴各烧一个月，然后用松枝架烧40天，共烧130余天。当砖坯在高温的氧化焰中烧结时，随着温度的变化，砖坯(黏土)会发生一系列的化学变化，最终形成陶瓷胎体的骨架结构。如果形成的砖质量很好，烧窑时必须掌握好火候。因为火力小，砖成品没有光泽，容易变成“嫩火砖”，现出原来坯土的颜色；如果火力大，砖面就会有裂纹，砖形就会缩小而且裂开。(图9－6、图9－7、图9－8)

图9－6　金砖成品

图9－7　御窑窑址东窑口

图9－8　御窑窑址窑身

烧好停止加柴时，就用泥封住孔口，然后浇水进行“转釉”，古代也叫窨水，通常在窑顶砌一个四边稍高的平台，在上面灌水，以此保持窑内的还原气氛。这时坯体中红色的高价铁氧化物（三氧化二铁）就被还原为青灰色的低价铁氧化物（氧化亚铁），而且火焰中大量的游离碳素可以通过坯体的气孔渗透进坯体内，借助水和火的恰当配合，就可形成坚固耐用的青砖。

金砖烧制工艺曾失传了一段时间，后经抢救，这一传统工艺终于被“复活”。1990年北京故宫维修时首次用上新烧制的金砖。如今，苏州御窑金砖的制作工艺被列入首批国家级非物质文化遗产保护名录。为了保护古御窑址，将在其周围建2.8万平方米的保护区。保护区内还将建一座小型砖瓦博物馆和“金砖博物馆”，并在古窑址上建挖掘考古展示棚。保护区建成后，古双窑仍将继续烧砖。届时，大家可以去一睹御窑的风采，并体验一把金砖的制作过程，相信定会大有收获。（孙叶，王伟群）

五、千峰翠色秘色瓷

五代秘色瓷碗，又名越窑青瓷莲花碗，是国宝级文物，1957年在苏州虎丘云岩寺塔第3层的天宫中发现。它是一件越窑青瓷中的代表作，称得上“秘色瓷”中的稀有作品，精美绝伦，出类拔萃，是苏州博物馆的3件镇馆之宝之一。

这件越窑青瓷莲花碗由碗和盏托两部分组成，通高13.5厘米、碗高8.9厘米、口径13.9厘米、盏托高6.6厘米、口径14.9厘米、底径9.3厘米。碗为直口深腹带圈足，盏托的形状如豆，盘口外翻，圈足外撇，束腰无纹饰。碗身外壁，盏托盘面和圈足都刻丰满的莲花瓣，上下共有7组交叉的莲瓣纹组成。该碗瓷胎呈灰白色，胎质细腻致密，颗粒均匀纯净，托心平整，正中镂有一小圆孔直通器底，孔边刻“项记”二字，施青釉，釉层厚且通体一致，特别是它的釉色滋润内敛，捩翠融青，如宁静的湖水一般，呈现出玉一般的温润感，被公认为五代北宋年间秘色瓷标准器。该碗器形敦厚端庄，比例适度，线条流畅，丰腴华美，通体恰似一朵盛开的莲花，构思巧妙，浑然天成。因而，此莲花碗的艺术造型与艺术价值是无与伦比的。

秘色瓷始烧于唐、五代和北宋初期。所谓“秘色”据宋人解释是：吴越王钱氏建国，在浙江上林湖置官监窑烧制青瓷，被列为宫廷供品，庶臣不能使用，所以叫“秘色瓷”。清人说“其色似越器，而清亮过之”。也有人认为“秘色”并非神秘之“秘”，也不是统治阶级所专有的意思，而是当时人们对青瓷那种色样之统称。唐陆龟蒙的《秘色越器》诗句“九秋风露越窑开，夺得千峰翠色来”最早描写了秘色越窑器的釉色。1987年陕西省扶风县法门寺塔唐代地宫的发掘，解决了秘色瓷究竟是何种瓷器这个悬而未决的问题。这些器物制作精良，以青绿釉为主，与陆龟蒙诗所描述的釉色相合。

秘色瓷的颜色虽然是指一种青绿色，但绝不能单纯从釉色划分。因为青瓷的烧制往往是同窑不同色。铁是青瓷和青釉的最主要呈色剂，其化合物硅酸亚铁可以呈现出“粉青”、“绿豆色”、“生菜色”、“梅子青”、“天青”等不同的色彩。研究表明：青釉的显色与釉中的亚铁离子和铁离子的浓度比例有密切关系，比例高，釉色偏蓝；比例低，釉色偏黄绿。另外，颜色的深浅还与釉层的厚度有关，在含铁量相近的情况下，釉层愈厚釉的颜色愈深。除此以外，釉的呈色的深浅在很大程度上还取决于烧成温度、烧成气氛、烧成时间及釉的熔融状态等，这也正是越窑青瓷釉色或深或浅、或浓或淡，有“千峰翠色”这样非常丰富绿色的原因。

图9－9　五代秘色瓷莲花碗

唐五代越窑青瓷为当时各地青瓷之冠，秘色瓷又是其中佼佼者（图9－9）。由于其名声大、影响广，各个时代、不少地区都大量仿制，并也以“秘色瓷”相称，故后来所谓的“秘色瓷”已成为青瓷中釉色上乘者的代名词了。（孙叶，王伟群）

六、风雨飘摇荷兰水

20世纪三四十年代，江南地区许多城镇一到盛夏时节，就会看到很多沿街摆开的小摊头，在卖一种淡绿色透明的名叫“荷兰水”的清凉饮料。时髦一点的小贩将“荷兰水”装入一个带有自来水开关笼头的白色瓷质大容器里，容器上印有“荷兰水”3个青色大字。一般小贩则将自制的“荷兰水”装入带有盖子的瓦盆里。喝这种饮料的人大多数是孩子或图个新鲜的年轻人。

所谓荷兰水，旧时也称汽水，是用小苏打和薄荷加糖调和水而成的。薄荷清凉，苏打产生气体，加点糖，凉晶晶、甜滋滋，饮之能通气，所以受到不少人的喜欢。所以以前的人称它为“荷兰水”，并被视为珍品，有不同的说法。有人说是从荷兰引进，也有人说水中带有蓝色而命名。不过荷兰水的发明与荷兰人无关。早在16世纪，欧洲有地质学家发现矿泉水喝起来特别清凉解渴，经研究发现矿泉水含有二氧化碳。1768年，英国化学家普里斯特利创造了把二氧化碳直接溶解在水里的办法，达到了与矿泉水同样的效果，这便是汽水工业的萌芽。1820年，德国药剂师史特鲁夫，试制成一种受人欢迎的清凉饮料，叫“瑟尔塔水”。以后人们在“瑟尔塔水”中溶进二氧化碳，再配以有机酸、香料、蔗糖，才被称之为“汽水”。当我们喝汽水时，由于外界压强（指空气压强和人体内的压强）突然降低，二氧化碳在水中的溶解度随着压强降低而变小。于是，喝入体内汽水中的二氧化碳便成为气体从水中逸出，并从口腔中排出，这个过程会把人体内的热量带走，这就是喝汽水感到凉爽的原因。

荷兰水是在清代同治年间输入我国的。《人民日报》编印的《广闻博录》一书中谈及“汽水的来历”时说：“中国自己办（汽水）工厂要推光绪三十二年（1906年）苏州的瑞记公司和宣统元年（1909年）的上海惠华汽水厂。”不过据考证苏州还有另一家汽水厂滋德堂荷兰水厂开设时间比瑞记汽水厂更早。据民国三年的（1914年）6月编订的《江苏声实业行政报告书》中载有“江苏独资商业志册表”记录着：滋德堂营业荷兰水，厂址设在苏州青旸地二马路，资本8000元，出资人徐培基，创设于光绪二十四年（1898年）四月。注册日期为光绪三十一年（1905年）九月。由此可见，不管是1906年瑞记生产的荷兰水，还是1898年滋德堂生产的荷兰水，总之中国最早开始生产荷兰水的地方是苏州。

瑞记荷兰水厂开设在胥门外大马路，这位置大致在如今的阊胥路泰让桥一带。这种汽水的大致生产流程是：将从胥江中提取的河水沉淀过滤并灭菌消毒，投入适量的甜味剂、果汁等添加剂，汽水瓶中则预先放置经过严格计算定量的小苏打，灌装后封好口贴上商标就可以出厂销售了。不过那时的苏州人并不把汽水叫荷兰水，而称弹子水，因为当时没有解决瓶盖的密封问题，为防饮料中的碳酸气逸出，需要在瓶口压上一粒可以浮于水面的软木圆珠，先用蜡封着，开瓶后用竹筷之类把软木珠顶下，颠倒汽水瓶，软木圆珠上浮，汽水就可以顺利流出来了，暂不喝它时，顺放汽水瓶，软木圆珠便顶在瓶口，防碳酸气跑掉。

瑞记荷兰水厂开办时是一个小厂，厂长是吴次伯，员工只有20多人，年产24万瓶汽水，年产值在1万元。其后，苏州又开办了一家上海华英汽水厂苏州分厂，两厂生产的汽水基本满足了苏州市民的需要。

苏州的荷兰水厂曾遇到过两次危机。一次是政治危机。1932年"一二八"淞沪抗战期间，苏州与全国各地的民众一样同仇敌忾，组织查禁日货，报纸称瑞记、华英两汽水厂的汽水瓶上有日本麦酒矿泉株式会社登录的商标等字样，有日货的嫌疑，所以特地通知这两个厂将原有的汽水瓶封存并更换，以免引起误会。另一次是质量检查发现有问题。1932年7月22日的《苏州明报》有题为"取缔瑞记、华英汽水，并非热水，饮之有碍卫生"的报道，迫使工厂停业整顿。上海华英汽水厂苏州分厂从此便宣告了停业，而瑞记汽水厂作了一些技术上的改进，加强了质量把关，依然继续生产。1934年6月，瑞记汽水厂在《苏州明报》上刊出广告说："水质尤属澄清，经过科学杀菌手续数道，允合卫生之需，曾经呈请中央卫生署化验所化验，发给单证在案……。"1937年日军占领苏州后不久，瑞记汽水厂便倒闭了。

七、化学雏形自炼丹

苏州的穹窿山不仅有着旖旎的风景，也与一些神仙传说联系在一起（图9－10）。其中传说赤松子生于黄帝同时，是靠服食丹药而得道成仙的第一人，以后又有赤须子、张良、茅氏三兄弟、铁竹道人等在那儿得道成仙（图9－11）。当然人要成仙是不可能的，但苏州是我国最早的炼丹活动中心却是一个不争的事实。据说三国时吴主孙权崇信道教，广结道士，大造宫观，当时著名的炼丹家左慈、葛玄、介象、魏伯阳都曾到东吴从事炼丹传教的活动，东汉的王纬玄、刘根、韩嵩，南朝的杨超运、叶道眉，唐朝的周隐遥等人都曾在太湖西山修道炼丹。随着道家社会地位的提升，苏州的各种宫观如雨后春笋一般兴起，相关的庙会、游街、迎神活动也成为苏州民俗不可或缺的一部分。卢能《苏州府志》云："东南寺观之盛，莫盛于吴郡，栋宇森严，绘画藻丽，足以壮观城邑。"特别是玄都观，又称玄妙观，共有十三道房、二十八殿宇，"据郡城之中，为姑苏之胜，基址宽敞，庙宇崇宏，上至三清，下至十殿无所不备。各房道士何止数百"。可见当时苏州的炼丹活动必定十分流行。

图9－10 穹窿山

图9－11 穹窿山“丹泉”传说中赤松子曾在此汲泉炼丹

炼丹术的发展是人希望实现欲望满足的表现。人的最大欲望是长寿，第二个欲望就是财富。道家最早的目标是前者，但是过不了多久，即把目标转向了后者。开始他们认为可以通过身体的修炼来延长生命，且认为只要把这个过程持之以恒，便可以达到肉体的不朽，伴随而来的是对于物质及其所有潜力的控制。虽然炼丹家的目的自始至终都没有能实现，且有不少人因此而丧命，因炼制的丹药大多为有毒之物，但就在他们追求荒诞目的的同时，人们研究了许多化学物质，积累了最初的化学知识，形成了实验室的雏形和实验方法，因此炼丹被称为是化学的原始形式。同时这种追求不朽的自然欲望，也成为炼丹术士们深入研究植物、矿物和地质的巨大动力。从这样的角度看，炼丹术士们可谓无心插柳柳成荫。

苏州的炼丹术士们也对炼丹的理论和经验总结取得了自己的成就。如汉末的杨羲在《太上八景四蕊紫桨五珠降生神丹方》详细记载了炼丹房的选址、筑灶、丹炉的制造以及炼丹的一系列过程。虎丘有一部《百字碑》，据说是吕纯阳所作，是一部关于炼丹理论的著作。明朝时吴县冯梦龙在他编的《警世通言》中以歌诀的形式对炼丹的质料、器械、燃料、火候等方面做了一系列的总结。现摘录如下：“一水二汞三砂质，四五三成明自来。丹之室，上弦七兮下弦八，中虚一寸号明堂。丹之釜，埴廓坛炉须坚固，内外护持水火金。丹之灶，鼎曲相通似蓬岛。丹之火，一日时辰十二个，文兮武兮要合宜，抽添进退莫太过。丹之水，不潮不滥致中和，滋生灵苗吐金蕊。丹之用，真土真铅与真汞，黑中取白赤中青，全凭水火静中动。”从现代化学的眼光看，这首歌诀中所体现的元素配比、实验仪器、加热装置、温度控制及湿度控制的技巧已经相当完善了。

苏州的炼丹术一直到明朝末期才开始走向衰亡，历时1600年之久。唐伯虎言志诗云：“不炼金丹不坐禅，不为商贾不耕田，闲来就写清山卖，不使人间造业钱。”这一方面说出当时富户对炼丹的热衷，另一方面也说明炼丹术在民间和知识分子中的破产。所以当满清的铁骑踏破这江南繁华旧郡，人们无心逸乐时，炼丹术不可避免地走向了衰败。（王伟群）

八、火柴先驱刘鸿生

1919年的春天，一个青年人满怀创业的梦想，坐在前往苏州的火车上。当火车进入西跨塘，远远地就看到了在苏州方向的地平线上是迤逦的城墙，在城墙的上方是高耸的宝塔，他问邻座的苏州人，那是什么宝塔，邻座用苏州话说：那是北寺塔。听不懂苏州话的年轻人心生疑惑：这明明是塔，怎说不是塔呢？经过一番解释，他明白了其中的道理，同时这也给他留下了深刻的印象。一个企业的商标图案就此产生。黄昏时分，他登上北寺塔顶俯瞰苏州万家灯火，从口袋中取出一盒“洋火”，划亮一根，高高地举在手上，然后狠狠地吹灭，心中默默地发誓：我要在苏州办一座火柴厂，用我制造的火柴给苏州的千家万户送去光明和热量。这个年轻人就是刘鸿生。

1838年火柴从欧洲传入中国，这种在木梗上粘上黄磷或硫化磷的火柴以它引火的便捷性很快为中国城乡民众所接受，从而取代了传统的用火镰擦火的方式，人们把这种洋人使用的火柴称为洋火。起初火柴的使用还不是很普遍。1880年英商开设了燧昌火柴厂，其后又有日本人在中国各地开设火柴厂。虽1890年华商叶澄衷在上海创立了燮昌火柴厂，但“洋火”在中国的市场上仍占据垄断地位，占有90%的市场。

图9－12 刘鸿生像

也正是在这时候，原在开平矿物公司当买办的刘鸿生，一方面看到1919年巴黎和会承认日本继承德国在山东的权利，激起全国人民的极大义愤，纷纷抵制日货，提倡国货，产生了“实业救国”的奋发之心；另一方面也看到在第一次世界大战期间，中国民族资本有了很大的发展，怀着发财创业的心情，决定创办火柴工业。他在苏州胥门外施门塘购得地基二十一亩半，经过几个月的筹建，于1920年10月1日正式开工生产。（图9－12、图9－13）

鸿生火柴厂正式开工生产后，采用的第一只商标是

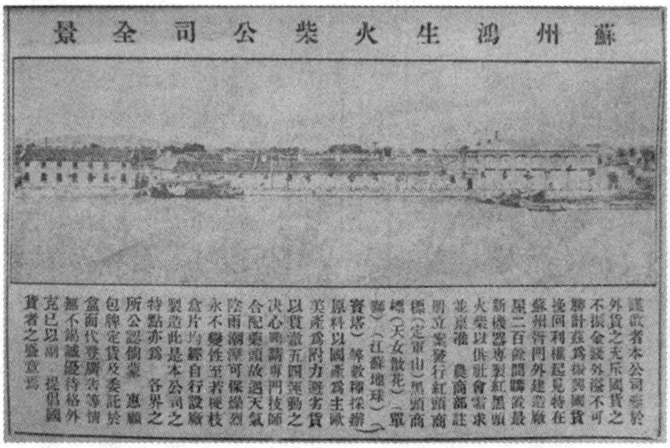

图9－13 鸿生火柴厂全景

"定军山"，用于黄磷火柴。到1920年年底时，鸿生厂决定改产赤磷火柴，另采用"宝塔"、"单狮"、"地球"等三个商标。新产品问世后，虽经业务经理四处奔波，重点到苏北推销，但仍收效不大，销路无起色。后经分析，宝塔牌火柴的质量有不足之处。一是火柴梗头经不起受潮湿空气的影响，容易发生自行脱落；二是磷面粗糙，容易闭火，消费者有不少意见。特别是阊门一带的马车工人把宝塔火柴戏称"烂糊火柴"。

为了打开宝塔火柴的销路，刘鸿生决定全力以赴。除不顾成本，把每箱火柴售价从市场上的17元降为5元外，又重金聘请留美化学工程师林天骥来厂专攻火柴头子和磷面质量关。经过林天骥工程师的悉心钻研，改进用胶配方、使用机械磨磷后，根治了宝塔火柴的两个主要质量问题。到1929年，宝塔火柴已成为市场上的名牌产品，并成为无洋业火柴交易的标准品，在江苏和华东地区信誉卓著，在广大城乡消费群众中，几乎妇幼皆知"宝塔牌"火柴。1934年，刘鸿生兼并了长江沿岸"裕生"、"燮昌"、"大昌"、"耀华"及杭州"光华"等7家中小火柴厂，成立了大中华火柴公司。他的商战方略是用"产销联营"方式分割市场，缚住同行手脚，如成立"华中地区火柴产销管理委员会"，其限制区域包括苏、浙、闽、皖等8省。他又用"联华制夷"和"联夷制夷"战术，各个击破洋商。比如他与美商联合，实行产销管理后，迫使东洋"猴子"就范，有效地限制了日资火柴在东北、华北、鲁豫地区发展，以巩固国产火柴较稳定的销售市场。不久，"大中华"的资本激增至365万元，年产火柴15万箱，成为当时中国的火柴大王，并以此开始了"刘氏托拉斯"的梦想。

"刘氏托拉斯"也和同时代的民族企业一样，在政治的变动中风雨飘摇。20世纪30年代，刘鸿生因同意出任人人视为畏途的招商局轮船公司总经理，得罪了一批官商。与此同时，他自己的"刘鸿记账房"也陷入欠债危机，当他向曾经许诺的宋子文求助时，却只得到了嘲笑。

抗战开始后，住在上海租界的刘鸿生不仅担当起了中国红十字会总会副会长，动员子女参加"八一三"淞沪抗战爱国后援工作，在受到蒋介石家庭宴请后，更是担当起了向"大后方"提供物资援助的重任。他积极部署在港、渝、川东创办火柴厂、毛纺织厂、火柴原料厂，冒着虎口夺食的危险，派四子刘念智将浦东章华毛纺织厂的机器费劲千辛万苦从上海运出，辗转缅甸仰光运抵陪都重庆。然而在随后筹款开工时，刘鸿生却遇到了无法解决的困难，导致他大呼上当："我这个昔日上海的大老板，如今倒成了他们的小伙计啦!"

图9－14　鸿生火柴厂现状

1949年4月，刘鸿生远走香港，后来在周恩来的感召下返回大陆。1956年初公私合营，他拿出价值2000多万元的刘氏企业申请公私合营。同年10月1日，他平静地离开人世。他告诫后人："定息可以分取，但不要多取，每人至多拿几万元，拿多了对你们没有好处。其余的全部捐献给国家，这是我对中国共产党一点微小的表示，也是我最后的嘱咐”（图 9－14）。

九、自力更生创新药

在望星桥南堍六号，现存一幢青砖的二层民国建筑，弧状窗框，木制窗棂。木制阳台外挑，室内外保存状况良好，整幢建筑造型简洁流畅，与周边环境相得益彰。2004 年它被列入了苏州市第二批控制保护建筑名单，而控保的原因并非因为它是一座豪宅，而是为了纪念一位对苏州的医药化工做出杰出贡献的名人——朱子久先生。民国二十二年（1933 年），朱子久先生在盛家带二十九号创设了福康制药所，成为苏州第一家化学制药企业。新中国成立后，朱子久用他的技术不断开发新药和化工产品，对苏州的化工企业的发展起了相当重要的作用。

朱子久又名米恒，浙江吴兴人。民国 4 年（1915 年）毕业于浙江省立医药专科学校，5 年至东京西药专科学校进修一年，回国后在上海五洲药房任药师。他的父亲朱寿门早年任职于浙江铁路公司，光绪三十三年（1907 年）转而经商，后把所有资金、职工迁至上海，传给朱子久开办药店。

开办药厂后不久，朱子久就研制出了镇痛新药“凡痛灵”。它是朱子久根据德国进口药品“凡接蒙”制造成功的，他在实验室中仔细分析了德国药品“凡接蒙”的化学成分，并根据自己的合成药的经验，形成了“凡痛灵”的特有配方，制造成功了国产的化学药品，成为我国最早的具有镇痛特效的国产化学药品之一，打破了德国镇痛药“凡接蒙”在中国的垄断地位。由于其有较高的镇痛疗效，并且价格低于进口药片，因此“凡痛灵”投放市场后大受欢迎，福康西药店也因此声名鹊起。（图 9－15、图 9－16）

图 9－15　朱子久故居

图 9－16　福康药厂广告

朱子久制造凡痛灵获得成功后，又致力于开发其他化学新药。从1924～1930年，他研制成功补血解毒剂“利眠乐片”、补血新药“立勃络髓”、消化剂“育道片”、“轻宽剂”、“通乃分”、“彭可宁”、去痰镇咳剂“扑咳他劲”、“法可宁”等等，这些国产新药的出现，打破了化学药品市场被进口货垄断的局面，以质优价廉的特点逐渐占有市场。1930年，朱子久成为民国卫生部领证的药师，他所研制的“凡痛灵”、“立勃络髓”、“利眠乐片”、“彭可宁”、“扑咳他劲”、“法可宁”等新药，经国民政府内政部药政局查验合格，发给“成药许可证”，编号分别为1930年第1号至第6号，朱子久成为国产化学药品的创始人。

1932年日本人在上海发动“一·二八事变”，上海闸北一带炮声隆隆，商铺被毁，民房被焚，朱子久决定离开上海，他在苏州盛家带找到了一处静谧的深宅大院，将上海福康西药店的设备和职工全部迁到苏州，静心研制和生产药品。据说他的书房里满壁图书，实验室里陈列着各色粉状的化学原料，排列着大大小小的烧瓶、反应锅。他总是整日整夜地在书房和实验室里，不是看书就是做实验。累了就到书房、实验室后面的花园里莳花弄草。1934～1937年，朱子久在盛家带福康制药厂又研制出了“福康合维膏”、“福康痉咳水”、“烹克力劲”、“萨婆律软膏”、“五蝠疮毒膏”、“安肤康”等新药。

1937年“八一三事变”，大批抗日将士负伤，而上海等地镇痛药品奇缺，朱子久闻讯后，发动全店职工连夜赶制几万粒“凡痛灵”及其他药片，支援抗战前线。体现了他的爱国情操。

1944年，朱子久与顾嘉康等筹建福来药厂（股份有限公司），资金总额2万元。朱任董事长。1950年，福康药厂董事会改组，他辞去董事长兼厂长职务，留厂从事药师工作。但他努力依旧，成绩辉煌。1956年2月，他接到处理和利用糖精废料的任务，他先根据查阅的资料试验了糖精废料中提取甲苯的方法，但由于这个方案所需原料较为复杂，当时厂里难以配全，多次试验效果不佳。当时正值春节来临，朱子久脑子里全是如何提取甲苯的问题，他在家里翻阅检索大量德文版的化工资料，寻觅到了用替代原料从糖精废料中提取甲苯的方法，春节后一上班，他马上卷起铺盖睡到了工厂实验室，集中精力全力投入试验，一连10多次的失败，都未能使他灰心，终于在1956年3月15日获得成功。第一次，就从100斤糖精下脚料中提取出30斤甲苯，3个月后，甲苯的提取率提高到每百斤下脚料中获取45斤。甲苯是重要的化工原料，朱子久这项试验的成功，不但解决了积聚如山的糖精废料，而且每年可为工厂节约资金1.5万多元。

1957年，景德路的福康药厂的一部分并入苏州第一制药厂，一部分迁到官渎里成立福康化工厂，朱子久随福康化工厂来到了官渎里新厂。这个时期，朱子久忘我地工作，日夜坚守在工厂的实验室里，开始研制农药。同年，他研制成功萘乙酸，它是一种植物生长促进剂。还研制了醋酸苯汞，它是三麦杀菌剂，萘乙酸和醋酸苯汞是苏州最早生产的两种化学农药产品，也是苏州化学工业的开创性成果。正由于朱子久的农药产品的试制成功，1958年，福康化工厂分又诞生出一个“卫星厂”——苏州农药厂，为苏州的农药化工生产奠定了基础。其后，工厂的归属不断变迁，工厂的名称也不断改变，福康化工厂改名为苏州精细化工厂，苏州农药厂迁到南环路，并成为后来的苏州化工农药厂。

朱子久由于年老体衰，长期带病工作，于1959年1月3日因病去世，终年68岁。

参考文献

1. http：//www. dfzb. suzhou. gov. cn 苏州地方志.
2. http：//baike. baidu. com/view 御窑金砖.
3. http：//baike. baidu. com/view 沈括.
4. 陶忆萱. 中国最早的汽水厂. 摘自苏州市档案局、苏州市地方志编纂委员会办公室编写的《苏州史志资料选辑》，1990年第一辑，第152页.
5. 苏州火柴厂厂史编写组，浦鉴初. 苏州鸿生火柴厂. 摘自苏州市档案局；苏州市地方志编纂委员会办公室编写的《苏州史志资料选辑》，1986年第六辑，第35页.
6. 褚崇尧，徐文高. 古代环保法之永禁虎丘染坊碑. 苏州日报，2011年8月5日.
7. 黄锡之. 永禁虎丘染坊碑记与河流、农作污染的保护. 农业考古. 2003年第1期.
8. 谭金土. 觅渡青旸. 苏州：苏州大学出版社，2009年12月.
9. 王伟群. 陈调甫以科学求企业发展思想的分析. 自然辩证法研究，2009年第9期.
10. 李海珉. 说金砖. 人民日报（海外版），2010年1月22日.

（王伟群）

第十篇　工艺美术篇

苏州工艺美术，历史悠久，品类丰富，技艺精美，充满着深邃的文化内涵，长期以来表现出了极其鲜明的地方风格，对中华民族的物质和非物质文化作出了重要的贡献，是世界物质文明和精神文明中一份不可多得的珍贵财富。其中，苏州工艺美术的科技，在历史长河中更有着无数色彩斑斓、光彩夺目的成果。从古到今，无论是漆器、木作、各种雕刻，还是刺绣、装裱和乐器制造，等等，其设计思想、工艺手法或装饰意匠都无不体现着先进的科技和高度的艺术水平。本篇仅选择苏州工艺美术门类中的一小部分，以史话的形式反映它们在科学技艺上展示的辉煌不凡的成就。

一、精美卓越的漆艺

在中国传统而古老的漆饰工艺中，雕漆的艺术表现力最突出，是漆艺中最耐人寻味的一个品种。所谓雕漆，是指在堆起的平面漆胎上进行剔刻花纹的技法。雕漆大多采用鲜明的朱漆，故又名“剔红”。又不同漆色层的，称“剔彩”。雕漆器常以木质、金属为胎，用漆堆上，少则八九十层，多达一二百层，是待半干时描上画稿，施加雕刻的一种髹饰工艺。一般所见雕漆，花纹隐起，工艺精湛，精致华美而富有庄重感。由于费工费时，艺术价值高，雕漆器一般均属高档的贵重艺术品，产品主要供皇宫贵族和富豪们享用。

明清时期，苏州是我国雕漆器的重要产地，据康熙《吴县志》载，髹漆之属有雕漆、退光漆、描金、彩漆、盘碟等项。在“清宫《法计档》中也有详细的记载，雍正四年、乾隆二年宫中都曾有造办处试制过雕漆，但最后均以失败告终。档案还证实，雍正以后的历朝，宫廷所需雕漆器，均命苏州织造局制作。”可见苏州当时在全国生产雕漆的显赫地位。乾隆时，苏州则已是我国雕漆工艺的主要中心之一。我们从故宫《养心殿造办处各作成做活计清档》的记述中，便可知乾隆时苏州漆工所制漆雕，小至直径半寸的圆盆，大则宝座屏风，品种有碗、盘、瓶、罐、挂屏、插屏、帽架、柜、案、水盂、画盒、笔山以及五供、七珍、八宝等，几乎应有尽有。图案则有各种山水、人物、佛道故事、花卉翎毛和吉祥博古纹样，尤其是仿制宋代剔红、剔彩产品，几可乱真。乾隆帝曾有诗专赞苏州漆器：“吴下髹工巧莫比，仿为或比旧还过。脱胎那用木和锡，成器奚劳琢与磨。”当时朝廷就常常下令苏州织造衙门经办各种漆雕品送往宫廷。乾隆五年（1740 年），苏州送去紫金城的雕漆产品有黑雕盘、盒各两件，雕漆瓶一对。十二年，送去雕匣 4 件，匣上刻董邦达写隶书“大阅图”。今故宫博物院藏剔红海兽图盒，就是当时苏州的产品。到嘉庆年间，苏州雕漆仍保持着先前的水平。传世的漆器中有一件剔红笔筒，刻有山水、人物，颜色鲜明，刀法遒劲，隐起圆滑，藏锋不露，显示出高超的制作技艺。

现故宫文物库房中藏有清代康熙年间苏州制造的剔黄九龙纹宝座，更是一件不可多得的艺术珍宝。此宝座为5屏式，座面呈内凹腰形，象鼻腿下临随形托泥。通体在红漆素地上雕剔出黄漆的装饰纹样。5屏正面均雕云龙海水，背面满雕条带状龙纹。座面雕龙9条，象征封建帝皇的九龙至尊。其长身之上长出多个支体，蜿蜒伸出，互为交错盘结，充满了整个座面。宝座的其余部分或雕云龙纹或雕云纹。雕工的特征为立刀法，少见用斜刀的剔刻方法。繁缛细密的图案显得十分工整和规范，充分体现了清代早期苏州雕漆工艺的卓越水平。

关于苏州髹漆的悠久历史，根据出土的实物，可上溯到新石器时期，1955年在江苏吴江团结村良渚文化遗存中清理出土的棕色漆绘彩陶杯，1959年在吴江梅堰遗址中又发现了棕地黄、红两色彩绘黑陶尊，这些作品均是我国出土较早的原始漆器。这一杯一尊充分证明了以苏州为中心的江南一带是我国传统漆器工艺的重要发祥地之一。

苏州地区漆器工艺的真正开发和兴盛，是战国以后的秦汉时代，很可能是在楚漆器的直接影响和诱发下，获得了新的起步和发展。公元前334年，楚威王灭越国，尽取故吴之地，吴地由此长期成了楚国的统治区域。公元前248年楚令尹春申君黄歇，曾封于吴。公元前237年吴地又成为王子申的封地。因此，正值蓬勃发展又富有时代性的楚国漆器工艺，随着其政治、经济的扩张，很快地传布开来。这一新兴的光彩绚丽的工艺美术产品，不仅对夏、商、周以来的传统青铜工艺是一次重大的改革，使中国的工艺美术文化注入了旺盛的生命力，而且，在其逐渐形成一种最广泛、最深入的生活风尚的同时，对素有漆艺基础而自然条件十分相宜的苏州地区的工艺，产生了更加强烈的助化作用。因此，到西汉以后，在长江下游地区，不仅很快形成了一个重要的漆器制造产地，生产兴盛发达的苏州漆器，在全国也展现出了重要的地位。

两汉时期，苏州漆器的品种已迅速增多，如在苏州葑门外天宝墩、觅渡桥两处汉墓中，出土除漆棺外，还有漆碗、漆奁、漆盘、漆案和漆耳杯等。其中有作凤鸟装饰纹样的，纹饰描绘精美，髹漆和造型工艺皆已十分讲究。

秦汉结束了春秋、战国诸侯分裂战乱局面，全国天下一统，经济不断发展，国力日益强盛，无论在政治、思想、经济、文化等各个方面，随着统一和交融的趋势，中华民族的传统文化已更多地表现出了许多共同的特点，这种特点也同样被表现在工艺美术上。因此汉代吴地漆器的题材内容，更多的是天地山海、神灵祥瑞，人们以无限的想象力和表现力，山海神灵等远古神话的描写以及气氛的渲染，都达到了淋漓尽致的程度。我们从许多画面装饰的流动飘游的云气中，仿佛感受到了人灵超然的情绪，看到了时人质朴的精神世界。至六朝时期，有梁简文帝作《书案铭》，从对漆书案所作的具体描写“刻香镂采，纤银卷足。漆花曜紫，画制舒绿。怪广知平，入雕非曲”，可知他对精美漆艺的赞赏喜爱，也使我们看到了当时江南苏州地区漆艺发展的新水平。

经唐至五代，漆器中以银扣工艺最为精致，在苏州七子山出土的两件银扣漆盆，大盆口径达98.8厘米，是这一时期不多见的漆器珍品。

宋元时期，苏州漆艺水平进一步提高，漆器制作出现螺钿、银胎、夹纻等工艺，在瑞光塔出土的真珠舍利宝幢底座部分，有类似狻猊的漆雕装饰；另一件镶嵌螺钿藏经漆匣，系木胎、夹纻，黑漆底，通体用天然彩色螺钿镶嵌成花卉图案，雍容瑰丽。沙洲县出土的雕漆碗一对，银胎、夹纻，夹纻用篾筋制骨，更为国内罕见。据有关史料记载，元代至正年间苏州漆匠王某，因能制作髹漆牛皮船，后被任命为营匠提举官。

明代，苏州著名的漆工蒋回回，善于仿效日本漆艺，能采用金银花片，钿嵌贴面，泥金描彩等制作漆器，获得时人的高度赞赏。这都表明苏州的漆器艺人富有不断刻苦学习的钻研精神，以一定的科学精神和科学方法，创造出新的成果，同时涌现出了多方面的人才。随着苏州的繁荣，漆器在苏州使用普及，涉及生活日用品、装饰用品、佛教用品等各个方面，并时有精良漆器制成。明代名匠黄成撰《髹漆录》中记录了漆器制作的制造方法和各种漆器，共 18 章，186 条。漆器至此已有了十分全面的经验性总结，使人们对大漆的物质性能、工艺技法、功能价值都有了进一步的科学认识。（图 10－1）

图 10－1　清康熙雕漆九龙宝座

二、技艺绝伦的苏式家具

明式家具，是我们伟大民族文化的重要组成部分，更是吴地文化的精粹。以苏州为中心的江南地区是我国的明式家具的发源地，苏州是明式家具的故乡，自明清以来，苏州地区一直是中国传统家具的主要产地，产品被称之谓“苏式”或“苏作”；苏式家具是明式家具的正宗，以其鲜明的民族特点和地方风格，体现了木作家具的最高成就，在世界家具史上自成一系，其极致的科学性、手工技艺、设计思想、造型艺术及多样变化的款式至今深深地震撼世界。“苏州明式家具制作技艺”，已被我国国务院列入全国第一批非物质文化遗产保护名录，并于 2006 年 5 月正式公布。

在我国历史上，封建社会经过唐代的文明进步，随着社会风俗和生活习惯的演变，日常使用的家具也发生了重大的变革，到五代、两宋时期渐渐形成的高形家具，进入明代以后，获得迅速的发展。在当时全国的几个主要家具产区，苏州生产的以榉木、紫檀木、花梨木、鸂鶒木等优质硬木为材料的家具最突出，风格最鲜明，品质最优秀，而取得这一成就的原因，除了江南当时繁荣昌盛的经济基础和城市私家园林的大量兴就以外，明显地是受到了江南文人学士的重视和倡导。我们从明末文震亨所编的《长物志》一书，就能看到当时知识阶层对家具制作的讲究和要求。在用材上，他们以“文木”为重，常选用花梨木、铁梨木、香楠木等上品木材。在式样上，如书桌，则要

“中心取阔大，四周厢边间半寸许，足稍短而细”者才算古趣。从当时诗人画家的许多文字言语中，我们都能看到他们对家具的兴趣和爱好。因此，文人对美的推崇、文人的艺术主张和文化修养，潜移默化地影响了明代家具的造型、款式和品味。在诗人画家云集的苏州地区，对于家具的使用要求和精神寄寓，常常是被融合在一起的。“明四家”文徵明的弟子周天球，就曾在紫檀木扶手椅的靠背上，刻着一首“无事此静坐，一日如两日。若活七十年，便是百四十”的铭款；南京博物院收藏的一件万历年间制作的老花梨木的书桌上，也题刻有“材美而坚，工朴而妍，假（借）尔为冯（凭），逸我百年”的诗句。这一桌一椅，至今竟成了不能多的国宝文物。

它们给人予一种共同的感受是匀称、舒展、雅洁、精致的品质和简洁淳朴、娴静温文的品性。这些也都无不让人赏心悦目而获得典雅的美和书卷气息。

今天，苏式家具已被载入世界物质文明史册，其集实用性、艺术性、科学性、民族性于一体的经典设计，也早已成了当今世界工业设计的楷模，世界上许多工业设计的卓越成绩，不少是从我国的明式木作家具中获得了灵气，得到革新和启迪。这不能不说是明清木作苏式家具对世界文化宝库所作的伟大贡献。今天，我们将这巨大的成就在科技文化史上主要可概括为以下 3 个方面：

首先，苏式家具以选用优质硬木为主要用材的基本属性，使家具的实体获得了坚实牢固的物性基础，在吸收利用我国古代建筑“大木构架”传统的同时，产生了科学合理的明式框架结构的造型实体。如果说，中国古代建筑框架并不直接完成造物的全体，需要通过组合联络的形式来表达功能所要求的序列性和完整性，表现形体实用的组合空间；那么，苏式家具恰恰在框架的构成中，同时实现了造物的独立性，形体构造与式样之间全部依靠框架的自立和完备来完成所需的功能作用。苏式家具的框架结构和形式语言的完善性、合理性和科学性，促使家具式样独具规范，实现完美，从而在世界家具史上独领风骚。

苏式家具通过舍弃传统的髹漆工艺技法，充分地展示了细木工艺的优秀技能和材料特殊的物质性能，不仅说明了人们在造物活动中进一步提高了对科学认识，而且也进一步掌握了器物艺术创造的科学规律。苏式家具以自然优质硬木为材料，一方面突出地利用了材性的价值表现出了功能的价值，另一方面以适应的工艺技巧实现了精神的物化，如创造性的运用“线”来塑造、表现、传达形体造型的式样，成功地建构起了苏式家具别具一格的造型形象。线是中国造型艺术形式的独特语言，无论是中国绘画、雕塑以及装饰艺术等，对“线”的运用都达到了无与伦比的高度水平。苏式家具的线主要体现在造型形体的“轮廓线”和构件加工产生的“线脚”上，从而使苏式家具表现出隽永卓绝的线条美。无论是椅子的“S 背板”的曲线，还是案桌反马蹄腿足的曲线走势，都是直接传达中国家具民族风格的典型形式。由此，苏式家具不事雕琢，装饰部件结构化，结构部件装饰化，使形体产生了简洁明快、材美工巧的审美价值，鲜明地体现了物质和工艺的科学意义。尤其是在文人士大夫们的意匠和倡导之下，使其表现出了崭新的时代风貌、艺术品格，在造物史上到达了登峰造极的地步。

苏式家具以其合理、科学的榫卯构造赢得了世人最高的尊重和无比的赞叹，无与伦比的设计使家具不动不摇、坚实牢固，建构起了完善的功能体系，充分发挥了自然材料物质性能的科学价值和作用。各种卯榫构造，如明榫、长短榫、燕尾榫、棕角榫、夹头榫、扎榫、格角榫等，均以中国古代哲学阴阳构合的原理知相辅相成的法则，通过不同构件之间的相互关系，设计各种不同的卯榫结构，实现人们完美的使用要求。在苏式家具圈椅椅圈的连接中，3 根或 4 根圆杆的顶头两两相接，民间工匠创造了一种称谓“楔钉榫”，运用力学中反力相合的作用，将它们牢固的结合起来，充分体现了高度科学的思想性。

图 10－2　清代苏做榉木冰格纹立橱

另外，苏式家具结构中的所谓“攒边”作法，是我国传统木工工艺在家具形体结构过程中的一大发明。这种方法是把“心板”装入采用45°格角榫构成的又有“通槽”的边框内。这是家具中组成平面通常取用的一种构造方式，大多被用来制作桌面、案面、椅面、凳面和带有框的门扇等等。苏州木工俗称“敲框档”，就是指这种构造工艺。“攒边”作法也常常应实际需要而改变不同的做法，如不用45°格角榫，不局限在边框，但原理都基本相同。“攒边”作法的优越性，至少可以从以下五个方面来分析，①使家具的形体结构始终保持以框架为主体，发扬了框架形式的独立作用，并使整体式样与结构方式完全统调协律，一脉相承；②“心板”装入框内，使薄板能如厚板使用，既节约材料又增强了实体的牢度；③“心板”受干、湿发生伸缩时，通槽留有充分余地，不至于发生涨裂变形或因收缩露缝等现象，不会造成全体结构的松动和家具体形的变化而走样；④四“心板”还可以选用不同的材料，施用各种工艺手法，呈现出不同的效果，产生不同的色彩和质感；⑤格角榫构造的面框与“心板”装入通槽后，都可以隐藏木材粗糙的断面，使家具各部分均显露出光洁平滑的纵向的判面，利用木材天然的纹理和色泽，展现材质的自然美。这种巧妙卓绝的构造，无疑是一种最科学的、美观的、也是经济的方法，充分地反映了苏式家具形体结构构造的无与伦比的创造性。

总而言之，在人类的造物史上，苏式家具所赋予的科学性和先进性，是我国古代物质文化领域中一座最丰富的思想宝库。(图10－2、图 10－3)

图 10－3　明《鲁班经》中的木工图

三、闻名遐迩的砖雕

我国古代的雕砖艺术在民间蓬勃发展当在明代，且在全国各地相当普遍，尤其在经济发达的江南地区，逐渐成为民间许多建筑的重要装饰，出现了不少著名的产地，形成了鲜明的地区风格。其中苏州砖雕更是出类拔萃，惹人注目，别具特色。

1. 关于金砖之说

砖雕选用的土砖，是一种特殊加工的材质，制造工艺十分严谨，一般均需经过选料、制坯、装窑、烧成、引水、冷却等工序而成。苏州制砖历史悠久，吴县陆墓一地，自宋元以后是制造优质砖瓦的重要产地，且以余窑制品最为著名。据有关文献记载，陆墓余窑自明永乐四年至永乐十八年，就曾专为明皇朝营建故宫及昌平长陵烧制砖瓦，后在余窑遗址尚有明正德年间的“金砖”出土。

所谓金砖，乃是一种大型的方砖，一般规格的方砖为43厘米见方，厚4.3厘米以下，而称之谓“金砖”的则有90厘米见方，厚度在11厘米左右，其重量约在七八十市斤以上。余窑烧制的砖瓦有所谓“敲之有声、断之无孔”的特点而闻名遐迩。“金砖”更是质地精美，产品主要供北京宫室使用，因此，当时烧制金砖的余窑曾被永乐皇帝朱棣赐名为“御窑”。御窑一直到清末才停窑不再生产，这段历史足以说明，陆墓明清时期制造的优质砖材，为苏州地区发达的砖雕艺术提供了重要的物质基础。

2. 苏州地区的砖雕门楼

从20世纪50年代以后，有关单位和部门已对苏州砖雕遗迹进行过多次调查，也有图册出版和零星的文字材料发表。但随着岁月的推移，其中许多珍贵的遗迹没有能被珍惜而完好地保存下来，有的早已毁灭，有的残破不堪，面目全非。但也有一些幸存的，或散落在广大民间的一些构件、残物，这些，至今都已是再也不可多得的艺术珍宝，具有极其宝贵的研究价值。

如在闻名中外，已成为世界文化遗产的拙政园、留园、沧浪亭、网师园等苏州古典园林中，尚有着精美的砖雕门楼、门罩，以及照壁、花窗、门额、墀头、墙角等，如果加以仔细考察，仍能看到一些令人赞叹的优秀作品。再如明清时期的会馆、公所、祠堂、庙宇的残存建筑物上，往往也会有各类砖雕实物的遗存。尤其是吴县东山、西山各地，民居古宅中也常常会有不少砖雕艺术品。甚至在有的旧物市场或古玩店铺之中，有时也能有精美的砖雕构件发现。

今天在我们还能看到的各种砖雕作品中，大致仍以各式建筑砖雕门楼最典型。旧时建造宅第或楼堂馆所，只要稍有讲究的，几乎都有着各种各样精细不同的砖雕门楼。江南地区多达官显贵，他们更是追求门楼的规模和装饰，所谓“照梁迷藻悦，耀壁变雕墙”，用它来作为主人标榜地位和财富的象征。故自明至清，苏州砖雕艺术中，以砖雕门楼最具有代表性。这些门楼的形制和纹饰，比较集中地反映了江南地区砖雕的主要内容和式样，体现了苏州砖雕艺术的最高历史水平，从中我们还可以清楚地看到苏州砖雕不同历史时期的风格嬗变。

砖雕门楼一般将顶脊、垂莲柱、横勒、砖景、匾额、斗拱等加以精心设计和雕刻加工，造成各种不同的格式变化，给人以赏心悦目的审美效果。如砖雕门楼两侧的垂莲柱，柱形似两绺流苏，因柱的下端悬垂莲苞一朵而得名。从柱头、柱身到垂莲，形式多样，雕琢讲究，常使门楼展示出挺秀和灵性。由于时代差异，表现出了不同的时代特征。归纳起来主要有3种样式，即瓜楞式、椭圆式和方形柱。柱体形制，明代修长，清初稍短，乾隆后逐渐向上收缩变为短柱形。瓜楞式垂莲柱有原东山翁巷“瑞蔼堂”为实例，这种形制渊源于宋代建筑中的瓜楞柱，是明代较早的样式。明代中期有柱身作椭圆式的，年代应晚于瓜楞式柱。柱下端雕缀的莲花，含苞欲放，且多复瓣，与明代建筑须弥座束腰上的莲瓣纹如同一辙。明末清初垂莲柱身渐作方形，早期柱面低凹成弧形，边棱起揑角线，犹如明式家具腿足的一种早期形制；后期的方形柱则大都做成平面形，莲苞也一律成方形，莲瓣多呈仰覆盆状。到乾隆时期，柱身趋向短而阔。迨至清末，垂莲柱下端纹饰演变成狮子滚球或花篮，有的在柱上端附饰牡丹花或和合二仙等浮雕，有的则索性柱身一方，光素无华。

匾额与砖景，是砖雕门楼的主体内容，式样更加丰富，也因时代不同而变化。匾额是砖雕门楼横楣上的一行书条，两侧伴有砖雕砖景二方。明代早期匾额大都空白无文，清代匾额一般多作题字，以4字居多，书法墨迹皆出名人手笔，文字内容都作歌功颂德之辞，所见有“俭德永固”、“孝友传家”、“刚健正中”、“怀德维宁”、“贻谋燕翼”，等等。匾额形制，明时为短，清代渐长，与左右砖景比例前者为2:1，后者为3:1或4:1。匾额四周的花边，清代雍正前多用条砖起线，乾隆时期常浮刻“卍”字或回纹，嘉庆前后多以吉祥纹样为边饰，有“子孙万代”、“福寿双全”等，道光以后则简陋不饰，单取线脚勾框。

明清两代的砖雕工艺，在我国工艺美术史上占有十分重要地位，其中同样以苏州砖雕门楼最突出，技艺最精湛，风格最典型。无论是实地浅雕、深浮雕、圆雕还是镂空透雕，都达到了历史的最高水平。以浅雕而论，有的仅在砖面上剔地凸起一薄层的花纹图案，能给人产生一种均匀平服、自然清醒的独特美感；浮雕类的砖雕技艺，以运用起“皮”（皮即层的意思）的手法表现，多的刻到十几皮，不仅能产生深远的效果，而且使丰富的内容有条不紊，层次分明，从而突出主题，形象生动。由于皮层重叠，每一形象精雕细刻，处处刻画入微。明清时期，苏州是全国工艺美术的中心产区，能工巧匠中不乏高手，他们不仅技艺高超，而且素养较好，能书善画，以刀代笔，从而使苏州砖雕艺术取得了卓越的成就，在吴地文化史上也是一支不可多得的奇葩！

3. 苏州砖雕的纹饰

雕纹刻图的各种砖雕，不仅是为了装饰华丽，美化生活环境，更是门楼建筑艺术的重要表现形式，也是能工巧匠舒展才艺的一种手段，因此，在砖雕门楼的砖景内、匾额上下的横勒上，以及门罩、门楣、窗圈、斗拱等不同部位，都常常雕刻各种花纹图案，内容除选取民间喜闻乐见的传统题材，如“麒麟送子”、“六合同春”、“富贵长春”和“凤穿牡丹”、“鲤鱼跳龙门”等之外，还有不少具有鲜明地方色彩的题材和内容，如“笔锭胜”、“荷花墩”、“欢天喜地”、“状元游街”等等，各种题材内容，无不图必有意，意则喜庆吉祥，充分地反映了苏州地区的民风习俗与文化蕴涵。如所谓“笔锭胜”，则是指雕刻有毛笔、银锭或方胜的一种组合纹样，其含意是“必定胜天”，含意是有文化、有财富就可人定胜天，表现了一种进取向上的意识。有一种“欢天喜地”图形，则取江南一种称之谓“獾”的动物形象为寓意，以“獾”谐音“欢”，充分地表达出了民间艺人丰富的想象力。另外，江南水乡的太湖区域，盛产螃蟹，故在门楼的仿木斗拱下又有垫饰“荷叶墩”的，并雕饰上栩栩如生的大闸蟹，让人联想起“二甲传胪”的典故和乡情来。以状元回乡为喜庆场面的“状元游街”砖雕，同样真实的反应了明清时期苏州民间崇尚荣宗耀祖的时尚和追求，都充分地体现了苏州砖雕纹样别出心裁的艺术特色。

苏州雕砖图案纹样大致可归成五类：人物纹样除上述以外，常见的还有“八仙过海”、“福禄寿三星”、“刘海戏金蟾”、“渔樵耕读”以及充满地方色彩的各种戏曲人物和民间故事等；动物纹样有八骏马、蜂、猴、蝙蝠、鹤、鹿、鱼、虾、六畜兴旺、飞鸟走禽及龙凤、麒麟等；植物纹样更为丰富，如梅、兰、竹、菊，松、柏，牡丹、桃花、芍药、灵芝、紫藤、蔓草等，还有四季鲜果、各类蔬菜；以天地自然界的物象为题材的则有日月同辉、山河清泉、云彩霞光、湖石流水等；另外，还有许多几何形图案，如回纹、如意纹、夔纹、汉纹、锦纹、席纹、钱币纹以及采用喜、寿等文字作变化的图形，将它们点缀在各类纹饰之中，更显得精丽和完美。

苏州砖雕的图案花纹，常随时代的变迁而采用不同的题材和内容，其风格异彩纷呈，具有鲜明的时代性，如明代早中期流行的砖雕凤纹，大体还是沿袭宋元的艺术形式，姿态雄健，多作三尾羽。再如麒麟纹，前腿下蹲，作回首状，也是典型的明代作风。清代盛世时期那些花团锦簇、太平吉磬的纹样则更是让人清晰易辨。这些都是我们研究明清装饰纹样的生动资料，并为我们对苏州砖雕遗物做断代提供了参考和依据。(图 10－4、图 10－5)

图 10－4　网师园藻耀高翔砖雕门楼

图 10－5　金庭镇东蔡某门楼

四、出神入化的“苏裱”

在姑苏明清手工业史上，不能没有被人们称之为“功奇特异、妙手如神”的书画“装裱”。好的书画作品，一定要经过托裱名匠的“打扮”，才能传神，显出精神来。

否则画中笔墨的干湿浓淡、韵味意趣、意境心构就无法让人领略和获得感受。尤其是那些破损霉腐的古旧字画，只有身怀绝技高艺之人，才能使其妙手回春，重展新颜。故而，旧时对他们谓之“书画郎中”，明清以来常有许多故事和传说。清代李斗在《扬州画舫录》中，就有过一段生动的记载：“吴县叶御夫装潢店在董子寺旁。御夫得唐熟纸法，旧画绢地虽极损至千百片，一入叶手，遂成完物。”因此，众人说他能如医生那样治疗疾书病画，皆可“起死回生”。

“装潢”古时旧称，也即装裱。古代装裱都着重于裱其背面，故常称“裱背”，又称“装池”，据《通雅》所载，“潢”犹“池”也，外加缘则内为池；装岗卷册一般谓“装潢”。今通俗之称呼皆作“裱画”、“装裱”。

而苏州装裱的这一工艺，历史悠久，传统技艺丰富、精湛，明代周嘉曾写《装潢志》中就说：“装潢能事，普天之下，独逊吴中”，时之称“苏裱”。这或许是“苏裱”名称的最早记载，且早就闻名于世。

但姑苏裱画，北宋时应有此业，据米芾《史书》载称：“余少时使一苏州背匠之子吕彦直，今在三馆会胥王铣尝留门下”。而苏州至于明代，手工艺各行业皆发达兴盛，丝织业更是在全国闻名遐迩，绫绸丝绢也无不精美卓绝，这对装裱的取材提供了最好的资源。约从明代中叶开始，苏州书画界名流辈出，画有沈周、文征明、唐寅、仇英等，书有祝允明、王宠、王稺登、王世贞等。书苑画坛的繁荣昌盛，均促进了“苏裱”的兴旺发达。到嘉靖、万历年间为“苏裱”的全盛时期，明胡应麟《少宝山房笔记》有“吴装最善，他处无及”的嘉许。当年苏州裱工孙凤、汤杰、强百川、庄希叔等人，均被推为“国手”。尤其是孙凤，他的事迹还被载入了《明史》和《明史稿》。至清代的苏裱，更是显赫，为世人所器重。钱泳《履园丛话》称：“装裱本朝为第一，各省之中，以苏工为第一。”康熙年间，装裱继起的高手王蟠，名重大江南北。据载：“王蟠，字鹤洲，精装潢，举世无出其右者。”乾隆年间，“凡海内得宋元明名家书画，必使苏工装潢。”以后的嘉道时期，也逐代有人，足可得知，“苏裱”自古以来，之所以名甲四方，为对于此艺的重视致之。

装裱书画大致可分为手卷、册页、立轴、中堂、条屏、通景、横披、对联，等等。以用料的不同又可分为绫裱、绢装、纸裱等，在形式上又有全绫、半绫、边绫之差别，绢裱也同样有此区分的。装裱除采用绫、绢、纸材料有优劣之外，粘合用的浆，也十分讲究，其干湿厚薄、水温冲泡和溜拌的快慢都有关系，所谓打浆同样也需要有十分丰富的经验。

装裱首重“托法”，有直托、飞托、复托3种，常以画蕊的用墨设色而定。据大型画册《苏州》一书中介绍说：复背妙在用纸，来“料半”纸的精韧，取“连史”纸的光滑，各得其所，背裱用纸3层，纸纹二横相间一竖，外求平伏。轴装格式上下乞天地尺幅，左右之边缘宽阔，各必和书画本身相称，绫绢之色调和深浅，务使内外调和，以求美观。其他诸如手卷装潢包首之锦、天头之绫、引首之笺，等等；册页装张格式，上下夹板选料，等等；挂轴与挂杆、轴头之用材、装置绶带的质料、色泽、绳圈之取材、规格，等等，也是一门学问。

当时著名的装裱工匠待遇优厚，社会地位较高，能和著名书画家甚至达官贵人结为良师益友。如当时名宦、著名收藏家太仓人王世贞家中收藏甚多，非常注重装裱，就聘请著名装裱家强氏“为座上宾，赠贻甚厚”，以至于强氏几乎一半时间都在王世贞家的弇山园中度过。由于王世贞的强大影响，“一时好事，靡然向风，知装潢之道足重矣。”装裱匠一时风行，著名装裱家虽要价极高，但仍然供不应求，门庭若市。明人周嘉胄在《装潢志》中就记载了两位著名装裱家汤氏和庄希叔所受的优厚待遇：“时有汪景淳于白门得王右军真迹，厚遗仪币，往聘汤氏。景淳张筵下拜授装。功约五旬，景淳时不去左右，供事甚谨，酬赆甚腆。又李周生得《惠山招隐图》，为倪迂杰出之笔。延庄希叔重装，先具十缗为聘，新设床帐，百凡丰给，以上宾待之。”装裱工匠社会地位的提高，有助于进一步提高装裱技能，提升装裱品位。

明清时期苏裱已经走向商品化，除从事装裱外，有的装裱师家中也作为书画交易的店铺，如明代苏州人都穆在《寓意编》中记载：“裱褙孙生家有人寄卖三观像三幅，每下轴有大方印曰‘姑苏曹迪孙’。尝求鉴于石田翁。翁云：‘此李嵩笔，曹氏盖收藏者’。又元初人临阎立本水月观音像一轴，上有冯海粟诗跋，与三观像皆索价太高，经年不售。”可见有的装裱师已经成为书画市场的中间人与代理商。清代徐扬的《姑苏繁华图》中，舟车辐辏，热闹繁华，可以说是一幅清中叶苏州的商业经济风俗图。在复杂的社会场景描绘中，店铺鳞次栉比，有布店、绸店等，与书画有关的则有裱画店，画面中有一装裱师正在忙碌，墙上挂着一幅画，招牌上写着“装潢处”，门面敞开，与现在的铺面基本相同。

清代苏州装裱业继续发展，名匠辈出，清代陆时化云：“书画不遇名手装褫，虽破烂不堪，宁包好藏之匣中，不可压以他物。不可性急而付拙工；性急而付拙工，是灭其迹也。拙工谓之杀画刽子。今吴中张玉瑞之治破纸本，沈迎文之治破绢本，实超前绝后之技，为名贤之功臣。”此处把拙工造成的恶劣后果与吴中名家的精湛作了对比，对后者发出了由衷的赞叹。苏州装裱工匠的非凡技艺，甚至引起了乾隆皇帝的高度重视，他还曾特意下诏请苏州装裱工匠进宫装裱皇家收藏的书画。钱泳《履园丛话》“装潢”条云：“装潢以本朝为第一，各省之中以苏工为第一。然而虽有好手，亦要取料净，运帚匀，用浆宿，工夫深，方称善也。乾隆中，高宗深于赏鉴，凡海内得宋、元、明人书画者，必使苏工装潢。其时海内收藏家有毕秋帆尚书、陈望之中丞、吴杜村观察为之提奖，故秦长年、徐名扬、张子元、戴汇昌诸工，皆名噪一时。今书画久不行，不过好事士大夫家略有所藏，亦不精究装法，故工于此者日渐日少矣。”清人沈初《西清笔记》亦载：“乾隆时装潢竟重苏工，当时秦长年，徐名扬，张子元、戴汇昌等人皆名噪一时，藉藉士大夫口”。乾隆对苏裱技艺颇为满意，曾经在其所裱的《清明上河图》侧题诗云：“蜀锦装全璧，吴工聚碎金”。由于皇家的赏识，苏裱声誉日隆，大批苏裱艺人进京谋生，除为宫廷书画进行装裱外，也为京城达官贵人的藏品进行装裱，在装裱过程中，由于考虑到北方气候比苏州干燥，京师官员与苏州文人的审美差异，逐渐形成了不同于苏裱的色彩艳丽、富丽堂皇、裱褙厚重的特点，这样就诞生了一个新的装裱流派——京裱。

除京裱外，另一流派扬裱与苏裱也有深厚的渊源，据清代李斗《扬州画舫录》记载：“吴县叶御夫装潢店在董子祠旁。御夫得唐熟纸法，旧画绢地虽极损至千百片，一入叶手，遂为完物。”由苏州迁往扬州的叶御夫后来为扬州帮之师，扬裱也继承了苏裱擅修复古字画的长处。

近代以来，伴随着上海城市地位的不断提升，擅长苏裱的不少能工巧匠纷纷迁居沪上，知名的有沈荷卿、刘定之等人，他们以上海这个国际化的大都市为基地，融各派之长，扩大了苏裱的影响。

对苏裱的来说，最理想的季节是在夏令伏中，即所谓“伏裱”，而春季天湿，秋季天燥，冬季糨糊易冻，都不太适合开展装裱作业。苏裱大致分绫裱、绢裱、纸裱3种，形式又有全绫、半绫、边绫等区别，工序包括揭纸、水冲、涂酸、配纸、裁镶、糨糊、接笔等，十分繁杂。苏裱高手能够熟练运用各种技巧，把古画上黄斑、霉点、污迹等全部清理干净，即使已经支离破碎，装裱后也可以达到天衣无缝的效果，使其重焕青春，因此工艺精湛的苏裱艺人有“书画郎中”的雅称，和那些有“杀画刽子”之称的拙工待遇有天壤之别。

除书画外，苏裱还有装裱扇面、册页、刺绣品边框等品种。据冯立先生在“装裱”一文中记载，在抗日战争以前，苏裱就其不同的业务性质，大致分在3个地区经营。一种在桃花坞一带，约有三四十家，专门装裱立轴、对联等婚丧喜庆用品，称为“红帮”；一种在接驾桥、临顿路、平江路一带，专裱古玩商店普通字画及质地较好的红白无字对联、空白条幅，谓“做交行”；再一种在养育巷、吴趋坊、汤家巷、景德路、宫巷，如红鹅仙馆、近文斋、翰墨林、宝古山房、晋宜斋、古松斋等，专为各地收藏家装裱珍贵书画。

新中国成立后，党和政府通过组建裱画生产小组、裱画生产合作社等方式，整合了幸存的苏裱艺人队伍，保留了当时已奄奄一息的苏裱继续存在和发展的火种，结束了长期以来苏裱艺人手工作坊式各自为战的混乱局面。改革开放后，伴随着经济的发展和收藏市场的繁荣，苏裱艺人队伍不断扩大，裱画作坊重新兴起，历经沧桑的苏裱技艺重新焕发了青春，现已被列入《江苏省第二批非物质文化遗产名录》。（图10－6、图10－7）

图10－6　古旧书画作品修复前准备

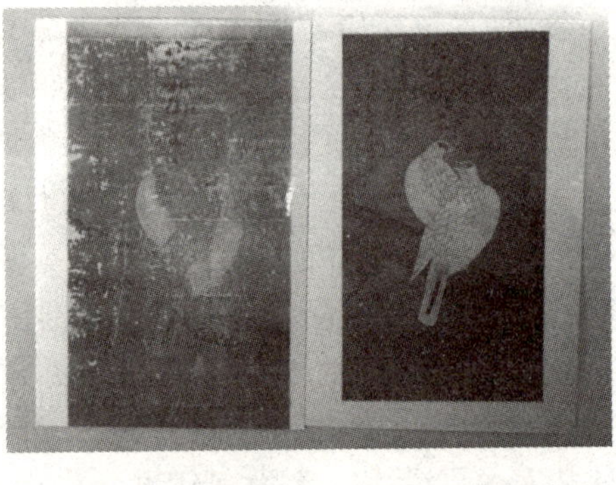

图10－7　宋徽宗赵佶花鸟作品修复前后

五、桃花坞里的木刻

桃花坞套色木刻版画是明代苏州书籍插图的进一步发展，由于清道光以前的大部分桃花坞木刻版画都保存在海外，内地看到的多为清末民初出品的木版年画，有人就认为桃花坞以木版年画著称，这种将桃花坞套色木刻版画的认识，仅仅停留在年画的词义上，是不恰当也是不全面的。顾禄《桐桥倚棹录》卷十说："山塘画铺，异于城内之桃花坞、北寺前等处，大幅小帧俱以笔描，非若桃坞、寺前之多用印版也。"在过去，雕版印刷主要是印书和木版画，年画只是其中的一部分。事实上，桃花坞木刻版画先后出现过多种表现技法，其中以套色木刻版画最为著名。

1. 套色木刻版画之渊源

桃花坞套色木刻版画的兴起与苏州雕版印刷业的发展紧密相关。苏州是我国雕版印刷的发祥地之一。唐大和九年（835 年）前后，苏州就有刻印历书出售。五代后唐长兴三年（932 年），冯道在奏章中曾说："尝见吴、蜀人鬻印版文字，色类绝多。"（《册府元龟》卷六百零八引）郭味渠在《中国版画史略》中说："唐代大和九年（835 年）前后，四川和苏州北部一带地方，民间都曾开始作雕版日历，拿到市场上出售。"至宋代，苏州刻书业发展迅速，绝大部分为宗教读物，当时官刻、坊刻、私刻的书籍和寺院刻经至今尚有实物留存。如北宋咸平四年（1001 年）由赵宗霸所刻、苏州军州张去华刊本的《陀罗尼经咒》即是现存最早的苏州版刻作品。南宋绍定间，苏州还重刊了李诫的《营造法式》；宋末元初又有《平江府碛砂延圣院大藏经》问世。尤其是后者，画面华丽繁缛，刻画细密精妙，乃是苏州版刻声誉鹊起的标志。《经义考》卷二百九十三引南宋赵希鹄语曰："镂板之地有三，吴也，越也，闽也。"可见当时苏州雕版与越、闽三足鼎立的盛况。元代，苏州也曾刻印过大量经史子集。此后，随着明代中期苏州商品经济的发展，版刻业更是异军突起，成为全国的中心。

其中，有相当数量的作品是迎合市民需要的小说戏曲类书籍，并出现了"绣像"、"出像"、"月光式"、"双面连式"等各种样式的插图。版画艺术的兴盛，促进了彩色木刻版画套印技术的发展。目前发现的最早的设色版画是山西应县佛宫寺释迦塔中的辽代木刻版画《炽盛光九曜图》，是先以木刻印黑版后，再以手工涂色。俄罗斯圣彼得堡埃尔米塔什博物馆收藏的金代版画《四美图》，被认为是现存最早的中国年画。另外，两幅独幅木刻版画《义勇武安王图》和《文士清赏图》，在图像处理上有很多相似之初，《文士清赏图》中有部分分散的绿色，是用笔染出还是套色版印出，尚难判断，但可以确定的是，在这一时期独幅设色木刻版画已经出现。至元六年（1340 年）刊印的《金刚经注解》，已使用黑红两色的套印技术。明代进一步发展出一版多色、分版分色的方法。天启七年（1627 年），胡正言编印的《十竹斋笺谱》，采用饾版分色套印法，这种方法尤擅长表现小幅书籍插图类的版画。为了营造立体效果，胡正言还运用了拱花印制方法，使纸面印刷图像部分拱突而起。可见，明代晚期套色木刻版画印刷技术已相当成熟，这是桃花坞民间木版画兴起的基础。

郑振铎在《中国古代木刻画史略》中说："苏州的桃花坞以刻印年画闻名于世，但不知始于何代。惟苏州版的书籍里木刻的插图，则起源并不太早，莫旦等所刻《吴江县志》在 1488 年左右，上面已经说过，其插图是比较粗率的。即使到了隆庆五年（1571 年），苏州所刻的《西厢记杂录》的插图也还远远比不上建安、金陵两地所刻的。但出现于万历二十四年（1596 年）的《顾仲方百咏图谱》却一洗过去的简陋，而为苏州版的木刻画开启了光明灿烂的先路，奠定了它的进一步发展的基础。我想桃花坞的年画可能到了这个时代才兴隆起来。"今藏于海外的一幅《寿星图》，传为苏州早期佳制，上题"万历念五年仲秋吉旦"一行小字，它采用了木版印出墨线再内填彩色的方式。

苏州木刻版画的产生年代可能相对较晚，保存至今最早的套色木刻版画，均为清代早期出品，保存在日本、英国、德国等地，有百幅左右。据薄松年《大英博物馆藏的中国早期苏州年画》记载，大英博物馆收藏的版画，由英国人卡姆培尔于康熙三十一年（1693 年）从日本江户带回本国，其印制年代至少在康熙中期以前，其中有一斗方小幅表现梅竹及小鸟，侧有“姑苏程德发之发行”字样。德国德累斯顿国家艺术馆收藏的清代早期套色木刻版画，风格上与大英博物馆相同，制作年代应该也是康熙中期以前，题材内容以历史故事、民间传说、戏曲故事、美人图为主。其形式有斗方小品，如《潘安掷果》，长 27.6 厘米，宽 29.8 厘米；有可裱成小条幅悬挂的，或镶于屏风、隔断、花格窗等处，如《百花点将》、《美人浇花》等；有花鸟小品，如丁应宗的《榴枝小鸟》、《花篮图》等；也有小说题材的独幅套色木刻版画《玄奘西天取经》。这些版画尺幅较小，但工整细致，适于室内装饰，构图也明显带有书籍插图的特点，较为疏朗。技术上继承了一版多色和饾版印刷的方法。色彩以花青、藤黄、硃磦、浅紫、淡灰等相间使用，整体格调秀雅文静。

如果说明末清初是桃花坞木刻版画的早先发展时期，雍正、乾隆、嘉庆则是其发展的全盛阶段。此时的苏州，富甲天下，繁华昌盛，随着商业的发展，从阊门至虎丘的山塘两岸，云集了大批手工艺作坊和商业店铺，其中就包括许多印制版画的作坊。从现存的一些较早的作品来看，乾隆以前的苏州木刻版画，因服务对象偏重地方上层社会，题材以城市风景为主，如雍正十二年（1734 年）刻印的《姑苏阊门图》、《三百六十行》，乾隆五年（1740 年）印制的《姑苏万年桥》等等。还有表现美人生活的，如《对弈图》、《弄鸟图》、《二美奏乐》等。另外还有相当数量的，宣传孝悌仁义，表达吉祥喜庆，描写戏文故事。从表现形式来看，这一时期的作品，吸收了中国文人画全景式构图以及西洋铜版画突出光影明暗关系、近大远小的焦点透视方法，增强了画面的立体效果，画面结构复杂，风格清秀雅致。据张朋川先生考证，当时来苏州经商的有许多外国客商，多有购买中国艺术品的喜好，其中日本是主要外销地之一，这种仿泰西画风的桃花坞木刻版画便应时而生。尤其是这一时期的桃花坞木刻版画，尺幅有大型化的显著特点，像《苏州阊门图》、《三百六十行》等，这些长方形单幅的桃花坞城市风景版画尺寸正符合日本对屏的要求，显然是量身定做的。还有不少人认为，桃花坞水印套色和排刀刻法，还对日本浮世绘产生了重要影响。除了这种特殊形制的对屏，这时期的桃花坞木刻版画更多的还是单幅条屏，可以自由搭配组合，题材多城市风景，建筑图像吸取西方焦点透视法，有很强的观赏性。仕女图仍然流行，但环境景物描绘得更加复杂，阴影刻法明显地模仿铜版画。因此，这对印刷技术的要求都增加了许多。

鸦片战争后，西方石印年画开始向我国大量倾销，桃花坞木刻版画大受威胁，一部分销售市场被分走，加之咸丰十年（1860 年）的太平军战火，使枫桥、山塘一带的年画铺俱遭焚毁，城内桃花坞、北寺前等处的画铺也蒙受了巨大损失。克复以后，桃花坞木刻版画的作坊大部分集中到阊门内桃花坞和西街一带，但规模大不如从前，起初也只有十来家。而海外市场的停歇，加剧了消费市场的萎缩，桃花坞画铺的经营者为求生存，开始求变求新，服务对象逐渐转向一般市民和广大农村，西方铜版画风格渐渐消失，大尺幅的作品也不再出现，代之以明快的单线平涂，构图丰满，造型夸张，色彩趋向强烈鲜艳，洋溢着浓郁的民间气息，其表现内容也越发丰富多彩，主要包括吉庆、辟邪、耕织、传说、戏文、时事、风俗、美女、花卉等类别，甚至出现了一些稀奇古怪的“趣味画”。为了降低成本，刻印工艺开始简化。一是将手工纸改成廉价的机制“粉连纸”；二是将价格较高的传统自然物颜料改成染布用的直接性染料，使色彩变得单薄轻飘，失去了原先的厚朴感，为迎合消费群体的口味，颜色也偏重大红和桃红色，也有桃花和粉绿错落使用的，色彩艳丽喜庆。如果说早期的桃花坞套色木刻版画带有浓郁的文人气息，那么这时期的桃花坞就完全成为市民和农民的宠儿，成为地道的民间套色木刻年画。

由于客观形势的变化，桃花坞木刻版画虽然一度繁荣，但也难逃衰败的运势，石印、胶印彩色年画的大量发行，使桃花坞木刻版画的市场面对激烈的竞争，为维持生计，一些画铺在经营年画之外，还不得不兼营炮仗纸、糊壁纸、果盒包装彩纸等。从事这一行业的民间艺人原为画、刻、印 3 种分工，光绪初年，许多著名的画工如金蟾香、周梦蕉等都转到上海为“点石斋”、“飞影阁”画石印画报去了，一些刻印艺人或年老休息，或转做他业，桃花坞木刻版画的画师和刻工越来越少，不得不以重印旧版，或翻刻旧稿应市，桃花坞套色木刻版画日趋衰弱，到抗战爆发前，只剩下鸣云阁、王荣兴、吴锦坛 3 家。

50 年代初，桃花坞木刻年画得到了恢复和发展。1956 年成立了苏州桃花坞木刻年画小组，1959 年小组扩大为合作社，社址设桃花坞大街 109 号，以木刻，年画，加工印色装纸为主，一些老艺人如叶金生（刻工）、陆桐生、史金生（印工）等重理旧业。这一期间，江苏省文化局也在南京、苏州两地先后召开座谈会，研究如何扶植和发展桃花坞木刻年画的问题。为扩大生产，1962 年春，合作社由桃花坞大街迁至西中市，改名苏州桃花坞木刻年画社。同年底，工艺美术研究所组成了桃花坞年画调查组，通过访问、搜集、发掘、剥脱等方法，搜集了新旧木版年画 504 四张，其中不少是从苏州流散出去的。年画社成立后，在短短两年时间内，就试制新品种 6 种，以及鲁迅对联、风景画、年画等，其中鲁迅对联印 2000 份，年画印 3000 份。后来又新出了许多反映社会主义建设和园林风貌的作品，如《苏州新貌》、《文化技术大跃进》、《姑苏城外寒山寺》、《水乡秋色》等。“文化大革命”期间，桃花坞木刻年画被斥之为“封资修”，全面停产，100 多种印版堆放在露天烂毁。直至 1979 年，桃花坞木刻年画社才恢复，同年成立桃花坞木刻年画研究社，组织全市美术工作者 30 多人，创作了大批年画新作品。1985 年，桃花坞木刻年画社并入艺石斋，聚集了一大批能工巧匠，设计者如杨云清、王祖德、张晓飞、段文海、苏起峰、庄素英等，刻工如叶金生、叶宝芬、卢平等，印工如魏阿毛、房志达、单礼芳等。在恢复传统工艺基础上，推陈出新，新印了许多具有苏州特色的作品，屡屡获奖，如《水乡四季图》、《比艺绣》、《渔家书屋》等。2000 年前后，桃花坞年画再次陷入发展瓶颈，市场缩小，设计人员老化减少，年画几近停产。2002 年 5 月，桃花坞木刻年画社正式划归苏州工艺美术职业技术学院，2006 年苏州又建立桃花坞木刻年画博物馆，为这一民间艺术提供了抢救、保护、研究、展示、制作、培训、传播和经营的新平台。

2. 套色木刻版画的艺术风格

虽然桃花坞套色木刻版画的传统题材与其他地区的非常类似，但在表现形式上，却有很大的不同，具有强烈的地方特色。它不但有福禄寿禧等常见的吉祥图，还有姑苏阊门、万年桥、苏州园林等吴地风光。有的年画细部透露出吴地的信息。如清初的《瑶池献寿图》中，船是生活中不见的巨树，船夫用的却是苏式的橹。一幅时尚年画《荡湖船》，更是直接描绘了苏州的画舫。美人图是清中期比较流行的苏州年画题材，有的在旁边还刻有时调小曲，分外有趣，这类作品很多，如《渔家女郎图》、《茉莉花歌图》、《荡湖船》等。特别是《一团和气》（又名《和气致祥》、《和气吉祥》），虽滥觞于明宪宗朱见深的一幅《一团和气图》，但经苏州年画的传播，影响极为深远，已成为桃花坞年画的代表，2004 年世界文化遗产大会在苏州召开，会标就来源于这幅《一团和气》，充分显示了苏州文化遗产的特色。桃花坞木刻年画中还有一种特殊的门画，题作"蚕猫"，虽然四川也有以黑猫扑老鼠题材的年画，但非贴于门上，以猫守门的门画仅见于桃花坞，完全是苏州蚕桑经济生活的反应。明清苏州是戏曲最发达的地区，故桃花坞版画有很多戏曲题材，像《雷神洞》、《水斗》、《珍珠塔》、《捉拿铁金翅》等。这类版画人物皆作戏妆打扮，动作、姿势极度夸张，但背景中的桌椅屏障、林木亭桥等却保持写实传统。在桃花坞木刻版画中还有一类是放在走马灯里的影人，常见《三国演义》、《吉祥走马灯人》、《和合二仙》等题材，每年灯节时上市。另外，苏州中秋有"斋月宫"习俗，斗香上插的彩旗，以及"月光纸"、"月宫人"等，也是桃花坞画铺的出品。还有专为糊制香斗花盒、包装茶食等刻印的装潢纸，内容多"状元及第"、"招财进宝"、"和合二仙"等，装饰于器物之上，具有织锦刺绣的效果。其他一些特殊用途的，如博戏用的"彩选格"，苏州人称为"逍遥图"，保留下来的如清末年画《姑苏名桥》，印有苏州城内外桥梁 17 座，每座桥上有一人物，并标记桥名之缘由，如"读书官人文德桥"、"渔翁得利鲤鱼桥"等，最后升至画面中央的"万年桥"，是典型的吴地风俗习尚。在"彩选格"中，还有以"春宫图"之法而行之的，佚名者《竹枝词》咏道："投琼双子卜将来，进退无论试一回。先得春宫心意快，高居台阁亦壮哉。"自注："以骰子两枚，掷大小双单而进退，依春宫图之法而行之，先至终点者为胜。"这里将对酒色的娱乐也体现到了木刻版画的创作中。荷兰人高罗佩认为色情插图书籍的很大一部分出自苏州，"作这些书的插图的画家们无疑受到仇英和唐寅春宫画的影响"（《秘戏图考》）。章法《苏州竹枝词》有一首咏道："斋僧已毕半堂空，看戏听书西与东。有等不能空色相，画张店里看春宫。"自注："女子箱藏春画，百有二三。"说明当时年画铺确有出售春宫图之事。

桃花坞木刻版画形式多样，变化很多，如前所述，主要以门画、中堂和屏条为主。既有大至 4 尺的中堂直幅，也有小至 2 寸的"蛋面"（贴在蛋壳上的小画片）；既有横批大至 3 张的"全景床帷"，也有小至 5 寸的"灯面"。其印刷工艺大都采用一版一色的水色套印方法，有大红、桃红、黄、绿、紫、淡墨 7 色，颜色少者 3 色，红黄两色并不可缺，着色完全视内容而定，民间艺人多有对应口诀，如门神、张天师、姜太公等神道人物多选用橙黄色。某些大型作品除套印外，人物面部还要手工敷彩粉、染蚕眉，用扫金、扫银等方法进行处理。画中人物质朴大方，画面精细秀雅。

苏州木版年画在其盛期，有力地推动了周边地区（如扬州、南通、上海等）的年画生产，作品传布于江苏、浙江、安徽、江西、湖北、山东、河南、东北等广大地区。有些作品甚至还东渡扶桑，传入日本，深受日本人的喜爱。

六、他山之石能攻玉

一个偶然的机会，据三山岛义务风景保护小组人员提供线索，在苏州太湖中距东山杨湾水路约9公里处的三山岛发现了一处旧石器遗址。三山岛以大山、行山和小姑山而得名，面积约2.2平方公里。在岛的西北端，即大山的东泊小山清风岭下一溶洞前，人们进行了考古发掘。除了获得一批哺乳动物化石，另据1995年出版的《苏州市志》文物卷介绍，1985年，在苏州吴县三山岛发掘出一批有人工打击痕迹的石制品5263件。其中石核为锤击石核，并以多台面石核为主；石片数量最多，约占86.6%，大部分为打片，可见打片技术很高。石器有刮削器、尖状器、锥、钻、砍砸器等。器身和刃缘加工十分考究。以凹刃刮削器为代表性器物，月牙状刃凹上都留有正反两面修理加工的疤痕，刃口加工打击成细牙密布的锯齿状，切割时格外锋利。考古人员推测，先民们用刮削器、尖状器刮削、切割动物的皮肉，加工木质、竹质和骨角质的工具，制作弓箭和捕鱼工具；用锥和钻在工具和装饰品上钻孔，制作兽皮衣服；用砍砸器砍伐树木、挖掘土地等。先民们采用这些手工艺制作的旧石器，赖以生活和生产，创造了太湖地区早期的文明。三山岛出土的石器及动物化石属旧石器时代晚期，距今约1万年。

可以想见，在1万年前，太湖地区已有人类生存活动在此，他们在制作这些石器的过程中，以及用这些石器加工制作其他工具时，人类最原始的科技思想可能就萌生在其中了。为了更好地利用这些石器，先民们努力将石器加工成各种形状，并对器身和刃缘加工十分考究。虽然他们还不知道这里含有多少科技成分（更遑论力学原理），但在长期的生活和劳动实践中，他们肯定已得出了这样的经验，懂得怎样制作，以及这样制作后工具的功效。旧石器时代吴地人类正是通过这样的不断努力，才更加聪明起来；正是通过原始的科技思想，创出原始的科技工艺品，人类才推进社会不断得以进化。

石器的制作，先是采用打击的方法，后发展为“作窝”的办法，使断面能更整齐，符合所需形状和用途的要求，再进行琢磨，不只是为了使石器光滑美观，且能使之工整、锋利。有的还需钻孔以装柄或携带，创造了“管钻”的方法。在石器的生产上，是经过艺术思考的，具有朴素的审美观念和艺术手法。石之美者玉石，还经过加工，成为随身佩带的装饰品以至随葬品。具有文化理念的石器生产过程中，又有了玉器的制作。玉璧就是由环状石斧演变而来，随着“美石—玉石”的拣取，玉器多了起来，有玉玦、璧、璜、管、珠、坠等装饰品，更有精美的玉琮。而要制作如此精致的玉器，其琢磨技艺是大为提高了，其中更不乏科技文化在内。

太湖流域是我国最古老、最精美的玉器产地。良渚文化时期用玉之风大盛，玉器品种之丰富、数量之众多以及雕琢之精湛，世所罕见。最典型的是苏州附近的草鞋山和张陵山新石器时代遗址出土的玉器，有玉玦、玉环、玉镯、玉坠、玉管、玉珠，以及玉璜、玉琮、玉蝉、玉觽、玉璧等。尤其是玉琮上的阴刻兽面纹和玉觽上的透雕花纹，制作精细，在尚未出现金属工具的远古时代，就能制造出如此精美的艺术作品，常会令后人惊叹不已。其中玉器不仅是一种装饰品，还是礼器或陪葬品。可知那时人们的思想伦理观念已形成，并以精细工艺制作的玉器来表示。玉璧就是一种礼器。边的宽度要大于孔的直径1倍，如果边和孔相等，就称为环了。早期玉琮一般是在圆柱体的外面做出四块凸起的对称弧面，再在其上阴刻或浮雕出兽面纹，而在没有兽面纹的地方，就自然形成了间隔的凹槽。这种分块凸起的目的显然只是为了突出其上的兽面纹。这个主题在形式和内容最为相似的当属图腾民族的图腾柱了。后来在西汉的《周礼》中被归纳解释为祭地的玉器，“琮之言宗也，八方所宗故，外八方象地之形，中虚圆，以应无穷，象地之德，故以祭地。”玉琮形状是外方内圆，内为圆筒形，外呈方形，又雕饰以对称线纹，以其施纹和造型特色，形成了独立的风格，并构成良渚文化内涵重要组成部分。这里的玉琮后来还向外发展传播，影响至我国西南、西北、北方地区。这里的玉器却对其他地区的玉器产生了影响。（图10－8）

图10－8　良渚玉琮

大型玉璧始见于良渚文化，圆形规整，平面小孔。多用围岩制造，传至各地，齐家文化玉璧是其嫡传，载于《周礼》，功能转变成为用于祭天的信符。故宫博物院杨伯达认为：“传播主体应为良渚文化人群，很可能是在公元前4300～公元前4200年由于洪水泛滥、海水倒灌、水平线提高，良渚文化区域遭到不可抗拒的严重洪灾，而仓惶出逃奔向四方，其中一支带着玉神器辗转流离，终于到达西北黄土高原，落脚之后将琮、璧玉神器及其巫术文化一起传给了齐家文化地区。”同时，古吴地区琢玉技艺也随着流传到全国各地。这里也是华夏文明的发源地之一。

在史载当时金属工具产生之前，先人们是如何进行这样精细雕琢？《诗经·小雅·鹤鸣》中说：“它山之石，可以攻玉”，《诗经·卫风·淇奥》则有“如切如磋，如琢如磨”。吴地先民从原来制石器的经验中，将制石技术提升为制玉技艺，即以解玉砂和水作为加工工具和玉料之间的介质，反复不断地成千上万次地磋磨、碾琢，以柔克刚，经过切锯、作坯、钻孔、刻纹等工序制成玉器。在良渚文化墓葬的发掘中，已发现当时使用的解玉砂。经南京地质矿产研究所郑建先生鉴定为花岗岩风化壳粗砂粒，其中石英硬度为摩氏硬度七度，大于制作璧、琮的玉料。在玉璧上专门放置石英等砂粒，只能表明这是象征琢玉方法。而治玉用砣是良渚文化时代人们的重大发明创造。（图10－9）

图10－9　传统琢玉

最早古人治玉，席地而坐，靠手力旋转砣

具。砣具用石材、兽牙或兽筋、木材等构成，在玉石上钻圆孔，往往运用两面对钻穿通。后渐渐发展，艺人垂足而坐，用脚踏旋动砣轮。如用脚踏板引砂轮运转来琢磨，并加细沙和水来琢磨，在最初使用时，都不失为一种先进的科技方法，在提高产品生产率和质量方面都起过作用。一直到新中国建立后，随着整个工业的全面发展，方使用电动机带动砣具进行雕刻。70 年代后期，玉雕工艺设备发生巨大变化，出现专门进行玉雕加工使用的钻粉磨头高速玉雕机。这种机械，可作 0～1200 转/分的无级变速，操作工具可自由升降。另外，由于工具头的改进，加强了琢磨速度。苏州玉雕厂是全国同行业中最早使用这种高速玉雕机的企业。（图 10－10、图 10－11）

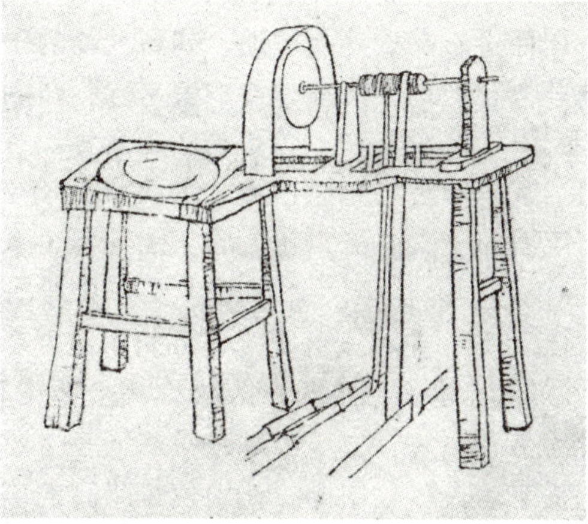

图 10－10　传统琢玉车

图 10－11　苏州玉雕机

玉雕有其特殊的技艺，“琢”和“磨”是玉器加工的基本工艺手段。所谓琢，即是对玉料进行切、挖、斩等加工工艺。切，是分割、切开，常用在开料、去料；挖，是保留两边，除去中间部分；斩，是指切棱去角。所谓磨，是指用不同形状及大小规格不等的钻粉磨具，在玉料上反复磨制。磨具有杠棒、压砣、钓眼、尖杠棒等种类，因此有“玉不琢，不成器”的谚语。因琢、磨方法的优劣，表现形象的形式和水平的高低不同，就会制造出不同的玉器产品来。不同时期工具的改进和改革，也都是科技生产力的发展。其产品的多样性和艺术性，则反映了技艺人员的创新和人们文化方面的需求。

人们在琢玉过程中，奉着崇敬的情感，在雕琢着玉器的同时，雕琢着自身的内心世界，这就使玉器的雕琢成为人们内在涵养的修进，由此形成了人的性情、性格的琢磨，或者是心灵的一种追求。而精细琢磨也成为吴地手工艺特色之一。这样，吴地先民与玉器相互为用，构成了吴地玉文化的源头。

自宋元以来，苏州一直是全国玉器生产的重要产地。明代《天工开物》称：“良玉虽集京师，工巧则推苏郡。”嘉靖、万历年间，苏州琢玉名师陆子冈技艺高超，为文人徐渭、张岱等推重，被誉为“吴中绝技”。清嘉庆二十五年（1820 年），玉业人员在石塔头宝珠庵呈官公建玉祖师殿，后移至周王庙，建立珠晶玉业公所。形成了苏州玉雕“空、飘、细”的工艺特色，在全国同行业中占有一定的地位。

七、千丝缠绕金石声

苏州乐器是全国乐器生产的一个基地。苏州乐器品种很多，品牌也很多，其制作过程中运用科技文化的要素也很多。乐器是一个地方文化娱乐活动的器具，是随着当地的文化娱乐相伴而生的。而文化娱乐则又体现了一个地方的政治、经济、文化、科技诸方面的情况。

明代，苏州民族乐器生产盛况空前，全城“丝竹讴舞与市声相杂”，江南丝竹著称一时。古琴艺术在明代已有“吴派”之称，至今仍有一定影响。当时苏州张寄修制琴，范昆山制三弦，都是上下百年无敌手的“吴中绝技”。著名的江南丝竹历来为苏州地区的各界人士所喜爱。昆山魏良辅改革昆曲，所用伴奏乐器皆苏州制造，如魏良辅的乐师杨仲修创制提琴，魏良辅女婿张野塘改制三弦等，为适应昆曲伴奏的要求，苏州制作的笛子作了改造，名为“曲笛”，其他以“苏锣”、“苏鼓”、“苏班笛”等著称。在苏州乐器业中，广泛流传过乾隆皇帝赐苏州周兰素乐器店“龙凤招牌”的故事。今福建东山文化馆收藏有道光年间昆曲艺人林阿高使用的一支曲笛，在笛的下端刻有“真周兰所”4字，“所”疑即为“素”字谐音。乾隆时，徐扬《盛世滋生图》中绘有“凤鸣斋”琵琶弦子店，以及挂有铜锣幌子的乐器商店，也可资旁证当时苏州乐器生产的繁荣昌盛。这些乐器使苏州的昆曲、评弹诸文化艺术得到更好的发展，相互为用。民国期间苏州有各种曲社10余家，拍曲唱词集会频繁。

乐器中的科技文化，更在于其独特的音乐需求。古琴是中国古代地位最崇高的乐器，位列“琴棋书画”之首，是文人需掌握的基本功之一，古琴的文化内涵也大于音乐范畴，一向赋予其“君子之音”。古琴在苏州也是特产，联合国教科文组织特到苏州拍摄“中国古琴”纪录片。苏州近有裴金宝研制古琴屡有成就。从其制古琴总结出的要领，不仅要通音律，更要有科学技术，如选取良材，研究出要知木材的首尾、正反侧向阳处，在制琴时取材一致，才能合音一致；至于发音时琴身的空隙、定位的距离等，无一不具有科学的合理性。只有这样才能制成名琴。由此古琴才于2003年11月7日成功申报“世界人类口头和非物质文化遗产”。好琴如配不上好弦，就奏不出好曲。琴弦用生丝做成，细的越剧胡琴弦用60根丝，粗的大胡琴用2400根丝。根据艺人方裕庭的总结，制七弦琴的弦线，要分别粗细、重量，并头分股，确定粗细，搓撚合弦，增加拉力，煮弦上胶，充实密度，阳光张晒，伸足延性，抹胶缠丝，晾干成品。其中每道工序，都有原始的科技成分，如丝经搓撚合弦，缠丝搓、打，按不同弦的用量都不一样，还需上胶，上胶合成比例、用水、火候也有讲究，保证用胶量需一致，对时间、温度均有严格要求。缺一不可，才能达到能发“金石之声”。（图10－12、图10－13）

著名的苏锣，构造虽然简单明了，但其中表现的艺术效果却有惊人之妙。苏锣能在锣心、锣边、锣腰发出3种不同的音色。在剧院中分别体现出金鼓齐鸣时的紧张热烈，扣人心弦；三槌慢锣，将人带到寂静昏暗的黑夜；轻轻的一声手锣，恰似画龙点睛，给人以鲜明深刻的印象。苏锣生产时，先配好料，紫铜和白锡按一定比例，

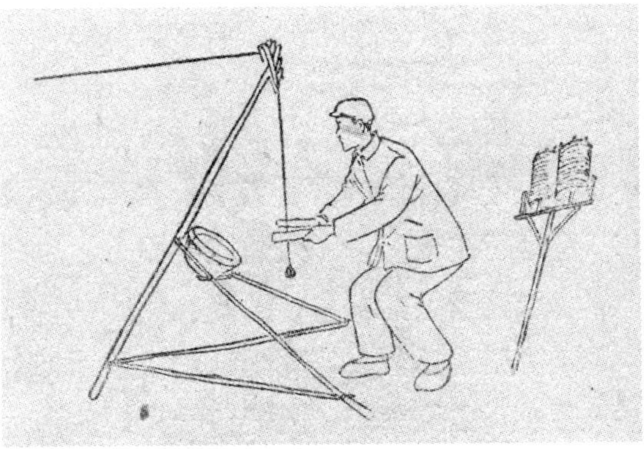

图 10－12　搓捻弦线

图 10－13　教授缠丝

铸成圆饼形坯子，然后用火煅烧，趁高温时锤击成所需的锣形。这都是专业科技知识的运用，更为关键的是最后常温下的锤打调音。锣心薄，边厚，中腰均匀，中心太薄发音飘而不实，太厚则发音木哑、时值短，甚至不响。还要根据锣形大小配合恰到好处，击中心而震荡全锣。由于锣的大小、分量不同，式样也不同，每只锣都要经手工锤打调音，眼要看准，耳要听准，随时注意音的变化。所以往往在夜深人静时锤打。如果敲击不准，厚薄不匀，演奏时音波的震荡互相干扰、抵消，就影响整个演奏。俗话称“千记锒头一记音调”。由此苏锣才达到音色优美悦耳、音质饱满、音响洪亮，音波悠扬，轻清致远，保持音调“宁碎不变，始终如一”的科技工艺效果。1956 年还将失传的舟山十面锣研制成功。可根据乐曲的音色、音高灵活配置，发音欢快、明亮、悦耳动听，广泛应用在民族吹打乐队，演奏《丰收锣鼓》、《渔舟凯歌》等传统曲目，只有苏州独家生产。

鼓是由木框蒙牛皮做成的，由不同的木框和不同的牛皮，构成不同的鼓。木框的厚薄、高矮，牛皮的不同部位，能制成不同的鼓。这也涉及一定的科技知识。宋代苏州就有专门生产鼓的乐鼓坊。但由于受气候寒热燥湿的影响时而发生音高的变化，在近代的合奏中，常常破坏管弦乐合奏中的音律效果，不能满足现代文艺演奏的需求。苏鼓中的民族定音鼓，就是适应这种需求而在全国首创的。1954 年，苏州民族乐器三厂在南京艺术学院程午加教授指导下，以民族缸鼓为原型，试制出靠螺丝调节音准的全国第一代定音鼓。20 世纪 60 年代又试制出第二代民族定音鼓，鼓框内装有像雨伞那样的拉杆与螺母、螺杆结构，演奏时只需旋转固定在三脚架上的鼓身，就能调节音准。1974 年，针对木质鼓框受气候干湿影响，容易变形或裂缝，又研制出以玻璃钢替代木材的第三代民族定音鼓。由于其强度高，重量轻，不变形，能调节五度音，音色和音量明显改善，在全国制鼓界尚属首创。后曾作为国礼赠送给日本、苏丹等国家。此外，苏州还于 1984 年在国内率先研制成 27 音定音渔鼓。音域 F～G，半音齐全，共两个八度又二度音，用手指、手掌击奏，音色松弛文静，独具一格。（图 10－14、图 10－15）

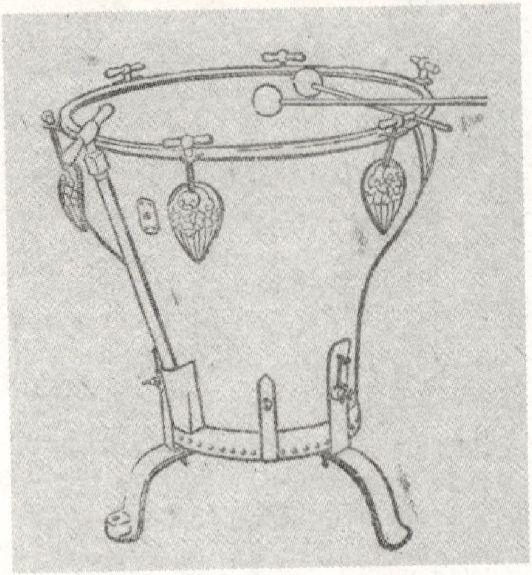

图 10－14　民族定音鼓

图 10－15　踏板定音鼓

苏州所制锣、鼓尚且能如此的研究，层出不穷，还有琵琶、三弦、笛箫、二胡、筌篌、拉阮、古琴弦等无不精制完备，各有千秋。譬如二胡，讲究用材。选材时，要求音板的材质坚老、硬重，色泽和纹理一致，经相互敲击，选发音清脆、响亮之材拼合，制作的琴筒才佳。为使音色纯正、柔和，体现其特有的韵味，经长期研究，确定琴筒长 13 厘米，前口和后口内接圆直径 8.8 厘米和 8 厘米为标准。二胡筒内形状对加强声音的反射和扩散也十分重要，故需在琴筒内膛，制作前坡、后坡和音槽，控制琴筒中部厚度，使音色圆润，音量大而不空。同时，为增强琴筒线条流畅、起伏变化的装饰效果，加工出前高后低、圆弧凹面和带有 3 条棱角线的琴筒外轮廓。另外，音板厚薄均匀、胶拼严密，琴筒内光洁、形状对称，也是制作琴筒的基本要求。对蟒蛇皮的鉴别、加工和鞔制，是二胡制造工艺的关键。选皮时，以鳞片方正，大小均匀，色泽黄而有光泽，搓揉时手感发硬、发脆为上品。皮膜加工有铲皮、贴麻布、缝皮、套皮、烫皮等工序，制成纤维致密、结实，韧性和弹性皆优的皮膜待用。鞣皮时，选定晴朗之日，待皮膜绷紧后，反复经过刮皮、烫皮和指弹听音，直至声音坚实有力即可。皮膜的加工和鞔制属于特种技艺，凭长期的实践经验，有所谓“只能意会，不能言传”之说。故苏州二胡因琴声柔和不噪、久用不落音而被世人所公认。

2003 年 10 月，苏州民族乐器一厂创新了一套微缩京剧乐器，以五至八分之一的比例全方位仿真缩小而制，有京胡、京二胡、月琴和三弦 4 大件京剧主要配器。再次展现了苏州民族乐器的科技制作技能。此外，苏州还全能地仿制成功整套大型古乐编钟，迎新千年金海鸥与其他单位合作完成了“中华和钟”的研制。这些都是技艺人员靠日积月累的经验和一定的科学技术才能制作成功的。限于篇幅就不一一展开了。

八、姜思序堂丹青谱

历史上的颜料是块状的，一般画家所用颜料都由自己制造和发明。因此“制色”也就成了古代画家一门技法，研漂提炼，各有心得，不尽相同。苏州“吴门画派”称著于世，影响至今，有着这样的绘画基础，在明末清初时苏州就出了一位制色能手。

有位姜姓画家善于制色，讲究科技性，由他手中制出的颜料，色彩鲜艳，使用起来有纸色合一、经久不脱之妙。一时艺林传誉，远近争求。他的子孙也承受衣钵，一直保持着这份独特的技艺方法。后来因索取的人太多了，不得不酌收工本，最后发展到订立价目，改赠送为公开出售，并在阊门内都亭桥设立铺面，成为专业经营，以其为姜图香进士之后，宗支堂名“思序堂”，遂立店名为“姜思序堂”。这一脉相传的姜思序堂国画颜料，反映了苏州文人在科技文化方面的钻研和贡献。

国画颜料的原料，大都是国药药材，出处不一，不是产自山野密林，便须求诸幽谷穷荒，得来不容易。有了原料，还须识透其物理性能，科学地进行处理；同一原料，也有质地好坏优劣之分，即使是胶质之类的辅助原料，也得严格掌握才行。国画颜料的原料，大致分为矿物性的、植物性的、动物性的、贵金属和化工合成 5 大类。因其性质各不相同，制造的技术方法也各异，因此其中包含了多种科学技术因素在内。姜思序堂国画颜料在这方面有独特的制造技法，所以成为远近争求的上品国画颜料。苏州国画亦因此愈加兴盛。近代许多著名画家如任伯年、吴昌硕、徐悲鸿、齐白石等不少传世名画上，那经久不变的炫耀色彩，很多出于姜思序堂的乳钵之中。（图 10－16、图 10－17 ）

图 10－16　颜料研磨

图 10－17　煎熬颜料

即如石青为例，石青为赤铜矿里的一种天然矿石，因产地不同，矿苗各异，质量也不同。姜思序堂实践经验知应弃去颜色过淡者，经过淘净、加胶轻研，直至上层浮现膘光，杵钵摩擦无声为度。此即双槌研磨、粉碎漂洗，或取膘、或存脚、或分色，还需经熔炼、沉淀、煮煎、焙烘、冷却、干燥等多道技术工序才能获得正果。花青，由一年生的草本植物蓝靛制成青黛，再由青黛提炼而成。原砂、银朱，同是硫化汞的矿物质颜料，所不同的是前者是天然矿石直接研磨漂制而成，后者是提炼成水银后再用化工方法合成。胭脂是用胭脂虫的虫窝名紫草茸中提取。泥金是从金箔做起。曾试用进口颜料钛青蓝经研擂飞漂，加入胶质，煎熬成“天蓝膏”，虽经阳光暴晒，原色不褪，而且更加妖艳。画猫名家曹克家认为画了一辈子猫，始终找不到适当的颜料画猫眼中的一点蓝，现采用天蓝膏来画，恰到好处，大为赞赏。姜思序堂国画颜料传人薛庚耀总结出制色十诀，其中选料精优、下料准确、煎熬火候，恰到好处等，虽为实践经验，实属科技知识的运用。所以虽有“制色十诀”，只是点到为止，真正的科技要诀并没有透露，一是保密所需，一是经验所致，是个比较复杂的科技项目。正是由于一代代的相传，才使苏州姜思序堂国画颜料直至21世纪高科技时代，仍然只有苏州一家独传。收藏当代画家的画，除了画幅本身的艺术性，还需了解是否用的正宗国画颜料，否则看似光鲜，十数年便会褪色，没有收藏价值。艺术品中还得有国画颜料的科技含量。(图10－18、图10－19)

图10－18　仇庆年研磨石黄

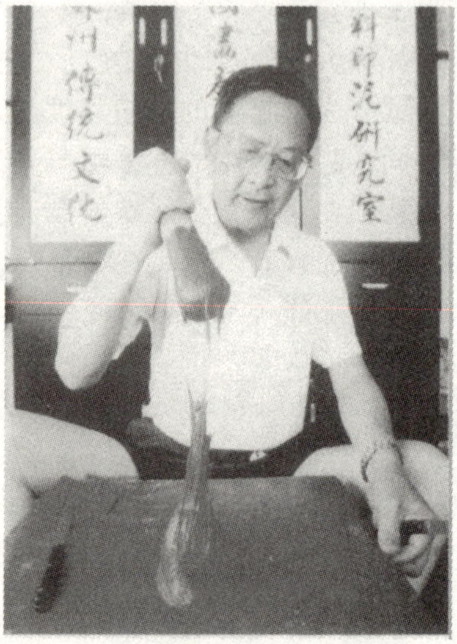

图10－19　仇庆年手工制作八宝印泥

1964年，姜思序堂国画颜料薛庚耀后的传人仇庆年，将原来块状、膏状国画颜料试制成软管装国画颜料，弥补了国画颜料不便携带的缺陷，1973年他又设计出锦盒套装精致国画颜料。1977年为解决传统花青原料紧缺和颜料褪色较快的难题，仇庆年广觅资料，反复试验，试制出一种色泽文静不褪色的花青颜料，经著名画家程十发、张辛稼等使用，给予充分肯定和赞赏，画家黄胄将此颜料定名为“霜青”，以区别于花青。他又和师傅薛庚耀研究改进印泥原料的提炼和精漂工艺技术，并获得成功。在此基础上，由他主持制作的高级八宝印泥两次获轻工业部优质产品称号。著名画家唐云在使用后题词赞道：“八宝印泥，细密鲜明，经久不变。制法之佳，为江南独步。”1994年，他发明研制成5色印泥，轰动艺林。印泥分朱砂、朱膘、岱赫、藏蓝、象牙黑5色，使我国传统一直以红色为主的印泥走向了多彩化、系列化，满足了书画界、篆刻界、收藏界对印泥色泽的特殊要求。五色印泥细腻浑厚，清除了原印泥中惯有的腥味，且冬无凝冻之病，夏无渗油之患。这是科技艺术的成功。1999年，仇庆年被中央美术学院聘为中国传统版画工作室顾问，2008年获苏州市级非物质文化遗产项目“苏州姜思序堂国画颜料制作技艺”代表性传承人，并题匾“庆年堂”，后在苏州市地方志办公室的支持下于山塘街开出“仇氏颜料印泥研究工作室”，将这一科技传统技艺传承下去。(图10－20)

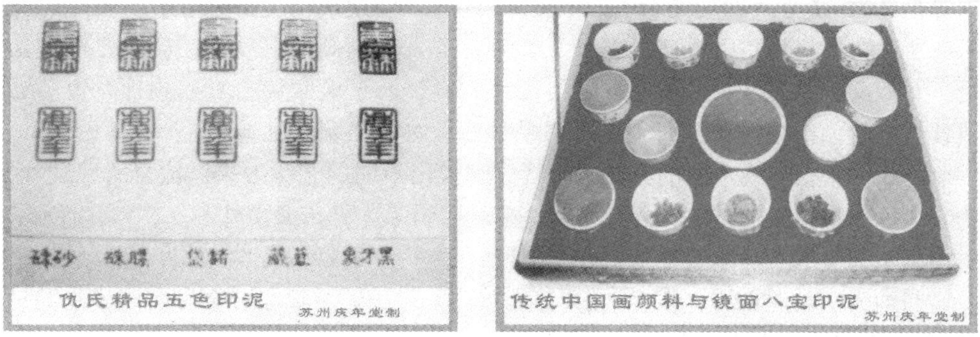

图 10－20　仇庆年手工制作五色印泥成品

九、千针万线蕴技艺

苏绣本是苏州的传统手工艺，家家有绣棚，户户在刺绣。这已是流传苏州 2000 多年的习俗。苏州环境清静，湖山毓秀，人具性情而心细，安居而巧思。苏州女子的委婉、缠绵、精细、灵巧，自然而然地融入了吴文化的特质，在其日操夜作的女红刺绣过程中，化作千针万线，无不精细雅洁，蕴含无数技艺，苏绣因此在国内外享有一定声誉。

早期的刺绣，是按照女子辫子股的结构，创出辫子股针法，这在战国和汉代出土的墓葬文物中就有了这样的刺绣实物。1972 年湖南长沙马王堆一号西汉墓出土的刺绣品就有信期绣、长寿绣、乘云绣的不同绣法针法，体现了人们早期的技艺成果。隋唐时期，海外船舶可由吴淞江直抵苏州城下，杜少陵诗中有“吴门持粟帛，泛海凌蓬莱”句。中国苏州的刺绣服饰传入日本，演变为日本后来的和服。日本人在《纺织技术之历史》一书中，肯定日本的和服即“吴服”的谐音。虎丘塔出土的苏州最早刺绣实物有块黄绢地绣凤穿牡丹纹经帙，内有两只凤凰相对而飞，4 角绣有 4 面对称的缠枝牡丹，针法有散套针、戗针、齐针、辫子股绣等，线用劈绒。为了绣出凤凰的动态和牡丹的花色，人们已创造散套针、戗针、齐针等，并将绣线劈绒以达更精细的艺术效果。明代王鏊编《姑苏志》中即有：“精细雅洁，称苏州绣”的评语。清末民初苏绣艺术大师沈寿，更是在其夫书画家余觉启发下，循画理，师真形，在西洋绘画、摄影等技法上进行研究，根据光影阴阳明暗的原理，最终创出仿真绣，其绣品《意大利皇后爱丽娜像》，1910 年在南洋劝业会获一等奖，翌年在意大利都朗万国制造工艺赛会上又获“世界至大荣誉最高级之卓绝奖凭”。以精湛技艺使苏绣走向世界。

在沈寿后来总结的《雪宧绣谱》中，记载了刺绣科技技艺的精华，有“绣备：绷、架、剪、针；绣引：剪线、劈线、剪针、浥水”是从刺绣工具开始，对绷架、剪刀、针，如何剪线、劈线、剪针孔之剩线、将绣面吃水泽润。然后是“针法：齐针、抢针、单套针、双套针、扎针、铺针、刻鳞针、肉入针、打子针、羼针、接针、绕针、刺针、捻针、施针、旋针、散整针、虚实针”18 种不同施展技艺的针法，每种针法的创造，是科技技艺结合的成果。除了针法，还有“绣要：配色、求光、肖神、妙用、缜性”这 5 个方面的科技技艺要领，最后是“绣品（刺绣时的人的品相）；绣德（如何善用针线剪等工具）；绣节（劳逸结合）；绣通（绣与书画沟通以求进）”。刺绣得以上要领，方可有所作为。与其稍后时期的杨守玉大师，本人会西画能刺绣，结合西洋画创出乱针绣，看似乱针，实是一种仿油画层层加色的刺绣，纵横倾斜自有其规律，也蕴涵许多科技技艺的创新在内，特别适宜刺绣风景、人物及摄影、油画作品，中西完美地结合在刺绣中，根据丝线不同的方向，将绣面闪现出不同的艺术效果。仿真绣和乱针绣，成为现代苏绣最擅长的技法，先后绣出许多著名绣品，誉传海内外。

中国工艺美术大师李娥瑛从1961年开始，主持苏绣针法汇编工作，把苏绣针法系统总结归纳为9大类42种，主编成《苏绣技法》一书。并汇集成多种刺绣实物的针法汇编，有13本针法实物样本存世，是苏绣技法的又一次总结。

20世纪60年代后，苏绣艺人在刺绣科技技艺方面作了许多创新，成功地将双面绣、双面异色绣、双面三异绣创作发挥得淋漓尽致，攀上一个个艺术高峰。如果把刺绣比作工艺美术中的皇冠，那么双面绣就是皇冠上的明珠。单面绣作品反面是杂乱的线条和无数线头，不做观赏的。双面绣品两面皆可欣赏，集中地表现出刺绣的技艺和艺术水平。

如果绣品装在镜框中，转动镜框，你可以看到正反两面完全一样的一幅绣面，这就是精致奇妙的“双面绣品”。妙在于同一块底料上，在同一个刺绣过程中，绣出正反两面图案同样工致的作品。那么反面的线条、线头结是怎样处理的呢？原来艺人们用针垂直刺绣，不刺破反面的绣线，组成正反同样效果的图形；那无数根线头结是用记针方法代替打结而完美地处置了。当然其过程比普通的单面绣复杂得多。历史上双面绣只是凤毛麟角，现在已能运用散套针、抢针、施针、打点、乱针绣等多种针法，绣制出花鸟、人物、动物等多种刺绣艺术珍品。双面绣《波斯猫》曾作为国家礼品，分别馈赠给法国总统蓬皮杜、圭亚那总理伯纳姆、伊朗阿什拉芙公主、斯里兰卡总理、突尼斯总理等；而日本首相田中角荣、加拿大总理特鲁多、墨西哥总统洛佩斯、美国总统卡特夫妇和里根夫妇、英国女王伊丽莎白等都珍藏着双面绣《白猫戏螳螂》；双面绣《金鱼》也被馈赠给美国总统福特、缅甸总统奈温、巴基斯坦总统齐亚哈克、日本首相中曾根夫妇等。（图10－21、图10－22）

10－21　三异绣《小白猫和哈巴狗》

图10－22　三异绣仕女与鹦鹉

如果转动刺绣品镜框，发现正反面画面完全相同、色彩异样，这是“双面异色绣品”。比如苏绣猫，这面看去，一只灰狸猫，翘首凝视，神态逼真；从另一面看，则是一只黄狸猫，形态一样，栩栩如生。欣赏价值更高。这除了双面绣的一般要求外，还要照顾双面针脚、丝缕，做到两面色彩互不影响，针迹点滴不露。主要在藏针隐线，藏得巧妙，隐得彻底。

异彩纷呈的是艺人们又创作了“双面三异绣”珍品，即在同一幅绣品上，两面色彩不同，画面轮廓相同而物像又异，所施针法绣法两面也不一样。你能想象得到吗?面前同样是一幅插屏，一面是蹲伏的小白猫，文静可爱，茸毛柔顺，绣面细腻和顺，犹如工笔画般清秀；另一面是向左蹲伏的棕黄色哈巴狗，憨厚有趣，毛丝相叠，绣面粗犷浑厚，好似油画一样艳丽。若不是亲眼所见，谁能相信这被称为“双面三异绣”的艺术精品《小白猫与哈巴狗》，竟都是绣在同一幅薄如蝉翼的尼龙绡两面！两只不同的小动物外形轮廓正好吻合一致，天衣无缝，猫以散套针为主，狗以乱针绣为主。这是我国第一次开发创新的双面三异绣，由金兴元设计、殷濂君研绣而成。接着又有第一幅人物佳作《查尔斯·戴安娜》，绣屏高50厘米，宽40厘米，一面绣的是身穿笔挺呢服的英国查尔斯王子，另一面绣的是身穿云衣霓裳的戴安娜王妃，同是含笑的碧眼，王子深邃明亮，王妃清澈甜美，两面所用的刺绣针法也不相同，体现了刺绣的高超技艺，作品由周爱珍、张玉英、梅桂芳、任嘒娴等设计、绣制而成。还有一幅《秀女观鹦鹉》更奇妙了，徐绍青设计，李娥瑛、牟志红、吴玉英刺绣。秀女倚槛观鹦鹉，一面秀女身在槛内面对鹦鹉，秀女是正面像，鹦鹉是背影；一面秀女身在槛外，鹦鹉是正面，秀女为背影，宛若立体造型。刺绣艺人心灵手巧，屡创奇迹。近年彩用透明度较好的新原料作为绣地进行双面绣、绣面异色绣，更增强了物像的质感，表现出刺绣的巧妙构思和精湛技艺。

双面绣中，有古朴淡雅的《湘君》，迎风带露的《牡丹》，鲜艳欲滴的《月季》，调皮活泼的《小猫》，多姿多彩的《金鱼》，大幅的花卉屏风，等等，都是值得欣赏的刺绣珍品。古今人物、历史书画、山水风景、飞禽走兽、奇花异草，通过刺绣艺人灵巧的双手，都能再现在绣绷上，陈列在展览会中，供中外人士观赏。而双面绣尤其能吸引观众。用它作为高级礼品馈赠贵宾，名贵大方，颇具特色。双面绣作为特种工艺品出口，仍是中国一大著名特产。

历史上刺绣一直是凭手工一针一线的操作，直至近代才兴起了采用缝纫机的机绣。苏绣艺人又能结合传统的苏绣针法技艺运用到机绣中，创出长针绣机绣，长短针结合而运用苏绣套针、虚实针等针法技艺，使机绣品的艺术也达到手绣的艺术效果。尤其是机绣艺术品和手工绣品几乎难分彼此。这就是苏州机绣的艺术特点。

人们都知道，苏绣是以“精细雅洁”著称于世的一种传统手工艺。苏绣《猫》、《金鱼》等作品，都曾在世界博览会上获奖，并被作为国家礼品，馈赠各国首脑。谁也不会想到，这样精致的苏绣手工艺，能与现代科技，尤其是电脑联接在一起。虽然20世纪70年代国外已有电脑刺绣机问世，但那是色块的刺绣，机绣色块图案非常方便有效，但与层次变化无穷、和色无痕的苏绣艺术无法相比。苏绣艺术体现在“平（绣面平服，熨帖如画）、光（光彩炫目，色泽鲜明）、齐（针脚齐整，轮廓清晰）、匀（皮头均匀，疏密一致）、和（色彩调和，浓淡合度）、顺（丝缕合理，圆转自如）、细

(用针纤细，绣线精细)、密（排列紧凑，不露针迹)”的技艺中，其“绣山水人物、楼台花鸟，针线细密，不露边缝，设色开染，较画更佳，以其绒色光彩夺目，丰神生意”，可谓画绣结合，比画又增添了线色的光彩，形神兼备。然而聪明能干的苏州人经过努力，还硬碰硬地研制成功了能反映苏绣艺术特征的“电脑刺绣机及其编程系统”。

图 10－23 长针机绣被面

话要从 1958 年苏州刺绣厂艺人殷忆娟到青岛学习机绣说起。青岛机绣是短针绣，机绣用的线粗、重、毛，绣出的花朵粗、硬、厚，色彩也缺少过渡色。过渡色，就是一朵花，从花蕊到边缘，颜色通常是由深到浅的渐变过渡色，这就是苏绣艺术所在。采用的是不同深浅的色线，运用长针、套针等针法，将颜色逐渐变化的过程绣出来。回苏后，殷忆娟结合苏绣的平套针法，研究绣成一朵又平又薄，色彩由深到浅的牡丹花，艺术效果与手绣无异，由此成立机绣车间，全面推广长针机绣，并组织针法样板组，研究以散套绣、乱针绣、长短针、虚实绣等针法绣技绣出新的机绣艺术品。(图 10－23)

1975 年，苏州刺绣厂从联邦德国进口一台 20 个机头的电子绣花机，但针法、图案、色彩都受到限制，只能绣商标图案，无法绣制体现苏绣艺术特色的花草虫鸟产品。于是艺高胆大的苏绣艺人蔡则英和电工仲永钦、机修工孙荫春如初生牛犊，动手研制起先进的电子刺绣机。当时市科协正大力提倡开展技术革命和技术革新活动，以提高生产率，因此在市科协全力支持下，与苏州机械研究所商借（后调入）的科研人员王云森到厂研制，市科协还帮助商借了其他单位两位科技人员一起会战攻关。1978 年 3 月试制成一台绣花机头的电子绣花机，当洁白的缎面上一朵初具苏绣特色的牡丹花被土制的电绣机自动绣出时，笔者不禁赞道：“纸带吐码，自动绣花；旷古奇今，苏绣新花。”这是指编程机进行苏绣针法编程还只是纸带打孔的编程，然后控制编程后的纸带操作，完成能同样反复刺绣出的绣品。

单机初试成功，鼓舞人心。1979 年试制成功有 4 台机头联动的电子绣花机。随后成为国家科委支持下的中试项目：多头电子自动绣花机群。1983 年，由一台多功能编程机支持下的 13 套（每套 3 台绣头）自动绣花机组完成并投入生产。传统的苏绣技艺，通过机绣艺人蔡则英机绣技艺的示范操作，示教式模拟编程，便能绣出单面绣的《花鸟》、《松龄鹤寿图》等屏条艺术品。其科技原理是掌握苏州机绣艺术产品技艺的刺绣艺人，在一台示教式编程机上进行机绣艺术品的操作，通过 X、Y 轴的运行，传感器将此传递动作进入电绣计算机贮存起来，再在电绣机器上播放，重复操作，就能仿真地绣出原机绣艺人同样技艺水平的绣品来。(图 10－24)

图 10－24　苏州研制成长针电绣艺术品

随着 20 世纪 80 年代微电脑的推广应用，苏州产电子绣花机也改进为微电脑控制的电绣机，软盘取代了穿孔纸带。1988 年，已先后调入苏州市工艺美术研究所的仲永钦、王云森等研制人员为国产电绣机的批量生产推广应用极尽努力，终于找到愿意合作的国营二六七厂联合开发研制“电绣刺绣机及其编程系统”。

1988 年 11 月 28 日，轻工业部组织的检测鉴定和专家评议，得出如下评审意见：该成果具有通用、兼用性，既能实现国外机绣图案的功能，又能仿真地自由反映 4 大名绣所特有的针法、技巧和风格；可在各种布料上刺绣服装、日用品、商标、装饰品、艺术欣赏品等各类绣品。多功能电脑编程机能模拟刺绣传统技术的特点，技术先进，属国际首创；绣花图形编程系统，能对贮存的 4 大名绣风格特点进行编程和提高，具有自己的特色和先进性，在国内属首创。在该成果中，刺绣机和两种编程系统在整体上的有机组合及功能，在国际上尚无先例。性能价格比远优于国外同类产品。零部件全部国产，可以产顶进，具有推广应用价值。

当时电绣服装方兴未艾，个体户没有渠道并买不起进口电绣机，我们 6 个机头的国产机恰在此时研制完成批量生产机，小巧灵便，价廉物美，因此鉴定会上 10 台电绣机当场被用户抢购一空，随后第一年产销 60 台，然后 100 台、300 台，并开发出 12 头等系列电绣机，市场上供不应求。产品接连获得首届高新技术火炬杯奖、轻工业部科技进步一等奖、国家科委科技进步二等奖、江苏省优秀新产品金牛奖等奖项。研究所根据技术转让协议，累计获转让费达 200 多万元。

面对这传统工艺开出的新花，1994 年苏州市人民政府首次发出“关于重奖 1992 年度工业战线有突出贡献科技人员的决定”［（1994）7 号文件］，对在“电脑刺绣机及其编程系统”项目中作出突出贡献的首要和主要完成人员，给予重奖 50 万元。成为当时苏州科技界轰动一时的新闻。笔者是获奖人员之一，回忆当时进行“四大绣”调研、推广电绣机、为准备鉴定意见忙到凌晨 2 点多的情景时，至今还是历历在目，兴奋不已。

苏州国产电脑刺绣机及其编程系统率先在我国研制成功，在我国刺绣史上是一大科技发明，为我国刺绣生产的现代化作出了贡献。在我国的专利发明杂志上，还曾刊登过有关消息。

参考资料

1.《文物》（合订本）. 北京：中国文物出版社，1967.
2. 王友三主编. 吴文化史丛. 南京：江苏人民出版社出版，1996.
3. 汉赵晔著. 吴越春秋. 南京：江苏古籍出版社，1986.
4. 沈寿著. 雪宧绣谱. 南通翰墨林书局，1919.
5. 苏州工艺美术. 苏州市工艺美术研究所编印（内部），1963.
6. 苏州市志. 南京：江苏人民出版社，1995.
7. 戴吾三编著. 考工记图说，济南：山东画报出版社，2003.
8. 林锡旦. 苏州刺绣. 南京：江苏人民出版社，2009.
9. 杨伯达论文. 泛论中国和田玉玉文化.

（濮安国　孙中旺　郑丽虹　林锡旦）

第十一篇　饮食篇

上古时代，苏州先民断发文身，火耕水耨，渔猎为业。泰伯、仲雍奔吴，带来了中原文化，稻作文明也带给了吴人经济和文化的发达和繁荣。

春秋以后，吴人好勇尚武，至汉还“好用剑，轻死易发”。东晋以后，武风渐泯，文风趋盛。唐宋以来，更是文人辈出。清代科举鼎甲，半出苏州。苏人重文，早已蔚然成风。夸豪奢侈之风，自古就有。吴王造姑苏台，为长夜之饮。春秋佳日，士大夫常雇画舫宴饮作乐。

苏州人向来讲究饮食，许多苏式糕点都与岁时节令有关。随时而食，健康的饮食观念源远流长，传延至今。吴人饮食制作的讲究，更体现了吴人生活的巧智和顺应天时地利的生活哲学。

标志着一定时期文化发展进程的苏州民俗，瑰丽多姿，情调殊异。以“风土清且嘉”为世称道。《吴郡赋》、《吴郡岁华纪丽》、《清嘉录》中都有记录。见之于稗官野史、笔记小说的吴地小说的吴地风俗可谓洋洋大观。“观风俗，知得失”，民俗事象复杂纷呈，在历史长河中形成、发展于不断变化，无不与苏州自然环境、社会风貌、生产水平、经济与文化状况息息相关。现就吴地饮食文化与技艺加以阐述、读者可从中领略别样的苏州饮食风情。

稻种起源于中国，江南也是水稻栽培最早的地区之一。有了水稻就有了原始的农业，定居成为可能，因为稻谷给人类提供了丰富的碳水化合物、维生素，不仅改善了原始人类的体质，更为人类繁衍生息作出了巨大贡献。同时，季节性地生产稻，也是原始人类注重把握自然规律的结果，形成了稻作文明特有的文化传承，并早已衍化成地方特色的生活方式和人文风情。

太湖流域水乡泽国有着发达的稻作经济和文化，人们的生活方式、风俗习惯都和水乡、水稻密不可分，由此演化出悠久的稻谷传说和歌谣。祈求稻谷丰收的打田蚕；充满历史人文意味的莼鲈之思；春饼，夏糕，秋酥，冬糖；苏州人的一生与糕团的水乳交融关系；骆驼担上的四季美食等等，都反映着苏州人生活的智慧和利用自然、保护自然的生态意识，特别是由此产生的食品制作技艺，有许多都成为了苏州文化的名片和非物质文化遗产名录上的成员。(图 11－1)

图 11－1　苏式船点

一、稻谷传种苏湖熟

在流传于太湖流域的长篇叙事吴歌《沈七哥》里，专门有一节，题目是《沈七哥偷谷偷情》，说的是太湖一带还没有五谷，人们靠野菜野果艰难度日，沈七哥被张天师的女儿——工头张六娘抓到太湖洞庭山脚下去种“五谷”，沈七哥学会了种五谷，但娘亲在家无人照顾，自己又不能脱身，心里难过，只能唱山歌解忧愁，张六娘听了他的歌声，喜欢上了这位勤劳聪明的山歌郎。张天师却对沈七歌说，让他做完四件事情才可以回家看娘亲，第一件，采完东林果。第二件，挑干南池水。第三件削尽西坡草。第三件，砍倒北岗竹。沈七哥起早贪黑就是干不完。张天师的女儿张七妹暗中帮沈七哥经历了千辛万苦完成了4件事情，张天师只好同意七哥下山，六娘用山歌指点七哥度过了张天师设定的一个个难关，回到了家乡，娘亲已经双目失明，沈七哥用七妹送的伞撑开，娘的眼睛就复明了，忽见一只五彩金翅的小鸟，嘴里衔着“五谷”。转眼五彩金翅的小鸟变成了张七妹，从此七哥七妹结成了夫妻，恩恩爱爱一起传五谷，唱山歌，七妹还会种桑养蚕，也传给了当地的百姓。“哥在田里插黄秧，妹在屋里织布忙，哥插黄秧结谷子，妹织花布做衣裳。”张天师知道此事后，设下几道法术都被破去，最后张天师见稻穗已经成熟，就心生一计，派野牛想把沈七哥的稻子全部吃光。七妹让七哥把野牛牵回家，耐心饲养，等它野性全无时候，教它把水车拉。七妹的办法保全了稻谷，还把野牛驯养成了家牛。从此沈七哥和张七妹的故事随着山歌传遍了太湖流域。

在这个民间歌谣里我们可以看到栽培野生水稻、驯养野牛为家牛为人类犁田耕地以及种桑养蚕等人类发展史上生产不断进步痕迹，民众男耕女织、衣食富足的生活愿景。

在我国其他少数民族如哈尼族、水族、布依族、畲族、苗族、瑶族等都有稻种起源与带来稻种的文化英雄的传说，有趣的是协助这些文化英雄为人类带来稻种的动物有狗、麻雀、老鼠、猫、公鸡、羊等等和人类生活密切相关的小动物。

从学术上来看，亚洲栽培稻起源于普通野生稻，中国是亚洲栽培稻起源地之一的观点已被世人所公认。关于我国栽培稻的具体起源地，主要有：50年代的华南说，70年代的云贵高原说，80、90年代的长江（中）下游说，至今尚未定论。

稻种起源于中国，我国是世界上水稻种植历史最悠久的国家。自从我们的祖先在1万多年以前发现了野生稻种以后，经历了漫长的培育而成了古栽培稻，然后根据不同地理气候条件分化出了籼稻和粳稻，在不同的水环境里又培育出了水稻和旱稻，人们还从稻的自然变异品种里选育出了糯稻，太湖流域正是水稻文明最为杰出的代表。

苏州地处长江三角洲地区，肥沃的太湖流域平原上，气候四季分明，雨量充沛，考古发现早在旧石器时代和新石器时代，考古发掘出的大量炊器、盛酒器以及炭化谷粒、渔猎工具、大量动植物的残骸和水生植物的种等，太湖流域水稻文明初见端倪。2009年12月张家港发现大型崧泽文化墓葬群，考古人员在红烧土中发现了大量的稻谷，这是目前中国发现最早的稻谷之一，比河姆渡遗址出土的稻谷早900多年。司马迁《史记》所称“饭稻羹鱼”是对当时吴地先民饮食最生动的记录。无论是考古材料还是古籍记载都可以表明在太湖流域乃至长江三角洲地区，以稻作文化为主体和特色的农业文明已达到了相当高的程度，吴地农业以稻作为主体，有相当发达的稻作文化，稻谷已成为人们的主要粮食，人们靠水吃水，除养植蚕桑种果蔬，畜养鸡鸭牛羊外，鱼虾莲菱藕等丰富多样的水产资源更被吴人饮食所倚重，吴人以自己创造性的智慧，充分利用大自然的馈赠和自己改造自然的成果来丰富日常饮食。北宋苏州乡贤范仲淹（989～1052年）说："苏常湖秀，膏腴千里，国之仓庾也。"北宋晚期人赵霖也说："天下之地，膏腴莫美于水田。水田利倍，莫盛于平江。"在北宋末年已盛传"苏常熟，天下足"的谚语。

到了南宋，长江流域的水稻生产中，"占城稻"的种植面积占70%～90%。占城稻系籼稻品种，原产于占城国（今越南中南部），北宋初年首先传入我国福建地区，南宋时期占城稻成为江南地区早籼稻的主要品种。该品种耐旱"不择地"；"得米多，价廉"；生长期短，自种到收获仅60天，是合适大面积推广稻谷品种。在传播过程中，受各种因素的影响，分化出许多适合当地特点的变异类型，经过培育，产生了占城稻的新品种。

康熙是中国清朝的第二个皇帝，他一生极为重视水稻栽培，并在皇宫内的丰泽团开水田数亩，躬身栽培和育种水稻。大约康熙十年以后，选育出一种早熟粳稻——御稻种。康熙南巡时把江南香稻带回北京，与御稻种对比试种。经过多年试种，证明御稻种确为生长期短、产量较高、米质好的优良早稻，康熙才逐步将御稻种推广到江浙、安徽及两淮和江西。康熙不仅培育出了新的早熟稻种，而且还发展了双季稻。在此以前，福建、两广的双季稻是糯粳连作，而康熙则使粳稻连作，并且是同种粳稻连作。此外，康熙四十二年，把御稻种试种于热河承德的避暑山庄，并获得成功，从而把我国水稻栽培区从北纬40度左右，扩大到北纬41度左右，在我国水稻栽培史上作出了重大贡献。

一年四季水田劳动，从莳秧、插秧、耘稻、耥稻、车水到打场、收割、牵砻等等，艰苦的劳作，希望能换来个柴垛大来米囤满的好收成。水稻的种植是极讲究精耕细作的技艺，时节性强，有"早种三分收，晚种三分丢。"的说法，民间至今流传有许多稻作谚语，比如观察天象的有"初一南风五月干，初一落雨六月旱"、"岁朝东北风，五禾大熟，岁朝西北风，大水害农功"。讲究稻作技术的有"要种兴稻拖深犁，要种好稻脱层皮"、"清明浸种，谷雨插秧"、"稻熟要养，麦熟要抢"、"人靠饭量，稻靠水养"，等等。

在春夏秋冬四季的辛苦劳作中，为解除疲劳，调节劳动节奏，民间创造了了大量的歌谣流传下来，种田人辛苦唱山歌，如稻作劳动歌（插秧歌、耘田歌、积肥歌、车水歌、割稻歌、砻谷歌）、稻作生活歌（生活苦歌如《长工四季歌》、《十二月长工》、生活甜歌）、稻作仪式歌（打春牛祝辞、驱虫仪式歌、莳秧、拜年仪式歌）。在元宵节晚上的"照田财"仪式中（图11－2），反复要高唱这样的祝辞：田财田财我俚来，我俚田财大棵稻；别人家里牛毛草；田财田财我俚来，我俚稻箩象青山大，别人家稻箩笔管粗；田财田财我俚来，我俚棉花用担挑，别人家棉花破烂潮。反映了稻农对风调雨顺、国泰民安的祈愿和渴望。

古人说："仓廪实而知礼节。"在穿衣吃饭的问题基本能够有保障的情况下，文化

图 11-2 求取来年丰收的打田蚕又称打田财

的创造才成为可能。可以这样说，苏州乃至江南地区文化的繁荣和传延的物质基础就是稻作文明。

二、“鲞鱼”鲜与莼鲈思

清初《忆江南》词云：“苏州好，夏日食冰鲜，石首带黄荷叶裹，鲥鱼似雪柳条穿，到处接鲜船。”黄鱼名石首鱼，脑有骨如小石，鱼在海中乘五月间海潮而来，为吴中五月里的时令菜肴，有时天热黄鱼已有臭味，有“忍臭吃石首”之谚，旧时城中居民必买黄鱼以荐先应节之需，谚云：“栀子花开石首来，箧中絮被舞三台。”言嗜食此鱼者，典当冬衣冬被买鱼烹食。唐代陆广微《吴地记》载：“阖闾入海逐东夷，见海中金色逼海而来，所司捞其鱼，食之甚美，三军作战勇敢，东夷降吴纳款，王因鱼味美，遂于美下着鱼为鲞字。”宋苏州先贤范成大《田园杂兴》云：“海雨江风浪作堆，时新鱼菜逐春回，荻芽抽笋河豚上，栀子花开石首来。”吴俗食黄鱼或煎或汤，亦有以莼菜与黄鱼同煮为羹者。

鲞鱼即鳓鱼，主产于我国沿海，如黄海、东海等，北方习惯称之为“脍鱼”、“白鳞鱼”。鱼身一般长约40厘米，银白色、体侧扁，以食鱼类和无脊椎动物为主。鲥鱼，属洄游鱼类，每年在海中育肥后，溯江而上，生育产子，最先进入苏州境内江面，产卵前的鲥鱼和产卵后的一样，其肉质正是最为鲜美之时，故民间素有“来时鲥，去时鳓”之说。浙江人也善制鱼鲞，但是盐用得厉害，是一种凌厉的咸，广东福建一带的制鲞是海里捞起船上风干的鳓鱼，制作的味道也不一样，只有苏州人糅合了苏式烹饪和苏式蜜饯的制作技艺，集中了香、鲜、咸、甜、脆、酥的多层滋味，制成这道脍炙人口的夏令美食，也唯有苏州的虾籽鲞鱼有如此委婉悠长的滋味。苏州过去富贵之家夏季喝粥的佐菜之一就是虾籽鲞鱼，鲞鱼味美，再加上虾籽，味道就更加鲜美，在苏州有名的糖食店采芝斋、叶受和都有售，虾籽鲞鱼是著名的姑苏特产之一。（图11-3）

九月时令美味有鲈鱼莼菜羹，鲈鱼以生吴江四鳃最佳，体侧扁，巨口细鳞，银灰色。《吴郡志》称：“吴江长桥，南有四鳃鲈，味美而肉紧”，九月霜下时收鲈鱼，以三尺者为佳。作鱼脍置香橙皮，细切为缕，与鲈脍相和，拨令调匀。即所谓："金齑玉脍，东南之美味也。"苏州乡贤著名田园诗人范成大曾有："西风吹上四腮鲈，酥雪松腻千丝缕"的名句，莼菜为太湖特产，九月时嫩而味美，故鲈莼共煮为羹，其味美不可言也。称东南之美味也。晋代张翰因见秋风起，思故乡鲈莼美味，作《鲈鱼歌》："秋风起兮木叶飞，吴江水兮鲈正肥。"遂弃官归故里，留下了莼鲈之思的千古佳话。李白在《行路难》中说，"吴中张翰称达生，秋风忽忆江东行。且乐生前一杯酒，何须身后千载名。"鲈鱼在古代文学人心灵深处，已经成为了寻求身心自由，视名爵如粪土的代名词。

图 11－3　采芝斋虾籽鲞鱼（图片来源于网络）

鲈鱼与长江鲥鱼、黄河鲤鱼、太湖银鱼并称为"四大名鱼"之一。《本草经疏》："鲈鱼，味甘淡气平与脾胃相宜。肾主骨，肝主筋，滋味属阴，总归于脏，益二脏之阴气，故能益筋骨。脾胃有病，则五脏无所滋养，而积渐流于虚弱，脾弱则水气泛滥，益脾胃则诸证自除矣。"古人已经认识到鲈鱼有益筋骨、养脾胃的食疗价值（图 11－4）。

图 11－4　莼鲈之思图

三、糕团养生四季佳

太湖流域大面积水稻的种植，直接影响了当地民众的饮食，并由此形成了自己地域特色的饮食文化，如苏式糕点，讲究色、香、味、形之外，也讲究时令新鲜，按苏州人传统食俗可分为春饼、夏糕、秋酥、冬糖。春季以酒酿饼为最，夏则薄荷糕为佳，

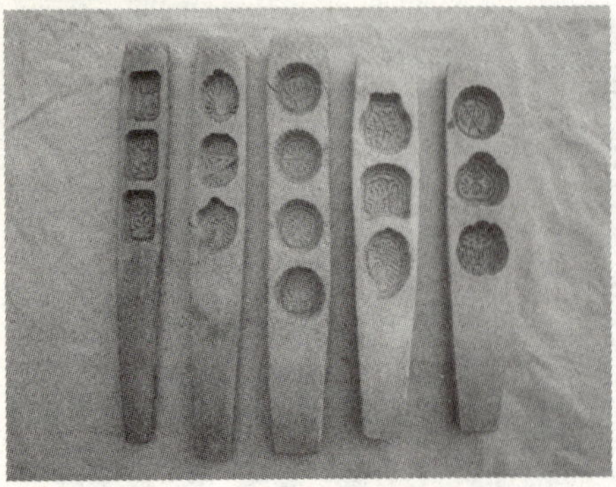

图 11－5　吴地民间的糕模子

秋以酥皮月饼见长，冬则麻酥糖为好。江南每家每户几乎都有各式的木制糕模子，上面刻满了各种吉祥的花纹，如果说古代就有了生产的标准，这些糕模子从某种意义上就是证明，使用糕模子制作出来的糕点，是大小一样，花纹也是统一的，美观又实用，反映了江南地区劳动人民的生活智慧。(图 11－5)

1. 糯稻。我国栽培稻的一个变种，米粒乳白色，胚乳多含支链淀粉，糯米含有蛋白质、脂肪、糖类、钙、磷、铁、维生素 B_1、维生素 B_2、烟酸及淀粉等，营养丰富，为温补强壮食品，具有补中益气，健脾养胃，止虚汗之功效，对食欲不佳，腹胀腹泻有一定缓解作用，糯米有收涩作用，对尿频、盗汗有较好的食疗效果。中医认为，糯米性味甘温、入脾肾肺经，具有益气健脾、生津止汗的作用，因此，糯米四季都可食用，尤其是夏天饮食讲究调理脾胃，吃点糯米非常有好处。

2. 春饼。正月时令食品是春饼、春糕，民间以春饼，生菜为春盘。亲朋互馈赠以贺春，春饼馅有肉和荠菜、豆沙等，因正月初七为人日，又称人节，传说女娲在正月里先创造了鸡、犬、猪、羊、牛、马，初七便创造了人，女娲补天的神话传说在民间演变为天穿节、人祖会，人们在此日吃补天饼，并把饼抛在房顶上，扔在地上、井里，象征补天补地，以纪念人类的祖先女娲，吃春饼的习俗便形成留传下来了。人日这一天，苏州民间煎饼于庭，称熏天，以 7 种菜为羹，煮而食之，重人也，以祈长寿健康。

3. 荠菜。春天生长的野菜，营养价值丰富，每 100 克荠菜鲜茎叶含蛋白质 2.9 克，脂肪 0.4 克，粗纤维 2.2 克，糖类 4.3 克，胡萝卜素 1.77 毫克，维生素 B_1 0.06 毫克，维生素 B_2 0.14 毫克，维生素 P 10 毫克，中医认为春天属木，是养肝的季节，荠菜具有健脾利水、止血解毒、降压明目等功效，豆沙香甜，荠菜、豆沙都十分适合春天养生。(图 11－6)

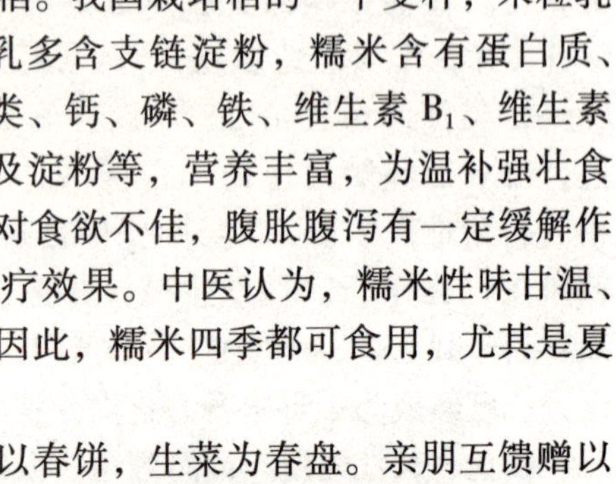

图 11－6　船点：春蚕情丝糕
(图片由吴门人家提供)

4. 上灯圆子。正月十五上元节，搓粉为丸，名圆子，俗称上灯圆子，又用粉抟饼，豆沙作馅，下油煎熬，名油追，相传嫦娥奔月后，羿日思夜念妻子嫦娥，梦见一童告知：“正月元夕，月圆之候，君宜用米粉作丸，置室西南隅，呼夫人名，三夕可降”，如期果然。姑苏民间有“上灯圆子落灯面”一说，正月十三这天晚上是上灯时，上灯时要吃汤圆，正月十八晚上是落灯，落灯时要吃面条、无论吃汤圆、吃面条，都是苏州人对节日生活的自我设计和安排，我们的祖先十分的达观，他们能从简单的食品具象上寻找出吉庆和祥瑞的含义，汤圆寓意团圆，面条寓意顺畅，新年新开始，好的兆头鼓舞人继续劳作，追寻自己的幸福生活。

5. 撑腰糕。农历二月二日，苏州城乡百姓常以隔年年糕入油煎食，谓之撑腰糕，云食之可免腰痛疾病，古诗云：“新年已去剩年糕，饱啖依然解老饕，从此撑来腰脚健，名山游遍不辞劳。”

图 11－7　船点：水八仙（图片由吴门人家提供）

6. 卖酒酿。市人蒸糯米拌以曲药，制成酒酿，味甜如蜜，色浮浅碧，吹螺沿街叫卖，吴人称之酒酿，茶肆酒坊也缸瓮满贮，小杓分售，随客择选，沿街担卖之俗流传至今仍有，而担卖小贩多为浙江人氏。

7. 眼亮糕。吴俗，农历三月三日，用隔年年糕与荠菜花同煎食之，云能明目，谓之眼亮糕，或以荠菜肉糜拌为馅做成糯米团子，称荠菜团，其味鲜美香糯。

8. 青团子、焐熟藕。农历三月寒食清明节，旧俗禁火 3 日，吴俗以小麦叶或青草打汁，拌糯米粉以豆沙为馅做成团子，称青团子（图 11－8）。另以藕塞糯米蒸熟焐酥，食时蘸糖或者桂花酱吃，其色如玫瑰，甜糯无比，风味独佳（图 11－9）。青团子、焐熟藕既是清明祭祀用品，“红藕青团各荐先”又是农家农忙之时充饥之食，至今仍盛行。据相关研究，藕粉除含淀粉、葡萄糖、蛋白质外，还含有钙、铁、磷及多种维生素。中医认为藕能补五脏，和脾胃，益血补气。生藕性味甘凉，加工成藕粉后其性也由凉变温，既易于消化，又有生津清热、养胃滋阴、健脾益气、养血止血之功效。莲藕的营养价值很高，有明显的补益气血，增强人体免疫力作用，故中医称其：“主补中养神，益气力。”

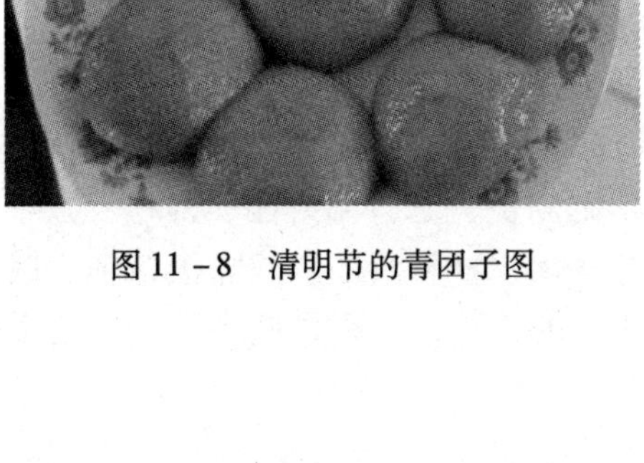

图 11－8　清明节的青团子图

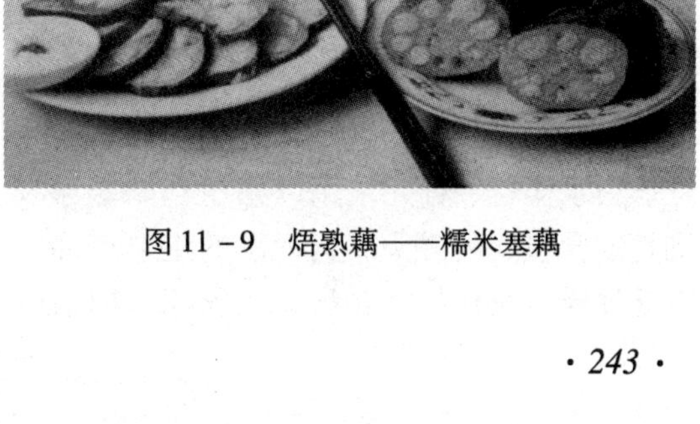

图 11－9　焐熟藕——糯米塞藕

9. 麦芽饼。吴地乡村初夏有争尝麦芽饼的习俗，饼以青苎头捣烂和麦芽面和糯米粉揉蒸成饼，以豆沙为馅，甜软甘松，谓山厨之珍味。新夏，市人争买之以馈亲朋，乡间田头耕锄之小食，又称苎头饼，同里镇闵家善制此饼，他处莫及，称闵饼。

10. 乌米饭。农历四月八日，浴佛日。旧俗采杨桐叶，细冬青染饭作青色，名青精饭或作糕点售卖，僧寺以乌叶染米，或取南竹叶汁染饭，为黑饭供佛，称阿弥饭，亦称乌米饭。中医本草则认为乌饭“日进一合不饥，坚筋骨，益肠胃，补骨髓，久服变白去老，益气力，轻身延年，固精雅颜。”唐朝杜甫诗：“岂无青精饭，令我颜色好。”即此之谓也。

11. 角黍（粽子）。吴俗。端午以箬叶裹糯米为粽，古称角黍，今皆称粽，品种常有三角粽、秤锤粽等等，以菰叶为之者称菱粽。以枣子粽、火肉粽、白果粽、赤豆粽等为多，居民或自制或买以相馈贻，并以祀先。

12. 啖糕。农历六月天气酷热难当，吴俗饮食以清淡易消化为主，如啖糕，著名的有水晶糕，山楂蜜糕，王千糕，白松糕等品种。

13. 粢团。农历八月二十四日，吴中旧俗，煮糯米和赤豆作团，谓之粢团，以此祭灶，人家小女子则择此日裹足，俗谓食粢团缠脚，能令胫软，诗曰：“白露迷迷稻秀匀，粢团比户尽尝新。可怜绣阁双丫女，初试弓鞋不染尘。”缠足之俗早已绝迹了，食粢团的食俗现也已少见。

14. 重阳糕。农历九月九日重阳节，家家制米粉五色糕，名重阳糕，亦名骆驼蹄、菊花糕，或以面杂糖和为糕，面上种有枣子、栗子、称花糕。糕铺里还插满五彩花旗，称花糕旗，以招揽顾客。吴俗女儿此日必归宁，食花糕，祝父母寿。

15. 冬至团。吴俗，冬至大如年，旧时吴地冬至日前一夜，磨粉为团，以肉糜、菜果、豆沙、萝卜丝为馅，祀先之品，并互相赠送，称冬至团，又称稻窠团。《岁时通考》云：“十月二日，吴俗作糯米粉团，列酒果祀先以告冬。”今吴地乡村仍有冬至吃冬至团的习俗，旧时城市则吃馄饨。谚云：“冬至馄饨夏至面。”冬至夜合家团聚，开宴饮酒过冬至。俗称“肥冬瘦年”。

16. 年糕。腊月近年，家家磨制糯米粉和以糖为糕，以备过年之需，称年糕，有黄白之分，式形方或式元宝，祀神供先，馈赠亲朋，腊月糕市，门市如云。苏州市民多在黄天源购买各式年糕以备过年。“施罢僧家七宝粥，又闻年节要题糕。”旧俗年糕上有红色题点的吉祥字语或吉祥图案，称题糕。据传说，吴俗吃年糕与伍子胥建城有关，相传阖闾命子胥筑城，三年乃成，子胥看到吴王不惜民力，花天酒地，便暗在相门城下用糯米抟成城砖埋下，子胥冤死后，越兵临城下，正值年关，城中百姓断粮，子胥随从想起子胥之言，便带百姓至相门城下掘地三天，找到糯米城砖，渡过灾荒，从此，苏州城百姓每逢过年时都做年糕来吃，以纪念伍子胥居安思危，舍己为民请命。

17. 谢灶团，腊月二十四日夜送灶，吴俗以米粉裹豆沙为饵，称谢灶团（图 11－10）。苏州城观前街上的黄天源是苏州著名的糕团名店，创立于道光年间，是苏州著名的糕团店，集甜食和糯米食品种之大成（图 11－11）。苏州人每到岁末必去黄天源买糖年糕、白水年糕、糖元宝用以祭祖和赠送亲友，祝寿则到黄天源订制寿团、寿糕，搬家则订定升糕、肉馒头。黄天源的主要产品有：五色汤团、挂粉汤团、咸味粢饭糕、咸味猪油糕、黄松糕、斗糕、灰汤粽、糖油山芋。应时的糕点，春季供应青团子、南瓜团子、神仙糕；夏则有绿豆糕、米枫糕、焐熟藕；秋则有重阳糕；冬则是糖年糕。现黄天源总店在观前街近玄妙观处，生意一直十分兴旺，特别是清明前后、岁末年前，人们常常要排了很长的队伍，才能买到自己喜欢的青团子和糖年糕。上海市民每年清明到苏州扫墓毕，也要到店中购买黄天源的各式糕点带回去赠送亲友。

图 11－10 苏州农村的谢灶团

图 11－11 黄天源的糕团（记者 杭兴微 摄）

四、喝茶还是雨前好

姑苏名茶以洞庭东山碧螺春、虎丘茉莉花、常熟箭茶等最为著名，明清以前苏州虎丘产白云茶，为皇家贡品，后不见传。《茶解》说虎丘茶："茶色白，味甘鲜，香气扑鼻，乃为精品。茶之精者，淡亦白，浓亦白，初泼白，久贮亦白，味甘色白，其香自溢，三者得，则具得也。"至明代已发展为名冠天下的茶种，引起了官绅的垂涎与争夺，正如屠隆（1590 年）《茶说》所述："虎丘，最号精绝，为天下冠。惜不多产，皆为豪右所据，寂莫山家，无繇获购矣。"据载，明代天启四年（1624 年），有个大臣来到苏州，强索虎丘白茶，寺僧无茶可献，竟遭刑辱，住持愤而砍树刨根，以死相抗。若干年后，有位虎丘持的大方和尚到徽州休宁采了茶种回来培植，按照传统方法培植出新一代虎丘茶，不过也没有流传很久。

"碧螺春"茶叶，宋代已列为贡品，当时称"水月茶"。明时，朱元璋下诏，罢造龙凤团茶，"惟令采芽茶以进"。从此饼茶衰微，散茶崛起，茶叶经过炒制，滋味更加完美。苏州洞庭东山碧螺春，青碧色纯，卷曲如螺，产于得天独厚的花果之乡，民间传说，清康熙南巡，巡抚宋荦进贡，康熙因其名为"吓煞人香"，认为此茶名颇不雅，御赐为"碧螺春"，清末震钧《茶说》认为："茶以碧螺春为上，不易得，次则苏之天池，次则龙井，芥茶稍粗。"

明代，花茶是文人别出心裁的清玩，许多文人画家都自制花茶，以花香助茶香，但多是文人自娱自乐，并未推广，至清中叶起，苏州开始生产茉莉花茶销往各地，品类有代代、珠兰、玫瑰、茉莉，尤以茉莉花称于世。茉莉花茶，香气文雅，能提精安神，尤为北方各省人士喜爱。苏州本地人则尚饮新茶，据福格《听雨丝谈》载："今京师人又喜以兰蕙茉莉玫瑰熏袭成芬，渐亦通于海内，唯吴越专尚新茶，不嗜花熏，固是出产之地，易得嫩叶耳。"这种南北不同的饮茶习俗，一直保持至今。

明末清初文学家冒辟疆在《影梅庵忆语》中记述了他和董小宛共同生活时的款款深情。也记录了他们艺术化的饮食生活。"余一生清福，九年占尽，九年折尽矣"可见他对这段生活的怀念与不舍。"姬性淡泊，于肥甘一无嗜好。每饭以芥菜一小壶温淘，佐以水菜香豉数茎粒，编组一餐。余饮食最少，而嗜香甜及海错风熏之味。又不甚自食。每喜与宾客共赏之。姬知余意，竭其美洁，出佐盘盂，种种不可悉记，随手数则，可睹一斑也。""酿饴为露，和以盐梅，凡有色香花蕊，皆于初放时采渍之。经年香味颜色不变，红鲜如摘，而花汁融夜露中，入口喷鼻，奇香异艳，非复恒有。最娇者为秋海棠露，海棠无香，此独露凝香发。又谷名断肠草，以为不食，而味美独冠诸花。次则梅英，野蔷薇，玫瑰，丹桂，至橙黄，橘红，佛手，香橼，去白缕丝，色味便胜。酒后出数十种，五色浮动白瓷中，解醒消渴，金茎仙掌，难与争衡也。"

茶叶：是世界著名的三大饮料之一，经科学分析，茶叶中含有咖啡因、单宁、茶多酚、蛋白质、碳水化合物、游离氨基酸、叶绿素、胡萝卜素、芳香油、酶、各种维生素以及无机盐、微量元素等400多种成分，被称为"神奇的东方树叶"。韩斌、韩文领著《饮茶养生与药茶疗病秘验方》一书中，在"现代医学对茶叶的认识和应用"一节里，列举了茶叶的31种功用：助消化；提神醒脑；延年益寿；降血脂、减肥；明目；利尿、消肿；抗菌消炎；抗动脉硬化；降血压、防高血压；防治冠心病；抗辐射，例如电视的辐射；安神、镇静、陶冶性情；营养剂；可治糖尿病；美容作用；防治贫血；抗疲劳、解疲劳的作用；醒酒、解酒毒；生浸解渴；防癌、抗癌；益气增力；抗菌止泻；解毒；增加人体的适应力；抗结核病；除异味、消口臭；升高白血球，治白血球减少病；抗病毒；保护牙齿；调节体液的酸碱平衡；外用于消炎、抗菌等。

苏州人传统上把喝茶看成生活中开门的第一件事，称之"吃茶"，苏州旧时有"早上皮包水，下午水包皮"的习俗，所谓"皮包水"即泡茶馆吃茶，"水包皮"指泡浴室。每天晨光微熹，老茶客便按时必往茶馆吃茶，俗称"吃板茶"，早餐亦在茶馆中完成．旧时茶馆兼营饼点，如蟹壳黄、盘香饼、面衣、生煎馒头，各色面条、风味小吃、茶客呼之即来，随其挑选，十分方便。旧时苏州的茶馆还兼信息交流，娱乐，谈买卖等功能，茶馆大都设有书坊，人们还可在此听书、下棋、打牌、品画、赏菊花。老年人往往坐到中午时分离去。

苏州人喝茶用的水取自胥门外的胥江水，苏州城里老虎灶上的水就是专门取自胥江，然后雇人挑到老虎灶上，苏州人喝茶最喜用天落水，收集此水的装置叫净落，下雨时，雨水通过净落管流到坛子里，且有开关装置，初雨有尘不要，要等到屋面已被雨水洗干净后，才打开开关，让雨水流到坛子里，特别是每年五月黄梅季节，收蓄雨水，以其甘滑胜山泉，嗜茶者视为珍也，称之梅水。徐士宏《吴中竹枝词》："阴晴不定是黄梅，暑气熏蒸润绿苔。瓷瓮竞装天雨水，烹茶时候客初来。"

苏州的茶馆，苏州茶馆里旧时喝得多的是安徽来的茶叶。苏州茶馆清时闻名的有玉露春茶社、三万昌茶社、品芳茶社。据周振鹤《苏州风俗》一书记载："茶肆以吴苑深处及小仓别墅最为有名。吴苑深处有爱竹居，话雨楼等，分室列座，雅洁无尘。此地客来，风生七碗。小仓别墅则卉石错立，绿痕上窗，消夏湾也。且有扬式点心，别绕滋味，但自甲子战后，满城风雨，别墅亦即歇业，迄今尘封，架上鹦鹉，不问呼茶声矣。”今苏州人仍沿旧俗，大街小巷茶馆遍地，人们邀饮聚会于此，品茶兼吃各式点心，下棋，打牌，谈交易，风俗仍盛行不衰。

苏州民间旧时还有吃讲茶的习俗，族中纠纷，邻里矛盾，相邀至茶社吃茶评理，理输者付茶钱，俗称吃讲茶。

五、四季美食一肩挑

苏州小吃最有名的是骆驼担，因其担两边低中间高形似骆驼而得名（图 11－12）。骆驼担因季节不同而有不同的小吃供应。一般冬天卖糖粥（白粥配赤豆、绵白糖、黄桂花）、小馄饨，夏天则供应绿豆糕、焐熟藕（配有白糖浇上玫瑰露）、蒸馄饨，有时还有荷叶粉蒸肉。秋天则售桂花糖芋艿、酒酿圆子、油豆腐线粉汤等等，故而苏州俗谚有“苏州小吃一担挑”之语，清中叶苏州人沈复在他的《浮生六记》中曾写到过骆驼担，一群文人去南园看菜花，为助游兴，他的夫人芸便雇了一个挑骆驼担、卖馄饨糖粥的人随行，果然骆驼担既能温酒又能炒菜，使得秀才们尽兴而归。

图 11－12　骆驼担(苏州民俗博物馆藏)

骆驼担虽然不大，但担上设备齐全，有 4 只小陶罐，盛着三伏酱油、细盐、味精、熟猪油。捏好的小馄饨，皮薄透明，隐隐中心一点肉红色，边上一只中号瓷盘，放肉馅，上有一只尖竹筷，抽屉里装轧得很薄的小阔面，七八只生鸡蛋。碗内切好的葱花，几个细竹筒里则是虾米、胡椒粉、辣火，一袋劈好的木柴，一只洗碗的小铅桶，担前安炉，上面放锅，锅内的汤腾着热气，担上挂一个毛竹梆，竹制中间空心，前端包有一圈小铁皮，有敲梆拨火吹风的功用，骆驼担穿行在苏州的大街小巷，“笃、笃、笃”的竹梆声，远远近近，并高叫一声：“碗——”附近的人家就有拿着家生（碗）来买汤馄饨或糖粥。寒冬腊月一碗下肚，浑身暖洋洋，是夜作的工人或苦读的士子最佳的夜宵。苏州童谣流传有：“笃、笃、笃，卖糖粥，啥人哭，我来捉。”

此外苏州小吃还应季节不同而各具特色，如：冬春是粢饭团夹油条、白糖莲心粥、赤豆汤、焐酥豆，春天则有酱田螺、油爆热螺狮、腌金花菜、黄连头沿街叫卖，夏天有定胜糕、扁豆糕、豆沙糕、灰汤粽；秋天则有莲藕、水红菱、铜锅菱、炒白果、糖炒栗子、烘山芋，而以炒白果、烘山芋、糖炒栗子最有名。

白果出于东西山，秋收后出售，熟后香糯无比，但苏州人习惯每天食7粒，多食则无益。白果用铁丝笼子装好，放在火上烤，劈里啪啦炸响声起，每当秋后就有小贩沿街卖熟白果，吴侬软语的叫卖声颇为悦耳——“烫手炉来熟白果，亦是香来亦是糯，要吃百果就来数，一分洋钿买三颗!”通过食用白果来养生延年是中国传统的饮食习惯，银杏在宋代被列为皇家贡品。日本人有每日食用白果的习惯，《本草纲目》：“熟食温肺益气，定喘嗽，缩小便，止白浊；生食降痰，消毒杀虫；（捣）涂鼻面手足，去皶泡，皯黯，皴皱及疥癣疳䘌、阴虱。”《本草再新》：“补气养心，益肾滋阴，止咳除烦，生肌长肉，排脓拔毒，消疮疥疽瘤。”苏州的东西山盛产白果，秋后宜养肺，秋后食白果，可以补益肺气，增强体质。

烘山芋以黄天源“糖油龙头山芋”最有名，山芋购自宜兴，洗清后，用大灶堂文火焖烧，半酥时加入白糖收膏，糖味透心后起锅，再浇上熬成糖油。山芋油光透亮，剖开后香味浓郁，满心通红，入口糯酥，香甜可口，深受苏州人喜爱，甚至有国外华侨也经常来函邮购。

糖炒栗子，是苏州有名小吃，旧时在大成坊老丹凤菜馆边有一露天糖炒栗子摊，栗子选自天津蓟县，重糖精炒，火候到位，炒成一锅即售一空，顾客络绎不绝。至今每到秋天苏州大街小巷即有糖炒栗子摊，出售各色糖炒栗子，人们闻香而至，争买品尝为快事。经科学研究：栗子含有丰富的营养，每百克含糖及淀粉62～70克，蛋白质5.1～10.7克，脂肪2～7.4克，尚含有维生素A、维生素B_1、维生素B_2、维生素C、维生素PP及无机盐。现代医学认为，栗子所含的不饱和脂肪酸和多种维生素，对高血压、冠心病和动脉硬化等疾病，有较好的预防和治疗作用。老年人如常食栗子，可达到抗衰老、延年益寿的目的。

六、吴地水产丰庖厨

太湖浩淼，地跨江、浙，它的东面是苏州吴江及吴县，西面是宜兴、长兴，南面是湖州，北面是无锡。太湖面积达2250平方公里，湖岸长3933公里。太湖的鱼类资源非常丰富。据有关调查，全湖有鱼类106种目前常见的鱼类有：青鱼、草鱼、花鲢、白鲢、鲤鱼、鳊鱼、鲫鱼、石鲫、季鲫、银鱼、残鱼、针口鱼、梅齐鱼、河齐鱼、鳜鱼、黑鱼、白鱼、红料、横占、板肖、川条、旁皮、念鱼、黄桑、塘鲤、鳗丽、士附、昂丝等，另外还有丰富的龟鳖蟹虾资源。其中的银鱼、梅齐鱼、白虾又是珍中之珍，被誉为太湖的三宝。在宋范成大的《吴郡志》卷八中记载：“鱼城，在越来溪西。吴王游姑苏，筑此城以养鱼。”从此可知，苏州地区人工养鱼的历史是悠久的。

十月正是螃蟹九雌十雄之时，吴俗谓九月团脐佳，十月尖脐佳。市民或宴客佐酒，买以相赠送，雄者膏多，雌者黄实，为水族中佳品。蔡云《吴歈》云：“冬酿名高十月白，请看柴帚挂当檐。一时佐酒论风味，不爱团脐只爱尖。”

苏州水乡泽国，蟹的种类很多，据《吴郡岁华纪丽》卷十记载：“蟹凡数种，出太湖，大而色黄，壳软，曰湖蟹，冬日益肥美，谓之十月雄。出吴江汾湖者曰紫须蟹。莫旦《苏州赋》注：肥大有及斤一枚者，出昆山蔚洲村者，曰蔚迟蟹；出常熟潭塘，曰潭塘蟹，壳软爪拳缩，俗呼金爪蟹。至江蟹、黄蟹，皆出诸品下。"

明清时代，文人雅士品蟹乃是文化享受，赏菊吟诗啖蟹时，人人皆备有一套专用工具，苏沪杭俗称"蟹八件"。蟹八件包括小方桌、腰圆锤、长柄斧、长柄叉、圆头剪、镊子、钎子、小匙，分别有垫、敲、劈、叉、剪、夹、剔、盛等多种功能，造型美观，精巧玲珑，使用方便。

在曹雪芹的《红楼梦》里对吃蟹的乐趣有生动的描绘。有许多咏蟹的诗词，如贾宝玉写的咏蟹诗：

持螯更喜桂阴凉，泼醋擂姜兴欲狂。
饕餮王孙应有酒，横行公子竟无肠。
脐间积冷馋忘忌，指上沾腥洗尚香。
原为世人美口腹，坡仙曾笑一生忙。

林黛玉的咏蟹诗：

铁甲长戈死未忘，堆盘色相喜先尝。
螯封嫩玉双双满，壳凸红脂块块香。
多肉更怜卿八足，助情谁劝我千觞。
对斯佳品酬佳节，桂拂清风菊带霜。

薛宝钗的咏蟹诗：

桂霭桐阴坐举觞，长安涎口盼重阳。
眼前道路无经纬，皮里春秋空黑黄！
酒未涤腥还用菊，性防积冷定须姜。
于今落釜成何益？月浦空余禾黍香。

中国食蟹的历史悠久，《逸周书·五会解》、《周礼·天官·庖人》中均有记载。《随息居饮食谱》曰："蟹，甘咸寒，补骨髓，利肢节，续绝伤，滋肝阴，充胃液，养筋活血。"《本草经疏》曰："跌打损伤血热淤滞者宜之。"吃蟹作为一种饮食文化享受，却是从魏晋时期开始的。《世说新语》里多有记载。从此持蟹赏菊成为历代文人墨客的闲情逸致流传至今（图 11－13）。

图 11－13　苏州阳澄湖的大闸蟹

七、农家酱与十月白

吴俗乡村每年盛夏家家用大麦蒸熟，杂小麦麸皮，面饼煮烂，加熟黄豆，加盐晒之，名麸豉，又采摘黄瓜、生瓜、嫩姜入盎中，浸渍日久，取出曝晒成干贮存，欲食时取出切细以佐泡饭，鲜甜而脆嫩，为吴地农家食粥的佳品。合酱日忌雷雨，谚云："雷鸣不合酱"。

据王稼句先生《苏州食话》引《农圃六书》记载："酿瓜法，择有青瓜片去瓤，用盐搓其水，加生姜、陈皮、薄荷、紫苏切作丝，茴香、砂仁、砂糖拌匀入瓜内，投酱盎中，五六日取出，晒干收贮。又造十香豆豉法，摘生瓜并茄子相半，用盐腌一宿，加生姜、陈皮、薄荷、紫苏、甘草、花椒、茴香、莳萝、砂仁、藿香等品。将黄瓜煮烂，用麸麦拌，腌成黄色，热过筛去麸皮，止用豆豉。用酒一瓶，醋糟半碗，与前诸物拌和漉干，入瓮捺实，用箬裹盖扎口，封晒日中四日，取出风干，入瓮收贮待用。"经过发酵制成的酱，含有大量的氨基酸类的营养物质，鲜甜可口，可以炒肉、蒸鱼，是平民百姓寻常佐菜下饭的最爱。

吴俗多在农历十月以小麦为曲酿酒，以小雪后下缸，六十日入糟者为佳，可留数年不坏。田家多酿之，谓之冬酿酒，有秋露白，靠壁清，十月白，三白酒诸名，还有一种叫榨头酒者，味最美，即初出槽酒也，俗称杜茅柴，有以木樨花合糯米同酿者，香冽而味杂，名桂香，有以淡竹叶煎汤代水，色最清冷，名竹叶青。苏州城中酒肆多售有福珍、天香、玉露等名的冬酿酒。或以新收秫米酿白酒，称十月白，味清冽醇香，过此则色味不清冽矣。讲究的人家还在酒中加木香、砂仁、金桔、女贞子、梅兰等植物花果，味更香醇。总之，吴俗旧时十月是酿酒最佳的季节。古诗有云："大缸小缸春拍拍，家家酿成十月白。"

参考资料

1.《斜塘镇志》第二编第二章《粮油种植》.
2. 宋德宣. 康熙在我国水稻栽培史上的贡献. 沈阳农学院报，1985 年第 3 期.
3. 太仓文化馆编印.《中国民间文学集成·江苏省太仓歌谣资料本》.

（沈建东）